Chemische Tabellen
und Rechentafeln für
die analytische Praxis

Chemische Tabellen und Rechentafeln für die analytische Praxis

Von Prof. Dr. K. Rauscher †, Dr. J. Voigt,
Dr. I. Wilke und Dr. habil. K.-Th. Wilke †

weitergeführt von Dr. R. Friebe

Verlag
Harri
Deutsch

Zuschriften an den Autor richten Sie bitte an:

Verlag Harri Deutsch
Gräfstraße 47
D-60486 Frankfurt am Main
E-Mail: verlag@harri-deutsch.de
http://www.harri-deutsch.de/verlag/

Bibliographische Information Der Deutschen Bibliothek

Die Deutsche Bibliothek verzeichnet diese Publikation in der Deutschen Nationalbibliographie; detaillierte bibliographische Daten sind im Internet über <http://dnb.ddb.de> abrufbar.

ISBN 3-8171-1621-7

Unveränderter Nachdruck der 11. Auflage 2000, 2004

Druck: Präzis-Druck GmbH, Karlsruhe <www.praezis-druck.de>
Printed in Germany

Vorwort zur 8. Auflage

Im Jahre 1961 erschien nach mehrjähriger Vorbereitung die 1. Auflage dieses Tabellenwerkes. Die chemischen Tabellen und Rechentafeln waren als Hilfsmittel für die analytische Praxis gedacht und fußten auf den Erfahrungen, die die damaligen vier Autoren im analytischen Labor gesammelt hatten. Aufgrund seiner Praxisbezogenheit hat das Buch rasch Eingang in die Laboratorien gefunden; die bisher erschienenen 7 Auflagen sind ein Zeugnis dafür. Jede Neuauflage stellte zumindest eine Aktualisierung, in einigen Fällen eine umfangreiche Überarbeitung des Tabellenbestandes dar.

Nachdem physikalische und physikalisch-chemische Methoden zunehmend Eingang in die Analytik gefunden hatten, haben wir bereits in der 6. und 7. Auflage inhaltliche Veränderungen im Hinblick auf eine künftige tiefergehende Überarbeitung und völlige Neugestaltung des Tabellenwerkes vorgenommen. In die nun vorliegende 8. Auflage wurden deshalb für eine Reihe von Methoden der instrumentellen Analytik geeignete Tabellen neu aufgenommen. Das betrifft die Abschnitte 21. bis 26. zur Gaschromatographie, Atomabsorptionsspektrometrie, Röntgenspektroskopie, Massenspektrometrie, Infrarotspektroskopie und kernmagnetischen Resonanzspektroskopie. Neu sind weiterhin der Abschnitt 28. (Mathematische Hilfsmittel) sowie die Tabellen 12.4. (Elektrodenpotentiale bei verschiedenen Temperaturen) und 13.2.5. (Dichte von Perchlorsäure).

Die Neuauflage gestattete auch einige Umstellungen und Ergänzungen. So wurde der vollständig überarbeitete Abschnitt »Größen und Einheiten« seiner allgemeinen Bedeutung entsprechend an den Anfang gestellt. Umrechnungen verschiedener Einheiten, insbesondere der Konzentrationseinheiten, wurden in diesen Abschnitt einbezogen. Durch die Zusammenfassung der Tabellen zur Gasanalyse sowie zur Thermometrie und Thermodynamik gewinnen die Abschnitte 9. und 15. an Übersichtlichkeit. Die Tabelle der Elemente (Abschnitt 2.) konnte bei Weglassung der fremdsprachigen Elementnamen um die Schmelz- und Siedepunkte sowie die Dichte der Elemente ergänzt werden. Der Abschnitt 4.2. zur Nomenklatur organischer Verbindungen wurde überarbeitet und erweitert. Gleiches gilt für die Abschnitte 11.4. (Pufferlösungen), 27. (Auswertung von Analysen) sowie für zahlreiche Einzeltabellen in den übrigen Abschnitten.

Platz für Neues wurde durch Verzicht auf Entbehrliches gewonnen. So wurden die Logarithmen aus mehreren Tabellen und die 27 Seiten umfassende Logarithmentafel eliminiert, da dem analytisch Tätigen elektronische Taschenrechner oder andere Kleincomputer in zunehmendem Maße zur Verfügung stehen. Der bisherige Abschnitt »Auswertung von Kristallpulveraufnahmen mittels Röntgenstrahlen« wurde durch wichtiger erscheinende Tabellen zur Röntgenspektroskopie ersetzt.

Bei der Überarbeitung konnte eine Vielzahl von Fachkollegen konsultiert werden. Unser Dank gilt diesen Kollegen ebenso wie den Herren Professor Dr. habil. G. Ackermann und Dr. W. Spichale, die auch für die 8. Auflage als Gutachter tätig waren und eine Reihe wesentlicher Hinweise gegeben haben, sowie den Mitarbeitern des Verlages, die der Neugestaltung des Tabellenbuches stets fördernd gegenüberstanden.

Schließlich gilt unser Dank dem Verlag für die fast 25jährige Zusammenarbeit, während der die ersten sieben Auflagen erscheinen konnten. Wir wünschen auch der 8. Auflage und den zu erwartenden weiteren eine ebenso positive Aufnahme, wie das bisher der Fall gewesen ist, und wären den Nutzern weiterhin für Kritik und Anregungen dankbar.

Dr. J. VOIGT
Dr. I. WILKE
Dr. R. FRIEBE

Vorwort zur 9. und 10. Auflage

Nachdem die Chemischen Tabellen und Rechentafeln für die analytische Praxis acht Auflagen durch den Deutschen Verlag für Grundstoffindustrie, Leipzig, erfahren haben, hat sich freundlicherweise der Verlag Harri Deutsch, Thun und Frankfurt/Main, bereit gefunden, die Edition dieses Titels in der 9. Auflage fortzusetzen.
Ich danke allen, die zum Wiedererscheinen des Buches beigetragen haben, insbesondere Herrn Harri Deutsch und seinen Mitarbeitern, Herrn Bönisch und Herrn Müller, sowie Frau Dr. Walburg vom Naturwisssenschaftlichen Technikum Landau für Hinweise und Ergänzungsvorschläge, und bitte auch in Zukunft alle Leser und Benutzer des Tabellenwerkes um Anregungen und kritische Hinweise.
Die jetzt vorliegende 10. Auflage ist ein überarbeiteter Nachdruck der durchgesehenen vorigen, in dem alle uns bekanntgewordenen Druckfehler beseitigt worden sind. Aufmerksamen Lesern möchten wir an dieser Stelle für ihre freundlichen Hinweise danken.

Potsdam, im Januar 1996 Reiner Friebe

Inhaltsverzeichnis

1.	**Größen und Einheiten**	**13**
1.1.	Allgemeines	13
1.2.	Das Internationale Einheitensystem (SI)	13
1.2.1.	SI-Basiseinheiten	14
1.2.2.	Ergänzende SI-Einheiten	14
1.2.3.	Abgeleitete SI-Einheiten	15
1.2.4.	SI-Vorsätze	17
1.2.5.	SI-fremde Einheiten	17
1.2.6.	Hinweise für den Gebrauch der Einheiten mol, l, °C, Pa	18
1.3.	Umrechnung von Einheiten	19
1.3.1.	Umrechnung von ungültigen Einheiten in SI-Einheiten	19
1.3.2.	Umrechnung von englisch-amerikanischen Einheiten in SI-Einheiten	21
1.3.3.	Umrechnung von t in $1/T$	23
1.3.4.	Umrechnung von Temperatureinheiten	25
1.3.5.	Einheiten der Wasserhärte und ihre Umrechnung	26
1.4.	Konzentrationsgrößen	27
1.4.1.	Erläuterungen	27
1.4.2.	Chemische Konzentrationsgrößen	28
1.4.3.	Umrechnung von Konzentrationsgrößen	29
1.5.	Konstanten	30
2.	**Namen, relative Atommassen und ausgewählte Eigenschaften der Elemente**	**31**
3.	**Periodensystem der Elemente**	**36**
3.1.	Elektronenkonfiguration der Elemente	38
4.	**Nomenklatur chemischer Verbindungen**	**41**
4.1.	Anorganische Verbindungen	41
4.1.1.	Elemente	41
4.1.2.	Multiplikativzahlen für die Nomenklatur	42
4.1.3.	Formeln und Namen für Verbindungen	43
4.1.4.	Ionen	46
4.1.5.	Säuren	47
4.1.6.	Salze	49
4.1.7.	Koordinationsverbindungen	51
4.1.8.	Additionsverbindungen	52
4.1.9.	Zusammenstellung von Namen für Ionen und Radikale	52
4.2.	Organische Verbindungen	55
4.2.1.	Alkyl-, Aryl-, Alkoxy-, Aroxy- und Acylreste	55
4.2.2.	Charakteristische Gruppen funktioneller Klassen	56
4.2.3.	Formeln und Bezifferungen ausgewählter Ringsysteme	57
5.	**Relative Molekülmassen M_r der Atome, Moleküle, Äquivalente, Formeleinheiten gebräuchlicher Atomgruppen und Verbindungen**	**61**

6.	**Faktoren zur Umrechnung chemischer Verbindungen**	84
7.	**Maßanalytische Äquivalente**	116
7.1.	Acidimetrie	116
7.2.	Alkalimetrie	116
7.3.	Argentometrie	117
7.4.	Iodometrie	118
7.5.	Permanganometrie	119
7.6.	Titanometrie	119
7.7.	Cerimetrie	120
7.8.	Chromometrie	120
7.9.	Bromatometrie	120
7.10.	Chromatometrie	121
7.11.	Iodatometrie	121
7.12.	Spezielle Titrationsverfahren	121
7.13.	Kompleximetrie	122
8.	**Indikatoren**	123
8.1.	Indikatoren für die Maßanalyse und pH-Bestimmung	123
8.1.1.	pH-Indikatoren	123
8.1.2.	Indikatorgemische	127
8.1.3.	Fluoreszenzindikatoren	128
8.2.	Redoxindikatoren	129
8.3.	Adsorptionsindikatoren	130
8.4.	Indikatoren für kompleximetrische Titrationen	131
9.	**Gasanalyse**	135
9.1.	Gasvolumetrie	135
9.2.	Umrechnung von Gasvolumina auf den Normzustand	135
9.3.	Barometerkorrektur	136
9.4.	Kapillardepression bei Barometerablesungen	136
9.5.	Faktoren zur Umrechnung von Gasvolumina auf den Normzustand	137
9.6.	Absorptionsmittel für die Gasanalyse	146
10.	**Elektrochemische Äquivalente**	148
11.	**Elektrolytgleichgewichte**	149
11.1	Aktivitätskoeffizienten	149
11.1.1.	Erläuterungen	149
11.1.2.	Mittlere Aktivitätskoeffizienten $f_{m\pm}$ in wäßrigen Lösungen bei 25 °C	151
11.1.3.	Mittlere Aktivitätskoeffizienten $f_{m\pm}$ von HCl-Lösungen bei verschiedenen Temperaturen	153
11.1.4.	Mittlere Aktivitätskoeffizienten $f_{m\pm}$ von H_2SO_4-Lösungen bei verschiedenen Temperaturen	154

11.1.5. Mittlere Aktivitätskoeffizienten $f_{m\pm}$ von NaOH-Lösungen bei verschiedenen Temperaturen . . . 155
11.1.6. Mittlere Aktivitätskoeffizienten $f_{m\pm}$ von KOH-Lösungen bei verschiedenen Temperaturen . . . 155
11.1.7. Mittlere Aktivitätskoeffizienten $f_{m\pm}$ von NaCl-Lösungen bei verschiedenen Temperaturen . . . 156
11.1.8. Mittlere Aktivitätskoeffizienten $f_{m\pm}$ von KCl-Lösungen bei verschiedenen Temperaturen . . . 156
11.2. Ionenprodukt des Wassers und pH-Wert . . . 157
11.3. Dissoziationskonstanten von Säuren und Basen . . . 158
11.3.1. Erläuterungen . . . 158
11.3.2. Dissoziationskonstanten anorganischer Säuren in wäßrigen Lösungen . . . 159
11.3.3. Dissoziationskonstanten organischer Säuren in wäßrigen Lösungen . . . 159
11.3.4. Dissoziationskonstanten anorganischer Basen in wäßrigen Lösungen . . . 160
11.3.5. Dissoziationskonstanten organischer Basen in wäßrigen Lösungen . . . 161
11.4. Pufferlösungen . . . 162
11.4.1. Standard-Bezugslösungen und deren pH-Werte . . . 162
11.4.2. Arbeitspufferlösungen für pH-Werte von 1,0 bis 13,0 . . . 163
11.5. Löslichkeiten und Löslichkeitsprodukte von Elektrolyten . . . 169
11.5.1. Erläuterungen . . . 169
11.5.2. Löslichkeiten anorganischer Verbindungen in Wasser bei 20 °C . . . 170
11.5.3. Löslichkeitsprodukte von in Wasser schwer löslichen Verbindungen . . . 174
11.6. Komplexstabilitätskonstanten . . . 176
11.6.1. Erläuterungen . . . 176
11.6.2. Stabilitätskonstanten von ausgewählten Komplexionen . . . 177
11.6.3. p*K*-Werte einiger Komplexe der Ethylendiamintetraessigsäure (EDTA) und der Nitrilotriessigsäure (NTE) für die Ionenstärke 0,1 und die Temperatur 20 °C . . . 178

12. Elektrodenpotentiale . . . 179

12.1. Standardelektrodenpotentiale . . . 179
12.1.1. Erläuterungen . . . 179
12.1.2. Werte des Nernst-Faktors bei verschiedenen Temperaturen . . . 179
12.1.3. Standardelektrodenpotentiale $U_H^\ominus$ von Elektroden 1. Art . . . 180
12.1.4. Standardelektrodenpotentiale $U_H^\ominus$ von Elektroden 2. Art . . . 180
12.1.5. Standardelektrodenpotentiale $U_H^\ominus$ von Redoxelektroden (pH-unabhängige Redoxsysteme) . . . 181
12.1.6. Standardelektrodenpotentiale $U_H^\ominus$ von Redoxelektroden (pH-abhängige Redoxsysteme) . . . 181
12.2. Elektrodenpotentiale von Bezugselektroden . . . 183
12.3. Normalelemente . . . 183
12.4. Elektrodenpotentiale U_H in Volt bei verschiedenen Temperaturen . . . 184

13. Dichte von Gasen und Lösungen . . . 185

13.1. Erläuterungen . . . 185
13.2. Dichtetabellen . . . 186
13.2.1. Dichte von Gasen . . . 186
13.2.2. Dichte von trockener Luft . . . 186
13.2.3. Dichte von Wasser . . . 187

13.2.4. Dichte von Schwefelsäure/Schwefeltrioxid 188
13.2.5. Dichte von Perchlorsäure 190
13.2.6. Dichte von Salzsäure 191
13.2.7. Dichte von Salpetersäure/Stickstoff(V)-oxid 192
13.2.8. Dichte von Phosphorsäure/Phosphor(V)-oxid 194
13.2.9. Dichte von Essigsäure 195
13.2.10. Dichte von Kalilauge 196
13.2.11. Dichte von Natronlauge 197
13.2.12. Dichte von Ammoniaklösung 198
13.2.13. Dichte von Ethanol-Wasser-Mischungen bei 20 °C 199
13.2.14. Dichte von Quecksilber 200

14. Herstellung verdünnter Säuren und Basen 201

15. Temperatur und Temperaturmessung 202

15.1. Definitionsfixpunkte der IPTS-68 202
15.2. Sekundäre Fixpunkte der IPTS-68 203
15.3. Fadenkorrektur für Quecksilberthermometer 204
15.4. Kältemittel, Kühlsolen und Heizbäder 205
15.5. Kryoskopische und ebullioskopische Konstanten von Lösungsmitteln (Molmassebestimmungen) 206
15.6. Abhängigkeit des Siedepunktes vom Druck 208

16. Trockenmittel 210

16.1. Wirksamkeit einiger Trockenmittel 210
16.2. Dampfdruck des Wassers in kPa über Trockenmitteln, die bereits bestimmte Wassermengen aufgenommen haben 210
16.3. Dampfdruck des Wassers über H_2SO_4 bei 20 °C 210
16.4. Zeitliche Abhängigkeit der Wasseraufnahme einiger Trockenmittel für Exsikkatorfüllungen bei Wasserstrahlpumpenvakuum 211
16.5. Wirkung verschiedener Trockenmittel in organischen Flüssigkeiten 211
16.6. Einstellung definierter Luftfeuchtigkeit (über Salzlösungen mit viel Bodenkörper in geschlossenen Gefäßen) 211

17. Justierung und Volumenprüfung von Volumenmeßmitteln aus Glas . . . 212

18. Organische Verbindungen 215

18.1. Eigenschaften häufig verwendeter organischer Verbindungen 215
18.2. Mischbarkeit organischer Lösungsmittel 228

19. Filtermaterialien 230

19.1. Filterpapiere für die qualitative Analyse 230
19.2. Filterpapiere für die quantitative Analyse 230
19.3. Filtrationstabelle für analytische Arbeiten 231
19.4. Porzellan- und Keramik-Filtriertiegel 233
19.5. Glasfilter 233

20. Ionenaustauscherharze und Molekularsiebe 234

20.1. Eigenschaften von Ionenaustauscherharzen 234
20.1.1. Wofatite 234
20.1.2. Lewatite 236
20.1.3. Austauscher der Fa. Merck 238
20.1.4. Vergleich von Ionenaustauscherharzen verschiedener Herkunft 240
20.1.5. Hersteller von Ionenaustauschern 241
20.2. Eigenschaften von Molekularsieben 241
20.2.1. Aufnahmefähigkeit von Molekularsieben 242
20.2.2. Hersteller von Molekularsieben 242

21. Gaschromatographie 243

21.1. Kehrwerte $1/j$ des Druckkorrekturfaktors j in Abhängigkeit von p_e/p_a . . . 243
21.2. Säulenfüllmaterialien für die Gaschromatographie 244
21.3. Trennflüssigkeiten für die Gaschromatographie 246
21.4. Derivatisierungsreagenzien 255
21.5. Korngrößen 256

22. Atomabsorptionsspektrometrie (AAS) 257

23. Röntgenspektroskopie 260

23.1. Wellenlängen charakteristischer Spektrallinien in pm 260
23.2. Wellenlängen λ in pm und Anregungsenergien E in keV von K- und L-Absorptionskanten 261
23.3. Massenabsorptionskoeffizienten μ/ϱ in cm^2/g 263

24. Massenspektrometrie 269

24.1. Relative Atommassen und natürliche Isotopenverteilungen ausgewählter Elemente 269
24.2. Charakteristische Massendifferenzen M–X zwischen Molekülion und Fragmention 270
24.3. Massenzahlen wichtiger Schlüsselfragmente 272

25. Infrarotspektroskopie (IR) 275

25.1. Durchlässigkeitsbereiche von Lösungsmitteln 275
25.2. Colthup-Tabelle 276

26. Kernmagnetische Resonanzspektroskopie (NMR) 280

26.1. Multiplett-Aufspaltungen zweier koppelnder Protonengruppen 280
26.2. ^{1}H-Chemische Verschiebungen 280

26.2.1. Protonen in charakteristischen Gruppen 280
26.2.2. Methylprotonen 281
26.2.3. Methylenprotonen 281
26.2.4. Methinprotonen 282
26.2.5. Olefinische Protonen 283
26.2.6. Aromatische Protonen 284
26.2.7. Protonen in cyclischen Systemen 285
26.3. ^{19}F-Chemische Verschiebungen 286
26.4. ^{13}C-Chemische Verschiebungen 286
26.5. ^{31}P-Chemische Verschiebungen 287
26.6. Chemische Verschiebungen von Lösungsmitteln 288
26.7. Kopplungskonstanten 289
26.7.1. $^{1}H-{}^{1}H$-Kopplungskonstanten 289
26.7.2. $^{13}C-{}^{1}H$-Kopplungskonstanten zwischen benachbarten ^{13}C- und ^{1}H-Kernen 292
26.7.3. $^{19}F-{}^{1}H$-Kopplungskonstanten 292
26.7.4. $^{31}P-{}^{1}H$-Kopplungskonstanten 293
26.7.5. $^{19}F-{}^{19}F$-Kopplungskonstanten 293
26.7.6. Kopplungskonstanten verschiedener Kerne 293

27. Auswertung von Analysen 294

27.1. Rechenhilfen 294
27.1.1. Berechnung der empirischen Formel einer chemischen Verbindung 294
27.1.2. Gravimetrische Berechnungen 294
27.1.3. Indirekte Analyse eines Substanzgemisches 295
27.1.4. Kreuzregel 296
27.2. Fehlerrechnung und Statistik 297
27.2.1. Allgemeine Begriffe 297
27.2.2. Berechnung statistischer Größen 299
27.3. Regeln für die Angabe von Analysenergebnissen 303

28. Mathematische Hilfsmittel 304

28.1. Potenzen, Wurzeln, Logarithmen 304
28.2. Umrechnungen von Logarithmen 304
28.3. Differentialrechnung 305
28.4. Integralrechnung 306
28.5. Integralgrenzen der *t*-Verteilung 307
28.6. Integralgrenzen der *F*-Verteilung in Abhängigkeit von den Freiheitsgraden f_1 und f_2 308
28.7. Integralgrenzen der χ^2-Verteilung in Abhängigkeit von der Wahrscheinlichkeit *P* und dem Freiheitsgrad *f* 312

Literaturhinweise 313

Sachwörterverzeichnis 317

1. Größen und Einheiten

1.1. Allgemeines

Größen sind qualitative Merkmale (Eigenschaften) von Objekten, Zuständen oder Vorgängen, die sich quantitativ bestimmen (messen) lassen. Eine Größe wird durch das Produkt von Zahlenwert und Einheit dargestellt:

Größe = Zahlenwert · Einheit.

Einheiten sind durch Übereinkunft festgelegte und benannte Vergleichsgrößen mit dem Zahlenwert 1.
Der Zahlenwert einer Größe gibt an, wie oft die Einheit in der betrachteten Größe enthalten ist:

Zahlenwert = Größe/Einheit.

Größensysteme bestehen aus Basisgrößen und abgeleiteten Größen, Einheitensysteme aus Basiseinheiten und abgeleiteten Einheiten. Einem Größensystem ist ein adäquates Einheitensystem zugeordnet. Basiseinheiten sind durch eine verbale Definition und ein Verfahren zu ihrer fundamentalen Darstellung charakterisiert. Abgeleitete Einheiten werden durch Gleichungen definiert, die ihre Beziehung zu bereits definierten Einheiten festlegen. Abgeleitete Einheiten werden kohärent genannt, wenn in der Gleichung, die ihre Beziehung zu den Basiseinheiten beschreibt, nur der Zahlenfaktor 1 auftritt; andernfalls heißen sie inkohärent. Einheitenzeichen sind festgelegte Symbole, die anstelle der Benennung der Einheiten verwendet werden können.

1.2. Das Internationale Einheitensystem (SI)

Das Internationale Einheitensystem SI (Système International d'Unités) wurde 1960 von der 11. Generalkonferenz für Maß und Gewicht (CPGM) angenommen und nachfolgend systematisch ergänzt und erweitert. Das SI ist ein kohärentes Einheitensystem. Es umfaßt SI-Basiseinheiten, ergänzende SI-Einheiten und abgeleitete SI-Einheiten. Die Resolutionen der DPGM enthalten Festlegungen für die Anwendung des SI, für den Gebrauch von SI-Vorsätzen zur Bildung von dezimalen Vielfachen und Teilen der SI-Einheiten sowie Empfehlungen für die zulässige Benutzung SI-fremder Einheiten.
In der Bundesrepublik Deutschland sind die SI-Einheiten durch das Gesetz über Einheiten im Meßwesen vom 2.7.1969 und das Gesetz zur Änderung des Gesetzes über Einheiten im Meßwesen vom 6.7.1973 als gesetzliche Einheiten eingeführt worden. Beide Gesetze schreiben die Anwendung der gesetzlichen Einheiten im geschäftlichen und amtlichen Verkehr verbindlich vor.
Die folgenden Tabellen enthalten SI-Einheiten, SI-fremde Einheiten, Umrechnungen für nicht mehr zulässige und für angelsächsische Einheiten in SI-Einheiten, Hinweise für den Gebrauch der Einheiten Mol, Liter, °C und Pascal sowie Umrechnungen von Temperatureinheiten und Einheiten der Wasserhärte.

1.2.1. SI-Basiseinheiten

Größe	Benennung der Einheit	Einheitenzeichen	Definition
Länge	Meter	m	Das Meter ist die Länge der Strecke, die das Licht im Vakuum während der Dauer von $^1/_{299\,792\,458}$ Sekunden durchläuft.
Masse	Kilogramm	kg	Das Kilogramm ist die Masse des internationalen Kilogrammprototyps.
Zeit	Sekunde	s	Die Sekunde ist die Dauer von 9192631770 Perioden der Strahlung, die dem Übergang zwischen den beiden Hyperfeinstrukturniveaus des Grundzustandes des Atoms Caesium 133 entspricht.
elektrische Stromstärke	Ampere	A	Das Ampere ist die Stärke des zeitlich unveränderlichen elektrischen Stromes durch zwei geradlinige, parallele, unendlich lange Leiter der relativen Permeabilität 1 und von vernachlässigbarem Querschnitt, die den Abstand 1 m haben und zwischen denen die durch den Strom elektrodynamisch hervorgerufene Kraft im leeren Raum je 1 m der Doppelleitung $2 \cdot 10^{-7}$ N beträgt.
Temperatur (thermodynamische)	Kelvin	K	Das Kelvin ist der 273,16te Teil der thermodynamischen Temperatur des Tripelpunktes des Wassers.
Stoffmenge	Mol	mol	Das Mol ist die Stoffmenge eines Systems, das aus so vielen gleichartigen, elementaren Einheiten besteht, wie Atome in 0,012 kg Kohlenstoff 12 enthalten sind.
Lichtstärke	Candela	cd	Die Candela ist die Lichtstärke, die ein schwarzer Körper der Fläche $^1/_{600\,000}$ m² bei der Erstarrungstemperatur des Platins beim Druck von 101325 Pa senkrecht zu seiner Oberfläche ausstrahlt.

1.2.2. Ergänzende SI-Einheiten

Größe	Benennung der Einheit	Einheitenzeichen	SI-Einheit
ebener Winkel	Radiant	rad	m/m
räumlicher Winkel	Steradiant	sr	m^2/m^2

1.2.3. Abgeleitete SI-Einheiten

Abgeleitete SI-Einheiten sind alle aus den SI-Basiseinheiten (und gegebenenfalls aus den ergänzenden SI-Einheiten) kohärent, d. h. als Potenzprodukt mit dem Zahlenfaktor 1 gebildeten Einheiten. Es gibt drei Arten von abgeleiteten SI-Einheiten: Sie können aus SI-Einheiten gebildet werden, sie können einen selbständigen Namen und ein besonderes Einheitenzeichen haben und sie können mit Hilfe von SI-Basiseinheiten und abgeleiteten SI-Einheiten mit selbständigem Namen gebildet werden.

Abgeleitete SI-Einheiten, aus SI-Basiseinheiten gebildet

Größe	Benennung der Einheit	Einheitenzeichen
Wellenzahl	Eins je Meter	1/m
Fläche	Quadratmeter	m^2
Volumen	Kubikmeter	m^3
Geschwindigkeit	Meter je Sekunde	m/s
Beschleunigung	Meter je Sekundenquadrat	m/s^2
Volumenstrom	Kubikmeter je Sekunde	m^3/s
Dichte	Kilogramm je Kubikmeter	kg/m^3
Spezifisches Volumen	Kubikmeter je Kilogramm	m^3/kg
Impuls	Kilogrammeter je Sekunde	$kg \cdot m/s$
Drehimpuls	Kilogramm mal Quadratmeter je Sekunde	$kg \cdot m^2/s$
kinematische Viskosität	Quadratmeter je Sekunde	m^2/s
Massestrom	Kilogramm je Sekunde	kg/s
elektrische Feldstärke	Ampere je Meter	A/m
elektrische Stromdichte	Ampere je Quadratmeter	A/m^2
Leuchtdichte	Candela je Quadratmeter	cd/m^2
Stoffmengenkonzentration	Mol je Kubikmeter	mol/m^3
molare Masse	Kilogramm je Mol	kg/mol
Molares Volumen	Kubikmeter je Mol	m^3/mol
Molalität	Mol je Kilogramm	mol/kg

Abgeleitete SI-Einheiten mit selbständigem Namen

Größe	Name der Einheit	Einheitenzeichen	Ausgedrückt durch andere SI-Einheiten	Ausgedrückt durch SI-Basiseinheiten
Frequenz	Hertz	Hz		1/s
Kraft	Newton	N		$m \cdot kg/s^2$
Druck, Spannung	Pascal	Pa	N/m^2	$kg/(m \cdot s^2)$
Energie, Arbeit, Wärmemenge	Joule	J	$N \cdot m$	$m^2 \cdot kg/s^2$
Leistung, Energiestrom	Watt	W	J/s	$m^2 \cdot kg/s^3$
elektrische Ladung, Elektrizitätsmenge	Coulomb	C		$s \cdot A$
elektrische Spannung, elektrisches Potential	Volt	V	W/A	$m^2 \cdot kg/(s^3 \cdot A)$

Größe	Name der Einheit	Einheiten-zeichen	Ausgedrückt durch andere SI-Einheiten	Ausgedrückt durch SI-Basiseinheiten
elektrischer Widerstand	Ohm	Ω	V/A	$m^2 \cdot kg/(s^3 \cdot A^2)$
elektrischer Leitwert	Siemens	S	A/V	$s^3 \cdot A^2/(m^2 \cdot kg)$
elektrische Kapazität	Farad	F	C/V	$s^4 \cdot A^2/(m^2 \cdot kg)$
magnetischer Fluß	Weber	Wb	V · s	$m^2 \cdot kg/(s^2 \cdot A)$
magnetische Flußdichte, Induktion	Tesla	T	Wb/m^2	$kg/(s^2 \cdot A)$
Induktivität	Henry	H	Wb/A	$m^2 \cdot kg/(s^2 \cdot A^2)$
Celsius-Temperatur	Grad Celsius	°C		K
Lichtstrom	Lumen	lm		cd · sr
Beleuchtungsstärke	Lux	lx	lm/m^2	$cd \cdot sr/m^2$
Aktivität	Becquerel	Bq		1/s
Energiedosis	Gray	Gy	J/kg	m^2/s^2

Abgeleitete SI-Einheiten, aus SI-Basiseinheiten und Einheiten mit selbständigem Namen gebildet

Größe	Benennung der Einheit	Einheiten-zeichen	Ausgedrückt durch SI-Basiseinheiten
dynamische Viskosität	Pascalsekunde	Pa · s	$kg/(m \cdot s)$
Moment einer Kraft	Newtonmeter	N · m	$m^2 \cdot kg/s^2$
Oberflächenspannung	Newton je Meter	N/m	kg/s^2
spezifische Energie	Joule je Kilogramm	J/kg	m^2/s^2
Entropie, Wärmekapazität	Joule je Kelvin	J/K	$m^2 \cdot kg/(s^2 \cdot K)$
spezifische Wärmekapazität, spezifische Entropie	Joule je Kilogramm und Kelvin	J/(kg · K)	$m^2/(s^2 \cdot K)$
Wärmestromdichte	Watt je Quadratmeter	W/m^2	kg/s^3
Wärmeleitfähigkeit	Watt je Meter und Kelvin	W/(m · K)	$m \cdot kg/(s^3 \cdot K)$
elektrische Feldstärke	Volt je Meter	V/m	$m \cdot kg/(s^3 \cdot A)$
elektrisches Dipolmoment	Coulombmeter	C · m	m · s · A
elektrische Leitfähigkeit	Siemens je Meter	S/m	$s^3 \cdot A^2/(m^3 \cdot kg)$
Permittivität, Dielektrizitätskonstante	Farad je Meter	F/m	$s^4 \cdot A^2/(m^3 \cdot kg)$
Permeabilität, Induktionskonstante	Henry je Meter	H/m	$m \cdot kg/(s^2 \cdot A^2)$
molare innere Energie, molare Enthalpie	Joule je Mol	J/mol	$m^2 \cdot kg/(s^2 \cdot mol)$
molare Entropie, molare Wärmekapazität	Joule je Kelvin und Mol	J/(K · mol)	$m^2 \cdot kg/(s^2 \cdot K \cdot mol)$
Exposition	Coulomb je Kilogramm	C/kg	s · A/kg
Energiedosisleistung	Gray je Sekunde	Gy/s	m^2/s^3

1.2.4. SI-Vorsätze

Zur Bildung von dezimalen Vielfachen und Teilen der SI-Einheiten sind die nachstehenden Vorsätze zu verwenden. Es darf jeweils nur ein Vorsatz benutzt werden. Es sind möglichst solche Vorsätze anzuwenden, daß die Zahlenwerte der anzugebenden Größen zwischen 0,1 und 1000 liegen. Vorsätze, die einer ganzzahligen Potenz von Tausend (10^{3n}) entsprechen, sind zu bevorzugen. Die Vorsätze Hekto, Deka, Dezi und Zenti dürfen nur zur Bezeichnung von solchen Vielfachen und Teilen von Einheiten verwendet werden, die bereits üblich sind, z. B. cm, hl, dt. Die dezimalen Vielfachen und Teile der Einheit der Masse werden durch Anfügen der Vorsätze vor das Wort »Gramm« gebildet. Für SI-fremde Einheiten ist die Anwendung von Vorsätzen zulässig, soweit dies nicht ausdrücklich ausgeschlossen ist. Dezimale Vielfache und Teile von SI-Einheiten sind inkohärent.

Vorsatz	Vorsatz-zeichen	Faktor	Vorsatz	Vorsatz-zeichen	Faktor
Exa	E	10^{18}	Dezi	d	10^{-1}
Peta	P	10^{15}	Zenti	c	10^{-2}
Tera	T	10^{12}	Milli	m	10^{-3}
Giga	G	10^{9}	Mikro	μ	10^{-6}
Mega	M	10^{6}	Nano	n	10^{-9}
Kilo	k	10^{3}	Pico	p	10^{-12}
Hekto	h	10^{2}	Femto	f	10^{-15}
Deka	da	10^{1}	Atto	a	10^{-18}

1.2.5. SI-fremde Einheiten

SI-fremde Einheiten sind zulässige Einheiten, die nicht zum SI gehören und deren Beziehung zu den SI-Einheiten einen von 1 verschiedenen Faktor enthält. Es sind drei Arten von SI-fremden Einheiten zu unterscheiden:

- **Allgemein gültige SI-fremde Einheiten sind Einheiten mit selbständigen Namen, die neben den SI-Einheiten unbefristet und unbeschränkt angewendet werden dürfen.**
- **Auf Spezialgebieten gültige SI-fremde Einheiten sind Einheiten, deren Anwendung unbefristet, jedoch nur in bestimmten Zweigen der Wissenschaft und Technik zulässig ist.**
- **Verhältniseinheiten sind die gesetzlich gültigen Einheiten für Verhältnisgrößen.**

Die nachfolgende Tabelle enthält eine Auswahl gültiger SI-fremder Einheiten.

Größe	Benennung der Einheit	Einheiten-zeichen	Definition der Einheit	Hinweis
Zeit	Minute	min	1 min = 60 s	
Zeit	Stunde	h	1 h = 60 min	
Zeit	Tag	d	1 d = 24 h	allgemein
Masse	Tonne	t	1 t = 10^3 kg	gültige
Volumen	Liter	l	1 l = 1 dm^3 = 10^{-3} m^3	SI-fremde
ebener Winkel	Grad	°	1° = (π/180) rad	Einheiten
ebener Winkel	Minute	′	1′ = $(^1/_{60})°$ = (π/10800) rad	
ebener Winkel	Sekunde	″	1″ = $(^1/_{60})′$ = (π/648000) rad	
Masse	atomare Masseeinheit	u	1 u = 1,66057 · 10^{-27} kg	nur für Atom- und Kernphysik
Energie	Elektronenvolt	eV	1 eV = 1,60219 · 10^{-19} J	
Verhältnis-größen	Eins	1	–	nur für Quotienten aus zwei gleichartigen Größen
	Prozent	%	1% = 10^{-2}	
	Promille	‰	1‰ = 10^{-3}	
	pro Million	ppm	1 ppm = 10^{-6}	
	pro Milliarde	ppb	1 ppb = 10^{-9}	
	pro Billion	ppt	1 ppt = 10^{-12}	

1.2.6. Hinweise für den Gebrauch der Einheiten mol, l, °C, Pa

1. **Mol.** Die Basiseinheit Mol ist keine Masseeinheit, sondern eine »Objektmengeneinheit«. Bei ihrer Verwendung muß die Art der elementaren Teilchen (Objekte) angegeben werden. Es können Atome, Ionen, Moleküle, Radikale, Elektronen, Photonen, Äquivalente oder spezielle Gruppierungen solcher Teilchen, z. B. Formeleinheiten oder auch Formelumsätze sein. Die individuellen Masseneinheiten Grammatom, Grammolekül und Grammäquivalent werden nicht mehr benötigt. Die Beziehung zwischen der Masse m und der Stoffmenge n regelt die molare Masse M

   $$m\ (\mathrm{g}) = M\ (\mathrm{g/mol}) \cdot n\ (\mathrm{mol}).$$

   Bei Verwendung der Masseeinheit Gramm (g) sind die Zahlenwerte der molaren Masse identisch mit den tabellierten relativen Molekülmassen M_r der betreffenden Teilchenart. Im speziellen Fall der Äquivalente ist wegen $n_{Ä} = z \cdot n$ für die molare Masse M die Äquivalentmasse

   $$M_{Ä}\ (\mathrm{g/mol}) = 1/z \cdot M\ (\mathrm{g/mol})$$

   einzusetzen, wobei z die stöchiometrische Wertigkeit für die betrachtete Reaktion ist.

2. **Liter.** Das Liter sollte ursprünglich gleich 1 dm^3 sein (3. CGPM, 1901). Nachträglich stellte sich heraus, daß 1 kg reines, luftfreies Wasser im Zustand größter Dichte (3,98 °C) unter dem Druck von 760 Torr ein etwas größeres Volumen einnimmt:

   $1\ l = (1{,}000028 \pm 0{,}000003)\ dm^3$.

   Wegen des praktisch bedeutungslosen Unterschiedes zwischen beiden Einheiten wurde definiert (12. CGPM, 1964):

   $1\ l = 1\ dm^3$ (exakt)

   und festgelegt, die Einheit Liter bei Angaben mit einer relativen Unsicherheit $< 5 \cdot 10^{-5}$ nicht anzuwenden, um Verwechslungen von alter und neuer Literdefinition auszuschließen. Diese Einschränkung gilt auch für alle abgeleiteten Einheiten, die die Volumeneinheit Liter enthalten, wie Dichte, Massenkonzentration, Stoffmengenkonzentration.
   1 l (alt) = 1,000028 l (neu); 1 l (neu) = 0,999972 l (alt).
3. **Grad Celsius.** Die Differenz aus einer Temperatur T und der Temperatur $T_0 = 273{,}15$ K wird als Celsius-Temperatur t bezeichnet:

   $t = T - T_0$.

   Die Celsius-Temperatur ist in Grad Celsius (°C) anzugeben.

   $t = 0\ °C \mathrel{\hat{=}} T = 273{,}15$ K (Eispunkt des Wassers),
   $t = 100\ °C \mathrel{\hat{=}} T = 373{,}15$ K (Siedepunkt des Wassers).

   Die Celsius-Temperatur darf keine Vorsätze erhalten. Bei Angaben von Temperaturdifferenzen ist die Einheit Kelvin zu verwenden.
4. **Pascal.** Bei der Bildung von dezimalen Teilen oder Vielfachen der Druckeinheit Pascal sind grundsätzlich solche Vorsätze zu verwenden, die einer ganzzahligen Potenz von Tausend entsprechen (mPa, kPa, MPa). Die Benutzung der inkohärenten Einheit Hektopascal (hPa) ist ausschließlich auf dem Gebiet der Meteorologie, z. B. bei Angaben des atmosphärischen Luftdrucks in Wetterberichten zulässig. Der Zahlenwert in hPa stimmt mit dem Zahlenwert in der früher üblichen Einheit mbar überein.

1.3. Umrechnung von Einheiten

1.3.1. Umrechnung von ungültigen Einheiten in SI-Einheiten

Einheit	Einheitenzeichen	Größe	SI-Einheit
Angström	Å	Länge	10^{-10} m
Atmosphäre (physikalisch)	atm	Druck	$1{,}01325 \cdot 10^5$ Pa
Atmosphäre (technische)	at	Druck	$9{,}80665 \cdot 10^4$ Pa
Bar	bar	Druck	10^5 Pa
Clausius	Cl	Entropie	4,1868 J/K

Einheit	Einheitenzeichen	Größe	SI-Einheiten
Curie	Ci	Aktivität	$3{,}7 \cdot 10^{10}$ Bq
Debye	D	Dipolmoment	$3{,}3356 \cdot 10^{-30}$ C · m
Dyn	dyn	Kraft	10^{-5} N
Enzymeinheit	E, U	Enzymaktivität	$1{,}66 \cdot 10^{-4}$ mol/s
Erg	erg	Energie	10^{-7} J
Faraday	F	Elektrizitätsmenge	$9{,}6487 \cdot 10^{4}$ C
Fermi	f, fm	Länge	10^{-15} m
Gamma	γ	Masse	**10^{-9} kg**
Gauß	G	magnetische Flußdichte	10^{-4} T
Gilbert	Gi	magnetische Spannung	0,796 A
Grad	grd	Temperaturdifferenz	K
Grad Kelvin	°K	absolute Temperatur	K
Kalorie	cal	Wärmemenge	4,1868 J
Karat	k	Masse	$2 \cdot 10^{-4}$ kg
Katal	kat	Enzymaktivität	1 mol/s
Kayser	K	Wellenzahl	10^{2}/m
Literatmosphäre	1 atm.	Energie, Arbeit	$1{,}01325 \cdot 10^{2}$ J
Maxwell	Mx, M	magnetischer Fluß	10^{-8} Wb
Micron	μ	Länge	10^{-6} m
Milligrammprozent	mg-%	Konzentration	10^{-2} kg · m^3
Millimeter Hg-Säule	mm-Hg	Druck	$1{,}333 \cdot 10^{2}$ Pa
Millimeter Wassersäule	mm-H_2O	Druck	9,80665 Pa
Millimicron	mμ	Länge	10^{-9} m
Oerstedt	Oe	magnetische Feldstärke	$7{,}957747 \cdot 10^{1}$ A/m
Ohm (int.)	Ω_{int}	Widerstand	1,00049 Ω
Pferdestärke	PS	Leistung	$7{,}354988 \cdot 10^{2}$ W
Poise	P	dynamische Viskosität	10^{-1} Pa · s
Pond	p	Kraft	$9{,}80665 \cdot 10^{-3}$ N
Rad	rd	Energiedosis	10^{-2} J/kg
Rem	rem	Röntgenäquivalent	10^{-2} J/kg
Rep	rep	Röntgenäquivalent	$8{,}38 \cdot 10^{-3}$ J/kg
Röntgen	R	Exposition	$2{,}58 \cdot 10^{-4}$ C/kg
Rutherford	Rd	Aktivität	10^{6} Bq
Rydberg	Ry	Energie	$2{,}1799 \cdot 10^{-18}$ J
Stilb	sb	Leuchtdichte	10^{4} cd/m^2
Stokes	St	kinematische Viskosität	10^{-4} m^2/s
Torr	Torr	Druck	$1{,}333224 \cdot 10^{2}$ Pa
Val	val	Äquivalentstoffmenge	1 mol/z
Volt (int.)	V_{int}	Spannung	1,00034 V
X-Einheit	X.E.	Länge	$1{,}00202 \cdot 10^{-13}$ m

1.3.2. Umrechnung von englisch-amerikanischen Einheiten in SI-Einheiten

Einheiten mit gleichem Namen, aber verschiedenen Werten oder unterschiedlichem Gebrauch in Großbritannien und den USA werden durch ein (e) = englisch bzw. ein (a) = amerikanisch gekennzeichnet.
Für Masseeinheiten gibt es drei unterschiedliche Systeme:

für allgemeinen Gebrauch, im Handel: avoirdupois (avdp.),
im Edelmetall- und Edelsteinhandel: troy (tr.),
im Apothekenwesen für Medikamente: apothecary (ap.).

In der Tabelle werden die unterschiedlichen Masseeinheiten durch diese Abkürzungen gekennzeichnet.

Benennung der Einheit	Einheitenzeichen	Beziehung zu anderen Einheiten	SI-Einheiten
barrel (e)	barrel	1 barrel = 36 gal	0,163656 m^3
barrel (a)	b. (petrol.)	1 barrel = 42 gal	0,1589873 m^3
british thermal unit	BTU		1,05506 kJ
bushel (e)	bu	1 bu = 8 gal = 4 pk	$0{,}363687 \cdot 10^{-1}$ m^3
bushel (a)	bu	1 bu = 4 pk = 32 dry qt	$0{,}352391 \cdot 10^{-1}$ m^3
cental (e)	cwt sh	1 cwt sh = 100 lb	$4{,}53592 \cdot 10^{1}$ kg
chaldron (e)		1 chaldron = 36 bu	1,309273 m^3
cubic foot	ft^3	1 ft^3 = 1728 in^3	$2{,}831685 \cdot 10^{-2}$ m^3
cubic inch	in^3		$1{,}638706 \cdot 10^{-5}$ m^3
cubic yard	yd^3	1 yd^3 = 27 ft^3	0,764555 m^3
drachm ap	dr ap	1 dr ap = 3 s ap	$3{,}88793 \cdot 10^{-3}$ kg
dram	dr avdp		$1{,}771845 \cdot 10^{-3}$ kg
dry barrel (a)	bbl	1 bbl = 7056 in^3	0,1156271 m^3
dry pint (a)	dry pt		$0{,}550610 \cdot 10^{-3}$ m^3
dry quart (a)	dry qt	1 dry qt = 2 dry pt	$1{,}101221 \cdot 10^{-3}$ m^3
fluid drachm (e)	fl dr	1 fl dr = 60 min	$3{,}55163 \cdot 10^{-6}$ m^3
fluid drachm (a)	fl dr	1 fl dr = 60 min	$3{,}69669 \cdot 10^{-6}$ m^3
fluid ounce (e)	fl oz	1 fl oz = 8 fl dr	$2{,}841304 \cdot 10^{-5}$ m^3
fluid ounce (a)	fl oz	1 fl oz = 8 fl dr	$2{,}957353 \cdot 10^{-5}$ m^3
fluid scruple (e)	fl s	1 fl s = 20 min	$1{,}183877 \cdot 10^{-6}$ m^3
foot	ft (′)	1 ft = 12 in	0,3048 m
foot-pound	ft lbf		1,35582 J
foot-poundal	ft pdl		0,0421401 J
gallon (e)	gal	1 gal = 4 qt = 8 pt	$4{,}54609 \cdot 10^{-3}$ m^3
gallon (a)	gal	1 gal = 4 liq qt	$3{,}78541 \cdot 10^{-3}$ m^3
gill (e)	gi	1 gi = 5 fl oz	$0{,}1420652 \cdot 10^{-3}$ m^3
gill (a)	gi	1 gi = 4 fl oz	$0{,}1182941 \cdot 10^{-3}$ m^3
grain	gr		$0{,}647989 \cdot 10^{-4}$ kg
horse-power	hp		0,745700 kW
horse-power-hour	hph		2,684 MJ
hundredweight (e)	cwt	1 cwt = 112 lb	$5{,}08024 \cdot 10^{1}$ kg
hundredweight (a) (long)		1 cwt = 112 lb	$5{,}08024 \cdot 10^{1}$ kg

Benennung der Einheit	Einheiten-zeichen	Beziehung zu anderen Einheiten	SI-Einheiten
hundredweight (a) (short)		1 cwt sh = 100 lb	$4{,}53592 \cdot 10^{1}$ kg
inch	in (″)		$2{,}54 \cdot 10^{-2}$ m
liquid pint (a)	liq pt	1 liq pt = 4 gi = 16 liq oz	$0{,}473177 \cdot 10^{-3}$ m^3
liquid quart (a)	lig qt	1 liq qt = 2 liq pt	$0{,}946353 \cdot 10^{-3}$ m^3
microinch	µin	1 µin = 10^{-6} in	$2{,}54 \cdot 10^{-8}$ m
milliinch	mil	1 mil = 10^{-3} in	$2{,}54 \cdot 10^{-5}$ m
minim (e)	min		$0{,}591939 \cdot 10^{-7}$ m^3
minim (a)	min		$0{,}616115 \cdot 10^{-7}$ m^3
ounce	oz avdp	1 oz avdp = 16 dr	$2{,}834952 \cdot 10^{-2}$ kg
ounce (troy)	oz tr	1 oz tr = 20 dwt	$3{,}110348 \cdot 10^{-2}$ kg
ounce (ap)	oz ap	1 oz ap = 1 oz tr	$3{,}110348 \cdot 10^{-2}$ kg
ounce-force/sq yd	ozf/yd^2		0,332502 Pa
peck (e)	pk	1 pk = 2 gal	$9{,}09218 \cdot 10^{-3}$ m^3
peck (a)	pk	1 pk = 8 dry qt	$8{,}80977 \cdot 10^{-3}$ m^3
pennyweight	dwt		$1{,}555174 \cdot 10^{-3}$ kg
pint (e)	pt	1 pt = 4 gi = 20 fl oz	$0{,}568261 \cdot 10^{-3}$ m^3
pound	lb avdp	1 lb = 16 oz = 7000 gr	0,45359237 kg
pound (troy)	lb tr	1 lb tr = 12 oz tr	0,373242 kg
pound (ap)	lb ap	1 lb ap = 1 lb tr	0,373242 kg
poundal	pdl		0,138255 N
pound/cu ft	lb/ft^3		$1{,}60185 \cdot 10^{1}$ kg/m^3
pound/cu in	lb/in^3		$2{,}76799 \cdot 10^{4}$ kg/m^3
pound-force/sq in	lbf/in^2 = psi		6,89476 kPa
pound-force/sq ft	lbf/ft^2		$4{,}7885 \cdot 10^{1}$ Pa
pound-force (e)	lbf		4,44822 N
pound-force (a)	lb wt		4,44822 N
quart (e)	qt	1 qt = 2 pt	$1{,}136523 \cdot 10^{-3}$ m^3
quarter (e)	qr	1 qr = 28 lb	$1{,}270059 \cdot 10^{1}$ kg
quarter (e)		1 quarter = 8 bushels	$2{,}909498 \cdot 10^{-1}$ m^3
register ton	reg ton	1 reg ton = 100 ft^3	2,831685 m^3
scruple (e)	s	1 s = 20 gr	$1{,}295978 \cdot 10^{-3}$ kg
scruple (ap) (a)	s ap	1 s ap = 1 s	$1{,}295978 \cdot 10^{-3}$ kg
slug			$1{,}459390 \cdot 10^{1}$ kg
square foot	sq ft (ft^2)	1 ft^2 = 144 in^2	0,092903 m^2
square inch	sq in (in^2)		$0{,}64516 \cdot 10^{-3}$ m^2
square yard	sq yd (yd^2)	1 yd^2 = 9 ft^2 = 1296 in^2	0,836127 m^2
stone (e)		1 stone = 14 lb	6,35029 kg
therm		1 therm = 10^5 BTU	$1{,}05506 \cdot 10^{8}$ J
ton (e)	tn	1 tn = 20 cwt = 2240 lb	$1{,}016047 \cdot 10^{3}$ kg
ton (long) (a)	ltn	1 ltn = 2240 lb	$1{,}016047 \cdot 10^{3}$ kg
ton (short) (a)	shtn	1 shtn = 2000 lb	$0{,}907185 \cdot 10^{3}$ kg
yard	yd	1 yd = 3 ft = 36 in	0,9144 m

1.3.3. Umrechnung von *t* in 1/*T*

t in °C	1/*T* in 1/K	*t* in °C	1/T in 1/K	*t* in °C	1/*T* in 1/K	*t* in °C	1/*T* in 1/K
−270	0,317460	−225	0,020768	−180	0,010735	−135	0,007239
−269	240964	−224	020346	−179	010621	−134	007186
−268	194175	−223	019940	−178	010510	−133	007135
−267	162602	−222	019550	−177	010400	−132	007085
−266	139860	−221	019175	−176	010293	−131	007035
−265	0,122699	−220	0,018815	−175	0,010188	−130	0,006986
−264	109290	−219	018467	−174	010086	−129	006937
−263	098522	−218	018132	−173	009985	−128	006889
−262	089686	−217	017809	−172	009886	−127	006842
−261	082305	−216	017498	−171	009790	−126	006796
−260	0,076046	−215	0,017197	−170	0,009695	−125	0,006750
−259	070671	−214	016906	−169	009602	−124	006705
−258	066007	−213	016625	−168	009510	−123	006660
−257	061920	−212	016353	−167	009421	−122	006616
−256	058309	−211	016090	−166	009333	−121	006572
−255	0,055096	−210	0,015835	−165	0,009246	−120	0,006530
−254	052219	−209	015588	−164	009162	−119	006487
−253	049628	−208	015349	−163	009079	−118	006445
−252	047281	−207	015117	−162	008997	−117	006404
−251	045147	−206	014892	−161	008917	−116	006363
−250	0,043197	−205	0,014674	−160	0,008838	−115	0,006323
−249	041408	−204	014461	−159	008760	−114	006283
−248	039761	−203	014255	−158	008684	−113	006244
−247	038241	−202	014055	−157	008610	−112	006205
−246	036832	−201	013860	−156	008536	−111	006167
−245	0,035524	−200	0,013671	−155	0,008464	−110	0,006129
−244	034305	−199	013486	−154	008393	−109	006092
−243	033167	−198	013307	−153	008323	−108	006055
−242	032103	−197	013132	−152	008254	−107	006019
−241	031104	−196	012962	−151	008187	−106	005983
−240	0,030166	−195	0,012796	−150	0,008120	−105	0,005947
−239	029283	−194	012634	−149	008055	−104	005912
−238	028450	−193	012477	−148	007990	−103	005877
−237	027663	−192	012323	−147	007927	−102	005843
−236	026918	−191	012173	−146	007865	−101	005809
−235	0,026212	−190	0,012026	−145	0,007803	−100	0,005775
−234	025543	−189	011884	−144	007743	−99	005742
−233	024907	−188	011744	−143	007683	−98	005709
−232	024301	−187	011608	−142	007625	−97	005677
−231	023725	−186	011474	−141	007567	−96	005645
−230	0,023175	−185	0,011344	−140	0,007510	−95	0,005613
−229	023650	−184	011217	−139	007454	−94	005582
−228	022148	−183	011093	−138	007399	−93	005551
−227	021668	−182	010971	−137	007345	−92	005520
−226	021209	−181	010852	−136	007291	−91	005490

t in °C	$1/T$ in 1/K	t in °C	$1/T$ in 1/K	t in °C	$1/T$ in 1/K	t in °C	$1/T$ in 1/K
−90	0,005460	−45	0,004383	0	0,003661	45	0,003143
−89	005430	−44	004364	1	003648	46	003133
−88	005401	−43	004345	2	003634	47	003124
−87	005372	−42	004326	3	003621	48	003114
−86	005343	−41	004308	4	003608	49	003104
−85	0,005315	−40	0,004289	5	0,003595	50	0,003095
−84	005287	−39	004271	6	003582	51	003085
−83	005259	−38	004253	7	003570	52	003076
−82	005231	−37	004235	8	003557	53	003066
−81	005204	−36	004217	9	003544	54	003057
−80	0,005177	−35	0,004199	10	0,003532	55	0,003047
−79	005151	−34	004181	11	003519	56	003038
−78	005124	−33	004164	12	003507	57	003029
−77	005098	−32	004147	13	003495	58	003020
−76	005072	−31	004130	14	003483	59	003011
−75	0,005047	−30	0,004113	15	0,003470	60	0,003002
−74	005021	−29	004096	16	003458	61	002993
−73	004996	−28	004079	17	003446	62	002984
−72	004971	−27	004063	18	003435	63	002975
−71	004947	−26	004046	19	003423	64	002966
−70	0,004922	−25	0,004030	20	0,003411	65	0,002957
−69	004898	−24	004014	21	003400	66	002949
−68	004874	−23	003998	22	003388	67	002940
−67	004851	−22	003982	23	003377	68	002931
−66	004827	−21	003966	24	003365	69	002923
−65	0,004804	−20	0,003950	25	0,003354	70	0,002914
−64	004781	−19	003935	26	003343	71	002906
−63	004759	−18	003919	27	003332	72	002897
−62	004736	−17	003904	28	003321	73	002889
−61	004714	−16	003889	29	003310	74	002881
−60	0,004692	−15	0,003874	30	0,003299	75	0,002872
−59	004670	−14	003859	31	003288	76	002864
−58	004648	−13	003844	32	003277	77	002856
−57	004626	−12	003829	33	003266	78	002848
−56	004605	−11	003815	34	003256	79	002840
−55	0,004584	−10	0,003800	35	0,003245	80	0,002832
−54	004563	−9	003786	36	003235	81	002824
−53	004542	−8	003771	37	003224	82	002816
−52	004522	−7	003757	38	003214	83	902808
−51	004501	−6	003743	39	003204	84	002800
−50	0,004481	−5	0,003729	40	0,003193	85	0,002792
−49	004461	−4	003715	41	003183	86	002784
−48	004441	−3	003702	42	003173	87	002777
−47	004422	−2	003688	43	003163	88	002769
−46	004402	−1	003674	44	003153	89	002761

t in °C	$1/T$ in 1/K	t in °C	$1/T$ in 1/K	t in °C	$1/T$ in 1/K	t in °C	$1/T$ in 1/K
90	0,002754	175	0,002231	300	0,001745	425	0,001432
91	002746	180	002207	305	001730	430	001422
92	002739	185	002183	310	001715	435	001412
93	002731	190	002159	315	001700	440	001402
94	002724	195	002136	320	001686	445	001392
95	0,002716	200	0,002113	325	0,001672	450	0,001383
96	002709	205	002091	330	001658	455	001373
97	002702	210	002070	335	001644	460	001364
98	002694	215	002049	340	001631	465	001355
99	002687	220	002028	345	001618	470	001346
100	0,002680	225	0,002007	350	0,001605	475	0,001337
105	002644	230	001987	355	001592	480	001328
110	002610	235	001968	360	001579	485	001319
115	002576	240	001949	365	001567	490	001310
120	002544	245	001930	370	001555	495	001302
125	0,002512	250	0,001911	375	0,001543	500	0,001293
130	002480	255	001893	380	001531	550	001215
135	002450	260	001876	385	001519	600	001145
140	002420	265	001858	390	001508	650	001083
145	002391	270	001841	395	001497	700	001028
150	0,002363	275	0,001824	400	0,001486	750	0,000977
155	002336	280	001808	405	001475	800	000932
160	002309	285	001792	410	001464	850	000890
165	002282	290	001776	415	001453	900	000852
170	002257	295	001760	420	001443	950	000818

1.3.4. Umrechnung von Temperatureinheiten

Gesucht	Gegeben				
	n °C (Celsius)	n °F (Fahrenheit)	n °R (Reaumur)	n °R* (Rankine)	n K (Kelvin)
x °C =	n	$\frac{5}{9}(n - 32)$	$\frac{5}{4}n$	$\frac{5}{9}n - 273{,}15$	$n - 273{,}15$
x °F =	$\frac{9}{5}n + 32$	n	$\frac{9}{4}n + 32$	$n - 459{,}67$	$\frac{9}{5}n - 459{,}67$
x °R =	$\frac{4}{5}n$	$\frac{4}{9}(n - 32)$	n	$\frac{4}{9}n - 218{,}52$	$\frac{4}{5}n - 218{,}52$
x °R* =	$\frac{9}{5}n + 491{,}67$	$n + 459{,}67$	$\frac{9}{4}n + 491{,}67$	n	$\frac{9}{5}n$
x K =	$n + 273{,}15$	$\frac{5}{9}n + 255{,}37$	$\frac{5}{4}n + 273{,}15$	$\frac{5}{9}n$	n

1.3.5. Einheiten der Wasserhärte und ihre Umrechnung

Die Wasserhärte ist ein Maß für die Konzentration der Erdalkaliionen (in der Praxis Ca^{2+}- und Mg^{2+}-Ionen) im Wasser. Die international gebräuchlichen Härtegrade sind als Massenkonzentration von CaO bzw. $CaCO_3$ definiert:

Deutschland	**1 °dH = 10 mg/l CaO,**
GUS	**1 °sH = 1,4 ml/l CaO,**
USA	**1 °aH = 1 mg/l $CaCO_3$**
Frankreich	**1 °fH = 10 mg/l $CaCO_3$**
England	**1 °eH = 1 grain/gallon $CaCO_3$**

Die SI-Einheit der Wasserhärte ist mol/m^3. Andere zulässige Einheiten sind $mmol/m^3$, mol/l, mmol/l, µmol/l. Angegeben wird die Wasserhärte als Summe der Stoffmengenkonzentrationen der Erdalkaliionen:

1 mg/l Ca^{2+} = 0,02495 mol/m^3 Härte = 0,140 °dH.
1 mg/l Mg^{2+} = 0,04114 mol/m^3 Härte = 0,231 °dH.

Tabelle der Umrechnungsfaktoren

Härte		mmol/l	mval/l	°dH	mg/l Ca^{2+}	mg/l Mg^{2+}
1 mmol/l	≙	1,0	2,0	5,608	40,08	24,305
1 mval/l	≙	0,5	1,0	2,804	20,04	12,153
1 mg/l Ca^{2+}	≙	0,0250	0,0499	0,140	1,0	0,606
1 mg/l Mg^{2+}	≙	0,0411	0,0823	0,231	1,649	1,0
1 mg/l CaO	≙	0,0178	0,0357	0,100	0,715	0,433
1 mg/l MgO	≙	0,0248	0,0496	0,139	0,994	0,603
1 °dH	≙	0,1783	0,3566	1,000	7,147	4,334
1 °sH	≙	0,0250	0,0499	0,140	1,0	0,606
1 °aH	≙	0,0100	0,0200	0,056	0,400	0,243
1 °fH	≙	0,1000	0,2000	0,560	4,004	2,428
1 °eH	≙	0,1424	0,2848	0,799	5,708	3,461

Einteilung der Wässer nach der Abstufung der Wasserhärte

Abstufung	Härte mol/m^3	°dH	Ca^{2+} mg/l	Mg^{2+} mg/l
sehr weich	0 … 0,75	0 … 4	0 … 30	0 … 18
weich	0,75 … 1,5	4 … 8	30 … 60	18 … 36
mittelhart	1,5 … 3,0	8 … 17	60 … 120	36 … 72
hart	3,0 … 5,0	17 … 28	120 … 200	72 … 120
sehr hart	> 5,0	> 28	> 200	> 120

1.4. Konzentrationsgrößen

1.4.1. Erläuterungen

1. Konzentrationsgrößen sind alle Größen, die die quantitative Zusammensetzung von Mischphasen beschreiben. Dies sind im engeren Sinne die volumenbezogenen Größen der Stoffmenge (Stoffmengenkonzentration), der Masse (Massenkonzentration) und des Volumens (Volumenkonzentration) und im weiteren Sinne auch die Zusammensetzungsgrößen der Stoffmenge (Stoffmengenanteil), der Masse (Massenanteil) und des Volumens (Volumenanteil) sowie die auf die Masse des Lösungsmittels bezogene Stoffmenge (Molalität).
   Die Bezeichnungen »-anteil«, »-gehalt« und »-bruch« für Zusammensetzungsgrößen werden synonym gebraucht; die Bezeichnung »-anteil« ist zu bevorzugen. Zusammensetzungsgrößen sind Verhältnisgrößen (Quotient aus Größe und Bezugsgröße) und dürfen nur aus gleichen Größenarten gebildet werden.
2. Konzentrationseinheiten werden aus der Stoffmengeneinheit (mol), der Masseeinheit (kg) und der Volumeneinheit (m^3) sowie aus dezimalen Teilen oder Vielfachen dieser Einheiten gebildet. In der Chemie (IUPAC-Empfehlung) werden der inkohärenten Masseeinheit Gramm (g) und der allgemeingültigen SI-fremden Einheit Liter (l) sowie deren dezimalen Teilen oder Vielfachen der Vorzug gegeben. Bei der Verwendung von Verhältniseinheiten für Zusammensetzungsgrößen ist in jedem Fall kenntlich zu machen, auf welche Größenart sich die Angabe bezieht, z. B. Massenanteil $3 \cdot 10^{-6} = 3$ ppm, Stoffmengenanteil 0,12 = 12%.
3. Die Stoffmengenkonzentration kann auch Objektmengenkonzentration oder einfach Konzentration genannt werden. Die IUPAC empfiehlt, die Benennung Molarität zu vermeiden, um Verwechslungen mit der Molalität auszuschließen. Die Bezeichnung »molare Lösung« für Lösungen, deren Konzentration in mol/l angegeben wird, ist weiterhin zulässig.
   Da für die Stoffmengeneinheit mol und die Volumeneinheiten m^3 und l SI-Vorsätze zulässig sind, ist bei Zahlenwerten von Konzentrationen die Einheit zu beachten. Es gilt:

   1 mol/m^3 = 1 mmol/l = 1 µmol/ml,
   1 kmol/m^3 = 1 mol/l = 1 mmol/ml.
4. Bei den Größen Volumenanteil und Volumenkonzentration ist das Mischungsverhalten der Komponenten zu beachten. Bei idealen Mischungen ist das Gesamtvolumen der Mischung gleich der Summe der Volumina der Komponenten vor dem Vermischen ($v_{ges} = \sum v_i$), d. h. Volumenanteil und Volumenkonzentration sind identisch. Bei nichtidealen Mischungen ($v_{ges} \neq \sum v_i$) ist die Größe Volumenkonzentration zu verwenden, Angaben in Verhältniseinheiten sind zu vermeiden.
5. **Die Einheiten der Äquivalentkonzentration sind die gleichen wie die der Stoffmengenkonzentration (z.B. mol/l). Die Einheit val/l ist nicht mehr zulässig.**

1.4.2. Chemische Konzentrationsgrößen

Stoffmengenkonzentration

Die Stoffmengenkonzentration eines Stoffes B in einer Lösung ist der Quotient aus der Stoffmenge des Stoffes B und dem Volumen der Lösung.

$$c_B = \frac{n_B}{v_{Lg}}$$

Die SI-Einheit ist 1 mol/m³. Andere zulässige Einheiten sind mol/l, mol/dm³, mmol/l, µmol/ml, kmol/m³.
Eine Lösung der Stoffmengenkonzentration c_B = 1 mol/l heißt 1molar, abgekürzt 1 M.

Äquivalentkonzentration

Die Äquivalentkonzentration (Normalität) eines Stoffes B in einer Lösung ist der Quotient aus der Stoffmenge der Äquivalente des Stoffes B und dem Volumen der Lösung.

$$c_{Ä,B} = \frac{n_{Ä,B}}{v_{Lg}}$$

Es gelten die gleichen Einheiten wie für die Stoffmengenkonzentration (siehe Erläuterung 3). Eine Lösung der Äquivalentkonzentration $c_{Ä,B}$ = 1 mol/l heißt 1normal, abgekürzt 1 N.

Molalität

Die Molalität eines Stoffes B in einer Lösung ist der Quotient aus der Stoffmenge des Stoffes B und der Masse des Lösungsmittels.

$$c_{m,B} = \frac{n_B}{m_{Lm}}$$

Die SI-Einheit ist 1 mol/kg. Andere zulässige Einheiten sind mol/g, kmol/kg, mmol/g.
Eine Lösung der Molalität $c_{m,B}$ = 1 mol/kg heißt 1molal, abgekürzt 1 m.

Massenkonzentration

Die Massenkonzentration eines Stoffes B in einer Lösung ist der Quotient aus der Masse des Stoffes B und dem Volumen der Lösung.

$$\varrho_B = \frac{m_B}{v_{Lg}}$$

Die SI-Einheit ist 1 kg/m³. Andere zuläßige Einheiten sind g/l, mg/ml, mg/l, g/cm³, µg/ml.
Unzulässig sind mg-% oder g-% = g/100 ml sowie Verhältniseinheiten %, ‰, ppm, ppb.

Volumenkonzentration

Die Volumenkonzentration eines Stoffes B in einer Mischphase ist der Quotient aus dem Volumen des Stoffes B und dem Gesamtvolumen der Mischphase.

$$\sigma_B = \frac{v_B}{v_{ges}}$$

Die SI-Einheit ist m³/m³. Andere zulässige Einheiten sind l/l, ml/l, l/m³, cm³/l, l/hl.
Die Größe Volumenkonzentration ist für ideale und für nichtideale Mischungen anwendbar (Erläuterung 4).

Stoffmengenanteil

Der Stoffmengenanteil (Molenbruch) eines Stoffes B in einer Mischphase ist der Quotient aus der Stoffmenge des Stoffes B und der Summe der Stoffmengen aller Komponenten der Mischphase.

$x_B = \frac{n_B}{\sum n_i}$ Die SI-Einheit ist mol/mol = 1.
Andere zulässige Einheiten sind mmol/mol, mol/mol, mol/kmol, %, ‰, ppm, ppb.
Mol-% und Atom-% sind zu ersetzen durch Stoffmengenanteil in %.

Massenanteil

Der Massenanteil (Massenbruch) eines Stoffes B in einer Mischphase ist der Quotient aus der Masse des Stoffes B und der Summe der Massen aller Komponenten der Mischphase.

$w_B = \frac{m_B}{\sum m_i}$ Die SI-Einheit ist kg/kg = 1.
Andere zulässige Einheiten sind g/kg, mg/g, mg/kg, g/g, %, ‰, ppm, ppb.
Masse-%, g-%, Gew.-% sind zu ersetzen durch Massenanteil in %, mg-% durch Massenanteil in ‰.

Volumenanteil

Der Volumenanteil (Volumenbruch) eines Stoffes B in einer Mischphase ist der Quotient aus dem Volumen des Stoffes B und der Summe der Volumina aller Komponenten der Mischphase.

$\varphi_B = \frac{v_B}{\sum v_i}$ Die SI-Einheit ist m³/m³ = 1.
Andere zulässige Einheiten sind l/l, l/m³, cm³/l, ml/l, %, ‰, ppm, ppb.
Vol.-% ist zu ersetzen durch Volumenanteil in %. Die Größe Volumenanteil ist nur für ideale Mischphasen eindeutig (Erläuterung 4).

1.4.3. Umrechnung von Konzentrationsgrößen
(ϱ Dichte der Lösung; alle Größen in kohärenten SI-Einheiten)

	c_B	$c_{m,B}$	ϱ_B	x_B	w_B
$c_B =$	c_B	$\frac{c_{m,B} \cdot \varrho}{1 + c_{m,B} \cdot M_B}$	$\frac{\varrho_B}{M_B}$	$\frac{x_B \cdot \varrho}{\sum x_i \cdot M_i}$	$\frac{w_B \cdot \varrho}{M_B}$
$c_{m,B} =$	$\frac{c_B}{\varrho - c_B M_B}$	$c_{m,B}$	$\frac{\varrho_B}{M_B(\varrho - \varrho_B)}$	$\frac{x_B}{x_{Lm} \cdot M_{Lm}}$	$\frac{w_B}{w_{Lm} \cdot M_B}$
$\varrho_B =$	$c_B \cdot M_B$	$\frac{c_{m,B} \cdot M_B \cdot \varrho}{1 + c_{m,B} \cdot M_B}$	ϱ_B	$\frac{x_B \cdot M_B \cdot \varrho}{\sum x_i \cdot M_i}$	$w_B \cdot \varrho$
$x_B =$	$\frac{c_B \cdot M_{Lm}}{\varrho + c_B(M_{Lm} - M_B)}$	$\frac{c_{m,B} \cdot M_{Lm}}{1 + c_{m,B} \cdot M_{Lm}}$	$\frac{\varrho_B \cdot M_{Lm}}{\varrho_B \cdot M_{Lm} + M_B(\varrho - \varrho_B)}$	x_B	$\frac{w_B}{M_B \cdot \sum \frac{w_i}{M_i}}$
$w_B =$	$\frac{c_B \cdot M_B}{\varrho}$	$\frac{c_{m,B} \cdot M_B}{1 + c_{m,B} \cdot M_B}$	$\frac{\varrho_B}{\varrho}$	$\frac{x_B \cdot M_B}{\sum x_i \cdot M_i}$	w_B

1.5. Konstanten

Größe	Zeichen	Zahlenwert	SI-Einheit
Avogadro-Konstante	N_A	$6{,}022042 \cdot 10^{23}$	1/mol
Bohrsches Magneton	$\mu_B = e\hbar/2m_e$	$9{,}274078 \cdot 10^{-24}$	J/T
Bohrscher Radius	$a_0 = \alpha/4\pi R_\infty$	$5{,}2917706 \cdot 10^{-11}$	m
Boltzmann-Konstante	$k = R/N_A$	$1{,}380662 \cdot 10^{-23}$	J/K
Compton-Wellenlänge			
–, Elektron	$\lambda_{C,e} = h/m_e c$	$2{,}4263089 \cdot 10^{-12}$	m
–, Neutron	$\lambda_{C,n} = h/m_n c$	$1{,}3195909 \cdot 10^{-15}$	m
–, Proton	$\lambda_{C,p} = h/m_p c$	$1{,}3214099 \cdot 10^{-15}$	m
Elektronenradius	$r_e = \alpha^2 a_0$	$2{,}817938 \cdot 10^{-15}$	m
Elementarladung	e	$1{,}6021892 \cdot 10^{-19}$	C
Fallbeschleunigung	g_n	$9{,}80665$	m/s^2
Faraday-Konstante	$F = N_A e$	$9{,}648456 \cdot 10^4$	C/mol
Feinstrukturkonstante	$\alpha = \mu_0 c e^2/2h$	$7{,}2973506 \cdot 10^{-3}$	1
Gaskonstante	R	$8{,}31441$	J/(mol · K)
Gravitationskonstante	G	$6{,}6720 \cdot 10^{-11}$	Nm^2/kg^2
gyromagnetisches Verhältnis	γ_p	$2{,}6751987 \cdot 10^8$	1/(T · s)
Hartree-Energie	$E_h = 2hcR_\infty$	$4{,}359814 \cdot 10^{-18}$	J
Kernmagneton	$\mu_N = e\hbar/2m_p$	$5{,}050824 \cdot 10^{-27}$	J/T
Landéscher g-Faktor	$g_e = 2\mu_e/\mu_B$	$2{,}0023193134$	1
Lichtgeschwindigkeit	c	$2{,}99792458 \cdot 10^8$	m/s
Loschmidt-Konstante	$n_0 = N_A/V_0$	$2{,}686754 \cdot 10^{25}$	$1/m^3$
magnet. Moment (Elektron)	μ_e	$9{,}284832 \cdot 10^{-24}$	J/T
Molvolumen	$V_0 = RT_0/p_0$	$2{,}241383 \cdot 10^{-2}$	m^3/mol
Nernst-Faktor	$N_F = RT_0/F$	$5{,}915945 \cdot 10^{-2}$	V
Normdruck	p_0	$1{,}01325 \cdot 10^5$	Pa
Nullpunkt der Celsius-Skala	T_0	$2{,}7315 \cdot 10^2$	K
Permeabilität des Vakuums	μ_0	$1{,}2566370614 \cdot 10^{-6}$	H/m
Permittivität des Vakuums	$\varepsilon_0 = 1/\mu_0 c^2$	$8{,}85418782 \cdot 10^{-12}$	F/m
Planck-Konstante	h	$6{,}626176 \cdot 10^{-34}$	J · s
(Drehimpulsquantum)	$\hbar = h/2\pi$	$1{,}0545887 \cdot 10^{-34}$	J · s
Ruhmasse, Elektron	m_e	$9{,}109534 \cdot 10^{-31}$	kg
–, Neutron	m_n	$1{,}6749543 \cdot 10^{-27}$	kg
–, Proton	m_p	$1{,}6726485 \cdot 10^{-27}$	kg
Rydberg-Konstante	$R_\infty = \mu_0^2 m_e e^4 c^3/8h^3$	$1{,}097373177 \cdot 10^7$	1/m
Strahlungskonstante			
1. Plancksche Konstante	$c_1 = 2\pi hc^2$	$3{,}741832 \cdot 10^{-16}$	$W \cdot m^2$
2. Plancksche Konstante	$c_2 = hc/k$	$1{,}438786 \cdot 10^{-2}$	K · m
Stefan-Boltzmannsche Konstante	$\sigma = \pi^2 k^4/60\hbar^3 c^2$	$5{,}67032 \cdot 10^{-8}$	$W/(m^2 \cdot K^4)$
Wiensche Konstante	$W = \lambda_{max} T$	$2{,}897790 \cdot 10^{-3}$	K · m
Wellenwiderstand des Vakuums	$Z_0 = \sqrt{\mu_0/\varepsilon_0}$	$3{,}76731 \cdot 10^2$	Ω

2. Namen, relative Atommassen und ausgewählte Eigenschaften der Elemente

In der folgenden Tabelle sind die Namen, Symbole, Ordnungszahlen, relativen Atommassen, Schmelzpunkte, Siedepunkte und Dichten der Elemente aufgeführt. Die Zahlenwerte für die relativen Atommassen A_r sind der von der IUPAC 1981 veröffentlichten Tabelle entnommen. Sie sind im allgemeinen mit so vielen Dezimalen angegeben, daß die Genauigkeit der letzten Ziffer innerhalb der Grenzen von ± 1 schwankt. Bei den mit * gekennzeichneten Zahlenwerten beträgt die Schwankungsbreite der letzten Ziffer ± 3, bei Wasserstoff ± 7. Die in runden Klammern stehenden Werte für einige radioaktive Elemente entsprechen der relativen Atommasse des Isotops mit der längsten Halbwertszeit. Die Schmelz- (Schmp.) und Siedepunkte (Sdp.) in °C gelten für Normdruck. Die Dichten ϱ in g/cm³ (bei Gasen # in g/dm³) sind für 20 °C (bei Gasen für 0 °C) und Normdruck aufgeführt.

Tabelle der Elemente

Element	Symbol	Ordnungszahl	A_r	Schmp.	Sdp.	ϱ
Actinium	Ac	89	227,0278	1050	3200	10,060
Aluminium	Al	13	26,98154	660,46	2467	2,699
Americium	Am	95	(243)	922	2607	11,7
Antimon	Sb	51	121,75*	630,755	1590	6,618
Argon	Ar	18	39,948	−189,3	−185,856	1,7837#
Arsen	As	33	74,9216	815	613 (subl.)	5,72
Astat	At	85	(210)	302	335	–
Barium	Ba	56	137,33	729	1637	3,650
Berkelium	Bk	97	(247)	–	–	–
Beryllium	Be	4	9,01218	1278	2477	1,850
Bismut	Bi	83	208,9804	271,442	1559	9,800
Blei	Pb	82	207,2	327,502	1751	11,392
Bor	B	5	10,81	2030	3900	2,340
Brom	Br	35	79,904	−7,25	58,78	3,140
Cadmium	Cd	48	112,41	321,108	767	8,642
Caesium	Cs	55	132,9054	28,50	671	1,873
Calcium	Ca	20	40,08	839	1484	1,540
Californium	Cf	98	(251)	–	–	–
Cerium	Ce	58	140,12	798	3426	6,768
Chlor	Cl	17	35,453	−100,98	−34,1	3,214#
Chromium	Cr	24	51,996	1857	2672	7,190
Cobalt	Co	27	58,9332	1495	2928	8,90
Curium	Cm	96	(247)	–	–	7,0
Dysprosium	Dy	66	162,50*	1409	2562	8,559
Einsteinium	Es	99	(252)	–	–	–

Element	Symbol	Ordnungszahl	A_r	Schmp.	Sdp.	ϱ
Eisen	Fe	26	55,847*	1536	2860	7,860
Erbium	Er	68	167,26*	1522	2863	9,062
Europium	Eu	63	151,96	816	1597	5,24
Fermium	Fm	100	(257)	–	–	–
Fluor	F	9	18,998403	–219,62	–188,2	1,696#
Francium	Fr	87	(223)	27	677	–
Gadolinium	Gd	64	157,25*	1312	3265	7,886
Gallium	Ga	31	69,72	29,78	2225	5,900
Germanium	Ge	32	72,59*	937,3	2830	5,3265
Gold	Au	79	196,9665	1064,43	2857	19,30
Hafnium	Hf	72	178,49*	2227	4603	13,360
Helium	He	2	4,00260	–272,2(p)	–268,94	0,1785#
Holmium	Ho	67	164,9304	1470	2695	8,799
Indium	In	49	114,82	156,634	2073	7,362
Iod	I	53	126,9045	113,6	184,35	4,932
Iridium	Ir	77	192,22*	2447	4430	22,650
Kalium	K	19	39,0983	63,65	759	0,862
Kohlenstoff	C	6	12,011	3540 subl.	4200	2,25 Graphit
Krypton	Kr	36	83,80	–157,4	–152,9	3,744#
Kupfer	Cu	29	63,546*	1084,68	2563	8,9326
Kurtschatovium[1])	Ku	104	(261)	–	–	–
Lanthan	La	57	138,9055*	920	3457	6,174
Lawrencium	Lr	103	(260)	–	–	–
Lithium	Li	3	6,941*	180,54	1342	0,534
Lutetium	Lu	71	174,967	1663	3300	9,849
Magnesium	Mg	12	24,305	648,8	1090	1,741
Mangan	Mn	25	54,9380	1244	2062	7,44
Mendelevium	Md	101	(258)	–	–	–
Molybdän	Mo	42	95,94	2623	4639	10,22
Natrium	Na	11	22,98977	97,81	892,9	0,971
Neodymium	Nd	60	144,24*	1010	3130	7,007
Neon	Ne	10	20,179	–248,567	–246,048	0,9006#
Neptunium	Np	93	237,0482	640	3900	20,4
Nickel	Ni	28	58,69	1453	2730	8,90
Nielsbohrium[1])	Ns	105	(262)	–	–	–
Niobium	Nb	41	92,9064	2477	4744	8,58
Nobelium	No	102	(259)	–	–	–
Osmium	Os	76	190,2	3045	5030	22,71
Palladium	Pd	46	106,42	1554	3125	12,02
Phosphor	P	15	30,97376	44,1 (w.)	280,5 (w.)	1,820
Platin	Pt	78	195,08*	1769	3825	21,45
Plutonium	Pu	94	(244)	640	3230	19,8
Polonium	Po	84	(209)	254	962	9,40
Praseodymium	Pr	59	140,9077	931	3012	6,769

[1]) Von der IUPAC als vorläufig vorgeschlagene Namen: Unnilquadium (Unq) für Ku, Unnilpentium (Unp) für Ns [vgl. Pure appl. Chem. **51** (1979) S. 381 bis 384].

Element	Symbol	Ordnungszahl	A_r	Schmp.	Sdp.	ϱ
Promethium	Pm	61	(145)	1035	3512	–
Protactinium	Pa	91	231,0359	1230	–	15,4
Quecksilber	Hg	80	200,59*	–38,841	356,66	13,5457
Radium	Ra	88	226,0254	729	1536	6,0
Radon	Rn	86	(222)	–71	–62	9,96#
Rhenium	Re	75	186,207	3180	5600	21,04
Rhodium	Rh	45	102,9055	1963	3700	12,41
Rubidium	Rb	37	85,4678*	39,5	688	1,532
Ruthenium	Ru	44	101,07*	2250	4150	12,40
Samarium	Sm	62	150,36*	1072	1790	7,536
Sauerstoff	O	8	15,9994*	–218,8	–182,962	1,42895#
Scandium	Sc	21	44,9559	1539	2830	2,99
Schwefel	S	16	32,06	112,8 (rh)	444,674	2,070 (rh.)
Selen	Se	34	78,96*	217,4	648,9	4,7924 (am.)
Silber	Ag	47	107,8682*	961,93	2180	10,50
Silicium	Si	14	28,0855*	1412	2630	2,3263
Stickstoff	N	7	14,0067	–210	–195,806	1,25046#
Strontium	Sr	38	87,62	768	1377	2,67
Tantal	Ta	73	180,9479	2996	5425	16,69
Technetium	Tc	43	(98)	2200	4300	11,49
Tellur	Te	52	127,60*	449,5	990	6,25 (am.)
Terbium	Tb	65	158,9254	1357	3222	8,253
Thallium	Tl	81	204,383	303,5	1457	11,85
Thorium	Th	90	232,0381	1755	4788	11,71
Thulium	Tm	69	168,9342	1545	1727	9,318
Titanium	Ti	22	47,88*	1670	3289	4,505
(Unnilhexium)[1]	(Unh)	106	(263)	–	–	–
Uranium	U	92	238,0289	1133	3930	19,16
Vanadium	V	23	50,9415*	1890	3400	6,11
Wasserstoff	H	1	1,00794*	–259,36	–252,87	0,08987#
Wolfram	W	74	183,85*	3422	5600	19,27
Xenon	Xe	54	131,29*	–111,9	–108,1	5,896#
Ytterbium	Yb	70	173,04*	824	1194	6,959
Yttrium	Y	39	88,9059	1526	3338	4,472
Zink	Zn	30	65,38	419,58	907	7,13
Zinn	Sn	50	118,69*	231,968	2270	7,28 (β)
Zirconium	Zr	40	91,22	1852	4400	6,49

[1]) Von der IUPAC als vorläufig vorgeschlagener Name [vgl. Pure appl. Chem. **51** (1979) S. 381 bis 384].

Grundterme $^{2S+1}L_J$, Ionisierungsenergien ε_I und Atomvolumina V_A

Ordnungszahl	Symbol	Grundterm	ε_I (I) in eV	ε_I (II) in eV	ε_I (III) in eV	V_A in cm^3/mol
1	H	$^2S_{1/2}$	13,60			22,43
2	He	$^1S_0$	24,58	54,1		22,42
3	Li	$^2S_{1/2}$	5,39	75,7	121,8	12,99
4	Be	$^1S_0$	9,32	18,2	153,9	4,85
5	B	$^2P_{1/2}$	8,30	25,1	37,9	4,64
6	C	$^3P_0$	11,26	24,8	47,9	5,46
7	N	$^4S_{3/2}$	14,53	29,6	47,4	22,40
8	O	$^3P_2$	13,61	35,2	54,9	22,39
9	F	$^2P_{3/2}$	17,42	34,9	62,7	22,40
10	Ne	$^1S_0$	21,56	40,9	63,9	22,42
11	**Na**	$^2S_{1/2}$	5,14	47,3	71,7	26,68
12	Mg	$^1S_0$	7,64	15,0	80,2	13,69
13	Al	$^2P_{1/2}$	5,98	18,8	28,5	10,00
14	Si	$^3P_0$	8,15	16,4	33,5	12,08
15	P	$^4S_{3/2}$	10,48	19,7	30,2	2,69
16	S	$^3P_2$	10,36	23,4	35,1	15,49
17	Cl	$^2P_{3/2}$	13,01	23,7	39,9	22,06
18	Ar	$^1S_0$	15,76	27,5	40,7	22,39
19	K	$^2S_{1/2}$	4,34	31,7	45,5	45,40
20	Ca	$^1S_0$	6,11	11,9	51,0	26,03
21	Sc	$^2D_{3/2}$	6,56	12,8	24,8	15,04
22	Ti	$^3F_2$	6,83	13,6	27,6	10,63
23	V	$^4F_{3/2}$	6,8	14,1	26,5	8,32
24	Cr	$^7S_3$	6,76	16,7	(32)	7,20
25	Mn	$^6S_{5/2}$	7,43	15,5	(34)	7,39
26	Fe	$^5D_4$	7,90	16,5	30	7,1
27	Co	$^4F_{9/2}$	7,86	17,4	(34)	6,62
28	Ni	$^3F_4$	7,63	18,3	(36)	6,59
29	Cu	$^2S_{1/2}$	7,72	20,2	(38)	7,09
30	Zn	$^1S_0$	9,39	18	40	9,17
31	Ga	$^2P_{1/2}$	5,97	20,5	30,8	11,80
32	Ge	$^3P_0$	7,88	16,0	34,2	13,63
33	As	$^4S_{3/2}$	10,51	20	28,2	13,10
34	Se	$^3P_2$	9,75	21	34	16,47
35	Br	$^2P_{3/2}$	11,84	19,2	35,6	25,40
36	Kr	$^1S_0$	13,99	24,5	36,8	22,25
37	Rb	$^2S_{1/2}$	4,18	27,3	39,7	55,79
38	Sr	$^1S_0$	5,69	11,0	(43)	32,82
39	Y	$^2D_{3/2}$	6,38	12,3	20,4	19,88
40	Zr	$^3F_2$	6,95	14	24,1	14,03
41	Nb	$^6D_{1/2}$	6,88	(13)	(25)	10,87
42	Mo	$^7S_3$	7,13	–	(27)	9,39
43	Tc	$^6S_{5/2}$	7,45	–	(29)	–
44	Ru	$^5F_5$	7,36	(16)	(29)	8,22
45	Rh	$^4F_{9/2}$	7,46	(18)	(31)	8,23
46	Pd	$^1S_0$	8,33	19,8	(33)	8,79

Ordnungs-zahl	Symbol	Grundterm	ε_I (I) in eV	ε_I (II) in eV	ε_I (III) in eV	V_A in cm^3/mol
47	Ag	$^2S_{1/2}$	7,57	21,4	35,9	10,27
48	Cd	$^1S_0$	8,98	16,9	38,1	13,01
49	In	$^2P_{1/2}$	5,79	18,9	27,9	15,73
50	Sn	$^3P_0$	7,33	14,6	30,7	16,28
51	Sb	$^4S_{3/2}$	8,64	(17,0)	24,9	18,22
52	Te	$^3P_2$	9,01	(19,0)	30,6	20,41
53	I	$^2P_{3/2}$	10,45	19,0	(31)	25,73
54	Xe	$^1S_0$	12,13	21,2	32,1	22,27
55	Cs	$^2S_{1/2}$	3,89	23,4	(34)	70,95
56	Ba	$^1S_0$	5,21	10,0	(37)	38,04
57	La	$^2D_{3/2}$	5,61	11,4	19,1	22,88
58	Ce	$^1G_4$	6,91	–	–	20,70
59	Pr	$^4I_{9/2}$	5,76	–	–	20,82
60	Nd	$^5I_4$	6,31	–	–	20,59
61	Pm	$^6H_{5/2}$	–	–	–	–
62	Sm	$^7F_0$	6,55	11,4	–	19,95
63	Eu	$^8S_{7/2}$	5,64	11,2	–	28,97
64	Gd	$^9D_2$	6,16	–	–	19,94
65	Tb	$^6H_{15/2}$	6,75	–	–	19,26
66	Dy	$^5I_8$	6,82	–	–	18,99
67	Ho	$^4I_{15/2}$	–	–	–	18,75
68	Er	$^3H_6$	–	–	–	18,46
69	Tm	$^2F_{7/2}$	–	–	–	18,13
70	Yb	$^1S_0$	6,24	12	–	24,87
71	Lu	$^2D_{3/2}$	6,15	–	(19)	17,77
72	Hf	$^3F_2$	5,50	14,8	(21)	13,36
73	Ta	$^4F_{3/2}$	7,88	–	(22)	10,90
74	W	$^5D_0$	7,98	–	(24)	9,55
75	Re	$^6S_{5/2}$	7,87	(13)	(26)	8,85
76	Os	$^5D_4$	8,70	(15)	(25)	8,46
77	Ir	$^4F_{9/2}$	9,2	(16)	(27)	8,58
78	Pt	$^3D_3$	8,96	18,5	(29)	9,07
79	Au	$^2S_{1/2}$	9,23	20,0	(30)	10,21
80	Hg	$^1S_0$	10,43	18,8	34	14,81
81	Tl	$^2P_{1/2}$	6,10	20,3	29,8	17,25
82	Pb	$^3P_0$	7,42	15,0	31,9	11,34
83	Bi	$^4S_{3/2}$	7,29	(17)	26,6	21,35
86	Rn	$^1S_0$	10,69	(20)	(30)	–
88	Ra	$^1S_0$	5,25	10,5	(34)	–
90	Th	$^3F_2$	–	–	–	19,8
92	U	$^5L_6$	4,0	–	–	12,44

3. Periodensystem der Elemente

Gruppe → Periode ↓	I A	II A	III B	IV B	V B	VI B	VII B	VIII B	VIII B
1	1 **H** 1,00794 1								
2	3 **Li** 6,941 2 1	4 **Be** 9,01218 2 2							
3	11 **Na** 22,98977 2 8 1	12 **Mg** 24,305 2 8 2							
4	19 **K** 39,0983 2 8 8 1	20 **Ca** 40,08 2 8 8 2	21 **Sc** 44,9559 2 8 9 2	22 **Ti** 47,88 2 8 10 2	23 **V** 50,9415 2 8 11 2	24 **Cr** 51,996 2 8 13 1	25 **Mn** 54,9380 2 8 13 2	26 **Fe** 55,847 2 8 14 2	27 **Co** 58,9332 2 8 15 2
5	37 **Rb** 85,4678 2 8 18 8 1	38 **Sr** 87,62 2 8 18 8 2	39 **Y** 88,9059 2 8 18 9 2	40 **Zr** 91,22 2 8 18 10 2	41 **Nb** 92,9064 2 8 18 12 1	42 **Mo** 95,94 2 8 18 13 1	43 **Tc** (98) 2 8 18 14 1	44 **Ru** 101,07 2 8 18 15 1	45 **Rh** 102,9055 2 8 18 16 1
6	55 **Cs** 132,9054 2 8 18 18 8 1	56 **Ba** 137,33 2 8 18 18 8 2	57 … 71	72 **Hf** 178,49 2 8 18 32 10 2	73 **Ta** 180,9479 2 8 18 32 11 2	74 **W** 183,85 2 8 18 32 12 2	75 **Re** 186,207 2 8 18 32 13 2	76 **Os** 190,2 2 8 18 32 14 2	77 **Ir** 192,22 2 8 18 32 15 2
7	87 **Fr** (223) 2 8 18 32 18 8 1	88 **Ra** 226,0254 2 8 18 32 18 8 2	89 … 103	104 **Ku** **(Unq)** (261) 2 8 18 32 32 10 2	105 **Ns** **(Unp)** (262) 2 8 18 32 32 11 2	106 **(Unh)** (263) 2 8 18 32 32 12 2			

	III B	IV B	V B	VI B	VII B	VIII B	VIII B
Lanthanoide	57 **La** 138,9055 2 8 18 18 9 2	58 **Ce** 140,12 2 8 18 19 9 2	59 **Pr** 140,9077 2 8 18 21 8 2	60 **Nd** 144,24 2 8 18 21 9 2	61 **Pm** (145) 2 8 18 22 9 2	62 **Sm** 150,36 2 8 18 23 9 2	63 **Eu** 151,96 2 8 18 24 9 2
Actinoide	89 **Ac** 227,0278 2 8 18 32 18 9 2	90 **Th** 232,0381 2 8 18 32 18 10 2	91 **Pa** 231,0359 2 8 18 32 20 9 2	92 **U** 238,0289 2 8 18 32 21 9 2	93 **Np** 237,0482 2 8 18 32 22 9 2	94 **Pu** (244) 2 8 18 32 23 9 2	95 **Am** (243) 2 8 18 32 24 9 2

Zahl über dem Symbol: Ordnungszahl; Zahl unter dem Symbol: Atommasse; Angaben in runden Klammern bei radioaktiven Elementen entsprechen jeweils dem Isotop mit der längsten Halbwertszeit.

Periodensystem

VIII B	I B	II B	III A	IV A	V A	VI A	VII A	Edelgase	Gruppe ← Periode ↑
								2 **He** 4,00260 2	1
			5 **B** 10,81 2 3	6 **C** 12,011 2 4	7 **N** 14,0067 2 5	8 **O** 15,9994 2 6	9 **F** 18,998403 2 7	10 **Ne** 20,179 2 8	2
			13 **Al** 26,98154 2 8 3	14 **Si** 28,0855 2 8 4	15 **P** 30,97376 2 8 5	16 **S** 32,06 2 8 6	17 **Cl** 35,453 2 8 7	18 **Ar** 39,948 2 8 8	3
28 **Ni** 58,69 2 8 16 2	29 **Cu** 63,546 2 8 18 1	30 **Zn** 65,38 2 8 18 2	31 **Ga** 69,72 2 8 18 3	32 **Ge** 72,59 2 8 18 4	33 **As** 74,9216 2 8 18 5	34 **Se** 78,96 2 8 18 6	35 **Br** 79,904 2 8 18 7	36 **Kr** 83,80 2 8 18 8	4
46 **Pd** 106,42 2 8 18 18	47 **Ag** **107,8682** 2 8 18 18 1	48 **Cd** 112,41 2 8 18 18 2	49 **In** 114,82 2 8 18 18 3	50 **Sn** 118,69 2 8 18 18 4	51 **Sb** 121,75 2 8 18 18 5	52 **Te** 127.60 2 8 18 18 6	53 **I** 126,9045 2 8 18 18 7	54 **Xe** 131,29 2 8 18 18 8	5
78 **Pt** 195,08 2 8 18 32 17 1	79 **Au** 196,9665 2 8 18 32 18 1	80 **Hg** 200,59 2 8 18 32 18 2	81 **Tl** 204,383 2 8 18 32 18 3	82 **Pb** 207,2 2 8 18 32 18 4	83 **Bi** 208,9804 2 8 18 32 18 5	84 **Po** (209) 2 8 18 32 18 6	85 **At** (210) 2 8 18 32 18 7	86 **Rn** (222) 2 8 18 32 18 8	6
									7

64 **Gd** 157,25 2 8 18 25 9 2	65 **Tb** 158,9254 2 8 18 27 8 2	66 **Dy** 162,50 2 8 18 28 8 2	67 **Ho** 164,9304 2 8 18 29 8 2	68 **Er** 167,26 2 8 18 30 8 2	69 **Tm** 168,9342 2 8 18 31 8 2	70 **Yb** 173,04 2 8 18 32 8 2	71 **Lu** 174,967 2 8 18 32 9 2
96 **Cm** (247) 2 8 18 32 25 9 2	97 **Bk** (247) 2 8 18 32 26 9 2	98 **Cf** (251) 2 8 18 32 28 8 2	99 **Es** (252) 2 8 18 32 29 8 2	100 **Fm** (257) 2 8 18 32 30 8 2	101 **Md** (258) 2 8 18 32 31 8 2	102 **No** (259) 2 8 18 32 32 8 2	103 **Lr** (260) 2 8 18 32 32 9 2

Zahlen rechts neben dem Symbol: Verteilung der Elektronen auf die K-, L-, M-, N-, O-, P-, Q-Schalen; Elektronenkonfiguration s. Tab. 3.1., S. 38.

3.1. Elektronenkonfiguration der Elemente

Die Tabelle gibt die Elektronenkonfiguration der freien Atome im Grundzustand an, unterteilt in Schalen entsprechend der Hauptquantenzahl n und in s-, p-, d-, f-Zustände[1]) entsprechend der Bahndrehimpulsquantenzahl l.

Element mit Ordnungszahl	K 1s	L 2s	2p	M 3s	3p	3d	N 4s	4p	4d	4f	O 5s	5p	5d	5f	P 6s	6p	6d	Q 7s
1 H	1																	
2 He	2																	
3 Li	2	1																
4 Be	2	2																
5 B	2	2	1															
6 C	2	2	2															
7 N	2	2	3															
8 O	2	2	4															
9 F	2	2	5															
10 Ne	2	2	6															
11 Na	2	2	6	1														
12 Mg	2	2	6	2														
13 Al	2	2	6	2	1													
14 Si	2	2	6	2	2													
15 P	2	2	6	2	3													
16 S	2	2	6	2	4													
17 Cl	2	2	6	2	5													
18 Ar	2	2	6	2	6													
19 K	2	2	6	2	6		1											
20 Ca	2	2	6	2	6		2											
21 Sc	2	2	6	2	6	1	2											
22 Ti	2	2	6	2	6	2	2											
23 V	2	2	6	2	6	3	2											
24 Cr	2	2	6	2	6	5	1											
25 Mn	2	2	6	2	6	5	2											
26 Fe	2	2	6	2	6	6	2											
27 Co	2	2	6	2	6	7	2											
28 Ni	2	2	6	2	6	8	2											
29 Cu	2	2	6	2	6	10	1											
30 Zn	2	2	6	2	6	10	2											
31 Ga	2	2	6	2	6	10	2	1										
32 Ge	2	2	6	2	6	10	2	2										
33 As	2	2	6	2	6	10	2	3										
34 Se	2	2	6	2	6	10	2	4										
35 Br	2	2	6	2	6	10	2	5										
36 Kr	2	2	6	2	6	10	2	6										

[1]) Die Abkürzungen sind auf die früheren spektroskopischen Bezeichnungen sharp (s), principal (p), diffus (d) und fundamental (f) zurückzuführen.

Element mit	K	L		M			N				O				P			Q
Ordnungszahl	1s	2s	2p	3s	3p	3d	4s	4p	4d	4f	5s	5p	5d	5f	6s	6p	6d	7s
37 Rb	2	2	6	2	6	10	2	6			1							
38 Sr	2	2	6	2	6	10	2	6			2							
39 Y	2	2	6	2	6	10	2	6	1		2							
40 Zr	2	2	6	2	6	10	2	6	2		2							
41 Nb	2	2	6	2	6	10	2	6	4		1							
42 Mo	2	2	6	2	6	10	2	6	5		1							
43 Tc	2	2	6	2	6	10	2	6	6		1							
44 Ru	2	2	6	2	6	10	2	6	7		1							
45 Rh	2	2	6	2	6	10	2	6	8		1							
46 Pd	2	2	6	2	6	10	2	6	10									
47 Ag	2	2	6	2	6	10	2	6	10		1							
48 Cd	2	2	6	2	6	10	2	6	10		2							
49 In	2	2	6	2	6	10	2	6	10		2	1						
50 Sn	2	2	6	2	6	10	2	6	10		2	2						
51 Sb	2	2	6	2	6	10	2	6	10		2	3						
52 Te	2	2	6	2	6	10	2	6	10		2	4						
53 I	2	2	6	2	6	10	2	6	10		2	5						
54 Xe	2	2	6	2	6	10	2	6	10		2	6						
55 Cs	2	2	6	2	6	10	2	6	10		2	6			1			
56 Ba	2	2	6	2	6	10	2	6	10		2	6			2			
57 La	2	2	6	2	6	10	2	6	10		2	6	1		2			
58 Ce	2	2	6	2	6	10	2	6	10	1	2	6	1		2			
59 Pr	2	2	6	2	6	10	2	6	10	3	2	6			2			
60 Nd	2	2	6	2	6	10	2	6	10	4	2	6			2			
61 Pm	2	2	6	2	6	10	2	6	10	5	2	6			2			
62 Sm	2	2	6	2	6	10	2	6	10	6	2	6			2			
63 Eu	2	2	6	2	6	10	2	6	10	7	2	6			2			
64 Gd	2	2	6	2	6	10	2	6	10	7	2	6	1		2			
65 Tb	2	2	6	2	6	10	2	6	10	9	2	6			2			
66 Dy	2	2	6	2	6	10	2	6	10	10	2	6			2			
67 Ho	2	2	6	2	6	10	2	6	10	11	2	6			2			
68 Er	2	2	6	2	6	10	2	6	10	12	2	6			2			
69 Tm	2	2	6	2	6	10	2	6	10	13	2	6			2			
70 Yb	2	2	6	2	6	10	2	6	10	14	2	6			2			
71 Lu	2	2	6	2	6	10	2	6	10	14	2	6	1		2			
72 Hf	2	2	6	2	6	10	2	6	10	14	2	6	2		2			
73 Ta	2	2	6	2	6	10	2	6	10	14	2	6	3		2			
74 W	2	2	6	2	6	10	2	6	10	14	2	6	4		2			
75 Re	2	2	6	2	6	10	2	6	10	14	2	6	5		2			
76 Os	2	2	6	2	6	10	2	6	10	14	2	6	6		2			
77 Ir	2	2	6	2	6	10	2	6	10	14	2	6	7		2			
78 Pt	2	2	6	2	6	10	2	6	10	14	2	6	9		1			
79 Au	2	2	6	2	6	10	2	6	10	14	2	6	10		1			
80 Hg	2	2	6	2	6	10	2	6	10	14	2	6	10		2			
81 Tl	2	2	6	2	6	10	2	6	10	14	2	6	10		2	1		
82 Pb	2	2	6	2	6	10	2	6	10	14	2	6	10		2	2		
83 Bi	2	2	6	2	6	10	2	6	10	14	2	6	10		2	3		

Element mit Ordnungszahl	K 1s	L 2s 2p	M 3s 3p 3d	N 4s 4p 4d 4f	O 5s 5p 5d 5f	P 6s 6p 6d	Q 7s
84 Po	2	2 6	2 6 10	2 6 10 14	2 6 10	2 4	
85 At	2	2 6	2 6 10	2 6 10 14	2 6 10	2 5	
86 Rn	2	2 6	2 6 10	2 6 10 14	2 6 10	2 6	
87 Fr	2	2 6	2 6 10	2 6 10 14	2 6 10	2 6	1
88 Ra	2	2 6	2 6 10	2 6 10 14	2 6 10	2 6	2
89 Ac	2	2 6	2 6 10	2 6 10 14	2 6 10	2 6 1	2
90 Th	2	2 6	2 6 10	2 6 10 14	2 6 10	2 6 2	2
91 Pa	2	2 6	2 6 10	2 6 10 14	2 6 10 2	2 6 1	2
92 U	2	2 6	2 6 10	2 6 10 14	2 6 10 3	2 6 1	2
93 Np	2	2 6	2 6 10	2 6 10 14	2 6 10 4	2 6 1	2
94 Pu	2	2 6	2 6 10	2 6 10 14	2 6 10 6	2 6	2
95 Am	2	2 6	2 6 10	2 6 10 14	2 6 10 7	2 6	2
96 Cm	2	2 6	2 6 10	2 6 10 14	2 6 10 7	2 6 1	2
97 Bk	2	2 6	2 6 10	2 6 10 14	2 6 10 9	2 6	2
98 Cf	2	2 6	2 6 10	2 6 10 14	2 6 10 10	2 6	2
99 Es	2	2 6	2 6 10	2 6 10 14	2 6 10 11	2 6	2
100 Fm	2	2 6	2 6 10	2 6 10 14	2 6 10 12	2 6	2
101 Md	2	2 6	2 6 10	2 6 10 14	2 6 10 13	2 6	2
102 No	2	2 6	2 6 10	2 6 10 14	2 6 10 14	2 6	2
103 Lr	2	2 6	2 6 10	2 6 10 14	2 6 10 14	2 6 1	2
104 Ku (Unq)	2	2 6	2 6 10	2 6 10 14	2 6 10 14	2 6 2	2
105 Ns (Unp)	2	2 6	2 6 10	2 6 10 14	2 6 10 14	2 6 3	2
106 (Unh)	2	2 6	2 6 10	2 6 10 14	2 6 10 14	2 6 5	1

Hinweis: Ab Thorium (90) ist die Anordnung der neu hinzukommenden Elektronen noch nicht gesichert.

4. Nomenklatur chemischer Verbindungen

4.1. Anorganische Verbindungen

Von der Anorganischen Nomenklatur-Kommission der IUPAC wurden 1971 Nomenklatur-Richtsätze veröffentlicht: »Nomenclature of Inorganic Chemistry-Definitive Rules 1970«. Im folgenden werden die wichtigsten Punkte der Richtsätze auszugsweise behandelt.

4.1.1. Elemente

Namen und Symbole der Elemente s. Tabelle, S. 31.

Massen- und Ordnungszahl, Anzahl der Atome

Massenzahl, Ordnungszahl, Anzahl der Atome und Ionenladung können durch vier Indizes am Elementsymbol kenntlich gemacht werden.

Beispiel:

$^{32}_{16}S^{2+}_{2}$ bedeutet: doppelt positiv geladene Molekel, die aus zwei Schwefelatomen besteht, von denen jedes die Ordnungszahl 16 und die Massenzahl 32 hat.

Isotope eines Elementes

Alle Isotope eines Elementes sollen den gleichen Namen tragen und nur durch ihre Massenzahl gekennzeichnet werden.

Beispiel:

Sauerstoff-18. Nur für die Wasserstoffisotope der Massen 1, 2 und 3 sind die eigenen Namen Protium, Deuterium und Tritium zulässig (Symbole: ^{1}H; ^{2}H oder D; ^{3}H oder T).

Latinisierte Namen einiger Elemente

Die im folgenden aufgeführten latinisierten Namen werden zur Bildung nomenklaturgerechter Namen benötigt. Der Name Hydrargyrum ist nur zur Erläuterung der Herkunft des Elementsymbols erwähnt. Zur Bildung nomenklaturgerechter Namen ist er jedoch nicht erforderlich.

Antimon	Antimonium, Stibium	Quecksilber	Mercurius (Hydrargyrum)
Blei	Plumbum	Sauerstoff	Oxygenium
Eisen	Ferrum	Schwefel	Sulfur
Gold	Aurum	Silber	Argentum
Kohlenstoff	Carboneum	Stickstoff	Nitrogenium
Kupfer	Cuprum	Wasserstoff	Hydrogenium
Nickel	Niccolum	Zink	Zincum
		Zinn	Stannum

Sammelnamen für Gruppen und Untergruppen von Elementen

Halogene (F, Cl, Br, I, At)
Chalkogene (O, S, Se, Te, Po)
Alkalimetalle (Li, Na, K, Rb, Cs, Fr)
Erdalkalimetalle (Ca, Sr, Ba, Ra)
Edelgase (He, Ne, Ar, Kr, Xe, Rn)
Seltenerdmetalle (Elemente 21, 39, 57 bis 71 [Sc, Y und La bis Lu])
Lanthanoide (Elemente 57 bis 71 [La bis Lu])
Actinoide (Elemente 89 bis 103 [Ac bis Lr])
Die Namen Uranoide und Curoide sollten in analoger Weise benutzt werden.
Die Elemente können eingeteilt werden in Metalle, Halbmetalle und Nichtmetalle; das Wort »Metalloide« soll nicht gebraucht werden.

4.1.2. Multiplikativzahlen für die Nomenklatur

1	mono- oder hen-	10	deca-	100	hecta-
2	di- oder do-	20	icosa-	200	dicta-
3	tri-	30	triaconta-	300	tricta-
4	tetra-	40	tetraconta-	400	tetracta-
5	penta-	50	pentaconta-	500	pentacta-
6	hexa-	60	hexaconta-	600	hexacta-
7	hepta-	70	heptaconta-	700	heptacta-
8	octa-	80	octaconta-	800	octacta-
9	nona-	90	nonaconta-	900	nonacta-

Hinweise:

1. Als alleinstehende Multiplikativzahlen heißen 1 mono- und 2 di-, kombiniert mit anderen Zahlen heißen 1 hen- und 2 do-.
   (bi- für 2 ist zu vermeiden, vgl. Hinweis 5)
   Ausnahme: 11 heißt undeca-, nicht hendeca-.
2. Der Anfangsbuchstabe i bei icosa- (20) wird eliminiert, wenn ein Zahlenpräfix auf einen Vokal endet: docosa, tricosa, aber henicosa.
3. Für die Reihenfolge gilt die entgegengesetzte Folge der arabischen Ziffern: 468 octahexacontatetracta-, 362 dohexacontatricta.
4. Multiplikativzahlen für komplexe Einheiten oder für substituierte Substituenten erhalten zusätzlich die Endung -kis, jedoch nicht bei mono- oder hen-:
   4 tetrakis, 231 hentriacontadictakis.
   Ausnahmen: 2 heißt bis-, 3 heißt tris-.
5. Für identische Komponenten in Ringsequenzen heißen die Zahlen bi- (2), ter- (3), quater- (4), quinque- (5), sexi- (6), septi- (7), octi- (8), novi (9), deci- (10); z. B. Biphenyl.

Veraltete Namen und Symbole der Elemente

Veraltet		Neu		Veraltet		Neu	
Argon	A	Argon	**Ar**	Jod	J	Iod	**I**
Cassiopeium	Cp	Lutetium	**Lu**	Lawrencium	Lw	Lawrencium	**Lr**
Celtium	Ct	Hafnium	**Hf**	Masurium	Ma	Technetium	**Tc**
Columbium	Cb	**Niobium**	**Nb**	Mendelevium	Mv	Mendelevium	**Md**
Einsteinium	E	Einsteinium	**Es**	Niton	Nt	Radon	**Rn**
Florentium	–	Promethium	**Pm**	Xenon	X	Xenon	**Xe**
Glucinium	Gl	Beryllium	**Be**				
Illinium	Il	Promethium	**Pm**				

4.1.3. Formeln und Namen für Verbindungen

Formeln

In den Formeln soll der elektropositive Bestandteil (Kation) immer zuerst angeführt werden.
Bei binären Verbindungen zwischen Nichtmetallen soll der Bestandteil zuerst angeführt werden, der in der folgenden Reihe dem anderen vorausgeht: Rn, Xe, Kr, B, Si, C, Sb, As, P, N, H, Te, Se, S, At, I, Br, Cl, O, F.

Beispiele:

XeF_2, NH_3, H_2S, S_2Cl_2, Cl_2O, OF_2.

Bei Verbindungen mit drei oder mehr Elementen sollen die Atome in der Reihenfolge genannt werden, in der sie tatsächlich gebunden sind.

Beispiele:

HOCN (Cyansäure), HONC (Knallsäure), $[SCN]^-$ und nicht $[CNS]^-$.

Sind zwei oder mehr unterschiedliche Atome oder Gruppen an ein einzelnes Zentralatom gebunden, ist das Symbol des Zentralatoms an erste Stelle zu setzen; ihm folgen die Symbole der anderen Atome oder Gruppen in alphabetischer Reihenfolge.

Beispiele:

$PBrCl_2$, $SbCl_2F$, PCl_3O, $P(NCO)_3O$, $PO(OCN)_3$.

Durch Isotope markierte Verbindungen schreibt man wie folgt:

$^{32}PCl_3$ Phosphor-[^{32}P]-trichlorid
$H^{36}Cl$ Chlor-[^{36}Cl]-wasserstoff
$^{2}H_2{}^{35}SO_4$ Schwefel-[^{35}S]-säure-[^{2}H].

Führt diese Bezeichnungsweise zu mißverständlichen oder schwer auszusprechenden Namen, so kann man die ganze Gruppe, die das markierte Atom enthält, anführen.

Beispiele:

$^{15}NO_2 \cdot NH_2$	Nitramid-[$^{15}NO_2$] und nicht Nitr-[^{15}N]-amid.
$NO_2 \cdot {}^{15}NH_2$	Nitramid-[$^{15}NH_2$]
$HOSO_2{}^{35}SH$	Thioschwefel-[^{35}SH]-säure
$HO_3S^{18}O{-}^{18}OSO_3H$	Peroxo-[$^{18}O_2$]-dischwefelsäure.

Rationelle Namen

Die Namen von Verbindungen werden gebildet, indem der Name des elektropositiveren Bestandteils vor den Namen des elektronegativeren Bestandteils gestellt wird (evtl. in gekürzter Form, z. B. »Kohlen« für Kohlenstoff).

a) Bei *einatomigen elektronegativen Bestandteilen* wird an den lateinischen Wortstamm die Endung -id angefügt.

Beispiele:

Natriumsulfid, Kohlendioxid, Sauerstoffdifluorid.

b) Bei *mehratomigen elektronegativen Bestandteilen* (sie werden in den Richtsätzen als Komplex behandelt) fügt man die Endung -at an. Der Name des negativen Komplexes wird vom Namen des charakteristischen Atoms oder des Zentralatoms abgeleitet. Anionische Liganden werden durch die Endung -o gekennzeichnet. Obgleich die Namen »Sulfat«, »Phosphat« usw. für Salze bestimmter Oxosäuren (Sauerstoffsäuren) gebraucht wurden, sollte jetzt ganz allgemein jede negative Gruppe, die Schwefel bzw. Phosphor als Zentralatom enthält, als Sulfat bzw. Phosphat angesprochen werden, unabhängig von der Oxydationsstufe des Zentralatoms und von der Art und Zahl der Liganden. Der Komplex kann durch eckige Klammern kenntlich gemacht werden; dies ist jedoch nicht immer notwendig.

Beispiele:

Na_2SO_4	Natrium-tetroxosulfat,
Na_2SO_3	Natrium-trioxosulfat,
$Na_2S_2O_3$	Natrium-trioxothiosulfat,
$K[POCl_2(NH)]$	Kalium-oxodichloroimidophosphat.

Häufig kann man diese Namen abkürzen, z. B. Natriumsulfat, Natriumthiosulfat, vgl. e).

c) Die *stöchiometrischen Mengenverhältnisse* können angegeben werden durch die Multiplikativzahlen mono, di, tri, tetra, penta, hexa, hepta, octa, nona, deca, undeca, dodeca; sie werden den betreffenden Elementen vorangestellt. Wenn kein Mißverständnis möglich ist, können die Zahlwörter weggelassen werden; das gilt insbesondere für das Zahlwort mono. Zahlwörter über 12 drückt man durch – gleichfalls ohne Bindestrich vorangestellte – arabische Ziffern aus.

Beispiele:

N_2O	Distickstoffoxid,	NO_2	Stickstoffdioxid,
N_2S_5	Distickstoffpentasulfid,	U_3O_8	Triuraniumoctoxid.

Will man auch die Anzahl von Atomgruppen angeben, in denen bereits Zahlwörter vorkommen, so drückt man die Anzahl der Gruppen durch die Multiplikativzahlen bis, tris, tetrakis, pentakis usw. aus.

Beispiel

$Ca[PCl_6]_2$ Calcium-bis(hexachlorophosphat).

d) Das *Mengenverhältnis der Bestandteile* kann auch durch die STOCKsche Bezeichnungsweise angegeben werden, d. h. durch die Oxydationsstufe eines Elementes.

Beispiele:

$FeCl_2$	Eisen(II)-chlorid,
$Pb_2^{II}Pb^{IV}O_4$	Diblei(II)-blei(IV)-oxid oder Tribleitetroxid,
$K_4[Fe(CN)_6]$	Kalium-hexacyanoferrat(II),
$K_4[Ni(CN)_4]$	Kalium-tetracyanoniccolat(0).

e) Beim Gebrauch der rationellen Namen kann man die Angabe der Anzahl der Atome, der Oxydationsstufen usw. weglassen, wenn dies überflüssig ist, wie z. B. bei Elementen mit im wesentlichen konstanter Wertigkeit.

Beispiele:

Natriumsulfat statt Natriumtetroxosulfat,
Kaliumcyanoferrat(III) statt Kaliumhexacyanoferrat(III).

Hydride

Namen für binäre Wasserstoffverbindungen werden nach den o. a. Regeln gebildet. Zur Bildung der Namen flüchtiger Hydride (mit Ausnahme der Elemente der Gruppe VII des Periodensystems und von Sauerstoff und Stickstoff) kann man an den Stamm des lateinischen Namens des Elementes die Endung -an anfügen. Anerkannte Ausnahmen sind Wasser, Ammoniak und Hydrazin, auch Phosphin, Arsin, Stibin und Bismutin sind erlaubt. Jedoch muß für alle Hydride, die mehr als ein Atom des Elementes enthalten, der mit der Endsilbe -an gebildete Name verwendet werden.

Beispiele:

PH_3	Phosphin oder Phosphan,	B_2H_6	Diboran,
P_2H_4	Diphosphan,	Si_3H_8	Trisilan,
AsH_3	Arsin oder Arsan,	H_2S_5	Pentasulfan,
As_2H_4	Diarsan,	H_2S_n	Polysulfan.

Trivialnamen

Allgemein gebräuchliche Trivialnamen für Oxosäuren (vgl. 4.1.5. Althergebrachte Namen) können beibehalten werden. Auch gewisse volkstümliche Namen, die nicht falsch gedeutet werden können, wie Soda, Chilesalpeter, Ätzkalk, können im technischen und populärwissenschaftlichen Schrifttum verwendet werden.

Vermieden werden sollen jedoch veraltete wissenschaftliche Bezeichnungen, die mit unseren heutigen Vorstellungen und Erkenntnissen im Widerspruch stehen, wie schwefelsaure Magnesia, salpetersaures Kali, Natriumsulfhydrat, Cyankali.

4.1.4. Ionen

Kationen

a) Einatomige Kationen tragen die gleichen Namen wie die entsprechenden Elemente.

Beispiele:

Cu^+ Kupfer(I)-Ion, Cu^{2+} Kupfer(II)-Ion, I^+ Iod-Kation.

b) Das gleiche gilt für mehratomige Kationen, wenn sie Radikalen entsprechen, deren Namen auf »yl« enden.

Beispiele:

NO^+ Nitrosyl-Kation, NO_2^+ Nitryl-Kation.

c) Mehratomige Kationen, die aus einatomigen Kationen durch Addition anderer Ionen oder neutraler Atome oder Molekeln (Liganden) gebildet sind, werden als Komplexe betrachtet und entsprechend benannt.

Beispiele:

$[Al(H_2O)_6]^{3+}$ Hexaquoaluminium-Ion,
$[CoCl(NH_3)_5]^{2+}$ Chloropentammincobalt(III)-Ion.

d) Leitet sich ein mehratomiges Kation von einem einatomigen Anion durch Addition von Protonen ab, so wird der Name durch Anfügen der Endung -onium an die Wurzel des lateinischen Namens des anionischen Elementes gebildet.

Beispiele:

$[XH_4]^+$ Phosphonium-, Arsonium-, Stibonium-Ion,
$[XH_3]^+$ Oxonium-, Sulfonium-, Selenonium-, Telluronium-Ion.

Das einfach hydratisierte Proton H_3O^+ heißt »Oxonium-Ion«, z. B. $[H_3O]^+[ClO_4]^-$ Oxoniumperchlorat. Der häufig gebrauchte Name »Hydronium« wird angewendet, wenn man keinen bestimmten Grad der Hydratation des Ions ausdrücken will, wie z. B. in wäßrigen Lösungen.
Der Name Ammonium für das NH_4^+-Ion wird beibehalten.

Anionen

a) Die Namen *einatomiger Anionen* werden durch Anhängen der Endung -id an den gegebenenfalls abgekürzten lateinischen Namen des Elements gebildet.

Beispiele:

H^-	Hydrid-Ion,	As^{3-}	Arsenid-Ion,
Cl^-	Chlorid-Ion,	C^{4-}	Carbid-Ion.

(Siehe auch Zusammenstellung 4.1.9., S. 52, Spalte »Anion«.)

b) Gewisse *mehratomige Anionen* enden gleichfalls auf -id.

Beispiele:

OH^-	Hydroxid-Ion,	NH_2^-	Amid-Ion,
O_2^-	Hyperoxid-Ion,	N_3^-	Azid-Ion,
O_3^-	Ozonid-Ion,	C_2^{2-}	Acetylid-Ion.

(Siehe auch Zusammenstellung 4.1.9., S. 52, Spalte »Anion«.)
Das OH^--Ion soll nicht Hydroxyl-Ion genannt werden. Der Name Hydroxyl ist auf die neutrale oder positiv geladene OH-Gruppe zu beschränken.
Die Namen für andere mehratomige Anionen sollen sich aus dem Namen des Zentralatoms und der Endung -at zusammensetzen. Atome oder Gruppen, die an ein Zentralatom gebunden sind, sollen ganz allgemein als Liganden eines Komplexes behandelt werden.

Beispiele:

$[Sb(OH)_6]^-$	Hexahydroxoantimonat(V)-Ion,
$[MnO_4]^{2-}$	Manganat(VI)-Ion,
$[MnO_4]^-$	Manganat(VII)-Ion.

4.1.5. Säuren

Die *Trivialnamen* Chlorwasserstoff, Cyanwasserstoff usw. (evtl. mit Zusatz »-säure«) können weiterhin anstelle der rationellen Namen Hydrogenchlorid, Hydrogencyanid usw. gebraucht werden.
Die *althergebrachten Namen* vieler Säuren mit mehratomigen Anionen (z. B. Schwefelsäure, Chlorsäure; zur Kennzeichnung eines anderen Sauerstoffgehalts auch mit End- oder Vorsilben) können beibehalten werden. Allgemein wird angestrebt, den Gebrauch der Vorsilben »ortho«, »meta«, »hypo«, »per« und die Endung »ige« soweit wie möglich einzuschränken und die rationellen Namen zu verwenden.

a) Oxosäuren (Sauerstoffsäuren)

Die Kennzeichnung einer niedrigeren Oxydationsstufe durch -ige soll auf diejenigen Säuren beschränkt werden, die den auf -it endigenden Anionen entsprechen. Die Vorsilbe hypo- kann in folgenden Fällen angewandt werden.

Beispiele:

$H_2N_2O_2$	hyposalpetrige Säure,
$H_4P_2O_6$	Hypophosphorsäure,
$HOCl$	hypochlorige Säure (entsprechend für die anderen Halogenverbindungen).

Die Vorsilbe per- zur Kennzeichnung einer höheren Oxydationsstufe kann für $HClO_4$ (Perchlorsäure) und die entsprechenden Verbindungen anderer Elemente der VII. Gruppe des Periodensystems beibehalten werden.
Die Vorsilben meta- und ortho- wurden zur Kennzeichnung eines unterschiedlichen »Wassergehaltes« verwendet.

Gutgeheißen werden:

H_3BO_3	Orthoborsäure,	H_6TeO_6	Orthotellursäure,
H_4SiO_4	Orthokieselsäure,	$(HBO_2)_x$	Metaborsäure,
H_3PO_4	Orthophosphorsäure,	$(H_2SiO_3)_x$	Metakieselsäure,
H_5IO_6	Orthoperiodsäure,	$(HPO_3)_x$	Metaphosphorsäure.

Die Vorsilbe pyro- ist verwendet worden für Säuren, die man sich aus zwei Molekeln Orthosäure entstanden denken kann; sie darf nur noch beibehalten werden für Pyrophosphorsäure, obwohl der Name Diphosphorsäure vorzuziehen ist.

b) Polysäuren

Diese werden je nach ihrem Kondensationsgrad mit Di-, Tri-, Tetra-, Penta- usw. benannt.

Beispiel:

$H_5P_3O_{10}$ Triphosphorsäure.

c) Peroxosäuren

Die Vorsilbe Peroxo- in Verbindung mit einem Trivialnamen zeigt die Substitution von —O— durch —O—O— in der Säure an.

Beispiele:

H_2SO_5 Peroxomonoschwefelsäure,
$H_2S_2O_8$ Peroxodischwefelsäure.

d) Thiosäuren

Die Vorsilbe Thio- bei Säuren, die sich von Oxosäuren ableiten, zeigt an, daß Sauerstoff durch Schwefel substituiert wurde.

Beispiele:

$H_2S_2O_3$ Thioschwefelsäure,
HSCN Thiocyansäure,
H_2CS_3 Trithiokohlensäure.

e) Chlorosäuren usw.

Säuren, die andere Liganden als Sauerstoff und Schwefel enthalten, werden nach 4.1.7. behandelt.

Beispiele:

$HAuCl_4$ Tetrachlorogold(III)-säure,
$H[PFHO_2]$ Fluorhydridodioxophosphorsäure.

Funktionelle Derivate der Säuren

a) Säurehalogenide

Die Namen werden von dem entsprechenden Säureradikal abgeleitet (z. B. Sulfurylchlorid, Phosphorylchlorid) bzw., wenn das Säureradikal keinen besonderen Namen hat, als Oxidhalogenide behandelt.

Beispiel:

MoO_2Cl_2 Molybdän-dioxiddichlorid.

b) Säureanhydride

Sie sollen als Oxide bezeichnet werden.

Beispiel:

N_2O_5 Distickstoffpentoxid und nicht Salpetersäureanhydrid.

4.1.6. Salze

Einfache Salze

Einfache Salze werden wie binäre Verbindungen (4.1.3.) behandelt. Gemäß den dort gegebenen Richtsätzen werden sie nach den sie bildenden Ionen (4.1.4.) benannt.

Salze, die Säurewasserstoff enthalten (sog. saure Salze)

Abdissoziierbarer Wasserstoff wird durch das Wort »hydrogen-« vor dem Namen des Anions gekennzeichnet. Nichtionogen gebundener Wasserstoff (z. B. im Phosphit-Ion) ist bei Verwendung des Trivialnamens für das Anion bereits berücksichtigt worden.

Beispiele:

$NaHCO_3$ Natriumhydrogencarbonat,
NaH_2PO_4 Natriumdihydrogenphosphat,

aber

Na_2HPO_3 Natriumphosphit (nicht Natriumhydrogenphosphit),
$NaH[PHO_3]$ Natriumhydrogenphosphit (Mononatriumphosphit).

Doppelsalze, Tripelsalze usw.

a) Kationen stehen vor den Anionen. Sie werden in der Reihenfolge zunehmender Wertigkeit (ausgenommen -hydrogen-, s. o.), bei gleicher Wertigkeit nach abnehmenden Ordnungszahlen angeführt.

Beispiele:

$KMgF_3$ Kaliummagnesiumfluorid,
$KNaCO_3$ Kaliumnatriumcarbonat.

Die Hydratation der Kationen wird bei der Reihenfolge nicht berücksichtigt. Ansonsten sollen jedoch alle komplexen Ionen hinter die Namen der einfachen Ionen in der betreffenden Wertigkeitsstufe gestellt werden.
Das Wort -hydrogen- soll unter den Kationen immer an letzter Stelle stehen.

Beispiele:

$NaZn(UO_2)_3(C_2H_3O_2)_9 \cdot 6\,H_2O$ Natriumzink-tris(uranyl)-acetat-hexahydrat.

$NaH[PHO_3]$	Natriumhydrogenphosphit oder Natriumhydrogenhydridotrioxophosphat(III).

b) Anionen werden in folgender Reihenfolge aufgeführt:

1. H^-,
2. O^{2-} und OH^-,
3. andere, aus einem Element bestehende Anionen (Reihenfolge s. 4.1.3., S. 43 Mitte),
4. andere anorganische, aus zwei oder mehr Elementen aufgebaute Anionen, und zwar zuerst diejenigen mit der kleinsten Anzahl von Atomen. Bei zwei Anionen mit gleicher Atomzahl soll nach fallender Ordnungszahl ihrer Zentralatome geordnet werden.
5. Anionen organischer Säuren oder sonstiger organischer Stoffe mit Säurefunktion, wobei eine alphabetische Reihenfolge der Anionen empfohlen wird.

Die zweckmäßigste Art, die mengenmäßige Zusammenstellung im Namen zu kennzeichnen, ist die Angabe des Zahlenverhältnisses.

Beispiele:

$NaCl \cdot NaF \cdot 2\,Na_2SO_4$ oder $Na_6ClF(SO_4)_2$	Hexanatrium-chloridfluorid-bis-(sulfat),
$Ca_5F(PO_4)_3$	Pentacalcium-fluoridphosphat oder Calcium-fluorid-tris-(phosphat).

Im ersten Beispiel kann Hexa- weggelassen werden. Die Verwendung von Multiplikativzahlen bei der SO_4- bzw. PO_4-Gruppe ist erforderlich, weil unter Disulfaten und Triphosphaten Salze der Isopolysäuren $H_2S_2O_7$ und $H_5P_3O_{10}$ zu verstehen sind.

Oxid- und Hydroxidsalze

Bei der Bildung ihrer Namen sollen diese Verbindungen wie Doppelsalze behandelt werden, in denen O^{2-}- und OH^--Anionen vorliegen.

Beispiele:

$Mg(OH)Cl$	Magnesium-hydroxidchlorid,
$BiOCl$	Bismut-oxidchlorid,
$CuCl_2 \cdot 3\,Cu(OH)_2$ oder $Cu_2(OH)_3Cl$	Dikupfer-trihydroxidchlorid.

Doppeloxide und -hydroxide

Die Ausdrücke »gemischte Oxide« oder »gemischte Hydroxide« werden nicht empfohlen; diese Verbindungen sollen als Doppel-, Tripel- usw. -oxide bzw. -hydroxide bezeichnet werden.

Beispiele:

$NaNbO_3$	Natriumniob-trioxid,
$FeTiO_3$	Eisen(II)-titan-trioxid,
$Ca_2Al(OH)_7 \cdot xH_2O$	Dicalciumaluminium-hydroxid-hydrat,
$Ca_3[Al(OH)_6]_2$	Tricalcium-bis(hexahydroxoaluminat).

4.1.7. Koordinationsverbindungen

In Formeln von Komplexen wird das Zentralatom zuerst geschrieben. Im Namen dagegen wird das Zentralatom hinter die Liganden gestellt. Komplexe Anionen enden auf -at. Die Liganden werden durch Anhängen der Endung -o an den Namen des Ions gebildet (z. B. »Chloro«; s. auch die Zusammenstellung Tab. 4.1.9., S. 52).
Reihenfolge der Liganden im Komplex: anionische, neutrale (erst H_2O, dann NH_3 und andere anorganische Liganden), kationische Liganden; organische Anionen und Liganden werden jeweils zuletzt, möglichst in alphabetischer Reihenfolge, angegeben.

Anionische Liganden

Beispiele:

$Li[AlH_4]$	Lithium-tetrahydridoaluminat,
$K[Au(OH)_4]$	Kalium-tetrahydroxoaurat(III).

Neutrale und kationische Liganden

Der Name einer koordinativ gebundenen neutralen Molekel oder eines entsprechend gebundenen Kations wird unverändert gelassen; Ausnahmen sind Wasser und Ammoniak (-aquo- und -ammin-).

Beispiele:

$[Cr(H_2O)_6]Cl_3$	Hexaquochromium(III)-chlorid oder Hexaquochromiumtrichlorid,
$Na_2[Fe(CN)_5NO)$	Dinatrium-pentacyanonitrosylferrat(III),
$K[SbCl_5(C_6H_5)]$	Kalium-pentachloro(phenyl)-antimonat(V).

Isopolyanionen

Wenn alle Atome in ihren »normalen« Oxydationsstufen vorliegen, braucht man die Anzahl der Sauerstoffatome nicht anzugeben.

Beispiele:

$K_2S_2O_7$	Dikaliumdisulfat,
$Na_2B_4O_7$	Dinatriumtetraborat,
$Na_7HNb_6O_{19} \cdot 15\,H_2O$	Heptanatrium-monohydrogen-hexaniobat-15-Wasser.

Heteropolyanionen

Das Zentralatom wird im Namen des Anions zuletzt, in der Formel zuerst angeführt, z. B. Wolframatophosphat, nicht Phosphowolframat.
Muß die Oxydationsstufe angegeben werden, so kann es zur Vermeidung von Mißverständnissen notwendig sein, sie unmittelbar hinter dem Atom anzuführen, auf das sie sich bezieht, und nicht erst hinter der Endung -at.

Beispiele:

$(NH_4)_3PW_{12}O_{40}$	Triammonium-dodecawolframatophosphat,
$Li_3HSiW_{12}O_{40} \cdot 24\ H_2O$	Trilithium-monohydrogen-dodecawolframatosilicat-24-Wasser,
$K_7Co^{II}Co^{III}W_{12}O_{42} \cdot 16\ H_2O$	Heptakalium-dodecawolframatocobalt(II)-cobalt(III)at-16-Wasser.

4.1.8. Additionsverbindungen

Die Endung -at sollte nicht für Additionsverbindungen verwendet werden. Verbindungen, die Kristallalkohol enthalten, sollen daher nicht Alkoholate genannt werden. Entsprechend sind auch Additionsverbindungen, die Ether, Ammoniak usw. enthalten, nicht als Etherate, Ammoniakate usw. zu bezeichnen. Als Ausnahme ist Hydrat für kristallwasserhaltige Verbindungen weiter zugelassen.

Beispiele:

$3\ CdSO_4 \cdot 8\ H_2O$	3-Cadmiumsulfat-8-Wasser oder Tris(cadmiumsulfat)-octahydrat,
$AlCl_3 \cdot 4\ C_2H_5OH$	Aluminiumchlorid-4-Ethanol oder -tetrakisethanol,
$BF_3 \cdot (C_2H_5)_2O$	Bortrifluorid-Diethylether,
$BF_3 \cdot 2\ CH_3OH$	Bortrifluorid-bismethanol,
$CaCl_2 \cdot 8\ NH_3$	Calciumchlorid-8-Ammoniak,
$[(CH_3)_4N][AsCl_4] \cdot 2\ AsCl_3$	Tetramethylammonium-tetrachloroarsenat(III)-2-Arsentrichlorid.

Will man zum Ausdruck bringen, daß die addierten Molekeln den Teil eines Komplexes bilden, werden die Namen entsprechend 4.1.6. gebildet.

Beispiele:

$FeSO_4 \cdot 7\ H_2O$ oder	Eisen(II)-sulfat-heptahydrat oder
$[Fe(H_2O)_6]SO_4 \cdot H_2O$	Hexaquoeisen(II)-sulfat-monohydrat.

4.1.9. Zusammenstellung von Namen für Ionen und Radikale[1])

Atom oder Gruppe	Name				
	als *neutrales Atom, Molekül* oder *Radikal*	als *Kation* oder *kationisches Radikal*	als *Anion*	als *Ligand*	als *Substituent in organischen Verbindungen*
H	Monowasserstoff	Hydrogen	Hydrid	Hydrido	
F	Monofluor	Fluor	Fluorid	Fluoro	Fluor
Cl	Monochlor	Chlor	Chlorid	Chloro	Chlor
Br	Monobrom	Brom	Bromid	Bromo	Brom
I	Monoiod	Iod	Iodid	Iodo	Iod
ClO		Chlorosyl	Hypochlorit	Hypochlorito	Chlorosyl

[1]) Unter Radikal wird hier eine in Verbindungen wiederholt vorkommende Atomgruppe verstanden.

Atom oder Gruppe	Name				
	als *neutrales Atom, Molekül* oder *Radikal*	als *Kation* oder *kationisches Radikal*	als *Anion*	als *Ligand*	als *Substituent in organischen Verbindungen*
ClO_2	Chlordioxid	Chloryl	Chlorit	Chlorito	Chloryl
ClO_3		Perchloryl	Chlorat	Chlorato	Perchloryl
ClO_4			Perchlorat		
IO		Iodosyl	Hypoiodit		Iodoso
IO_2		Iodyl			Iodyl
O	Monosauerstoff		Oxid	Oxo	Oxo
O_2	Disauerstoff	O_2^+-Dioxygenyl	O_2^{2-}-Peroxid O_2^--Hyperoxid	Peroxo	Peroxy
OH	Hydroxyl		Hydroxid	Hydroxo	Hydroxy
HO_2	(Perhydroxyl)		Hydrogen-peroxid	Hydrogen-peroxo	Hydro-peroxy
S	Monoschwefel		Sulfid	Thio	–S–Thio; S=Tioxo
HS	(Sulfhydryl)		Hydrogen-sulfid	Thiolo	Thiol oder Mercapto
S_2	Dischwefel		Disulfid	Disulfido	–S–S–Dithio
SO	Schwefel-monoxid	Thionyl			Sulfinyl
SO_2	Schwefeldioxid	Sulfuryl	Sulfoxylat		Sulfonyl
SO_3	Schwefeltrioxid		Sulfit	Sulfito	
HSO_3			Hydrogen-sulfit	Hydrogen-sulfito	
S_2O_3			Thiosulfat	Thiosulfato	
SO_4			Sulfat	Sulfato	
Se	Selen		Selenid	Seleno	Seleno
SeO		Seleninyl			Seleninyl
SeO_2		Selenyl			Selenonyl
SeO_3	Selentrioxid		Selenit	Selenito	
SeO_4			Selenat	Selenato	
Te	Tellur		Tellurid	Telluro	Telluro
CrO_2		Chromyl			
UO_2		Uranyl			
N	Monostickstoff		Nitrid	Nitrido	Nitrido
N_3			Azid	Azido	Azido
NH			Imid	Imido	Imino
NH_2			Amid	Amido	Amino
NH_2O			Hydroxyl-amid	Hydroxyl-amido	Hydroxyl-amino
N_2H_3			Hydrazid	Hydrazido	Hydrazino
NO	Stickstoffoxid	Nitrosyl		Nitrosyl	Nitroso
NO_2	Stickstoffdioxid	Nitryl		Nitro	Nitro
ONO			Nitrit	Nitrito	
NS		Thionitrosyl			

Atom oder Gruppe	Name				
	als *neutrales Atom, Molekül Radikal*	als *Kation* oder *kationisches Radikal*	als *Anion*	als *Ligand*	als *Substituent in organischen Verbindungen*
NO_3			Nitrat	Nitrato	
N_2O_2			Hyponitrit	Hyponitrito	
P	Phosphor		Phosphid	Phosphido	
PO		Phosphoryl			Phosphoroso
PS		Thiophosphoryl			Thiophosphoroso
PH_2O_2			Hypophosphit	Hypophosphito	
PH_3			Phosphit	Phosphito	
PO_4			Phosphat	Phosphato	
AsO_4			Arsenat	Arsenato	
CO	Kohlenmonoxid	Carbonyl		Carbonyl	Carbonyl
CS		Thiocarbonyl			Thiocarbonyl
CH_3O	Methoxyl		Methanolat	Methoxo	Methoxy
C_2H_5O	Ethoxyl		Ethanolat	Ethoxo	Ethoxy
CH_3S			Methanthiolat	Methanthiolato	Methylthio
C_2H_5S			Ethanthiolat	Ethantiolato	Ethylthio
CN		Cyan	Cyanid	Cyano	Cyano
OCN			Cyanat	Cyanato	Cyanato
SCN			Thiocyanat	Thiocyanato u. Isothiocyanato	Thiocyanato u. Isothiocyanato
SeCN			Selenocyanat	Selenocyanato	Selenocyanato
CO_3			Carbonat	Carbonato	
HCO_3			Hydrogencarbonat	Hydrogencarbonato	
CH_3CO_2			Acetat	Acetato	Acetoxy
CH_3CO	Acetyl	Acetyl			Acetyl
C_2O_4			Oxalat	Oxalato	Oxalyl

4.2. Organische Verbindungen

Die folgenden Tabellen enthalten die Namen und Formeln von Resten, von charakteristischen Gruppen funktioneller Klassen im Gebrauch als Präfix (Vorsilbe) bzw. Suffix (Nachsilbe) sowie von ausgewählten Ringsystemen mit ihren Bezifferungen. Für die systematische Benennung organischer Verbindungen sei auf das »Handbuch zur Anwendung der Nomenklatur organisch-chemischer Verbindungen«, die Zusammenstellung verbindlicher Nomenklaturregeln, verwiesen.

4.2.1. Alkyl-, Aryl-, Alkoxy-, Aroxy- und Acylreste

Restname	Formel	Restname	Formel
Methyl-	CH_3—	Benzyl-	$C_6H_5CH_2$—
Ethyl-	C_2H_5—	Benzyliden-	$C_6H_5CH=$
Propyl-	C_3H_7—	Phenetyl-	$C_6H_5CH_2CH_2$—
Isopropyl-	$(CH_3)_2CH$—	Styryl-	$C_6H_5CH=CH$—
Butyl-	C_4H_9—	Benzyliden-	$C_6H_5C\equiv$
Isobutyl-	$(CH_3)_2CHCH_2$—	Naphthyl-	$C_{10}H_7$—
sec-Butyl-	$(C_2H_5)(CH_3)CH$—	Methoxy-	CH_3—O—
tert-Butyl-	$(CH_3)_3C$—	Ethoxy-	C_2H_5—O—
Pentyl-	C_5H_{11}—	Propoxy-	C_3H_7—O—
Isopentyl-	$(CH_3)_2CH(CH_2)_2$—	Methylendioxy-	—O—CH_2—O—
Neopentyl-	$(CH_3)_3CCH_2$—	Phenoxy	C_6H_5—O—
Hexyl-	C_6H_{13}—	Benzyloxy-	$C_6H_5CH_2$—O—
Heptyl-	C_7H_{15}—	Formyl-	H—CO—
Octyl-	C_8H_{17}—	Acetyl-	CH_3—CO—
Nonyl-	C_9H_{19}—	Propionyl-	C_2H_5—CO—
Decyl-	$C_{10}H_{21}$—	Butyryl-	C_3H_7—CO—
Undecyl-	$C_{11}H_{23}$—	Valeryl-	C_4H_9—CO—
Dodecyl-	$C_{12}H_{25}$—	Lauroyl-	$CH_3(CH_2)_{10}$—CO—
Methylen-	$CH_2=$	Myristoyl-	$CH_3(CH_2)_{12}$—CO—
Ethylen-	—CH_2—CH_2—	Palmitoyl-	$CH_3(CH_2)_{14}$—CO—
Ethyliden-	CH_3—$CH=$	Stearoyl-	$CH_3(CH_2)_{16}$—CO—
Vinyl-	$CH_2=CH$—	Oxalyl-	—CO—CO—
Vinylen-	—$CH=CH$—	Malonyl-	—CO—CH_2—CO—
Vinyliden-	$CH_2=C=$	Succinyl-	—CO—$(CH_2)_2$—CO—
Allyl-	$CH_2=CH$—CH_2—	Sebacoyl-	—CO—$(CH_2)_8$—CO—
Isopropyliden-	$(CH_3)_2C=$	Acryloyl-	$CH_2=CH$—CO—
Methyliden-	$CH\equiv$	Crotonoyl-	CH_3—$CH=CH$—CO—
Ethylidin-	CH_3—$C\equiv$	Maleoyl-	—CO—$CH=CH$—CO—
Ethinyl-	$CH\equiv C$—	Benzoyl-	C_6H_5—CO—
Phenyl-	C_6H_5—	Toluoyl-	$CH_3C_6H_4$—CO—
Phenylen-	—C_6H_4—	Naphthoyl	$C_{10}H_7$—CO—
Tolyl-	$CH_3C_6H_4$—	Acetonyl-	CH_3—CO—CH_2—
Xylyl-	$(CH_3)_2C_6H_3$—	Phenacyl-	C_6H_5—CO—CH_2—

4.2.2. Charakteristische Gruppen funktioneller Klassen

Funktionelle Klasse	Charakteristische Gruppe	Präfix	Suffix
Aldehyde	—CHO	Formyl-	-carbaldehyd
	—(C)HO	Oxo-	-al
Alkohole	—OH	Hydroxy-	-ol
Amidine	—C(NH)—NH_2	Amidino- oder Carbamimidoyl-	-carbamidin
Amine	—NH_2	Amino-	-amin
Azide	—N=N≡N	Azido-	-azid
Azoverbindungen	—N=N—	Azo-	–
Carbonsäuren	—COOH	Carboxy-	-carbonsäure
	—(C)OOH	Carboxy-	-säure
Carbonylverbindungen	=CO	Carbonyl-	–
Diazoverbindungen	=N≡N	Diazo-	–
Ether	—O—R	R-oxy-	-R-ether
Ester	—COOR	R-oxycarbonyl-	-carbonsäure-R-ester R-carboxylat
Harnstoffe	—NH—CO—NH_2	Ureido-	-harnstoff
Hydroxylamine	—NH—OH	Hydroxylamino-	-hydroxylamin
Imine	=NH	Imino-	-imin
Ketone	>(C)=O	Oxo-	-on
Nitrile	—C≡N	Cyan-	-carbonitril
Nitrosoverbindungen	—NO	Nitroso-	–
Nitroverbindungen	—NO_2	Nitro-	–
Oxime	=N—OH	Hydroxyimino-	-oxim
Peroxide	—O—OR	R-dioxy-	-peroxid
Phenole	—OH	Hydroxy-	-ol
Säureamide	—CO—NH_2	Carbamoyl-	-carbonsäureamid
Säurehalogenide	—CO—Hal	Halogenacyl-	-carbonsäurehalogenid
Säurehydrazide	—CO—NH—NH_2	Hydrazinocarbonyl-	-carbohydrazid
Semicarbazide	—NH—NH—CO—NH_2	Semicarbazido-	-semicarbazid
Semicarbazone	=N—NH—CO—NH_2	Semicarbazono-	-semicarbazon
Sulfensäuren	—SOH	Sulfeno-	-sulfensäure
Sulfide	—S—R	R-thio-	-thioether
Sulfinsäuren	—SO_2H	Sulfino-	-sulfinsäure
Sulfone	—SO_2—	Sulfonyl-	-sulfon
Sulfonsäureamide	—SO_2—NH_2	Sulfamoyl-	-sulfonamid
Sulfonsäuren	—SO_3H	Sulfo-	-sulfonsäure
Sulfoxide	—SO—	Sulfinyl-	-sulfoxid
Thioalkohole	—SH	Mercapto-	-thiol
Thiocarbonsäuren	—CO—SH	Thiocarboxy-	-thiolcarbonsäure
	—CS—OH	–	-thioncarbonsäure
	—CS—SH	Dithiocarboxy-	-dithiocarbonsäure
Thioketone	>CS	Thioxy-	-thioketon

4.2.3. Formeln und Bezifferungen ausgewählter Ringsysteme

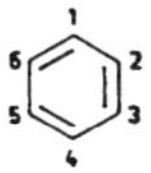

Benzen

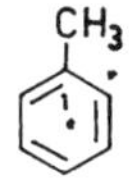

Toluen

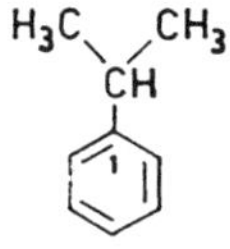

Cumen

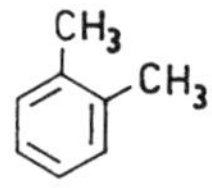

o-Xylen

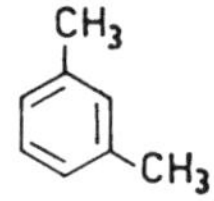

m-Xylen

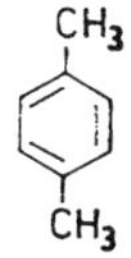

p-Xylen

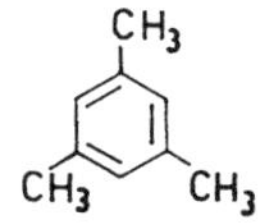

Mesitylen

1,2- oder o-
(ortho)

1,3- oder m-
(meta)

1,4- oder p-
(para)

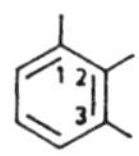

1,2,3-oder vic-
(vicinal)

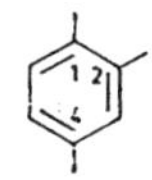

1,2,4-oder asymm-
(asymmetrisch)

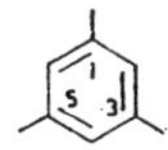

1,3,5-oder symm-
(symmetrisch)

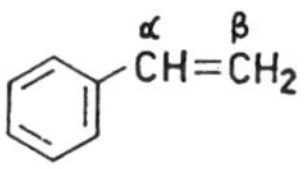

Styren

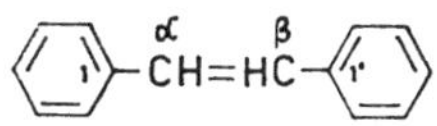

Stilben

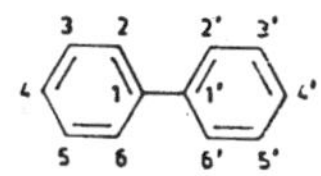

Biphenyl

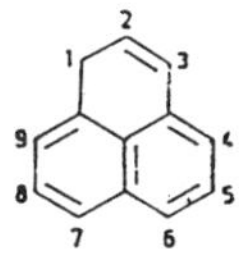

Phenalen

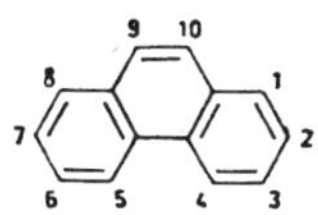

Phenanthren

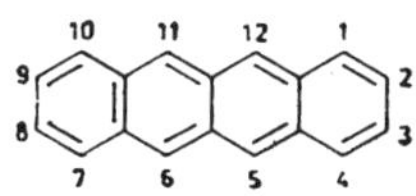

Naphthacen

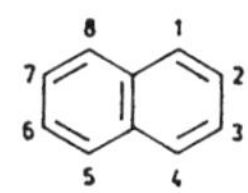

Naphthalen
1,4,5,8 ≙ α-
2,3,6,7 ≙ β-
1 u. 8 ≙ peri-
2 u. 6 ≙ amphi-

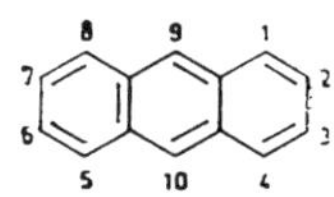

Anthracen
1,4,5,8 ≙ α
2,3,6,7 ≙ β
9 u. 10 ≙ meso-

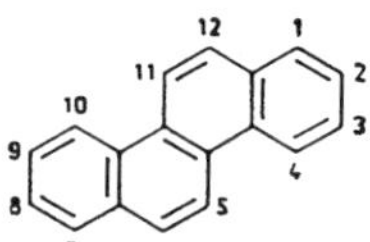

Chrysen

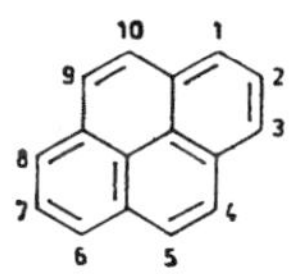

Pyren

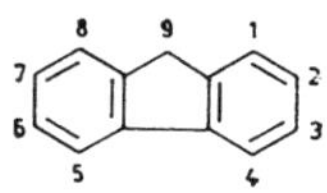

Fluoren

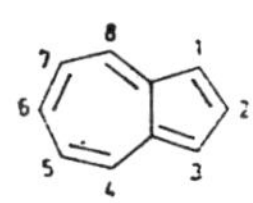

Azulen

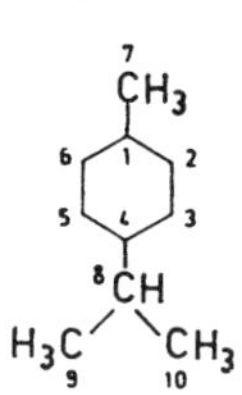

p-Menthan

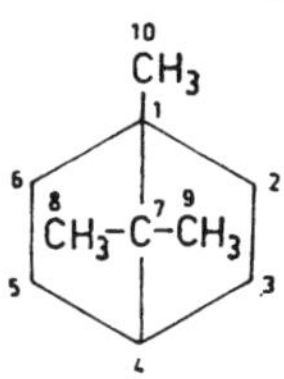

Bornan

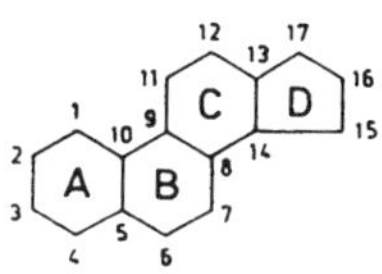

Steran

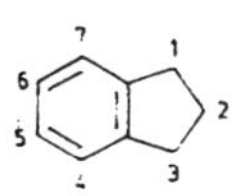

Indan

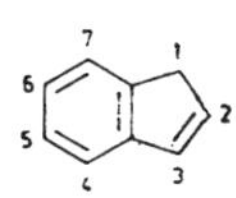

Inden

Pyrrol | Imidazol | Pyrazol | Furan | Thiophen | Isothiazol | Isoxazol

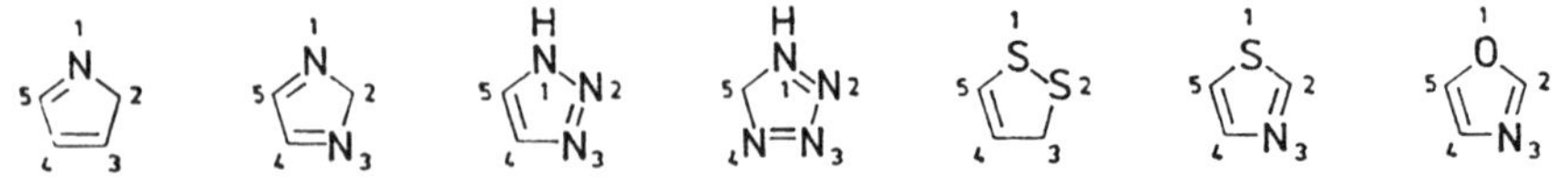

2H-Pyrrol | 2H-Imidazol | 1,2,3-Triazol | Tetrazol | 1,2-Dithiol | Thiazol | Oxazol

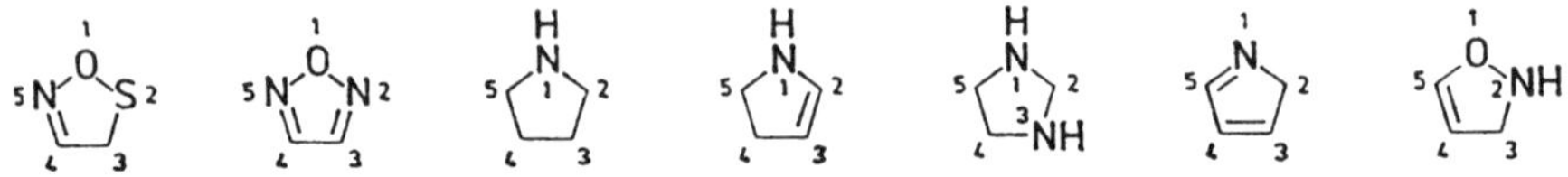

1,2,5-Oxathiazol | Furazan | Pyrrolidin | Δ^2-Pyrrolin | Imid-azolidin | 2H-Pyrrol | Δ^4-1,2-Oxazolin

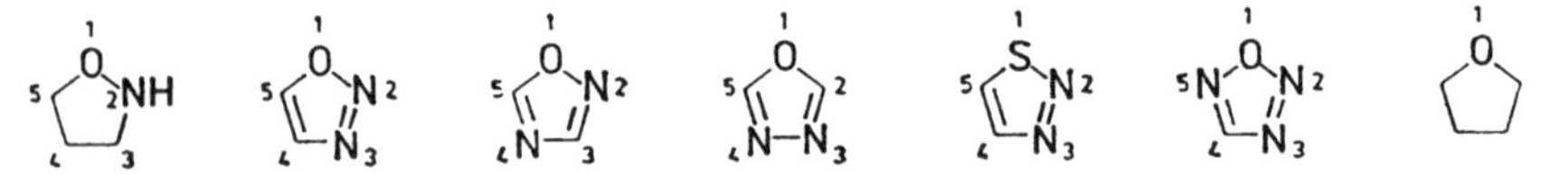

1,2-Oxazolidin | 1,2,3-Oxadiazol | 1,2,4-Oxadiazol | 1,3,4-Oxadiazol | 1,2,3-Thiadiazol | 1,2,3,5-Oxatriazol | Oxalan Tetrahydrofuran

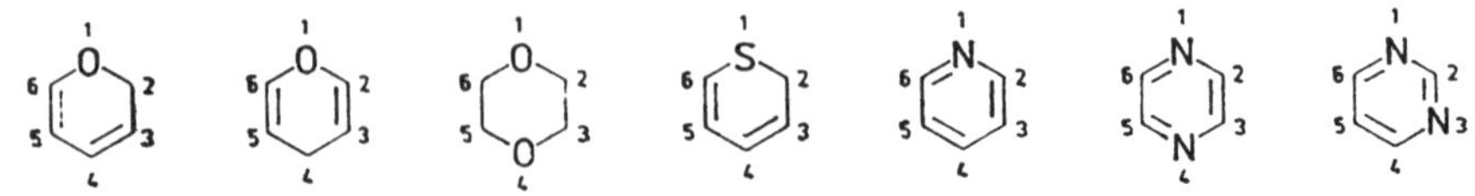

2H-Pyran | 4H-Pyran | 1,4-Dioxan | 2H-Thiopyran | Pyridin | Pyrazin | Pyrimidin

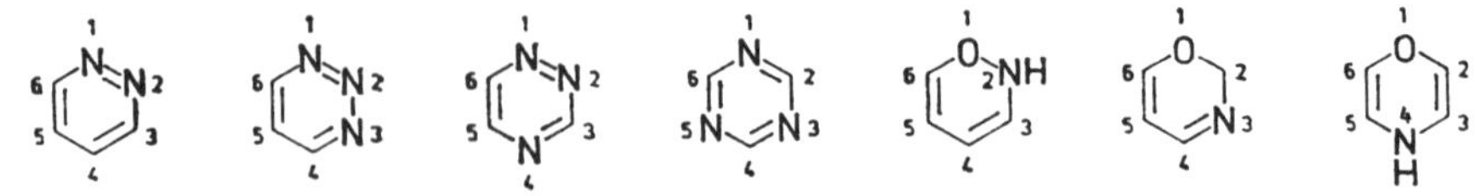

Pyridazin | 1,2,3-Triazin | 1,2,4-Triazin | 1,3,5-Triazin | 2H-1,2-Oxazin | 2H-1,3-Oxazin | 4H-1,4-Oxazin

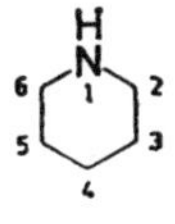
Piperidin

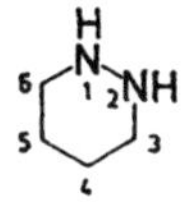
Pyrazolidin

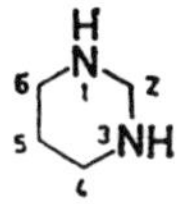
1,3-Diaza-cyclohexan

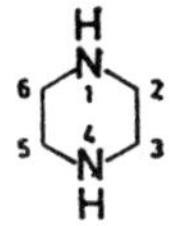
Piperazin

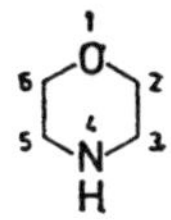
Morpholin

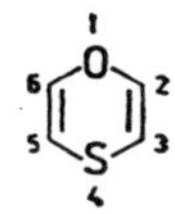
1-Oxa-4-thiabenzen

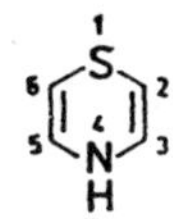
4H-1,4-Thiazin

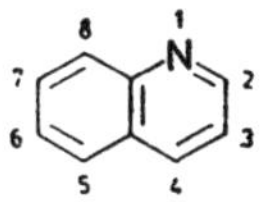
Chinolin

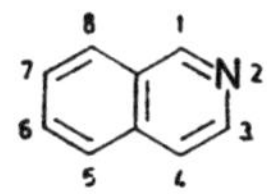
Isochinolin

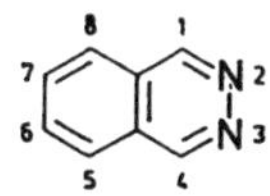
Phthalazin

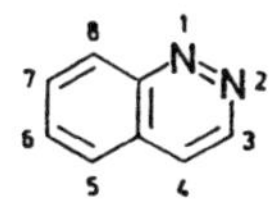
Cinnolin

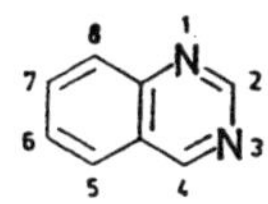
Chinazolin

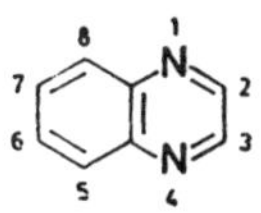
Chinoxalin

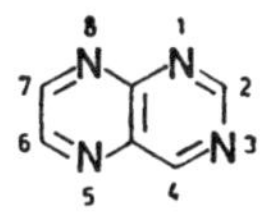
Pteridin

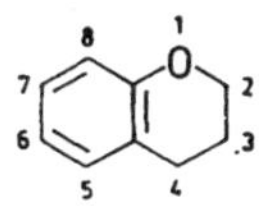
Chroman

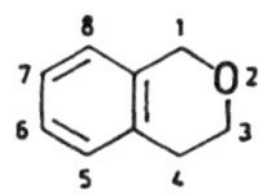
Isochroman

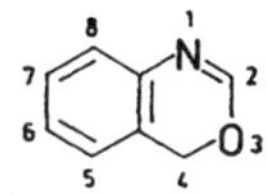
4H-3,1-Benzoxazin

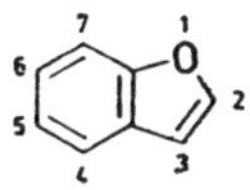
Benzofuran

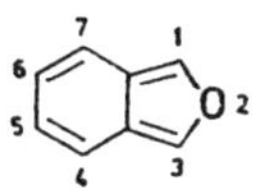
Isobenzofuran

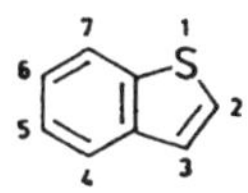
Benzothiophen

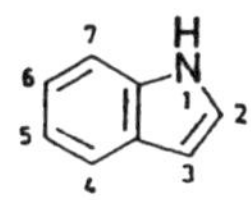
Indol

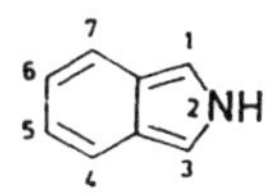
Isoindol

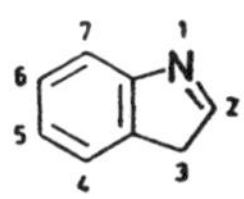
3H-Indol

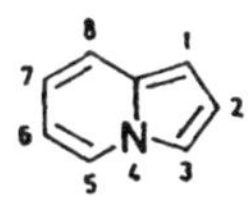
Indolizin

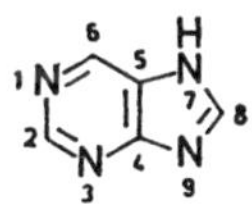
Purin

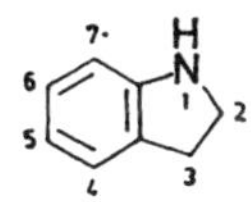
Indolin

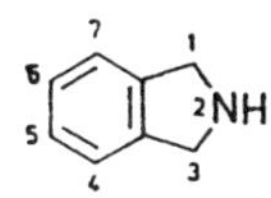
Isoindolin

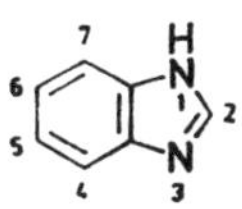
Benzimidazol

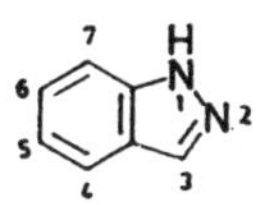
1H-Indazol

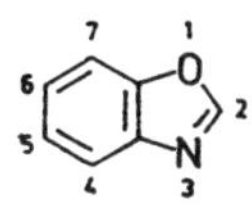
Benzoxazol

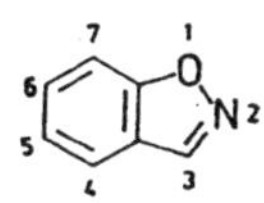
Benz[d]-isoxazol

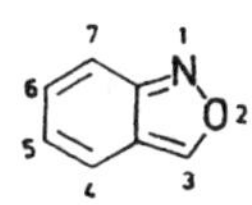
Benz[c]-isoxazol

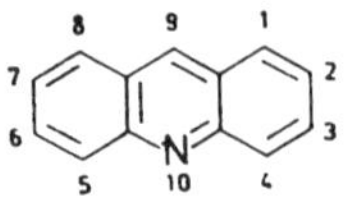

Acridin

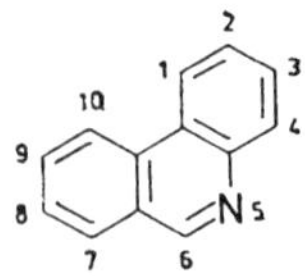

Phenanthridin

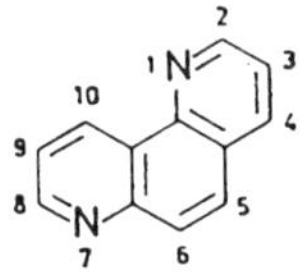

1,7-Phenanthrolin

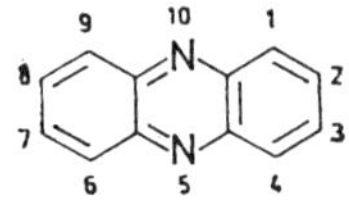

Phenazin

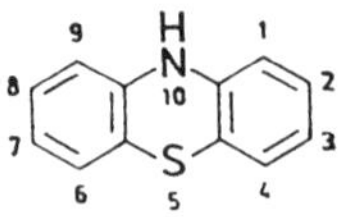

Phenothiazin

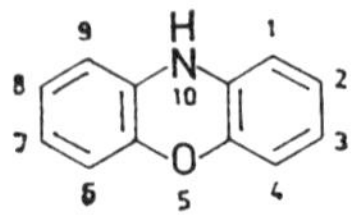

Phenoxazin

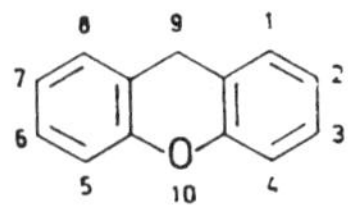

Xanthen

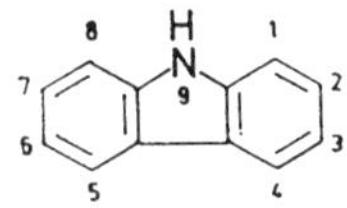

Carbazol

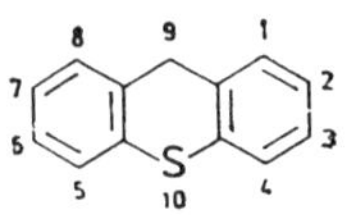

9H-Dibenzothiin

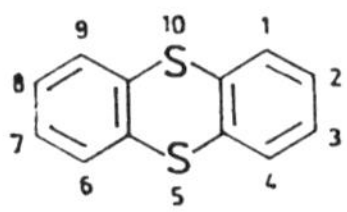

Thianthren

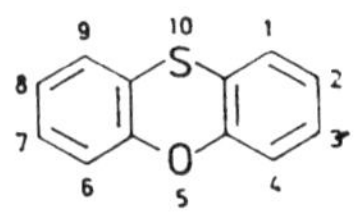

Phenoxathiin

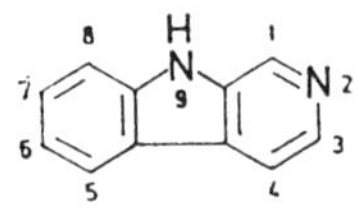

β-Carbolin

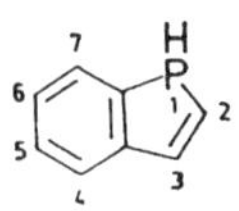

Phosphindol

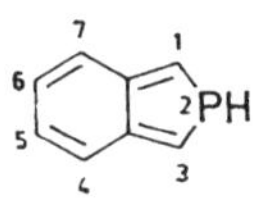

Isophosphindol

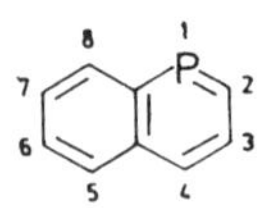

Phosphinolin

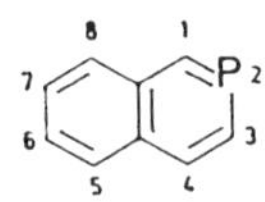

Isophosphinolin

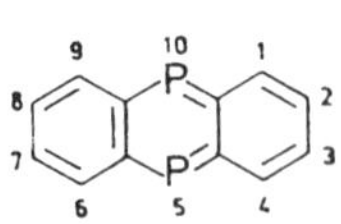

Phosphanthren

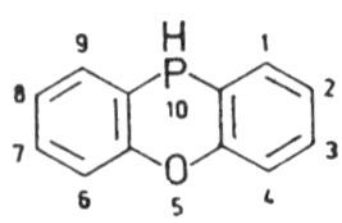

Phenoxaphosphin

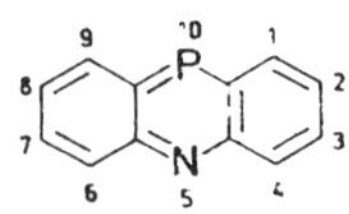

Phenophosphazin

5. Relative Molekülmassen M_r der Atome, Moleküle, Äquivalente, Formeleinheiten gebräuchlicher Atomgruppen und Verbindungen

Die tabellierten Zahlenwerte sind unter Verwendung der relativen Atommassen (Tab. S. 31 ff.) berechnet worden. Als relative Massen, bezogen auf $^1/_{12}$ der relativen Atommasse des Kohlenstoffisotops ^{12}C, tragen sie die Einheit 1, als molare Massen die Einheit g/mol. Da die Anionen der Salze organischer Säuren mit ihrer Summenformel aufgeführt sind, werden zusätzlich ihre Namen angegeben. Die kursiv gesetzten Namen kennzeichnen organische Fällungsreagenzien.

Formel	M_r
Ag	107,8682
2 Ag	215,7364
3 Ag	323,6046
Ag_3AsO_4	462,5238
AgBr	187,7722
$Ag(C_2H_3O_2)$ (Acetat)	166,9128
$Ag(C_7H_4NS_2)$ (*Mercaptobenzthiazol*)	274,10
AgCN	133,886
AgCNO	149,885
Ag_2CO_3	275,746
AgCl	143,321
$AgClO_3$	191,319
$AgClO_4$	207,319
Ag_2CrO_4	331,730
$Ag_2Cr_2O_7$	431,724
AgF	126,8666
Ag_2F	234,7348
AgI	234,7727
$AgMnO_4$	226,8038
$AgNO_2$	153,8737
$AgNO_3$	169,8731
Ag_2O	231,7358
Ag_3PO_4	418,576
$Ag_4P_2O_7$	605,4161
Ag_2S	247,80
AgSCN	165,95
Ag_2SO_4	311,79
Ag_2TlAsO_4	559,039
$AgVO_3$	206,8079
Ag_3VO_4	438,5437

Formel	M_r
Al	26,9815
$^1/_3$ Al	8,9938
2 Al	53,9631
3 Al	80,9446
4 Al	107,9262
5 Al	134,9077
6 Al	161,8892
$AlBr_3$	266,694
$Al(C_2H_3O_2)_3$ (Acetat)	204,115
$Al(C_9H_6NO)_3$ (*Oxin*)	459,440
$AlCl_3$	133,341
$AlCl_3 \cdot 6\,H_2O$	241,432
AlF_3	83,9767
AlF_6	140,9720
$Na_3[AlF_6]$	209,9714
AlI_3	407,6950
AlN	40,9882
$Al(NO_3)_3$	212,9962
$Al(NO_3)_3 \cdot 9\,H_2O$	375,1337
Al_2O_3	101,9613
$^1/_6\,Al_2O_3$	16,9935
$2\,Al_2O_3$	203,9226
$3\,Al_2O_3$	305,8838
$Al(OH)_3$	78,0035
$AlPO_4$	121,9529
$Al_2(SO_4)_3$	342,14
$Al_2(SO_4)_3 \cdot 18\,H_2O$	666,42
$KAl(SO_4)_2 \cdot 12\,H_2O$	474,38
$(NH_4)Al(SO_4)_2 \cdot 12\,H_2O$	453,32

Formel	M_r
As	74,9216
$^1/_2$ As	37,46080
$^1/_3$ As	24,97387
$^1/_5$ As	14,98432
2 As	149,8432
3 As	224,7648
$AsBr_3$	314,634
$AsCl_3$	181,281
$AsCl_5$	252,187
AsH_3	77,9453
AsI_3	455,6351
AsO_3	122,9198
As_2O_3	197,8414
$^1/_4$ As_2O_3	49,46035
AsO_4	138,9192
H_3AsO_4	141,9429
As_2O_5	229,8402
As_2O_7	261,8390
As_2S_3	246,02
AsS_4	203,16
As_2S_5	310,14
Au	196,9665
$^1/_3$ Au	65,6555
2 Au	393,9330
3 Au	590,8995
AuCN	222,984
$K[Au(CN)_2]$	288,102
$K[Au(CN)_4] \cdot 1^1/_2 H_2O$	367,158
$AuCl_3$	303,326
$H[AuCl_4]$	339,787
$H[AuCl_4] \cdot 4\ H_2O$	411,847
$K[AuCl_4] \cdot 2\ H_2O$	413,907
$Na[AuCl_4] \cdot 2\ H_2O$	397,799
AuO(OH)	229,9733
$KAuO_2 \cdot 3\ H_2O$	322,109
B	10,81
$^1/_3$ B	3,603
2 B	21,62
3 B	32,43
4 B	43,24

Formel	M_r
BBr_3	250,52
BCl_3	117,17
BF_3	67,81
$H[BF_4]$	87,81
$K[BF_4]$	125,90
BN	24,82
BO_2	42,81
HBO_2	43,82
BO_3	58,81
H_3BO_3	61,83
B_2O_3	69,62
B_4O_7	155,24
Ba	137,33
$^1/_2$ Ba	68,665
2 Ba	274,66
$BaBr_2$	297,14
$BaBr_2 \cdot 2\ H_2O$	333,17
$Ba(CHO_2)_2$ (Formiat)	227,37
$Ba(C_2H_3O_2)_2 \cdot 2\ H_2O$ (Acetat)	291,45
$Ba(C_2O_4)$ (Oxalat)	225,35
$Ba(CN)_2$	189,37
$BaCO_3$	197,34
$BaCl_2$	208,24
$BaCl_2 \cdot 2\ H_2O$	244,27
$Ba(ClO_3)_2 \cdot H_2O$	322,25
$BaClO_4$	236,78
$BaClO_4 \cdot 3\ H_2O$	290,83
$BaCrO_4$	253,32
BaF_2	175,33
$Ba[Fe(CN)_6]$	349,28
$Ba[Fe(CN)_6] \cdot 6\ H_2O$	457,37
BaI_2	391,14
$BaI_2 \cdot 2\ H_2O$	427,17
$Ba(NO_3)_2$	261,34
BaO	153,33
$^1/_2$ BaO	76,665
BaO_2	169,33
$Ba(OH)_2$	171,34
$Ba(OH)_2 \cdot 8\ H_2O$	315,47

Formel	M_r
$^1/_2$ $Ba(OH)_2 \cdot 8\,H_2O$	157,734
BaS	169,39
$BaSO_4$	233,39
$BaSeO_4$	280,29
$Ba[SiF_6]$	279,41
$BaTiO_3$	233,23
Be	9,01218
$^1/_2$ Be	4,5061
2 Be	18,0244
$BeCO_3$	69,021
$BeCO_3 \cdot 4\,H_2O$	141,082
$BeCl_2$	79,918
$BeCl_2 \cdot 4\,H_2O$	151,979
BeF_2	47,0090
$(NH_4)_2[BeF_4]$	121,0824
BeI_2	262,8212
$Be(NO_3)_2 \cdot 3\,H_2O$	187,0678
BeO	25,0116
BeO_2	41,0110
$Be(OH)_2$	43,0269
$Be_2P_2O_7$	191,9672
$BeSO_4$	105,07
$BeSO_4 \cdot 4\,H_2O$	177,13
Bi	208,9804
$^1/_3$ Bi	69,6601
$^1/_5$ Bi	41,7961
2 Bi	417,9608
$Bi(C_6H_3O_3)$ (*Pyrogallol*)	332,068
$Bi(C_6H_5O_7)$ (Citrat)	398,082
$Bi(C_9H_6NO)_3$ (*Oxin*)	641,438
$Bi(C_9H_6NO)_3 \cdot H_2O$	659,453
$Bi(C_{12}H_{10}NOS)_3 \cdot H_2O$ (*Thionalid*)	875,83
$BiCl_3$	315,339
$Bi[Cr(SCN)_6]$	609,44
BiI_3	589,6939
$[BiI_4][C_9H_6(OH)NH]$ (*Oxin*)	862,767

Formel	M_r
$K[BiI_4]$	755,6967
$Bi(NO_3)_3$	394,9951
$Bi(NO_3)_2 \cdot 5\,H_2O$	485,0715
$(BiO)_2CO_3 \cdot {}^1/_2\,H_2O$	518,976
BiOCl	260,433
$(BiO)_2Cr_2O_7$	665,947
BiOI	351,8845
$BiO(NH_4)_2(C_6H_5O_6)$ (Citrat)	434,158
$BiONO_3 \cdot H_2O$	305,0000
Bi_2O_3	465,9590
Bi_2O_5	497,9578
$BiPO_4$	303,9518
Bi_2S_3	514,14
Br	79,904
2 Br	159,808
3 Br	239,712
4 Br	319,616
5 Br	399,520
6 Br	479,424
7 Br	559,328
8 Br	639,232
9 Br	719,136
HBr	80,912
HBrO	96,911
BrO_3	127,902
$^1/_6$ BrO_3	21,3170
$HBrO_3$	128,910
C	12,011
2 C	24,022
3 C	36,033
4 C	48,044
5 C	60,055
6 C	72,066
7 C	84,077
8 C	96,088
9 C	108,099
CH	13,019
2 CH	26,038
3 CH	39,057

Formel	M_r
4 CH	52,076
5 CH	65,095
6 CH	78,113
CHN	27,026
CHNO	43,025
CHNS	59,09
CHO_2	45,018
2 CHO_2	90,035
CHO_3	61,017
CH_2	14,027
2 CH_2	28,054
3 CH_2	42,080
4 CH_2	56,107
5 CH_2	70,134
6 CH_2	84,161
7 CH_2	98,188
8 CH_2	112,214
9 CH_2	126,241
CH_2N_2	42,039
2 CH_2N_2	84,078
CH_2O_2	46,026
CH_2O_3	62,024
CH_3	15,035
2 CH_3	30,070
3 CH_3	45,104
4 CH_3	60,139
5 CH_3	75,174
6 CH_3	90,209
CH_3Br	94,938
CH_3Cl	50,488
CH_3F	34,033
CH_3I	141,939
CH_3O	31,034
2 CH_3O	62,068
3 CH_3O	93,103
CH_4	16,043
CH_4N_2O	60,056
CCl_2O	98,916
CCl_4	153,823
CN	26,017

Formel	M_r
2 CN	52,034
3 CN	78,051
4 CN	104,068
5 CN	130,085
6 CN	156,102
7 CN	182,119
8 CN	208,136
CNO	42,017
CNS	58,08
CO	28,010
CO_2	44,010
$^1/_2$ CO_2	22,0049
2 CO_2	88,020
3 CO_2	132,029
CO_3	60,009
$^1/_2$ CO_3	30,0046
2 CO_3	120,018
3 CO_3	180,028
CS_2	76,13
C_2H_2	26.038
$C_2H_2O_4$	90,035
$C_2H_2O_4 \cdot 2\ H_2O$	126,066
$^1/_2$ $C_2H_2O_4 \cdot 2\ H_2O$	63,0330
C_2H_3O	43,045
2 C_2H_3O	86,090
$C_2H_3O_2$	59,045
2 $C_2H_3O_2$	118,089
$C_2H_4O_2$	60,053
C_2H_5	29,062
2 C_2H_5	58,123
3 C_2H_5	87,185
4 C_2H_5	116,247
C_2H_5Br	108,966
C_2H_5Cl	64,515
C_2H_5F	48,060
C_2H_5I	155,966
C_2H_5O	45,061
2 C_2H_5O	90,122
3 C_2H_5O	135,183
C_3H_6O	58,080
$C_3H_6O_3$	90,079

Formel	M_r
$C_4H_4O_6$	148,072
$C_4H_5O_6$	149,080
$C_4H_6O_6$	150,088
C_5H_5N	79,101
$2\ C_5H_5N$	158,202
$3\ C_5H_5N$	237,304
$4\ C_5H_5N$	316,405
C_6H_5	77,106
$2\ C_6H_5$	154,211
$3\ C_6H_5$	231,317
$4\ C_6H_5$	308,423
C_6H_6	78,114
C_6H_6O	94,113
$C_6H_{12}O_6$	180,158
C_7H_5O	105,116
$2\ C_7H_5O$	210,232
$3\ C_7H_5O$	315,348
$C_7H_6O_2$	122,123
$C_7H_6O_3$	138,123
$C_{10}H_4$	124,142
$C_{10}H_5$	125,150
$C_{10}H_6$	126,158
$C_{10}H_7$	127,166
$C_{10}H_8$	128,174
$C_{14}H_4O_2$	204,185
$C_{14}H_5O_2$	205,192
$C_{14}H_6O_2$	206,200
$C_{14}H_7O_2$	207,208
$C_{14}H_8O_2$	208,216
Ca	40,08
$^1/_2$ Ca	20,040
2 Ca	80,16
3 Ca	120,24
$CaBr_2$	199,89
CaC_2	64,10
$Ca(CHO_2)_2$ (Formiat)	130,12
$Ca(C_2H_3O_2)_2$ (Acetat)	158,17
$Ca(C_2O_4)$ (Oxalat)	128,10
$^1/_2\ Ca(C_2O_4)$	64,050

Formel	M_r
$Ca(C_2O_4) \cdot H_2O$	146,11
$Ca(C_3H_5O_3)_2$ (Lactat)	218,22
$Ca(C_3H_5O_3)_2 \cdot 5\ H_2O$	308,30
$Ca(C_4H_4O_6)$ (Tartrat)	188,15
$Ca(C_4H_4O_6) \cdot 2\ H_2O$	224,18
$Ca_3(C_6H_5O_7)_2$ (Citrat)	498,44
$Ca_3(C_6H_5O_7)_2 \cdot 4\ H_2O$	570,50
$Ca(C_{10}H_7N_4O_5)_2 \cdot 8\ H_2O$ (*Pikrolonsäure*)	710,58
$CaCN_2$	80,10
$Ca(CN)_2$	92,12
$CaCO_3$	100,09
$^1/_2\ CaCO_3$	50,045
$Ca(HCO_3)_2$	162,11
$CaCl_2$	110,99
$CaCl_2 \cdot 6\ H_2O$	219,08
$CaOCl_2$	126,99
$^1/_2\ CaOCl_2$	63,493
$CaCrO_4$	156,07
$CaCrO_4 \cdot 2\ H_2O$	192,10
CaF_2	78,08
CaH_2	42,10
CaI_2	293,89
$CaMoO_4$	200,02
$Ca(NO_3)_2$	164,09
$Ca(NO_3)_2 \cdot 4\ H_2O$	236,15
CaO	56,08
$^1/_2$ CaO	28,040
2 CaO	112,16
3 CaO	168,24
$Ca(OH)_2$	74,09
$^1/_2\ Ca(OH)_2$	37,047
$Ca(H_2PO_2)_2$	170,06
$Ca(PO_3)_2$	198,02
$Ca_3(PO_4)_2$	310,18
$CaHPO_4$	136,06
$CaHPO_4 \cdot 2\ H_2O$	172,09
$Ca(H_2PO_4)_2$	234,05
$Ca(H_2PO_4)_2 \cdot H_2O$	252,07

Formel	M_r
$3\,Ca_3(PO_4)_2 \cdot Ca(OH)_2$	1004,64
CaS	72,14
$Ca(HS)_2 \cdot 6\,H_2O$	214,31
$Ca(SCN)_2$	156,24
$Ca(SCN)_2 \cdot 2\,H_2O$	192,26
$Ca(SCN)_2 \cdot 3\,H_2O$	210,28
$CaSO_3$	120,14
$CaSO_3 \cdot 2\,H_2O$	156,17
$Ca(HSO_3)_2$	202,21
CaS_2O_3	152,20
$CaS_2O_3 \cdot 6\,H_2O$	260,29
$CaSO_4$	136,14
$CaSO_4 \cdot {}^1/_2\,H_2O$	145,15
$CaSO_4 \cdot 2\,H_2O$	172,17
$CaSi_2$	96,25
$Ca[SiF_6]$	182,16
$CaSiO_3$	116,16
$CaWO_4$	287,93
Cd	112,41
$^1/_2$ Cd	56,205
2 Cd	224,82
$CdBr_2$	272,22
$CdBr_2 \cdot 4\,H_2O$	344,28
$Cd(C_2H_3O_2)_2$ (Acetat)	230,50
$Cd(C_2H_3O_2)_2 \cdot 2\,H_2O$	266,53
$Cd(C_5H_5N)_2(SCN)_2$ (*Pyridin + Thiocyanat*)	386,77
$Cd(C_5H_5N)_4(SCN)_2$	544,97
$Cd(C_7H_4NS_2)_2$ (*Mercaptobenzthiazol*)	444,88
$Cd(C_7H_6NO_2)_2$ (*Anthranilsäure*)	384,67
$Cd(C_9H_6NO)_2$ (*Oxin*)	400,71
$Cd(C_9H_6NO)_2 \cdot 1{,}5\,H_2O$	427,74
$Cd(C_9H_6NO)_2 \cdot 2\,H_2O$	436,75
$Cd(C_{10}H_6NO_2)_2$ (*Chinaldinsäure*)	456,72
$CdCO_3$	172,42
$CdCl_2$	183,32
$CdCl_2 \cdot H_2O$	201,33
CdI_2	366,22

Formel	M_r
$Cd(NH_4)PO_4 \cdot H_2O$	243,43
$Cd(NO_3)_2$	236,41
$Cd(NO_3)_2 \cdot 2\,H_2O$	272,44
$Cd(NO_3)_2 \cdot 4\,H_2O$	308,47
CdO	128,41
$Cd(OH)_2$	146,42
$Cd_2P_2O_7$	398,76
CdS	144,47
$CdSO_4$	208,47
$CdSO_4 \cdot {}^8/_3\,H_2O$	256,51
Ce	140,12
$^1/_4$ Ce	35,030
$^1/_3$ Ce	46,707
2 Ce	280,24
3 Ce	420,36
$Ce_2(C_2O_4)_3$ (Oxalat)	544,30
$Ce_2(C_2O_4)_3 \cdot 9\,H_2O$	706,44
$Ce_2(C_2O_4)_3 \cdot 10\,H_2O$	724,45
$Ce(C_9H_6NO)_3$ (*Oxin*)	572,58
$CeCl_3$	246,48
$CeCl_3 \cdot 7\,H_2O$	372,59
$Ce(NO_3)_3$	326,13
$Ce(NO_3)_3 \cdot 6\,H_2O$	434,22
$(NH_4)_2[Ce(NO_3)_6] \cdot 2\,H_2O$	584,25
CeO_2	172,12
Ce_2O_3	328,24
Ce_3O_4	484,36
$CePO_4$	235,09
$Ce(SO_4)_2$	332,24
$Ce(SO_4)_2 \cdot 4\,H_2O$	404,30
$(NH_4)_4[Ce(SO_4)_4] \cdot 2\,H_2O$	632,53
$Ce_2(SO_4)_3$	568,41
$Ce_2(SO_4)_3 \cdot 8\,H_2O$	712,53
Cl	35,453
2 Cl	70,906
3 Cl	106,359
4 Cl	141,812

Formel	M_r
5 Cl	177,265
6 Cl	212,718
7 Cl	248,171
8 Cl	283,624
9 Cl	319,077
HCl	36,461
2 HCl	72,922
3 HCl	109,383
4 HCl	145,844
5 HCl	182,305
6 HCl	218,765
ClO	51,452
$HClO$	52,460
Cl_2O	86,905
ClO_2	67,452
ClO_3	83,451
$^1/_6$ ClO_3	13,9085
$HClO_3$	84,459
$(C_{20}H_{16}N_4) \cdot HClO_3$	396,833
(Nitron)	
$(C_{22}H_{19}N) \cdot HClO_3$	381,859
(α-Dinaphthodimethylamin)	
ClO_4	99,451
$HClO_4$	100,459
$(C_{20}H_{16}N_4) \cdot HClO_4$	412,833
(Nitron)	
$(C_{22}H_{19}N) \cdot HClO_4$	397,859
(α-Dinaphthodimethylamin)	
Cl_2O_5	150,903
Cl_2O_7	182,902
Co	58,9332
$^1/_3$ Co	19,6444
$^1/_2$ Co	29,4666
2 Co	117,8664
3 Co	176,7996
$CoBr_2$	218,741
$CoBr_2 \cdot 6\,H_2O$	326,832
$Co(CHO_2)_2$	148,969
(Formiat)	
$Co(C_2O_4) \cdot 2\,H_2O$	182,983
(Oxalat)	
$Co(C_2H_3O_2)_2 \cdot 4\,H_2O$	249,084
(Acetat)	

Formel	M_r
$Co(C_5H_5N)_4(SCN)_2$	491,493
(Pyridin + Thiocyanat)	
$Co_3(C_6H_5O_7)_2 \cdot 4\,H_2O$	627,064
(Citrat)	
$Co(C_7H_6NO_2)_2$	331,193
(Anthranilsäure)	
$Co(C_9H_6NO)_2 \cdot 2\,H_2O$	383,269
(Oxin)	
$Co(C_{10}H_6NO_2)_3 \cdot 2\,H_2O$	611,453
(α-Nitroso-β-naphthol)	
$CoCl_2$	129,839
$CoCl_2 \cdot 2\,H_2O$	165,870
$CoCl_2 \cdot 6\,H_2O$	237,931
$CoCrO_4$	174,927
$Co(NH_4)PO_4 \cdot H_2O$	189,9581
$Co(NO_3)_2$	182,9430
$Co(NO_3)_2 \cdot 6\,H_2O$	291,0347
$Na_3[Co(NO_2)_6]$	403,9355
CoO	74,9326
Co_2O_3	165,8646
Co_3O_4	240,7972
$Co_2P_2O_7$	291,8072
CoS	90,99
$CoSO_4$	154,99
$CoSO_4 \cdot 7\,H_2O$	281,09
$Co_2(SO_4)_3$	406,04
$Co_2(SO_4)_3 \cdot 18\,H_2O$	730,31
$K_2Co(SO_4)_2 \cdot 6\,H_2O$	437,34
Cr	51,996
$^1/_3$ Cr	17,3320
$^1/_2$ Cr	25,9980
2 Cr	103,992
3 Cr	155,988
$CrCl_2$	122,902
$CrCl_3$	158,355
$[CrCl_2(H_2O)_4]Cl \cdot 2\,H_2O$	266,443
$Cr(NO_3)_3$	238,011
$Cr(NO_3)_3 \cdot 9\,H_2O$	400,149
CrO	67,995
CrO_3	99,994
2 CrO_3	199,988
Cr_2O_3	151,990
$^1/_2$ Cr_2O_3	75,995

Formel	M_r
$2\ Cr_2O_3$	**303,980**
CrO_4	**115,994**
Cr_3O_4	**219,986**
Cr_2O_7	**215,988**
$^1/_6\ Cr_2O_7$	**35,9977**
$Cr(OH)_2$	**86,011**
$Cr(OH)_3$	**103,018**
$CrPO_4$	**146,967**
$Cr_2(SO_4)_3$	**392,16**
$Cr_2(SO_4)_3 \cdot 18\ H_2O$	**716,44**
$KCr(SO_4)_2 \cdot 12\ H_2O$	**499,39**
$(NH_4)Cr(SO_4)_2 \cdot 12\ H_2O$	**478,33**
Cs	**132,9054**
2 Cs	**265,8108**
$CsAl(SO_4)_2 \cdot 12\ H_2O$	**568,18**
Cs_2CO_3	**325,820**
$CsCl$	**168,358**
$CsClO_4$	**232,356**
Cs_2CrO_4	**381,804**
$Cs_2Cr_2O_7$	**481,799**
CsI	**259,8099**
$CsNO_3$	**194,9103**
Cs_2O	**281,8102**
$Cs_2[PtCl_6]$	**673,61**
Cs_2SO_4	**361,87**
Cu	**63,546**
$^1/_2$ Cu	**31,7730**
2 Cu	**127,092**
3 Cu	**190,638**
$Cu(C_2H_3O_2)_2 \cdot H_2O$ (Acetat)	**199,650**
$Cu(C_5H_5N)_2(SCN)_2$ (*Pyridin + Thiocyanat*)	**337,90**
$Cu(C_7H_6NO_2)_2$ (*Salicylaldoxim* bzw. *Anthranilsäure*)	**335,806**
$Cu(C_9H_6NO)_2$ (*Oxin*)	**351,851**
$Cu(C_{10}H_6NO_2)_2 \cdot H_2O$ (*Chinaldinsäure*)	**425,887**
$Cu(C_{12}H_{10}NOS)_2 \cdot H_2O$ (*Thionalid*)	**514,12**

Formel	M_r
$Cu(C_{14}H_{11}NO_2)$ (*Benzoinoxim, Cupron*)	**288,792**
$CuCN$	**89,564**
$CuCO_3 \cdot Cu(OH)_2$	**221,116**
$2\ CuCO_3 \cdot Cu(OH)_2$	**344,671**
$CuCl$	**98,999**
$CuCl_2$	**134,452**
$CuCl_2 \cdot 2\ H_2O$	**170,482**
$Cu(NO_3)_2$	**187,556**
$Cu(NO_3)_2 \cdot 3\ H_2O$	**241,601**
$Cu(NO_3)_2 \cdot 6\ H_2O$	**295,648**
CuO	**79,545**
$^1/_2\ CuO$	**39,7727**
$2\ CuO$	**159,0890**
$Cu(OH)_2$	**97,561**
Cu_2O	**143,091**
CuS	**95,61**
Cu_2S	**159,15**
$CuSCN$	**121,62**
$Cu(SCN)_2$	**179,70**
$CuSO_4$	**159,60**
$CuSO_4 \cdot 5\ H_2O$	**249,68**
$[Cu(NH_3)_4]SO_4 \cdot H_2O$	**245,74**
Dy	**162,50**
2 Dy	**325,00**
Dy_2O_3	**373,00**
Er	**167,26**
2 Er	**334,52**
Er_2O_3	**382,52**
Eu	**151,96**
2 Eu	**303,92**
Eu_2O_3	**351,92**
F	**18,9984**
2 F	**37,9968**
3 F	**56,9952**
4 F	**75,9936**
5 F	**94,9920**
6 F	**113,9904**
$(C_6H_5)_3SnF$ (*Triphenylzinnfluorid*)	**369,00**

Formel	M_r
HF	20,0063
2 HF	40,0127
Fe	55,847
1/3 Fe	18,6156
1/2 Fe	27,9235
2 Fe	111,694
3 Fe	167,541
4 Fe	223,388
$Fe(C_9H_6NO)_3$ (*Oxin*)	488,305
$Fe(CN)_6$	211,953
$FeCO_3$	115,856
$Fe(HCO_3)_2$	177,881
$Fe(CO)_4$	167,889
$Fe(CO)_5$	195,899
$FeCl_2$	126,753
$FeCl_2 \cdot 4\,H_2O$	198,814
$FeCl_3$	162,206
$FeCl_3 \cdot 6\,H_2O$	270,298
FeI_2	309,656
$Fe(NO_3)_2$	179,857
$Fe(NO_3)_2 \cdot 6\,H_2O$	287,949
$Fe(NO_3)_3$	241,862
$Fe(NO_3)_3 \cdot 6\,H_2O$	349,954
$Fe(NO_3)_3 \cdot 9\,H_2O$	404,000
FeO	71,846
2 FeO	143,693
Fe_2O_3	159,692
1/6 Fe_2O_3	26,6154
1/2 Fe_2O_3	79,846
2 Fe_2O_3	319,384
Fe_3O_4	231,539
$Fe(OH)_2$	89,862
$Fe(OH)_3$	106,869
$FePO_4$	150,818
$Fe_3(PO_4)_2 \cdot 8\,H_2O$	501,606
FeS	87,91
FeS_2	119,97
Fe_2S_3	207,87
$FeSO_4$	151,90
$FeSO_4 \cdot 7\,H_2O$	278,01

Formel	M_r
$Fe_2(SO_4)_3$	399,87
$Fe_2(SO_4)_3 \cdot 9\,H_2O$	562,00
$KFe(SO_4)_2 \cdot 12\,H_2O$	503,24
$(NH_4)Fe(SO_4)_2 \cdot 12\,H_2O$	482,18
$(NH_4)_2Fe(SO_4)_2 \cdot 6\,H_2O$	392,13
Ga	69,72
2 Ga	139,44
$Ga(C_9H_6NO)_3$ (*Oxin*)	502,18
$Ga(C_9H_4Br_2NO)_3$ (*Bromoxin*)	975,55
$GaCl_3$	176,08
GaN	83,73
Ga_2O_3	187,44
GaS	101,78
Gd	157,25
2 Gd	314,50
Gd_2O_3	362,50
Ge	72,59
2 Ge	145,18
$GeCl_4$	214,40
GeO	88,59
GeO_2	104,59
GeS_2	136,71
H[1])	1,00794
2 H	2,01588
3 H	3,02382
4 H	4,03176
5 H	5,03970
6 H	6,04764
7 H	7,05558
8 H	8,06352
9 H	9,07146
H_2O	18,01528
1/2 H_2O	9,00764
2 H_2O	36,03056
3 H_2O	54,04584

[1]) Säuren sind unter dem betreffenden Anion zu finden.

Formel	M_r
4 H_2O	72,06112
5 H_2O	90,07640
6 H_2O	108,09168
7 H_2O	126,10696
8 H_2O	144,12224
9 H_2O	162,13752
12 H_2O	216,18336
18 H_2O	324,27504
24 H_2O	432,36672
H_2O_2	34,01468
$^1/_2$ H_2O_2	17,00734
2 H_2O_2	68,02936
Hf	178,49
HfO_2	210,49
Hg	200,59
$^1/_2$ Hg	100,295
2 Hg	401,18
3 Hg	601,77
4 Hg	802,36
$HgBr_2$	360,40
$Hg(C_2H_3O_2)_2$ (Acetat)	318,68
$Hg(C_5H_5N)_2Cr_2O_7$ (*Pyridin + Chromat*)	574,78
$Hg(C_7H_6NO_2)_2$ (*Anthranilsäure*)	472,85
$Hg(C_{12}H_{10}NOS)_2$ (*Thionalid*)	633,14
$Hg(C_2O_4)$ (Oxalat)	288,61
$Hg(CN)_2$	252,63
$Hg(CN)_2 \cdot HgO$	469,21
$HgCl_2$	271,50
Hg_2Cl_2	472,09
$HgCrO_4$	316,58
HgI	327,49
HgI_2	454,40
$HgNH_2Cl$	252,07
$Hg(NO_3)_2$	324,60
$Hg(NO_3)_2 \cdot H_2O$	342,62
$Hg_2(NO_3)_2$	525,19
$Hg_2(NO_3)_2 \cdot 2\,H_2O$	561,22

Formel	M_r
HgO	216,59
Hg_2O	417,18
HgS	232,65
Hg_2S	433,24
$Hg(SCN)_2$	316,75
$Hg_2(SCN)_2$	517,34
$HgSO_4$	296,65
Hg_2SO_4	497,24
Ho	164,9304
2 Ho	329,8608
Ho_2O_3	377,8590
I	126,9045
2 I	253,8090
3 I	380,7135
4 I	507,6180
5 I	634,5225
6 I	761,4270
HI	127,9124
2 HI	255,8249
ICl	162,358
ICl_3	233,264
IF_5	221,8965
IO_3	174,9027
HIO_3	175,9106
IO_4	190,9021
HIO_4	191,9100
I_2O_5	333,8060
H_5IO_6	227,9404
I_2O_7	365,8048
In	114,82
2 In	229,64
$In(C_9H_6NO)_3$ *Oxin*	547,28
$InCl_3$	221,18
In_2O_3	277,64
$InPO_4$	209,79
In_2S_3	325,82
Ir	192,22
IrO_2	224,22

Formel	M_r
K	**39,0983**
2 K	78,1966
3 K	117,2949
4 K	156,3932
$KAl(SO_4)_2$	258,20
$KAl(SO_4)_2 \cdot 12\,H_2O$	474,38
$KAlSi_3O_8$	278,3315
$2\,KAlSi_3O_8$	556,6631
KH_2AsO_4	180,0334
K_2HAsO_4	218,1237
$K[BF_4]$	125,90
KBr	119,002
$KBrO_3$	167,001
$^{1}/_{6}\,KBrO_3$	27,8334
$K(CHO_2)$ (Formiat)	84,116
$K(C_2H_3O_2)$ (Acetat)	98,143
$K_2(C_4H_4O_6) \cdot {}^{1}/_{2}\,H_2O$ (Tartrat)	235,276
$KH(C_4H_4O_6)$	188,178
$KNa(C_4H_4O_6) \cdot 4\,H_2O$	282,221
$K[C_4H_2O_6Sb(OH)_2] \cdot {}^{1}/_{2}\,H_2O$	349,93
$K[(C_6H_5)_4B]$ (*Tetraphenylborat*)	358,33
$K_3(C_6H_5O_7) \cdot H_2O$ (Citrat)	324,411
$KH(C_8H_4O_4)$ (Phthalat)	204,223
$K(C_{12}H_4N_7O_{12})$ (*Dipikrylamin*)	477,302
$KH(C_2O_4) \cdot H_2O$ (Oxalat)	146,141
$KH(C_2O_4), H_2(C_2O_4) \cdot 2\,H_2O$	254,192
$^{1}/_{3}\,KH(C_2O_4), H_2(C_2O_4) \cdot 2\,H_2O$	84,7305
$K_2(C_2O_4) \cdot H_2O$	184,231
KCN	65,116
$KCNO$	81,115
$KHCO_3$	100,115
K_2CO_3	138,206
$^{1}/_{2}\,K_2CO_3$	69,1029

Formel	M_r
$K_2CO_3 \cdot 1^{1}/_{2}\,H_2O$	165,229
$K_2CO_3 \cdot 2\,H_2O$	174,236
KCl	74,551
$KClO_3$	122,550
$KClO_4$	138,549
$K_3[Co(NO_2)_6]$	452,261
$K_2Co(SO_4)_2 \cdot 6\,H_2O$	437,34
K_2CrO_4	194,190
$K_2Cr_2O_7$	294,184
$^{1}/_{6}\,K_2Cr_2O_7$	49,0307
$^{1}/_{2}\,K_2Cr_2O_7$	147,0922
$KCr(SO_4)_2 \cdot 12\,H_2O$	499,39
KF	58,0967
KHF_2	78,1030
$K_3[Fe(CN)_6]$	329,248
$K_4[Fe(CN)_6]$	368,346
$K_4[Fe(CN)_6] \cdot 3\,H_2O$	422,392
$KFe(SO_4)_2 \cdot 12\,H_2O$	503,24
KI	166,0028
KIO_3	214,0010
$^{1}/_{6}\,KIO_3$	35,6668
$KH(IO_3)_2$	389,9116
$^{1}/_{12}\,KH(IO_3)_2$	32,4926
$KMnO_4$	158,0339
$^{1}/_{5}\,KMnO_4$	31,6068
$^{1}/_{3}\,KMnO_4$	52,678
$2\,KMnO_4$	316,0678
KNO_2	85,1031
KNO_3	101,1032
K_2O	94,1960
$^{1}/_{2}\,K_2O$	47,0980
$2\,K_2O$	188,3920
$3\,K_2O$	282,5880
$4\,K_2O$	376,7840
KOH	56,1056
$2\,KOH$	112,2113
$KOH \cdot 2\,H_2O$	92,1362
KH_2PO_2	104,0868
KH_2PO_4	136,0856
K_2HPO_4	174,1759

Formel	M_r
K_3PO_4	212,2663
$K_2[PdCl_4]$	326,43
$K_2[PdCl_6]$	397,33
$K_2[PtCl_6]$	485,99
$KReO_4$	289,303
K_2S	110,26
$K_2S \cdot 5\ H_2O$	200,32
KHS	72,17
KSCN	97,18
K_2SO_3	158,25
$K_2SO_3 \cdot 2\ H_2O$	194,29
$KHSO_3$	120,16
K_2SO_4	174,25
$KHSO_4$	136,16
$K_2S_2O_5$	222,31
$K_2S_2O_7$	254,31
$K_2S_2O_8$	270,31
$K[Sb(OH)_6]$	262,89
$K_2[SiF_6]$	220,2725
$K_2[TiF_6]$	240,07
K_2WO_4	326,04
$K_2[ZrF_6]$	283,41
La	138,9055
2 La	277,8110
$La(C_2H_3O_2)_3 \cdot 1^1/_2\ H_2O$ (Acetat)	343,0623
$LaCl_3$	245,265
$La(NO_3)_3 \cdot 6\ H_2O$	433,0116
La_2O_3	325,8092
$La_2(SO_4)_3$	569,98
Li	6,941
2 Li	13,882
3 Li	20,823
$LiAlH_4$	37,954
LiBr	86,845
$Li_3(C_6H_5O_7) \cdot 4\ H_2O$ (Citrat)	281,985
Li_2CO_3	73,891
LiCl	42,394
LiF	25,939

Formel	M_r
$LiNO_3$	68,946
$LiNO_3 \cdot 3\ H_2O$	122,992
Li_2O	29,876
$2\ Li_2O \cdot 5\ Al_2O_3$	569,569
LiOH	23,948
Li_3PO_4	115,794
Li_2SO_4	109,94
$Li_2SO_4 \cdot H_2O$	127,95
Mg	24,305
$^1/_2$ Mg	12,1525
2 Mg	48,610
3 Mg	72,915
$Mg_2As_2O_7$	310,448
$MgNH_4AsO_4 \cdot 6\ H_2O$	289,352
$Mg(C_2H_3O_2)_2$ (Acetat)	142,394
$Mg(C_2H_3O_2)_2 \cdot 4\ H_2O$	214,455
$Mg(C_9H_6NO)_2$ (*Oxin*)	312,610
$Mg(C_9H_6NO)_2 \cdot 2\ H_2O$	348,640
$MgCO_3$	84,314
$^1/_2\ MgCO_3$	42,1571
$2\ MgCO_3$	168,628
$MgCO_3 \cdot H_2O$	102,329
$Mg(HCO_3)_2$	146,339
$MgCO_3 \cdot CaCO_3$	184,40
$MgCl_2$	95,211
$MgCl_2 \cdot 6\ H_2O$	203,302
$MgCl_2 \cdot KCl \cdot 6\ H_2O$	277,854
MgF_2	62,302
$Mg(NO_3)_2$	148,316
$Mg(NO_3)_2 \cdot 6\ H_2O$	256,406
MgO	40,304
$^1/_2$ MgO	20,1522
2 MgO	80,609
3 MgO	120,913
$MgO \cdot Al_2O_3$	142,266
$Mg(OH)_2$	58,320
$MgNH_4PO_4 \cdot 6\ H_2O$	245,407
$Mg_2P_2O_7$	222,553
MgS	56,37

Formel	M_r
$MgSO_4$	120,36
$MgSO_4 \cdot 7\,H_2O$	246,47
$MgSiO_3$	100,389
Mg_2SiO_4	140,693
Mn	54,9380
$^1/_2$ Mn	27,4690
2 Mn	109,8760
3 Mn	164,8140
$Mn(C_2H_3O_2)_2 \cdot 4\,H_2O$ (Acetat)	245,088
$Mn(C_5H_5N)_4(SCN)_2$ *(Pyridin + Thiocyanat)*	487,50
$MnCO_3$	114,9472
$MnCl_2$	125,844
$MnCl_2 \cdot 4\,H_2O$	197,905
$Mn(NO_3)_2$	178,9478
$Mn(NO_3)_2 \cdot 6\,H_2O$	287,0395
MnO	70,9374
MnO_2	86,9368
$^1/_2\,MnO_2$	43,4684
Mn_2O_3	157,8742
MnO_4	118,9356
Mn_3O_4	228,8116
Mn_2O_7	221,8718
$Mn(OH)_2$	88,9527
$Mn_2P_2O_7$	283,8193
$MnNH_4PO_4 \cdot H_2O$	185,9631
MnS	87,00
$MnSO_4$	151,00
$MnSO_4 \cdot 4\,H_2O$	223,06
$MnSO_4 \cdot 5\,H_2O$	241,07
$MnSO_4 \cdot 7\,H_2O$	277,10
Mo	95,94
2 Mo	191,88
3 Mo	287,82
$MoO_2(C_9H_6NO)_2$ *(Oxin)*	416,24
MoO_3	143,94
$12\,MoO_3 \cdot (NH_4)_3PO_4$	1876,34
$12\,MoO_3 \cdot (NH_4)_3PO_4 \cdot 6\,H_2O$	1984,44
MoO_4	159,94
$H_2MoO_4 \cdot H_2O$	179,97
$(NH_4)_6Mo_7O_{24} \cdot 4\,H_2O$	1235,86
MoS_2	160,06
MoS_3	192,12
N	14,0067
2 N	28,0134
3 N	42,0201
4 N	56,0268
5 N	70,0335
6 N	84,0402
7 N	98,0469
8 N	112,0536
9 N	126,0603
5,55 N (Gelatine)	77,7372
6,25 N (Eiweiß)	87,5419
6,37 N (Casein)	89,2227
NH	15,0146
NH_2	16,0226
$2\,NH_2$	32,0452
$3\,NH_2$	48,0677
NH_3	17,0305
$2\,NH_3$	34,0610
$3\,NH_3$	51,0916
$4\,NH_3$	68,1221
$5\,NH_3$	85,1526
$6\,NH_3$	102,1831
NH_4	18,0385
$2\,NH_4$	36,0769
$3\,NH_4$	54,1154
N_2H_4	32,0452
$N_2H_4 \cdot HCl$	68,506
$N_2H_4 \cdot 2\,HCl$	104,967
$N_2H_4 \cdot H_2O$	50,0604
$N_2H_4 \cdot H_2SO_4$	130,12
NH_2OH	33,0299
$NH_2OH \cdot HCl$	69,491
$2\,NH_2OH \cdot H_2SO_4$	164,13
NH_2SO_3H	97,09
NH_4Br	97,942

Formel	M_r
$NH_4(CHO_2)$ (Formiat)	63,056
$NH_4(C_2H_3O_2)$ (Acetat)	77,083
$(NH_4)_2(C_2O_4) \cdot H_2O$ (Oxalat)	142,111
$(NH_4)_2CO_3$	96,086
$(NH_4)_2CO_3 \cdot H_2O$	114,101
$(NH_4)HCO_3$	79,055
NH_4Cl	53,491
NH_4ClO_4	117,489
$(NH_4)_2CrO_4$	152,070
$(NH_4)_2Cr_2O_7$	252,064
NH_4F	37,0367
$NH_4F \cdot HF$	57,0430
NH_4I	144,9428
$(NH_4)_2MoO_4$	196,01
$(NH_4)_6Mo_7O_{24} \cdot 4\,H_2O$	1235,86
NH_4NO_2	64,0438
NH_4NO_3	80,0432
NH_4OH	35,0458
$NH_4H_2PO_4$	115,0257
$(NH_4)_2HPO_4$	132,0563
$(NH_4)_3PO_4 \cdot 12\,MoO_3$	1876,34
$(NH_4)_3PO_4 \cdot 14\,MoO_3$	2164,22
$5(NH_4)_2O \cdot 12\,MoO_3 \cdot 7\,H_2O$	2113,74
$NH_4MgPO_4 \cdot 6\,H_2O$	245,407
$NH_4NaHPO_4 \cdot 4\,H_2O$	209,0686
NH_4ZnPO_4	178,39
$(NH_4)_2[PdCl_6]$	355,21
$(NH_4)_2[PtCl_6]$	443,87
$(NH_4)_2S$	68,14
NH_4HS	51,11
NH_4SCN	76,12
$(NH_4)_2S_2O_3$	148,19
$(NH_4)_2SO_4$	132,13
NH_4HSO_4	115,10
$NH_4Fe(SO_4)_2 \cdot 12\,H_2O$	482,18
$(NH_4)_2Fe(SO_4)_2 \cdot 6\,H_2O$	392,13
$(NH_4)_2Ni(SO_4)_2 \cdot 6\,H_2O$	394,98
$(NH_4)_2S_2O_8$	228,19

Formel	M_r
$(NH_4)_2[SiF_6]$	178,1528
$(NH_4)_2[SnCl_6]$	367,48
NH_4VO_3	116,9780
NO	30,0061
N_2O	44,0128
NO_2	46,0055
$2\,NO_2$	92,0110
$3\,NO_2$	138,0165
$4\,NO_2$	184,0220
$5\,NO_2$	230,0275
$6\,NO_2$	276,0330
HNO_2	47,0134
NO_3	62,0049
$2\,NO_3$	124,0098
$3\,NO_3$	186,0147
$4\,NO_3$	248,0196
HNO_3	63,0128
$2\,HNO_3$	126,0257
$3\,HNO_3$	189,0385
$(C_{20}H_{16}N_4) \cdot HNO_3$ (*Nitron*)	375,387
$(C_{22}H_{19}N) \cdot HNO_3$ (*α-Dinaphthodimethylanilin*)	360,413
N_2O_3	76,0116
N_2O_4	92,0110
N_2O_5	108,0104
$^1/_2\,N_2O_5$	54,0052
Na	22,9898
2 Na	45,9795
3 Na	68,9693
4 Na	91,9591
$Na_3[AlF_6]$	209,9413
$NaAlSi_3O_8$	262,2230
$NaAsO_2$	129,9102
Na_2HAsO_3	169,9072
Na_2HAsO_4	185,9066
$Na_2HAsO_4 \cdot 7\,H_2O$	312,0136
$Na_2HAsO_4 \cdot 12\,H_2O$	402,0900
$Na(C_6H_5)_4B]$ (*Tetraphenylborat*)	342,22
$NaBH_4$	37,83
$NaBO_2 \cdot 4\,H_2O$	137,86

Formel	M_r
$NaBO_3 \cdot 4\ H_2O$	153,86
$Na_2B_4O_7$	201,22
$^1/_2\ Na_2B_4O_7$	100,608
$Na_2B_4O_7 \cdot 10\ H_2O$	381,37
$^1/_2\ Na_2B_4O_7 \cdot 10\,H_2O$	190,684
$NaBiO_2$	279,9683
$NaBr$	102,893
$NaBr \cdot 2\ H_2O$	138,924
$NaBrO_3$	150,892
$Na(CHO_2)$ (Formiat)	68,007
$Na(C_2H_3O_2)$ (Acetat)	82,034
$Na(C_2H_3O_2) \cdot 3\ H_2O$	136,080
$Na_2(C_4H_4O_6) \cdot 2\ H_2O$ (Tartrat)	230,082
$NaH(C_4H_4O_6)$	172,070
$NaK(C_4H_4O_6) \cdot 4\ H_2O$	282,222
$Na(C_6H_5O)$ (Phenolat)	116,095
$Na_3(C_6H_5O_7) \cdot 5^1/_2\,H_2O$ (Citrat)	357,155
$Na_2(C_8H_4O_4)$ (Phthalat)	210,097
$NaH(C_8H_4O_4)$	188,115
$Na_2(C_2O_4)$ (Oxalat)	133,999
$^1/_2\ Na_2(C_2O_4)$	66,9996
$NaH(C_2O_4)$	112,017
$NaH(C_2O_4) \cdot H_2O$	130,032
$Na_2H_2(C_{10}H_{12}N_2O_8)$ (Komplexon III)	336,210
$Na_2H_2(C_{10}H_{12}N_2O_8) \cdot 2\ H_2O$	372,240
$NaCN$	49,007
Na_2CO_3	105,989
$^1/_2\ Na_2CO_3$	52,9944
$Na_2CO_3 \cdot 2\ H_2O$	142,019
$Na_2CO_3 \cdot 10\ H_2O$	286,142
$^1/_2\ Na_2CO_2 \cdot 10\ H_2O$	143,0710
$NaHCO_3$	84,007
$NaCl$	58,443
$NaOCl$	74,442
$NaClO_3$	106,441

Formel	M_r
$NaClO_4$	122,440
$NaClO_4 \cdot H_2O$	140,456
$Na_3[Co(NO_2)_6]$	403,9355
$Na_3[Co(NO_2)_6 \cdot ^1/_2\,H_2O$	412,9431
Na_2CrO_4	161,973
$Na_2CrO_4 \cdot 4\ H_2O$	234,034
$Na_2Cr_2O_7$	261,967
$Na_2Cr_2O_7 \cdot 2\ H_2O$	297,998
NaF	41,9882
$Na_4[Fe(CN)_6] \cdot 10\ H_2O$	484,065
$Na_2[Fe(CN)_5NO] \cdot 2\ H_2O$	297,952
NaI	149,8943
$NaIO_3$	197,8925
$NaIO_4$	213,8919
Na_2MoO_4	205,92
$Na_2MoO_4 \cdot 2\ H_2O$	241,95
NaN_3	65,0099
$NaNH_2$	39,0124
$NaNO_2$	68,9953
$NaNO_3$	84,9947
Na_2O	61,9789
$^1/_2\ Na_2O$	30,9895
$2\ Na_2O$	123,9579
$3\ Na_2O$	185,9368
$4\ Na_2O$	247,9158
Na_2O_2	77,9783
$NaOH$	39,9971
$NaH_2PO_2 \cdot H_2O$	105,9936
$NaPO_3$	101,9617
NaH_2PO_4	119,9770
$NaH_2PO_4 \cdot H_2O$	137,9923
$NaH_2PO_4 \cdot 2\ H_2O$	156,0075
Na_2HPO_4	141,9588
$Na_2HPO_4 \cdot 2\ H_2O$	177,9894
$Na_2HPO_4 \cdot 12\ H_2O$	358,1422
Na_3PO_4	163,9407
$Na_3PO_4 \cdot 12\ H_2O$	380,1241
$NaNH_4HPO_4$	137,0072
$NaNH_4HPO_4 \cdot 4\ H_2O$	209,0686
$Na_4P_2O_7$	265,9024

Formel	M_r
$Na_4P_2O_7 \cdot 10\ H_2O$	**446,0552**
Na_2S	**78,04**
$Na_2S \cdot 9\ H_2O$	**240,18**
$NaHS$	**56,06**
$NaSCN$	**81,07**
Na_2SO_3	**126,04**
$Na_2SO_3 \cdot 7\ H_2O$	**252,14**
$NaHSO_3$	**104,06**
$Na_2S_2O_3$	**158,10**
$^1/_2\ Na_2S_2O_3$	**79,049**
$Na_2S_2O_3 \cdot 5\ H_2O$	**248,17**
$^1/_2\ Na_2S_2O_3 \cdot 5\ H_2O$	**124,087**
Na_2SO_4	**142,04**
$Na_2SO_4 \cdot 10\ H_2O$	**322,19**
$NaHSO_4$	**120,06**
$NaHSO_4 \cdot H_2O$	**138,07**
$Na_2S_2O_4$	**174,10**
$Na_2S_2O_4 \cdot 2\ H_2O$	**210,13**
$Na_2S_2O_5$	**190,10**
$Na[Sb(OH)_6]$	**246,78**
$Na_3SbS_4 \cdot 9\ H_2O$	**481,10**
Na_2SeO_3	**172,94**
$NaHSeO_3$	**150,96**
$Na_2[SiF_6]$	**188,0555**
Na_2SiO_3	**122,0632**
$Na_2[Sn(OH)_6]$	**266,71**
$Na_2U_2O_7$	**634,0331**
$Na_2U_2O_7 \cdot 6\ H_2O$	**742,1248**
$NaMg(UO_2)_3 \cdot (C_2H_3O_2)_9 \cdot 6\ H_2O$	**1496,875**
$NaMg(UO_2)_3 \cdot (C_2H_3O_2)_9 \cdot 8\ H_2O$	**1532,905**
$NaZn(UO_2)_3 \cdot (C_2H_3O_2)_9 \cdot 6\ H_2O$	**1537,95**
$NaVO_3 \cdot 4\ H_2O$	**193,9906**
Na_2WO_4	**293,83**
$Na_2WO_4 \cdot 2\ H_2O$	**329,86**
Nb	**92,9064**
2 Nb	**185,8128**
$NbCl_5$	**270,171**
Nb_2O_5	**265,8098**

Formel	M_r
Nd	**144,24**
2 Nd	**288,48**
Nd_2O_3	**336,48**
Ni	**58,69**
$^1/_2$ Ni	**29,345**
2 Ni	**117,38**
$Ni(C_2H_3O_2)_2 \cdot 4\ H_2O$ (Acetat)	**248,84**
$Ni(C_2H_5N_4O)_2$ (*Dicyanamidinsulfat*)	**260,87**
$Ni(C_4H_7N_2O_2)_2$ (*Dimethylglyoxim, Diacetyldioxim*)	**288,91**
$Ni(C_5H_5N)_4(SCN)_2$ (*Pyridin + Thiocyanat*)	**491,26**
$Ni(C_7H_6NO_2)_2$ (*Anthranilsäure*)	**330,95**
$Ni(C_9H_6NO)_2$ (*Oxin*)	**347,00**
$Ni(C_9H_6NO)_2 \cdot 2\ H_2O$	**383,03**
$NiCO_3$	**118,70**
$Ni(CO)_4$	**170,73**
$NiCl_2$	**129,60**
$NiCl_2 \cdot 6\ H_2O$	**237,69**
$Ni(NO_3)_2$	**182,70**
$Ni(NO_3)_2 \cdot 6\ H_2O$	**290,79**
NiO	**74,69**
NiO_2	**90,69**
Ni_2O_3	**165,38**
$Ni_2P_2O_7$	**291,32**
NiS	**90,75**
$NiSO_4$	**154,75**
$NiSO_4 \cdot 7\ H_2O$	**280,85**
$Ni(NH_4)_2(SO_4)_2 \cdot 6H_2O$	**394,98**
O	**15,9994**
$^1/_2$ O	**7,9997**
2 O	**31,9988**
3 O	**47,9982**
4 O	**63,9976**
5 O	**79,9970**
6 O	**95,9964**
7 O	**111,9958**
8 O	**127,9952**

Formel	M_r
9 O	143,9946
OCH_3	31,034
OC_2H_5	45,061
OH	17,0073
2 OH	34,0148
3 OH	51,0220
4 OH	68,0294
5 OH	85,0367
6 OH	102,0440
Os	190,2
2 Os	380,4
$OsCl_4$	332,0
OsO_2	222,2
OsO_4	254,2
P	30,9738
$^1/_5$ P	6,1948
$^1/_3$ P	10,3246
2 P	61,9475
3 P	92,9213
4 P	123,8950
5 P	154,8688
6 P	185,8426
7 P	216,8163
8 P	247,7901
9 P	278,7638
PBr_3	270,686
PCl_3	137,333
$POCl_3$	153,332
PCl_5	208,239
PH_3	33,9975
PO_2	62,9726
H_3PO_2	65,9963
PO_3	78,9720
2 PO_3	157,9439
3 PO_3	236,9159
4 PO_3	315,8878
HPO_3	79,9799
H_3PO_3	81,9957
P_2O_3	109,9457
$^1/_2$ P_2O_3	54,9729

Formel	M_r
PO_4	94,9714
2 PO_4	189,9427
HPO_4	95,9793
H_2PO_4	96,9873
H_3PO_4	97,9952
2 H_3PO_4	195,9904
P_2O_5	141,9445
$^1/_2$ P_2O_5	70,9723
2 P_2O_5	283,8890
$P_2O_5 \cdot 24\ MoO_3$	3596,46
P_2O_7	173,9433
$H_4P_2O_7$	177,9749
P_4S_3	220,08
P_2S_5	222,25
Pb	207,2
$^1/_2$ Pb	103,60
2 Pb	414,4
3 Pb	621,6
$PbBr_2$	367,0
$Pb(C_2H_3O_2)_2$ (Acetat)	325,3
$Pb(C_2H_3O_2)_2 \cdot 3\ H_2O$	379,3
$Pb(C_2H_5)_4$ (Tetraethyl)	323,4
$Pb(OH)(C_7H_4NS_2)$ (*Mercaptobenzthiazol*)	390,4
$Pb(C_7H_6NO_2)_2$ (*Salicylaldoxim* bzw. *Anthranilsäure*)	479,5
$Pb(C_{10}H_7N_4O_5)_2 \cdot 1^1/_2\ H_2O$ (*Pikrolonsäure*)	760,6
$Pb(C_{12}H_{10}NOS)_2$ (*Thionalid*)	639,8
$PbCO_3$	267,2
$2\ PbCO_3 \cdot Pb(OH)_2$	775,6
$PbCl_2$	278,1
$PbCl_4$	349,0
$PbCrO_4$	323,2
PbF_2	245,2
PbI_2	461,0
$PbMoO_2$	367,1
$Pb(NO_3)_2$	331,2

Formel	M_r
PbO	223,2
PbO_2	239,2
$Pb(OH)_2$	241,2
Pb_3O_4	685,6
PbS	239,3
$Pb(SCN)_2$	323,4
$PbSO_4$	303,3
$Pb(SO_4)_2$	399,3
$PbSO_4 \cdot PbO$	526,5
$Pb(VO_3)_2$	405,1
$Pb_2V_2O_7$	628,3
$PbWO_4$	455,0
Pd	106,42
2 Pd	212,84
$Pd(C_5H_5NO_2)_2Cl_2$ (*Furfuraldoxim*)	399,53
$Pd(C_7H_6NO_2)_2$ (*Salicylaldoxim*)	378,68
$Pd(C_9H_6NO)_2$ (*Oxin*)	394,73
$Pd(C_{10}H_6NO_2)_2$ (*1-Nitroso-2-naphthol*)	450,75
$Pd(C_{10}H_9N_2O_3)_2$ (*Benzoylmethylglyoxim*)	516,81
$Pd(CN)_2$	158,46
$PdCl_2$	177,33
$PdCl_2 \cdot 2\ H_2O$	213,36
$PdCl_4$	248,23
$PdCl_6$	319,14
PdI_2	360,23
$Pd(NO_3)_2$	230,43
PdO	122,42
PdS	138,48
PdS_2	170,54
$PdSO_4$	202,48
$PdSO_4 \cdot 2\ H_2O$	238,51
Pr	140,9077
2 Pr	281,8154
Pr_2O_3	329,8136
$Pr_2(SO_4)_3$	569,99
Pt	195,08
$^1/_4$ Pt	48,770

Formel	M_r
$^1/_2$ Pt	97,540
2 Pt	390,16
$PtCl_4$	336,89
$PtCl_6$	407,80
$H_2[PtCl_6]$	409,81
$H_2[PtCl_6] \cdot 6\ H_2O$	517,91
PtO_2	227,08
PtS	227,14
PtS_2	259,20
Rb	85,4678
2 Rb	170,9356
$RbAl(SO_4)_2 \cdot 12\ H_2O$	520,75
RbBr	165,37
Rb_2CO_3	230,945
RbCl	120,921
$RbClO_4$	184,918
RbI	212,3723
$RbNO_3$	147,4727
Rb_2O	186,9350
$Rb_2[PtCl_6]$	578,74
Rb_2SO_4	266,99
Re	186,207
2 Re	372,414
$ReCl_3$	292,566
$ReCl_5$	363,472
$H_2[ReCl_6]$	400,941
ReO_2	218,206
ReO_3	234,205
Re_2O_3	420,412
ReO_4	250,205
$(C_{20}H_{16}N_4) \cdot HReO_4$ (*Nitron*)	563,587
$HReO_4$	251,213
Re_2O_7	484,410
ReS_2	250,33
Re_2S_7	596,83
Rh	102,9055
2 Rh	205,8110
$RhCl_3$	209,265
$[Rh(NH_3)_5Cl]Cl_2$	294,417

Formel	M_r
RhO_2	134,9043
Rh_2O_3	253,8092
Ru	101,07
2 Ru	202,14
RuO_4	165,07
S	32,06
2 S	64,12
3 S	96,18
4 S	128,24
5 S	160,30
6 S	192,36
7 S	224,42
8 S	256,48
9 S	288,54
HS	33,07
H_2S	34,08
$^1/_2$ H_2S	17,038
2 H_2S	68,15
$C_{12}H_{12}N_2 \cdot H_2SO_4$ *(Benzidin)*	282,31
SCN	58,08
SCl_2	102,97
S_2Cl_2	135,03
$SOCl_2$	118,97
SO_2Cl_2	134,96
SO_2	64,06
2 SO_2	128,12
SO_3	80,06
$^1/_2$ SO_3	40,029
2 SO_3	160,12
H_2SO_3	82,07
S_2O_3	112,12
$H_2S_2O_3$	114,13
HSO_3Cl	116,52
SO_4	96,06
$^1/_2$ SO_4	48,029
2 SO_4	192,12
3 SO_4	288,17
H_2SO_4	98,07
$^1/_2$ H_2SO_4	49,037

Formel	M_r
2 H_2SO_4	196,15
3 H_2SO_4	294,22
S_2O_4	128,12
H_2SO_5	114,07
S_4O_6	224,24
S_2O_7	176,12
$H_2S_2O_7$	178,13
S_2O_8	192,12
$H_2S_2O_8$	194,13
Sb	121,75
$^1/_5$ Sb	24,350
$^1/_3$ Sb	40,583
$^1/_2$ Sb	60,875
2 Sb	243,50
$Sb(C_6H_5O_4)$ *(Pyrogallol)*	262,85
$Sb(C_9H_6NO)_3$ *(Oxin)*	554,21
$SbO(C_9H_6NO) \cdot (C_9H_7NO)_2$ *(Oxin)*	572,22
$Sb(C_{12}H_{10}NOS)_3$ *(Thionalid)*	770,58
$SbCl_3$	228,11
$SbCl_5$	299,02
SbOCl	173,20
SbI_3	502,46
$SbO \cdot K(C_4H_4O_6) \cdot {}^1/_2\, H_2O$ *(Tartrat)*	333,93
Sb_2O_3	291,50
Sb_2O_4	307,50
Sb_2O_5	323,50
SbS_3	217,93
Sb_2S_3	339,68
SbS_4	249,99
Sb_2S_5	403,80
Sc	44,9559
2 Sc	89,9118
Sc_2O_3	137,9100
Se	78,96
2 Se	157,92

Formel	M_r
H_2Se	**80,98**
Se_2Cl_2	**228,83**
SeO_2	**110,96**
SeO_3	**126,96**
H_2SeO_3	**128,97**
SeO_4	**142,96**
H_2SeO_4	**144,97**
Si	**28,0855**
$^1/_4$ Si	**7,0214**
2 Si	**56,1710**
3 Si	**84,2565**
4 Si	**112,3420**
5 Si	**140,4275**
6 Si	**168,5130**
7 Si	**196,5985**
8 Si	**224,6840**
9 Si	**252,7695**
SiC	**40,097**
$SiCl_4$	**169,898**
SiF_4	**104,0791**
SiF_6	**142,0759**
$H_2[SiF_6]$	**144,0918**
SiO_2	**60,0843**
2 SiO_2	**120,1686**
3 SiO_2	**180,2529**
4 SiO_2	**240,3372**
5 SiO_2	**300,4215**
SiO_3	**76,0837**
2 SiO_3	**152,1674**
3 SiO_3	**228,2511**
4 SiO_3	**304,3348**
5 SiO_3	**380,4185**
H_2SiO_3	**78,0996**
SiO_4	**92,0831**
2 SiO_4	**184,1662**
3 SiO_4	**276,2493**
4 SiO_4	**368,3324**
5 SiO_4	**460,4155**
H_2SiO_4	**94,0990**
Si_2O_7	**168,1668**

Formel	M_r
Si_3O_8	**212,2517**
Sm	**150,36**
2 Sm	**300,72**
Sm_2O_3	**348,72**
Sn	**118,69**
$^1/_4$ Sn	**29,672**
$^1/_2$ Sn	**59,345**
2 Sn	**237,38**
$Sn(C_2O_4)$ (Oxalat)	**206,71**
$SnCl_2$	**189,60**
$SnCl_2 \cdot 2\,H_2O$	**225,63**
$SnCl_4$	**260,50**
SnO	**134,69**
SnO_2	**150,69**
SnS	**150,75**
SnS_2	**182,81**
SnS_3	**214,87**
Sr	**87,62**
$^1/_2$ Sr	**43,81**
2 Sr	**175,24**
$SrBr_2 \cdot 6\,H_2O$	**355,52**
$Sr(C_2H_3O_2)_2 \cdot {}^1/_2\,H_2O$ (Acetat)	**214,72**
$Sr(C_2O_4)$ (Oxalat)	**175,64**
$Sr(C_2O_4) \cdot H_2O$	**193,65**
$SrCO_3$	**147,63**
$SrCl_2$	**158,53**
$SrCl_2 \cdot 6\,H_2O$	**266,62**
$SrCrO_4$	**203,61**
SrF_2	**125,62**
$Sr(NO_3)_2$	**211,63**
$Sr(NO_3)_2 \cdot 4\,H_2O$	**283,69**
SrO	**103,62**
$Sr(OH)_2$	**121,63**
$Sr(OH)_2 \cdot 8\,H_2O$	**265,76**
SrS	**119,68**
$Sr(HS)_2$	**153,76**
$SrSO_3$	**167,68**

Formel	M_r
SrS_2O_3	199,74
$SrSO_4$	183,68
$SrTiO_3$	183,52
Ta	180,9479
2 Ta	361,8958
$TaCl_5$	358,213
Ta_2O_5	441,893
Tb	158,9254
2 Tb	317,8508
Tb_2O_3	365,8490
Te	127,60
2 Te	255,20
H_2Te	129,62
$TeCl_4$	269,41
TeO_2	159,60
TeO_3	175,60
H_2TeO_4	193,61
H_6TeO_6	229,64
Th	232,0381
2 Th	464,0762
$Th(C_9H_6NO)_4 \cdot (C_9H_7NO)$ (*Oxin*)	953,810
$Th(C_{10}H_7N_4O_5)_4 \cdot H_2O$ (*Pikrolonsäure*)	1302,810
$Th(C_2O_4)_2 \cdot 6\,H_2O$ (Oxalat)	516,168
$ThCl_4$	373,850
$Th(NO_3)_4$	480,0577
$Th(NO_3)_4 \cdot 4\,H_2O$	552,1188
$Th(NO_3)_4 \cdot 12\,H_2O$	696,2411
ThO_2	264,0369
$Th(OH)_4$	300,0672
$Th(SO_4)_2$	424,15
$Th(SO_4)_2 \cdot 9\,H_2O$	586,29
Ti	47,88
$^1/_4$ Ti	11,970
$^1/_3$ Ti	15,960
2 Ti	95,76

Formel	M_r
3 Ti	143,64
$TiCl_3$	154,24
$TiCl_4$	189,69
TiF_6	161,87
TiO	63,88
$TiO(C_9H_6NO)_2$ (*Oxin*)	352,18
$TiO(SO_4)$	159,94
TiO_2	79,88
TiO_3	95,88
Ti_2O_3	143,76
Tl	204,383
2 Tl	408,766
TlBr	284,287
$Tl(C_7H_4NS_2)$ (*Mercaptobenzthiazol*)	370,62
$Tl(C_{12}H_{10}NOS)$ (*Thionalid*)	420,66
Tl_2CO_3	468,775
TlCl	239,836
$[Co(NH_3)_6][TlCl_6]$	578,217
Tl_2CrO_4	524,760
TlI	331,288
$TlNO_3$	266,388
Tl_2O	424,765
Tl_2O_3	456,764
TlOH	221,390
Tl_2S	440,826
Tl_2SO_4	504,82
U	238,0289
$^1/_6$ U	39,6715
$^1/_4$ U	59,5072
2 U	476,0578
3 U	714,0866
UCl_4	379,841
UF_4	314,0225
UF_6	352,0193
UO_2	270,0277
2 UO_2	540,0554

Formel	M_r
$UO_2(C_2H_3O_2)_2$ (Acetat)	388,117
$UO_2(C_2H_3O_2)_2 \cdot 2\,H_2O$	424,148
$UO_2(C_9H_6NO)_2 \cdot (C_9H_7NO)$ (*Oxin*)	703,493
$UO_2(NO_3)_2$	394,0375
$UO_2(NO_3)_2 \cdot 6\,H_2O$	502,1292
$(UO_2)_2P_2O_7$	713,9987
$UO_2(SO_4)$	366,09
$UO_2(SO_4) \cdot 3\,H_2O$	420,13
UO_3	286,0271
UO_4	302,0265
U_2O_7	588,0536
U_3O_8	842,0819
V	50,9415
$^1/_5$ V	10,1883
$^1/_3$ V	16,9805
2 V	101,8830
VCl_2	121,848
VCl_3	157,301
VCl_4	192,754
VO_2	82,9403
VO_3	98,9397
V_2O_3	149,8812
$V_2O_3 \cdot (C_9H_6NO)_4$ (*Oxin*)	726,492
VO_4	114,9391
V_2O_5	181,8800
V_2O_7	213,8788
V_2S_3	198,06
V_2S_5	262,18
W	183,85
2 W	367,70
WCl_5	361,12
$WO_2(C_9H_6NO)_2$ (*Oxin*)	504,15
WO_3	231,85
WO_4	247,85
WS_2	247,97

Formel	M_r
Y	88,9059
2 Y	177,8118
Y_2O_3	225,8100
Yb	173,04
2 Yb	346,08
Yb_2O_3	394,08
Zn	65,38
$^1/_2$ Zn	32,690
2 Zn	130,76
$Zn(C_2H_3O_2)_2$ (Acetat)	183,47
$Zn(C_2H_3O_2)_2 \cdot 2\,H_2O$	219,50
$Zn(C_5H_5N_2) \cdot (SCN)_2$ (*Pyridin + Thiocyanat*)	339,74
$Zn(C_7H_6NO_2)_2$ (*Anthranilsäure*)	337,64
$Zn(C_9H_6NO)_2$ (*Oxin*)	353,69
$Zn(C_{10}H_6NO_2)_2 \cdot H_2O$ (*Chinaldinsäure*)	427,72
$Zn(CN)_2$	117,42
$ZnCO_3$	125,39
$ZnCl_2$	136,29
$ZnCl_2 \cdot 1^1/_2\,H_2O$	163,31
ZnF_2	103,38
$ZnF_2 \cdot 4\,H_2O$	175,44
$ZnHg(SCN)_4$	498,28
ZnI_2	319,19
$Zn(NO_3)_2$	189,39
$Zn(NO_3)_2 \cdot 6\,H_2O$	297,48
ZnO	81,38
$Zn(OH)_2$	99,39
Zn_3P_2	258,09
$Zn_3(PO_4)_2 \cdot 4\,H_2O$	458,14
$ZnNH_4PO_4$	178,39
$Zn_2P_2O_7$	304,70
ZnS	97,44
$ZnSO_4$	161,44
$ZnSO_4 \cdot 7\,H_2O$	287,54
$ZnSO_4 \cdot (NH_4)_2SO_4 \cdot 6\,H_2O$	401,66

Formel	M_r
Zr	91,22
2 Zr	182,44
ZrC	103,23
$Zr(C_9H_6NO)_4$ (*Oxin*)	667,83
$ZrCl_4$	233,03
$ZrOCl_2 \cdot 8\,H_2O$	322,25
$[ZrF_6]$	205,21

Formel	M_r
$Zr(NO_3)_4$	339,24
$Zr(NO_3)_4 \cdot 5\,H_2O$	429,32
ZrO_2	123,22
ZrP_2O_7	265,16
ZrS_2	155,34
$Zr(SO_4)_2$	283,34
$Zr(SO_4)_2 \cdot 4\,H_2O$	355,40
$ZrSiO_4$	183,30

6. Faktoren zur Umrechnung chemischer Verbindungen

Da die Anionen der Salze organischer Säuren mit ihrer Summenformel angegeben sind, wurden zusätzlich ihre Namen aufgeführt. Die kursiv gesetzten Namen kennzeichnen organische Fällungsreagenzien.
Alle Faktoren wurden aus den Zahlenwerten der auf S. 61 ff. angegebenen relativen Molekülmassen berechnet und auf fünf Ziffern auf- bzw. abgerundet.

Beispiel 1:

Gegeben: 0,5000 g Ag_3AsO_4
Gesucht: Ag-Gehalt in g

Lösungsweg: Man schlage unter dem Element **Ag** nach, und zwar suche man die Zeile, auf der sich Ag ↔ Ag_3AsO_4 befindet. Da Ag gesucht wird, ist der bei Ag stehende Faktor 0,69965 zu benutzen und mit ihm die gegebene Menge Ag_3AsO_4 zu multiplizieren.

0,5000 g Ag_3AsO_4 · 0,69965 ≙ <u>0,34983 g Ag</u>

Gegeben: 0,34983 g Ag
Gesucht: die äquivalente Menge Ag_3AsO_4 in g

Lösungsweg: 0,34983 g Ag · 1,4293 ≙ <u>0,5000 g Ag_3AsO_4</u>

Beispiel 2:

Gegeben: 0,5000 g AgSCN
Gesucht: die äquivalente Menge Ag_2O in g

Lösungsweg: Der direkte Umrechnungsfaktor ist in der Tabelle nicht enthalten. In diesem Falle kann man über Ag rechnen.

AgSCN → Ag
Ag → Ag_2O
0,5000 g AgSCN · 0,65000 ≙ 0,32500 g Ag
0,32500 g Ag · 1,0742 ≙ <u>0,34912 g Ag_2O</u>

Die angegebene AgSCN-Menge ist deshalb mit zwei Faktoren zu multiplizieren.

0,5000 g AgSCN · 0,65000 · 1,0742 ≙ 0,34912 g Ag_2O

Ag A_r = 107,8682 lg A_r = 2.03289

Faktor			Faktor
0,69965	Ag	↔ Ag_3AsO_4	1,4293
0,57446	Ag	↔ AgBr	1,7408
0,39354	Ag	↔ $Ag(C_7H_4NS_2)$ (*Mercaptobenzthiazol*)	2,5411
0,80567	Ag	↔ AgCN	1,2412
0,75263	Ag	↔ AgCl	1,3287
0,45946	Ag	↔ AgI	2,1765
0.63499	Ag	↔ $AgNO_3$	1,5748
0,93096	Ag	↔ Ag_2O	1,0742
0,77311	Ag	↔ Ag_3PO_4	1,2935
0,65000	Ag	↔ AgSCN	1,5385
1,1853	$AgNO_3$	↔ AgCl	0,84369
7,2711	Ag_2S	↔ H_2S	0,13753

Al A_r = 26,98154 lg A_r = 1.43106

0,058727	Al	↔ $Al(C_9H_6NO)_3$ (*Oxin*)	17,028
0,52925	Al	↔ Al_2O_3	1,8895
0,22125	Al	↔ $AlPO_4$	4,5199
0,71701	AlF_3	↔ CaF_2	1,3947
0,11096	Al_2O_3	↔ $Al(C_9H_6NO)_3$ (*Oxin*)	9,0121
0,38233	Al_2O_3	↔ $AlCl_3$	2,6155
0,10747	Al_2O_3	↔ $KAl(SO_4)_2 \cdot 12\,H_2O$	9,3051
0,11246	Al_2O_3	↔ $NH_4Al(SO_4)_2 \cdot 12\,H_2O$	8,8920
0,41804	Al_2O_3	↔ $AlPO_4$	2,3921
0,29800	Al_2O_3	↔ $Al_2(SO_4)_3$	3,3556
0,15300	Al_2O_3	↔ $Al_2(SO_4)_3 \cdot 18\,H_2O$	6,5359
1,7183	$AlPO_4$	↔ P_2O_5	0,58196
0,51341	$Al_2(SO_4)_3$	↔ $Al_2(SO_4)_3 \cdot 18\,H_2O$	1,9478
2,7746	$Al_2(SO_4)_3 \cdot 18\,H_2O$	↔ SO_3	0,36041

As A_r = 74,9216 lg A_r = 1.87461

0,60952	As	↔ AsO_3	1,6406
0,75739	As	↔ As_2O_3	1,3203
0,53932	As	↔ AsO_4	1,8542
0,65195	As	↔ As_2O_5	1,5339
0,16198	As	↔ Ag_3AsO_4	6,1734
0,13402	As	↔ Ag_2TlAsO_4	7,4616
0,48267	As	↔ $Mg_2As_2O_7$	2,0718

As A_r = 74,9216 lg A_r = 1.87461

Faktor			Faktor
0,60907	As	↔ As_2S_3	**1,6418**
0,48315	As	↔ As_2S_5	**2,0698**
0,88728	H_3AsO_3	↔ H_3AsO_4	**1,1270**
0,78544	As_2O_3	↔ H_3AsO_3	**1,2732**
0,86078	As_2O_3	↔ As_2O_5	**1,1617**
0,63728	As_2O_3	↔ $Mg_2As_2O_7$	**1,5692**
0,80417	As_2O_3	↔ As_2S_3	**1,2435**
0,63791	As_2O_3	↔ As_2S_5	**1,5676**
0,80962	As_2O_5	↔ H_3AsO_4	**1,2351**
0,74035	As_2O_5	↔ $Mg_2As_2O_7$	**1,3507**
0,93423	As_2O_5	↔ As_2S_3	**1,0704**
0,74109	As_2O_5	↔ As_2O_5	**1,3494**
0,79325	As_2S_3	↔ As_2S_5	**1,2606**
1,0946	Na_2HAsO_3	↔ $Mg_2As_2O_7$	**0,91358**
1,1976	Na_2HAsO_4	↔ $Mg_2As_2O_7$	**0,83500**

Au A_r = 196,9665 lg A_r = 2.29440

0,88332	Au	↔ AuCN	**1,1321**
0,68366	Au	↔ $K[Au(CN)_2]$	**1,4627**
0,53646	Au	↔ $K[Au(CN)_4] \cdot 1^1/_2\ H_2O$	**1,8641**
0,64937	Au	↔ $AuCl_3$	**1,5400**
0,47825	Au	↔ $H[AuCl_4] \cdot 4\ H_2O$	**2,0910**
0,49514	Au	↔ $Na[AuCl_4] \cdot 2\ H_2O$	**2,0196**

B A_r = 10,81 lg A_r = 1.03383

0,085862	B	↔ $K[BF_4]$	**11,647**
0,31054	B	↔ B_2O_3	**3,2202**
0,11338	B	↔ $Na_2B_4O_7 \cdot 10\ H_2O$	**8,8198**
0,64850	H_3BO_3	↔ $Na_2B_4O_7 \cdot 10\ H_2O$	**1,5420**
0,81313	B_2O_3	↔ BO_2	**1,2298**
0,79439	B_2O_3	↔ HBO_2	**1,2588**
0,52903	B_2O_3	↔ $NaBO_2$	**1,8903**
0,59191	B_2O_3	↔ BO_3	**1,6895**
0,56300	B_2O_3	↔ H_3BO_3	**1,7762**
0,89693	B_2O_3	↔ B_4O_7	**1,1149**
0,36510	B_2O_3	↔ $Na_2B_4O_7 \cdot 10\ H_2O$	**2,7389**
0,52762	$Na_2B_4O_7$	↔ $Na_2B_4O_7 \cdot 10\ H_2O$	**1,8953**

Ba A_r = 137,33 lg A_r = 2.13777

0,69591	Ba	↔ $BaCO_3$	**1,4370**
0,60941	Ba	↔ $Ba(C_2O_4)$ (Oxalat)	**1,6409**

Ba $A_r = 137{,}33$ $\lg A_r = 2.13777$

Faktor			Faktor
0,65948	Ba	↔ $BaCl_2$	1,5163
0,56221	Ba	↔ $BaCl_2 \cdot 2\,H_2O$	1,7787
0,54212	Ba	↔ $BaCrO_4$	1,8446
0,52548	Ba	↔ $Ba(NO_3)_2$	1,9030
0,89565	Ba	↔ BaO	1,1165
0,81073	Ba	↔ BaS	1,2335
0,58841	Ba	↔ $BaSO_4$	1,6995
0,49150	Ba	↔ $Ba[SiF_6]$	2,0346
0,87570	$BaCO_3$	↔ $Ba(C_2O_4)$ (Oxalat)	1,1419
0,84554	$BaCO_3$	↔ $BaSO_4$	1,1827
4,4840	$BaCO_3$	↔ CO_2	0,22302
0,85250	$BaCl_2$	↔ $BaCl_2 \cdot 2\,H_2O$	1,1730
0,62750	BaF_2	↔ $Ba[SiF_6]$	1,5936
0,77698	BaO	↔ $BaCO_3$	1,2870
0,68041	BaO	↔ $Ba(C_2O_4)$ (Oxalat)	1,4697
0,60528	BaO	↔ $BaCrO_4$	1,6521
0,90551	BaO	↔ BaO_2	1,1044
0,65697	BaO	↔ $BaSO_4$	1,5221
0,54876	BaO	↔ $Ba[SiF_6]$	1,8223
3,4840	BaO	↔ CO_2	0,28703
0,72552	BaO_2	↔ $BaSO_4$	1,3783
10,584	BaO_2	↔ O	0,094487
0,72578	BaS	↔ $BaSO_4$	1,3778

Be $A_r = 9{,}01218$ $\lg A_r = 0.95483$

0,11277	Be	↔ $BeCl_2$	8,8680
0,36032	Be	↔ BeO	2,7753
0,093893	Be	↔ $Be_2P_2O_7$	1,0650
0,26058	BeO	↔ $Be_2P_2O_7$	3,8376
0,14120	BeO	↔ $BeSO_4 \cdot 4\,H_2O$	7,0821

Bi $A_r = 208{,}9804$ $\lg A_r = 2.32011$

0,62933	Bi	↔ $Bi(C_6H_3O_3)$ (*Pyrogallol*)	1,5890
0,32580	Bi	↔ $Bi(C_9H_6NO)_3$ (*Oxin*)	3,0694
0,31690	Bi	↔ $Bi(C_9H_6NO)_3 \cdot H_2O$	3,1556
0,23861	Bi	↔ $Bi(C_{12}H_{10}NOS)_3 \cdot H_2O$ (*Thionalid*)	4,1910
0,66272	Bi	↔ $BiCl_3$	1,5089

Bi $A_r = 208{,}9804$ $\lg A_r = 2.32011$

Faktor			Faktor
0,34291	Bi	↔ $Bi[Cr(SCN)_6]$	**2,9163**
0,89700	Bi	↔ Bi_2O_3	**1,1148**
0,80244	Bi	↔ BiOCl	**1,2462**
0,59389	Bi	↔ BiOI	**1,6838**
0,68754	Bi	↔ $BiPO_4$	**1,4545**
0,81293	Bi	↔ Bi_2S_3	**1,2301**
0,81430	$Bi(NO_3)_3$	↔ $Bi(NO_3)_3 \cdot 5\,H_2O$	**1,2280**
0,48030	Bi_2O_3	↔ $Bi(NO_3)_3 \cdot 5\,H_2O$	**2,0820**
0,90629	Bi_2O_3	↔ Bi_2S_3	**1,1034**

Br $A_r = 79{,}904$ $\lg A_r = 1.90257$

0,42554	Br	↔ AgBr	**2,3500**
0,98754	Br	↔ HBr	**1,0126**
0,67145	Br	↔ KBr	**1,4893**
0,77657	Br	↔ NaBr	**1,2877**
0,62473	Br	↔ BrO_3	**1,6007**
0,61984	Br	↔ $HBrO_3$	**1,6133**
0,47846	Br	↔ $KBrO_3$	**2,0901**
0,52954	Br	↔ $NaBrO_3$	**1,8884**
2,2538	Br	↔ Cl	**0,44369**
0,55752	Br	↔ AgCl	**1,7937**
0,43091	HBr	↔ AgBr	**2,3207**
0,63376	KBr	↔ AgBr	**1,5779**
0,54797	NaBr	↔ AgBr	**1,8249**
0,68116	BrO_3	↔ AgBr	**1,4681**

C $A_r = 12{,}011$ $\lg A_r = 1.07958$

0,42881	C	↔ CO	**2,3320**
0,27292	C	↔ CO_2	**3,6641**
0,25055	HCN	↔ Ag	**3,9913**
0,20186	HCN	↔ AgCN	**4,9540**
0,61622	$C_2H_2O_4$	↔ $Ca(C_2O_4) \cdot H_2O$ (Oxalat)	**1,6228**
0,79770	$C_4H_6O_6$	↔ $Ca(C_4H_4O_6)$ (Tartrat)	**1,2536**
0,63645	CO	↔ CO_2	**1,5712**
0,72127	CO_2	↔ HCO_3	**1,3864**
4,9962	CO_3	↔ C	**0,20015**
1,3635	CO_3	↔ CO_2	**0,73339**

Ca $A_r = 40{,}08$ $\lg A_r = 1.60293$

0,40044	Ca	↔ $CaCO_3$	**2,4973**
0,36111	Ca	↔ $CaCl_2$	**2,7692**

Ca $A_r = 40{,}08$ $\lg A_r = 1.60293$

Faktor			Faktor
0,51332	Ca	↔ CaF_2	1,9481
0,71469	Ca	↔ CaO	1,3992
0,29440	Ca	↔ $CaSO_4$	3,3967
2,6684	CaC_2	↔ C	0,37476
2,4618	CaC_2	↔ C_2H_2	0,40621
1,1430	CaC_2	↔ CaO	0,87488
1,4283	$CaCN_2$	↔ CaO	0,70012
2,8593	$CaCN_2$	↔ N	0,34973
0,61742	$CaCO_3$	↔ $Ca(HCO_3)_2$	1,6196
0,78134	$CaCO_3$	↔ $Ca(C_2O_4)$ (Oxalat)	1,2798
2,2743	$CaCO_3$	↔ CO_2	0,43970
0,87674	$Ca(C_2O_4)$	↔ $Ca(C_2O_4) \cdot H_2O$ (Oxalat)	1,1406
0.50662	$CaCl_2$	↔ $CaCl_2 \cdot 6\,H_2O$	1,9739
1,9791	$CaCl_2$	↔ CaO	0,50527
1,3923	CaF_2	↔ CaO	0,71824
2,8907	$Ca(HCO_3)_2$	↔ CaO	0,34594
1,5192	$Ca(NO_3)_2$	↔ N_2O_5	0,65824
0,56030	CaO	↔ $CaCO_3$	1,7848
0,38382	CaO	↔ $Ca(C_2O_4) \cdot H_2O$ (Oxalat)	2,6054
0,078921	CaO	↔ $Ca(C_{10}H_7N_4O_5)_2 \cdot 8\,H_2O$ (*Pikrolonsäure*)	12,671
0,28037	CaO	↔ $CaMoO_4$	3,5667
0,55821	CaO	↔ $3\,Ca_3(PO_4)_2 \cdot Ca(OH)_2$	1,7914
0,19477	CaO	↔ $CaWO_4$	5,1343
1,2743	CaO	↔ CO_2	0,78477
0,70047	CaO	↔ SO_3	1,4276
1,3211	$Ca(OH)_2$	↔ CaO	0,75692
1,3937	$Ca_3(PO_4)_2$	↔ $Mg_2P_2O_7$	0,71750
0,082656	$Ca_3(PO_4)_2$	↔ $(NH_4)_3PO_4 \cdot 12\,MoO_3$	12,098
2,1852	$Ca_3(PO_4)_2$	↔ P_2O_5	0,45762
2,3594	$3\,Ca_3(PO_4)_2 \cdot Ca(OH)_2$	↔ P_2O_5	0,42383
0,58332	$CaSO_4$	↔ $BaSO_4$	1,7143
1,3602	$CaSO_4$	↔ $CaCO_3$	0,73520
2,4276	$CaSO_4$	↔ CaO	0,41193
3,0701	$CaSO_4 \cdot 2\,H_2O$	↔ CaO	0,32572
0,79073	$CaSO_4$	↔ $CaSO_4 \cdot 2\,H_2O$	1,2647
1,7005	$CaSO_4$	↔ SO_3	0,58807

Cd $A_r = 112{,}41$ $\lg A_r = 2.05081$

Faktor			Faktor
0,29064	Cd	↔ $Cd(C_5H_5N)_2(SCN)_2$ *(Pyridin + Thiocyanat)*	3,4407
0,20627	Cd	↔ $Cd(C_5H_5N)_4(SCN)_2$ *(Pyridin + Thiocyanat)*	4,8481
0,25267	Cd	↔ $Cd(C_7H_4NS_2)_2$ *(Mercaptobenzthiazol)*	3,9577
0,29222	Cd	↔ $Cd(C_7H_6NO_2)_2$ *(Anthranilsäure)*	3,4220
0,28053	Cd	↔ $Cd(C_9H_6NO)_2$ *(Oxin)*	3,5647
0,26280	Cd	↔ $Cd(C_9H_6NO)_2 \cdot 1^1/_2\ H_2O$	3,8052
0,24612	Cd	↔ $Cd(C_{10}H_6NO_2)_2$ *(Chinaldinsäure)*	4,0630
0,61319	Cd	↔ $CdCl_2$	1,6308
0,36441	Cd	↔ $Cd(NO_3)_2 \cdot 4\ H_2O$	2,7442
0,87540	Cd	↔ CdO	1,1423
0,56380	Cd	↔ $Cd_2P_2O_7$	1,7737
0,77809	Cd	↔ CdS	1,2852
0,53921	Cd	↔ $CdSO_4$	1,8546
0,76640	$Cd(NO_3)_2$	↔ $Cd(NO_3)_2 \cdot 4\ H_2O$	1,3048
0,64405	CdO	↔ $Cd_2P_2O_7$	1,5527
0,88884	CdO	↔ CdS	1,1251
0,81272	$CdSO_4$	↔ $CdSO_4 \cdot {}^8/_3\ H_2O$	1,2304

Ce $A_r = 140{,}12$ $\lg A_r = 2.14650$

0,51486	Ce	↔ $Ce_2(C_2O_4)_3$ (Oxalat)	1,9423
0,38683	Ce	↔ $Ce_2(C_2O_4)_3 \cdot 10\ H_2O$	2,5851
0,24472	Ce	↔ $Ce(C_9H_6NO)_3$ *(Oxin)*	4,0864
0,42964	Ce	↔ $Ce(NO_3)_3$	2,3275
0,25559	Ce	↔ $(NH_4)_2[Ce(NO_3)_6]$	3,9126
0,81408	Ce	↔ CeO_2	1,2284
0,85377	Ce	↔ Ce_2O_3	1,1713
0,42174	Ce	↔ $Ce(SO_4)_2$	2,3711
0,49302	Ce	↔ $Ce_2(SO_4)_3$	2,0283
0,75132	$Ce_2(C_2O_4)_3$	↔ $Ce_2(C_2O_4)_3 \cdot 10\ H_2O$ (Oxalat)	1,3310
0,75105	$Ce(NO_3)_3$	↔ $Ce(NO_3)_3 \cdot 6\ H_2O$	1,3315
0,95352	Ce_2O_3	↔ CeO_2	1,0487
0,57747	Ce_2O_3	↔ $Ce_2(SO_4)_3$	1,7317

Cl $A_r = 34{,}453$ $\lg A_r = 1.54966$

Faktor			Faktor
0,32867	Cl	↔ Ag	3,0426
0,24737	Cl	↔ AgCl	4,0426
0,27991	Cl	↔ $BaCrO_4$	3,5726
0,97235	Cl	↔ HCl	1,0284
0,90677	Cl	↔ K	1,1028
0,47553	Cl	↔ KCl	2,1029
5,1078	Cl	↔ Li	0,11578
2,9173	Cl	↔ Mg	0,34278
1,7593	Cl	↔ MgO	0,56842
1,9654	Cl	↔ NH_4	0,50881
0,66277	Cl	↔ NH_4Cl	1,5088
1,5421	Cl	↔ Na	0,64846
0,60663	Cl	↔ NaCl	1,6485
0,33801	HCl	↔ Ag	2,9584
0,25440	HCl	↔ AgCl	3,9308
0,58227	ClO_3	↔ AgCl	1,7174
0,21854	ClO_3	↔ $(C_{11}H_9)_2NH \cdot HClO_3$ (*α-Dinaphtho-dimethylamin*)	4,5759
0,21029	ClO_3	↔ $(C_{20}H_{16}N_4) \cdot HClO_3$ (*Nitron*)	4,7553
0,58930	$HClO_3$	↔ AgCl	1,6969
0,22118	$HClO_3$	↔ $(C_{11}H_9)_2NH \cdot HClO_3$ (*α-Dinaphtho-dimethylamin*)	4,5212
0,21283	$HClO_3$	↔ $(C_{20}H_{16}N_4) \cdot HClO_3$ (*Nitron*)	4,6985
0,69390	ClO_4	↔ AgCl	1,4411
0,24997	ClO_4	↔ $(C_{11}H_9)_2NH \cdot HClO_4$ (*α-Dinaphtho-dimethylamin*)	4,0006
0,24090	ClO_4	↔ $(C_{20}H_{16}N_4) \cdot HClO_4$ (*Nitron*)	4,1511
0,71780	ClO_4	↔ $KClO_4$	1,3931
0,70094	$HClO_4$	↔ AgCl	1,4267
0,25250	$HClO_4$	↔ $(C_{11}H_9)_2NH \cdot HClO_4$ (*α-Dinaphtho-dimethylamin*)	3,9604
0,24334	$HClO_4$	↔ $(C_{20}H_{16}N_4) \cdot HClO_4$ (*Nitron*)	4,1095
0,72508	$HClO_4$	↔ $KClO_4$	1,3792

Co $A_r = 58{,}9332$ $\lg A_r = 1.77036$

0,11988	Co	↔ $Co(C_5H_5N)_4(SCN)_2$ (*Pyridin + Thiocyanat*)	8,3399
0,17794	Co	↔ $Co(C_7H_6NO_2)_2$ (*Anthranilsäure*)	5,6198
0,15376	Co	↔ $Co(C_9H_6NO)_2 \cdot 2\ H_2O$ (*Oxin*)	6,5035

Co A_r = 58,9332 lg A_r = 1.77036

Faktor			Faktor
0,096382	Co	↔ $Co(C_{10}H_6NO_2)_3 \cdot 2\ H_2O$ (*α-Nitroso-β-naphthol*)	10,375
0,094532	Co	↔ $Co(C_{10}H_6NO_3)_3$ (*α-Nitro-β-naphthol*)	10,578
0,45389	Co	↔ $CoCl_2$	2,2032
0,32214	Co	↔ $Co(NO_3)_2$	3,1042
0,31024	Co	↔ $CoNH_4PO_4 \cdot H_2O$	3,2233
0,78648	Co	↔ CoO	1,2715
0,73423	Co	↔ Co_3O_4	1,3620
0,40392	Co	↔ $Co_2P_2O_7$	2,4758
0,64769	Co	↔ CoS	1,5441
0,38024	Co	↔ $CoSO_4$	2,6299
0,54570	$CoCl_2$	↔ $CoCl_2 \cdot 6\ H_2O$	1,8325
0,62859	$Co(NO_3)_2$	↔ $Co(NO_3)_2 \cdot 6\ H_2O$	1,5909
0,39447	CoO	↔ $CoNH_4PO_4 \cdot H_2O$	2,5351
0,93356	CoO	↔ Co_3O_4	1,0712
0,51357	CoO	↔ $Co_2P_2O_7$	1,9471
0,55137	$CoSO_4$	↔ $CoSO_4 \cdot 7\ H_2O$	1,8137

Cr A_r = 51,996 lg A_r = 1.71597

0,51999	Cr	↔ CrO_3	1,9231
0,68420	Cr	↔ Cr_2O_3	1,4616
0,44826	Cr	↔ CrO_4	2,2308
0,15674	Cr	↔ Ag_2CrO_4	6,3799
0,20526	Cr	↔ $BaCrO_4$	4,8719
0,26776	Cr	↔ K_2CrO_4	3,7347
0,16088	Cr	↔ $PbCrO_4$	6,2159
0,48147	Cr	↔ Cr_2O_7	2,0770
0,35349	Cr	↔ $K_2Cr_2O_7$	2,8289
0,26518	Cr	↔ $Cr_2(SO_4)_3$	3,7711
0,10412	Cr	↔ $KCr(SO_4)_2 \cdot 12\ H_2O$	9,6045
1,3158	CrO_3	↔ Cr_2O_3	0,76000
0,39472	CrO_3	↔ $BaCrO_4$	2,5335
0,51493	CrO_3	↔ K_2CrO_4	1,9420
0,30939	CrO_3	↔ $PbCrO_4$	3,2320
0,67981	CrO_3	↔ $K_2Cr_2O_7$	1,4710
3,0000	Cr_2O_3	↔ $BaCrO_4$	3,3334
0,23513	Cr_2O_3	↔ $PbCrO_4$	4,2529
1,5263	CrO_4	↔ Cr_2O_3	0,65516
0,45790	CrO_4	↔ $BaCrO_4$	2,1839

Cr A_r = 51,996 lg A_r = 1.71597

Faktor			Faktor
0,35889	CrO_4	↔ $PbCrO_4$	**2,7864**
1,4211	Cr_2O_7	↔ Cr_2O_3	**0,70370**
0,54737	$Cr_2(SO_4)_3$	↔ $Cr_2(SO_4)_3 \cdot 18\ H_2O$	**1,8269**
0,56711	$KCr(SO_4)_2$	↔ $KCr(SO_4)_2 \cdot 12\ H_2O$	**1,7633**

Cs A_r = 132,9054 lg A_r = 2.12354

0,81582	Cs	↔ Cs_2CO_3	**1,2258**
0,78942	Cs	↔ CsCl	**1,2668**
0,57199	Cs	↔ $CsClO_4$	**1,7483**
0,94323	Cs	↔ Cs_2O	**1,0602**
0,39461	Cs	↔ $Cs_2[PtCl_6]$	**2,5342**
0,73455	Cs	↔ Cs_2SO_4	**1,3614**
0,48369	Cs_2CO_3	↔ $Cs_2[PtCl_6]$	**2,0674**
1,1747	CsCl	↔ AgCl	**0,85128**
0,49987	CsCl	↔ $Cs_2[PtCl_6]$	**2,0005**
0,83693	Cs_2O	↔ CsCl	**1,1948**
0,72292	Cs_2O	↔ $CsNO_3$	**1,3833**
0,41836	Cs_2O	↔ $Cs_2[PtCl_6]$	**2,3903**
0,77876	Cs_2O	↔ Cs_2SO_4	**1,2841**
3,5200	Cs_2O	↔ SO_3	**0,28409**

Cu A_r = 63,546 lg A_r = 1.80309

0,18806	Cu	↔ $Cu(C_5H_5N)_2(SCN)_2$ (*Pyridin + Thiocyanat*)	**5,3174**
0,18923	Cu	↔ $Cu(C_7H_6NO_2)_2$ (*Anthranilsäure*)	**5,2845**
0,18923	Cu	↔ $Cu(C_7H_6NO_2)_2$ *Salicylaldoxim*	**5,2845**
0,18060	Cu	↔ $Cu(C_9H_6NO)_2$ (*Oxin*)	**5,5370**
0,14921	Cu	↔ $Cu(C_{10}H_6NO_2)_2 \cdot H_2O$ (*Chinaldinsäure*)	**6,7020**
0,12360	Cu	↔ $Cu(C_{12}H_{10}NOS)_2 \cdot H_2O$ (*Thionalid*)	**8,0908**
0,22004	Cu	↔ $Cu(C_{14}H_{11}NO_2)$ (*Cupron*)	**4,5446**
0,52250	Cu	↔ CuSCN	**1,9139**
0,79887	Cu	↔ CuO	**1,2518**
0,88819	Cu	↔ Cu_2O	**1,1259**
0,66464	Cu	↔ CuS	**1,5046**
0,79857	Cu	↔ Cu_2S	**1,2522**
0,39816	Cu	↔ $CuSO_4$	**2,5116**

Cu $A_r = 63{,}546$ $\lg A_r = 1.80309$

Faktor			Faktor
0,25451	Cu	↔ $CuSO_4 \cdot 5\,H_2O$	3,9291
0,65405	CuO	↔ CuSCN	1,5289
0,99962	CuO	↔ Cu_2S	1,0004
0,89910	Cu_2O	↔ Cu_2S	1,1122
0,63922	$CuSO_4$	↔ $CuSO_4 \cdot 5\,H_2O$	1,5644
3,1377	$CuSO_4 \cdot 5\,H_2O$	↔ Cu_2S	0,31870

F $A_r = 18{,}998403$ $\lg A_r = 1.27871$

0,67870	F	↔ AlF_3	1,4734
0,84051	F	↔ BF_3	1,1897
0,48664	F	↔ CaF_2	2,0549
0,94962	F	↔ HF	1,0531
0,48650	F	↔ KHF_2	2,0555
0,45247	F	↔ NaF	2,2101
0,54296	F	↔ $Na_3[AlF_6]$	1,8417
0,072610	F	↔ PbClF	1,3772
0,73015	F	↔ SiF_4	1,3696
0,80232	F	↔ SiF_6	1,2464
0,40797	F	↔ $Ba[SiF_6]$	2,4512
0,79110	F	↔ $H_2[SiF_6]$	1,2641
0,051485	F	↔ $(C_6H_5)_3SnF$ (*Triphenylzinnchlorid*)	19,423
0,27910	F	↔ $CaSO_4$	3,5829
0,51246	HF	↔ CaF_2	1,9514
0,51231	2 HF	↔ KHF_2	1,9520
0,42960	6 HF	↔ $Ba[SiF_6]$	2,3278
0,27769	2 HF	↔ $H_2[SiF_6]$	3,6011
0,83307	6 HF	↔ $H_2[SiF_6]$	1,2004
0,54495	6 HF	↔ $K_2[SiF_6]$	1,8350
0,63831	6 HF	↔ $Na_2[SiF_6]$	1,5666

Fe $A_r = 55{,}847$ $\lg A_r = 1.74700$

0,11437	Fe	↔ $Fe(C_9H_6NO)_3$ (*Oxin*)	8,7436
0,26349	Fe	↔ $Fe(CN)_6$	3,7952
0,28508	Fe	↔ $Fe(CO)_5$	3,5078
0,44060	Fe	↔ $FeCl_2$	2,2696
0,34430	Fe	↔ $FeCl_3$	2,9045
0,18035	Fe	↔ FeI_2	5,5447
0,77730	Fe	↔ FeO	1,2865
0,69943	Fe	↔ Fe_2O_3	1,4297

Fe $A_r = 55{,}847$ $\lg A_r = 1.74700$

Faktor			Faktor
0,72360	Fe	$\leftrightarrow$ Fe_3O_4	**1,3820**
0,63527	Fe	$\leftrightarrow$ FeS	**1,5741**
0,20088	Fe	$\leftrightarrow$ $FeSO_4 \cdot 7\,H_2O$	**4,9781**
0,27933	Fe	$\leftrightarrow$ $Fe_2(SO_4)_3$	**3,5800**
0,26385	$Fe(CN)_6$	$\leftrightarrow$ AgCN	**3,7901**
0,63754	$FeCl_2$	$\leftrightarrow$ $FeCl_2 \cdot 4\,H_2O$	**1,5685**
0,60010	$FeCl_3$	$\leftrightarrow$ $FeCl_3 \cdot 6\,H_2O$	**1,6664**
0,62013	FeO	$\leftrightarrow$ $FeCO_3$	**1,6126**
0,89981	FeO	$\leftrightarrow$ Fe_2O_3	**1,1113**
0,93090	FeO	$\leftrightarrow$ Fe_3O_4	**1,0742**
0,81727	FeO	$\leftrightarrow$ FeS	**1,2236**
0,18322	FeO	$\leftrightarrow$ $(NH_4)_2Fe(SO_4)_2 \cdot 6\,H_2O$	**5,4579**
0,44887	Fe_2O_3	$\leftrightarrow$ $Fe(HCO_3)_2$	**2,2278**
0,49225	Fe_2O_3	$\leftrightarrow$ $FeCl_3$	**2,0315**
0,19764	Fe_2O_3	$\leftrightarrow$ $Fe(NO_3)_3 \cdot 9\,H_2O$	**5,0597**
1,0345	Fe_2O_3	$\leftrightarrow$ Fe_3O_4	**0,96661**
0,52942	Fe_2O_3	$\leftrightarrow$ $FePO_4$	**1,8889**
0,66555	Fe_2O_3	$\leftrightarrow$ FeS_2	**1,5025**
0,16559	Fe_2O_3	$\leftrightarrow$ $(NH_4)Fe(SO_4)_2 \cdot 12\,H_2O$	**6,0390**
0,39936	Fe_2O_3	$\leftrightarrow$ $Fe_2(SO_4)_3$	**2,5040**
0,25702	FeS_2	$\leftrightarrow$ $BaSO_4$	**3,8908**
0,93639	FeS_2	$\leftrightarrow$ SO_2	**1,0679**
0,54638	$FeSO_4$	$\leftrightarrow$ $FeSO_4 \cdot 7\,H_2O$	**1,8302**

Ga $A_r = 69{,}72$ $\lg A_r = 1.84336$

0,13883	Ga	$\leftrightarrow$ $Ga(C_9H_6NO)_3$ (*Oxin*)	**7,2028**
0,07147	Ga	$\leftrightarrow$ $Ga(C_9H_4Br_2NO)_3$ (*Bromoxin*)	**13,993**
0,74392	Ga	$\leftrightarrow$ Ga_2O_3	**1,3442**

Ge $A_r = 72{,}59$ $\lg A_r = 1.86088$

0,33857	Ge	$\leftrightarrow$ $GeCl_4$	**2,9536**
0,69404	Ge	$\leftrightarrow$ GeO_2	**1,4408**
0,53098	Ge	$\leftrightarrow$ GeS_2	**1,8833**

H $A_r = 1{,}00794$ $\lg A_r = 0.00342$

8,9367	H_2O	$\leftrightarrow$ H	**0,11190**
1,1260	H_2O	$\leftrightarrow$ O	**0,88810**
1,0630	H_2O_2	$\leftrightarrow$ O	**0,94074**

Hg $A_r = 200{,}59$ $\lg A_r = 2.30231$

Faktor			Faktor
0,34899	Hg	↔ $Hg(C_5H_5N)_2Cr_2O_7$ (*Pyridin + Chromat*)	2,8654
0,69502	Hg	↔ $Hg(C_2O_4)$ (Oxalat)	1,4388
0,42421	Hg	↔ $Hg(C_7H_6NO_2)_2$ (*Anthranilsäure*)	2,3573
0,31681	Hg	↔ $Hg(C_{12}H_{10}NOS)_2$ (*Thionalid*)	3,1564
0,73882	Hg	↔ $HgCl_2$	1,3535
0,84980	Hg	↔ Hg_2Cl_2	1,1768
0,92613	Hg	↔ HgO	1,0798
0,96165	Hg	↔ Hg_2O	1,0399
0,86220	Hg	↔ HgS	1,1598
0,63328	Hg	↔ $Hg(SCN)_2$	1,5791
1,1502	$HgCl_2$	↔ Hg_2Cl_2	0,86941
1,1670	$HgCl_2$	↔ HgS	0,85691
1,1125	$Hg_2(NO_3)_2$	↔ Hg_2Cl_2	0,89889
0,93580	$Hg_2(NO_3)_2$	↔ $Hg_2(NO_3)_2 \cdot 2\,H_2O$	1,0686
0,91758	HgO	↔ Hg_2Cl_2	1,0898
0,93097	HgO	↔ HgS	1,0741
0,88369	Hg_2O	↔ Hg_2Cl_2	1,1316
0,98562	HgS	↔ Hg_2Cl_2	1,0146

I $A_r = 126{,}9045$ $\lg A_r = 2.10348$

1,1765	I	↔ Ag	0,84999
0,88546	I	↔ AgCl	1,1294
0,54054	I	↔ AgI	1,8500
0,78163	I	↔ ICl	1,2794
0,54404	I	↔ ICl_3	1,8381
0,57191	I	↔ IF_5	1,7485
0,99212	I	↔ HI	1,0079
0,72557	I	↔ IO_3	1,3782
0,72141	I	↔ HIO_3	1,3862
0,66476	I	↔ IO_4	1,5043
0,66127	I	↔ HIO_4	1,5122
0,76035	I	↔ I_2O_5	1,3152
0,55674	I	↔ H_5IO_6	1,7962
0,69384	I	↔ I_2O_7	1,4413
2,3850	I	↔ Pd	0,41929
0,70457	I	↔ PdI_2	1,4193
0,38306	I	↔ TlI	2,6105
0,74499	IO_3	↔ AgI	1,3423

In $A_r = 114{,}82$ lg $A_r = 2.06002$

Faktor			Faktor
0,20980	In	↔ $In(C_9H_6NO)_3$ (*Oxin*)	4,7664
0,82711	In	↔ In_2O_3	1,2090
0,54731	In	↔ $InPO_4$	1,8271
0,70478	In	↔ In_2S_3	1,4189

Ir $A_r = 192{,}22$ lg $A_r = 2.28380$

0,85728	Ir	↔ IrO_2	1,1665

K $A_r = 39{,}0983$ lg $A_r = 1.59216$

0,20822	K	↔ AgBr	4,8026
0,27280	K	↔ AgCl	3,6657
0,33505	K	↔ $BaSO_4$	2,9847
0,32855	K	↔ KBr	3,0438
0,10911	K	↔ $K[(C_6H_5)_4B]$ (*Tetraphenylborsäure*)	9,1648
0,081915	K	↔ $K(C_{12}H_4N_7O_{12})$ (*Dipikrylamin*)	12,208
0,52445	K	↔ KCl	1,9068
0,31904	K	↔ $KClO_3$	3,1344
0,28220	K	↔ $KClO_4$	3,5436
0,23553	K	↔ KI	4,2458
0,38672	K	↔ KNO_3	2,5859
0,83015	K	↔ K_2O	1,2046
0,16090	K	↔ $K_2[PtCl_6]$	6,2150
0,44876	K	↔ K_2SO_4	2,2284
0,40082	K	↔ Pt	2,4949
0,63381	KBr	↔ AgBr	1,5778
1,4894	KBr	↔ Br	0,67143
0,88938	$KBrO_3$	↔ AgBr	1,1244
2,4094	KCN	↔ HCN	0,41504
3,1403	K_2CO_3	↔ CO_2	0,31844
0,92692	K_2CO_3	↔ KCl	1,0788
0,28438	K_2CO_3	↔ $K_2[PtCl_6]$	3,5164
1,3429	$KHCO_3$	↔ KCl	0,74465
0,41200	$KHCO_3$	↔ $K_2[PtCl_6]$	2,4272
0,72319	$KH(C_4H_4O_6)$	↔ $Ca(C_4H_4O_6) \cdot 4\ H_2O$ (Tartrat)	1,3828
0,52017	KCl	↔ AgCl	1,9225
2,1028	KCl	↔ Cl	0,47555
0,60833	KCl	↔ $KClO_3$	1,6438

K $A_r = 39{,}0983$ $\lg A_r = 1.59216$

Faktor			Faktor
0,53808	KCl	↔ $KClO_4$	1,8584
0,30680	KCl	↔ $K_2[PtCl_6]$	3,2595
0,76431	KCl	↔ Pt	1,3084
0,85507	$KClO_3$	↔ AgCl	1,1695
3,4569	$KClO_3$	↔ Cl	0,28929
0,96670	$KClO_4$	↔ AgCl	1,0344
3,9080	$KClO_4$	↔ Cl	0,25589
0,76658	K_2CrO_4	↔ $BaCrO_4$	1,3045
0,58066	$K_2Cr_2O_7$	↔ $BaCrO_4$	1,7222
1,4881	KF	↔ CaF_2	0,67198
0,70708	KI	↔ AgI	1,4143
1,3081	KI	↔ I	0,76447
0,91152	KIO_3	↔ AgI	1,0971
1,6863	KIO_3	↔ I	0,59301
2,2392	KNO_2	↔ N_2O_3	0,44659
1,3562	KNO_3	↔ KCl	0,73738
0,41607	KNO_3	↔ $K_2[PtCl_6]$	2,4034
7,2186	KNO_3	↔ N	0,13854
5,9366	KNO_3	↔ NH_3	0,16845
1,8721	KNO_3	↔ N_2O_5	0,53416
0,40360	K_2O	↔ $BaSO_4$	2,4777
0,13144	K_2O	↔ $K[(C_6H_5)_4B]$ *(Tetraphenylborsäure)*	7,6082
0,39577	K_2O	↔ KBr	2,5267
0,68159	K_2O	↔ K_2CO_3	1,4672
0,47044	K_2O	↔ $KHCO_3$	2,1257
0,63176	K_2O	↔ KCl	1,5829
0,33994	K_2O	↔ $KClO_4$	2,9417
0,28372	K_2O	↔ KI	3,5246
0,46584	K_2O	↔ KNO_3	2,1467
0,83945	K_2O	↔ KOH	1,1913
0,19382	K_2O	↔ $K_2[PtCl_6]$	5,1593
0,54058	K_2O	↔ K_2SO_4	1,8499
0,48286	K_2O	↔ Pt	2,0710
0,81191	KOH	↔ K_2CO_3	1,2317
0,47241	K_2S	↔ $BaSO_4$	2,1168
0,74657	K_2SO_4	↔ $BaSO_4$	1,3395
0,62884	K_2SO_4	↔ $KClO_4$	1,5902
0,35855	K_2SO_4	↔ $K_2[PtCl_6]$	2,7890
2,1765	K_2SO_4	↔ SO_3	0,45945
1,9522	$KAl(SO_4)_2 \cdot 12\ H_2O$	↔ $K_2[PtCl_6]$	0,51223
0,58338	$KHSO_4$	↔ $BaSO_4$	1,7142

La $A_r = 138{,}9055$ $\lg A_r = 2.14272$

Faktor			Faktor
0,85268	La	$\leftrightarrow La_2O_3$	**1,1728**

Li $A_r = 6{,}941$ $\lg A_r = 0.84142$

0,18787	Li	$\leftrightarrow Li_2CO_3$	**5,3228**
0,16373	Li	$\leftrightarrow LiCl$	**6,1078**
0,44445	Li	$\leftrightarrow Li_2O$	**2,1521**
0,48746	Li	$\leftrightarrow 2\ Li_2O \cdot 5\ Al_2O_3$	**2,0515**
0,17983	Li	$\leftrightarrow Li_3PO_4$	**5,5609**
0,12627	Li	$\leftrightarrow Li_2SO_4$	**7,9196**
1,6790	Li_2CO_3	$\leftrightarrow CO_2$	**0,59561**
0,27175	Li_2O	$\leftrightarrow Li_2SO_4$	**3,6799**
0,85921	Li_2SO_4	$\leftrightarrow Li_2SO_4 \cdot H_2O$	**1,1639**

Mg $A_r = 24{,}305$ $\lg A_r = 1.38570$

0,077749	Mg	$\leftrightarrow Mg(C_9H_6NO)_2$ (*Oxin*)	**1,2862**
0,069714	Mg	$\leftrightarrow Mg(C_9H_6NO)_2 \cdot 2\ H_2O$	**1,4344**
0,28827	Mg	$\leftrightarrow MgCO_3$	**3,4690**
0,25528	Mg	$\leftrightarrow MgCl_2$	**3,9173**
0,60304	Mg	$\leftrightarrow MgO$	**1,6583**
0,099039	Mg	$\leftrightarrow MgNH_4PO_4 \cdot 6\ H_2O$	**10,097**
0,21842	Mg	$\leftrightarrow Mg_2P_2O_7$	**4,5783**
0,20194	Mg	$\leftrightarrow MgSO_4$	**4,9521**
1,9158	$MgCO_3$	$\leftrightarrow CO_2$	**0,52198**
0,82394	$MgCO_3$	$\leftrightarrow MgCO_3 \cdot H_2O$	**1,2137**
0,75770	$MgCO_3$	$\leftrightarrow Mg_2P_2O_7$	**1,3198**
1,3428	$MgCl_2$	$\leftrightarrow Cl$	**0,74472**
0,46832	$MgCl_2$	$\leftrightarrow MgCl_2 \cdot 6\ H_2O$	**2,1353**
0,85563	$MgCl_2$	$\leftrightarrow Mg_2P_2O_7$	**1,1687**
2,4970	$MgCl_2 \cdot KCl \cdot 6\ H_2O$	$\leftrightarrow Mg_2P_2O_7$	**0,40049**
0,91579	MgO	$\leftrightarrow CO_2$	**1,0920**
0,47802	MgO	$\leftrightarrow MgCO_3$	**2,0920**
0,21857	MgO	$\leftrightarrow MgCO_3 \cdot CaCO_3$	**4,5752**
0,14505	MgO	$\leftrightarrow MgCl_2 \cdot KCl \cdot 6\ H_2O$	**6,8940**
0,69108	MgO	$\leftrightarrow Mg(OH)_2$	**1,4470**
0,16423	MgO	$\leftrightarrow MgNH_4PO_4 \cdot 6\ H_2O$	**6,0889**
0,36220	MgO	$\leftrightarrow Mg_2P_2O_7$	**2,7609**
0,40148	MgO	$\leftrightarrow MgSiO_3$	**2,4908**
0,57294	MgO	$\leftrightarrow Mg_2SiO_4$	**1,7454**
0,56788	MgO	$\leftrightarrow P_2O_5$	**1,7609**
0,50342	MgO	$\leftrightarrow SO_3$	**1,9864**

Mg $A_r = 24{,}305$ $\lg A_r = 1.38570$

Faktor			Faktor
0,51570	$MgSO_4$	↔ $BaSO_4$	1,9391
1,0816	$MgSO_4$	↔ $Mg_2P_2O_7$	0,92453
0,48834	$MgSO_4$	↔ $MgSO_4 \cdot 7\,H_2O$	2,0478
1,5034	$MgSO_4$	↔ SO_3	0,66517

Mn $A_r = 54{,}9380$ $\lg A_r = 1.73987$

0,11269	Mn	↔ $Mn(C_5H_5N)_4(SCN)_2$ (*Pyridin + Thiocyanat*)	8,8736
0,47794	Mn	↔ $MnCO_3$	2,0923
0,43656	Mn	↔ $MnCl_2$	2,2907
0,30701	Mn	↔ $Mn(NO_3)_2$	3,2573
0,77446	Mn	↔ MnO	1,2912
0,63193	Mn	↔ MnO_2	1,5825
0,69597	Mn	↔ Mn_2O_3	1,4368
0,49522	Mn	↔ Mn_2O_7	2,0193
0,72030	Mn	↔ Mn_3O_4	1,3883
0,34763	Mn	↔ $KMnO_4$	2,8766
0,38713	Mn	↔ $Mn_2P_2O_7$	2,5831
0,29542	Mn	↔ $MnNH_4PO_4 \cdot H_2O$	3,3850
0.63147	Mn	↔ MnS	1,5836
0,36383	Mn	↔ $MnSO_4$	2,7485
2,6118	$MnCO_3$	↔ CO_2	0,38287
0,63588	$MnCl_2$	↔ $MnCl_2 \cdot 4\,H_2O$	1,5726
0,62342	$Mn(NO_3)_2$	↔ $Mn(NO_3)_2 \cdot 6\,H_2O$	1,6040
0,61713	MnO	↔ $MnCO_3$	1,6204
0,89866	MnO	↔ Mn_2O_3	1,1128
0,93008	MnO	↔ Mn_3O_4	1,0752
0,49988	MnO	↔ MnP_2O_7	2,0005
0,81537	MnO	↔ MnS	1,2264
0,46978	MnO	↔ $MnSO_4$	2,1286
1,1398	MnO_2	↔ Mn_3O_4	0,87731
1,0350	Mn_2O_3	↔ Mn_3O_4	0,96622
0,64699	$MnSO_4$	↔ $BaSO_4$	1,5456
0,67695	$MnSO_4$	↔ $MnSO_4 \cdot 4\,H_2O$	1,4772
0,62637	$MnSO_4$	↔ $MnSO_4 \cdot 5\,H_2O$	1,5965
1,8861	$MnSO_4$	↔ SO_3	0,53021

Mo $A_r = 95{,}94$ $\lg A_r = 1.98200$

0,23049	Mo	↔ $MoO_2(C_9H_6NO)_2$ (*Oxin*)	4,3386
0,66653	Mo	↔ MoO_3	1,5003
0,59985	Mo	↔ MoO_4	1,6671

Mo A_r = 95,94 lg A_r = 1.98200

Faktor			Faktor
0,48944	Mo	↔ $(NH_4)_2MoO_4$	2,0432
0,59940	Mo	↔ MoS_2	1,6683
1,1112	MoO_4	↔ MoO_3	0,89996
0,73431	MoO_3	↔ $(NH_4)_2MoO_4$	1,3618
0,81529	MoO_3	↔ $(NH_4)_6Mo_7O_{24} \cdot 4\ H_2O$	1,2266
0,92056	MoO_3	↔ $(NH_4)_3PO_4 \cdot 12\ MoO_3$	1,0863
0,87041	MoO_3	↔ $(NH_4)_3PO_4 \cdot 12 MoO_3 \cdot 6 H_2O$	1,1489

N A_r = 14,0067 lg A_r = 1.14634

0,063112	N	↔ $(NH_4)_2[PtCl_6]$	15,845
1,0720	NH	↔ N	0,93287
1,1439	NH_2	↔ N	0,87418
0,069397	NH_3	↔ $MgNH_4PO_4 \cdot 6\ H_2O$	14,410
1,2159	NH_3	↔ N	0,82244
0,94412	NH_3	↔ NH_4	1,0592
0,35448	NH_3	↔ $(NH_4)_2CO_3$	2,8210
0,31838	NH_3	↔ NH_4Cl	3,1409
0,21277	NH_3	↔ NH_4NO_3	4,7000
0,48598	NH_3	↔ NH_4OH	2,0578
0,076736	NH_3	↔ $(NH_4)_2[PtCl_6]$	13,032
0,25777	NH_3	↔ $(NH_4)_2SO_4$	3,8795
0,27467	NH_3	↔ NO_3	3,6408
0,27027	NH_3	↔ HNO_3	3,6999
0,31535	NH_3	↔ N_2O_5	3,1711
0,17460	NH_3	↔ Pt	5,7274
0,37323	NH_4Cl	↔ AgCl	2,6793
1,5088	NH_4Cl	↔ Cl	0,66277
1,4671	NH_4Cl	↔ HCl	0,68163
3,8190	NH_4Cl	↔ N	0,26185
0,24102	NH_4Cl	↔ $(NH_4)_2[PtCl_6]$	4,1490
0,86271	NH_4Cl	↔ NO_3	1,1591
0,84891	NH_4Cl	↔ HNO_3	1,1780
0,99050	NH_4Cl	↔ N_2O_5	1,0096
0,54840	NH_4Cl	↔ Pt	1,8235
5,7147	NH_4NO_3	↔ N	0,17499
1,4821	NH_4NO_3	↔ N_2O_5	0,67470
4,7170	$(NH_4)_2SO_4$	↔ N	0,21200
1,6505	$(NH_4)_2SO_4$	↔ SO_3	0,60588
0,56615	$(NH_4)_2SO_4$	↔ $BaSO_4$	1,7663
1,3474	$(NH_4)_2SO_4$	↔ H_2SO_4	0,74217
0,65223	NO	↔ NO_2	1,5332

N $A_r = 14{,}0067$ $\lg A_r = 1.14634$

Faktor			Faktor
0,48393	NO	↔ NO_3	2,0664
0,47619	NO	↔ HNO_3	2,1000
0,78951	NO	↔ N_2O_3	1,2666
0,55562	NO	↔ N_2O_5	1,7998
3,2845	NO_2	↔ N	0,30446
4,4268	NO_3	↔ N	0,22590
0,16518	NO_3	↔ $(C_{20}H_{16}N_4) \cdot HNO_3$ (*Nitron*)	6,0542
4,4988	HNO_3	↔ N	0,22228
0,16786	HNO_3	↔ $(C_{20}H_{16}O_4) \cdot HNO_3$ (*Nitron*)	5,9573
0,27938	NO_3	↔ $(NH_4)_2[PtCl_6]$	3,5793
0,28392	HNO_3	↔ $(NH_4)_2[PtCl_6]$	3,5221
0,63569	NO_3	↔ Pt	1,5731
0,64602	HNO_3	↔ Pt	1,5479
1,8722	KNO_3	↔ N_2O_5	0,53414
6,0681	$NaNO_3$	↔ N	0,16479
1,5738	$NaNO_3$	↔ N_2O_5	0,63539
2,7134	N_2O_3	↔ N	0,36854
0,24699	N_2O_3	↔ $AgNO_2$	4,0487
3,8557	N_2O_5	↔ N	0,25936
0,14387	N_2O_5	↔ $(C_{20}H_{16}N_4) \cdot HNO_3$ (*Nitron*)	6,9510
0,24334	N_2O_5	↔ $(NH_4)_2[PtCl_6]$	4,1095
0,55367	N_2O_5	↔ Pt	1,8061
0,85705	N_2O_5	↔ HNO_3	1,1668

Na $A_r = 22{,}98977$ $\lg A_r = 1.36154$

0,19701	Na	↔ $BaSO_4$	5,0760
0,28772	Na	↔ Br	3,4756
0,64846	Na	↔ Cl	1,5421
0,18116	Na	↔ I	5,5200
0,22343	Na	↔ NaBr	4,4756
0,43381	Na	↔ Na_2CO_3	2,3051
0,27367	Na	↔ $NaHCO_3$	3,6541
0,39337	Na	↔ NaCl	2,5421
0,18776	Na	↔ $NaClO_4$	5,3258
0,15337	Na	↔ NaI	6,5200
0,27049	Na	↔ $NaNO_3$	3,6971
0,74186	Na	↔ Na_2O	1,3480
0,57479	Na	↔ NaOH	1,7398
0,32371	Na	↔ Na_2SO_4	3,0892

Na $A_r = 22{,}98977$ lg $A_r = 1.36154$

Faktor			Faktor
0,015359	Na	↔ $NaMg(UO_2)_3(C_2H_3O_2)_9 \cdot 6\ H_2O$	65,110
0,014998	Na	↔ $NaMg(UO_2)_3(C_2H_3O_2)_9 \cdot 8\ H_2O$	66,678
0,014948	Na	↔ $NaZn(UO_2)_3(C_2H_3O_2)_9 \cdot 6\ H_2O$	66,897
1,0946	Na_2HAsO_3	↔ $Mg_2As_2O_7$	0,91358
1,1977	Na_2HAsO_4	↔ $Mg_2As_2O_7$	0,83496
1,4451	$Na_2B_4O_7$	↔ B_2O_3	0,69198
0,81360	$Na_2B_4O_7$	↔ H_3BO_3	1,2291
0,52762	$Na_2B_4O_7$	↔ $Na_2B_4O_7 \cdot 10\ H_2O$	1,8953
2,7389	$Na_2B_4O_7 \cdot 10\ H_2O$	↔ B_2O_3	0,36510
1,5420	$Na_2B_4O_7 \cdot 10 H_2O$	↔ H_3BO_3	0,64850
0,54797	NaBr	↔ AgBr	1,8249
1,2877	NaBr	↔ Br	0,77657
2,4083	Na_2CO_3	↔ CO_2	0,41523
0,63083	Na_2CO_3	↔ $NaHCO_3$	1,5852
1,3250	Na_2CO_3	↔ NaOH	0,75474
1,9088	$NaHCO_3$	↔ CO_2	0,52388
0,40778	NaCl	↔ AgCl	2,4523
1,6485	NaCl	↔ Cl	0,60663
0,82291	NaCl	↔ Na_2SO_4	1,2152
0,038001	NaCl	↔ $NaZn(UO_2)_3(C_2H_3O_2)_9 \cdot 6 H_2O$	26,315
0,74268	$NaClO_3$	↔ AgCl	1,3465
1,8213	$NaClO_3$	↔ NaCl	0,54906
0,85431	$NaClO_4$	↔ AgCl	1,1705
2,0950	$NaClO_4$	↔ NaCl	0,47732
1,0755	NaF	↔ CaF_2	0,92979
2,2101	NaF	↔ F	0,45247
0,63846	NaI	↔ AgI	1,5663
1,1812	NaI	↔ I	0,84663
6,0681	$NaNO_3$	↔ N	0,16479
4,9907	$NaNO_3$	↔ NH_3	0,20037
2,8326	$NaNO_3$	↔ NO	0,35303
1,5738	$NaNO_3$	↔ N_2O_5	0,63539
0,26556	Na_2O	↔ Ba_2SO_4	3,7656
1,4083	Na_2O	↔ CO_2	0,71008
0,57382	Na_2O	↔ N_2O_5	1,7427
0,16252	Na_2O	↔ $Na_2B_4O_7 \cdot 10\ H_2O$	6,1532
0,30118	Na_2O	↔ NaBr	3,3204
0,58477	Na_2O	↔ Na_2CO_3	1,7101
0,36889	Na_2O	↔ $NaHCO_3$	2,7108
0,53025	Na_2O	↔ NaCl	1,8859

Na A_r = 22,98977 lg A_r = 1.36154

Faktor			Faktor
0,77479	Na_2O	↔ $NaOH$	1,2907
0,43635	Na_2O	↔ Na_2SO_4	2,2917
0,50776	Na_2O	↔ Na_2SiO_3	1,9694
0,77416	Na_2O	↔ SO_3	1,2917
1,0315	Na_2O	↔ SiO_2	0,96944
1,0782	NaH_2PO_4	↔ $Mg_2P_2O_7$	0,92748
0,76905	NaH_2PO_4	↔ $NaH_2PO_4 \cdot 2\,H_2O$	1,3003
1,6905	NaH_2PO_4	↔ P_2O_5	0,59155
0,65533	$NaNH_4HPO_4$	↔ $NaNH_4HPO_4 \cdot 4\,H_2O$	1,5260
1,8788	$NaNH_4HPO_4 \cdot 4\,H_2O$	↔ $Mg_2P_2O_7$	0,53225
12,276	$NaNH_4HPO_4 \cdot 4\,H_2O$	↔ NH_3	0,081460
2,9458	$NaNH_4HPO_4 \cdot 4\,H_2O$	↔ P_2O_5	0,33947
1,2757	Na_2HPO_4	↔ $Mg_2P_2O_7$	0,78386
0,39638	Na_2HPO_4	↔ $Na_2HPO_4 \cdot 12\,H_2O$	2,5229
2,0002	Na_2HPO_4	↔ P_2O_5	0,49995
3,2185	$Na_2HPO_4 \cdot 12\,H_2O$	↔ $Mg_2P_2O_7$	0,31070
5,0462	$Na_2HPO_4 \cdot 12\,H_2O$	↔ P_2O_5	0,19817
1,4733	Na_3PO_4	↔ $Mg_2P_2O_7$	0,67876
0,43128	Na_3PO_4	↔ $Na_3PO_4 \cdot 12\,H_2O$	2,3187
1,7262	Na_3PO_4	↔ PO_4	0,57930
2,3099	Na_3PO_4	↔ P_2O_5	0,43291
0,93655	$Na_4P_2O_7$	↔ Na_2HPO_4	1,0678
0,59612	$Na_4P_2O_7$	↔ $Na_4P_2O_7 \cdot 10\,H_2O$	1,6775
2,0043	$Na_4P_2O_7 \cdot 10\,H_2O$	↔ $Mg_2P_2O_7$	0,49893
0,33436	Na_2S	↔ $BaSO_4$	2,9908
0,54002	Na_2SO_3	↔ $BaSO_4$	1,8518
0,49986	Na_2SO_3	↔ $Na_2SO_3 \cdot 7\,H_2O$	2,0006
1,9675	Na_2SO_3	↔ SO_2	0,50823
1,0803	$Na_2SO_3 \cdot 7\,H_2O$	↔ $BaSO_4$	0,92564
3,9362	$Na_2SO_3 \cdot 7\,H_2O$	↔ SO_2	0,25406
1,6244	$NaHSO_3$	↔ SO_2	0,61561
0,51442	$NaHSO_4$	↔ $BaSO_4$	1,9439
0,86956	$NaHSO_4$	↔ $NaHSO_4 \cdot H_2O$	1,1500
0,59158	$NaHSO_4 \cdot H_2O$	↔ $BaSO_4$	1,6904
0,60860	Na_2SO_4	↔ $BaSO_4$	1,6431
0,44086	Na_2SO_4	↔ $Na_2SO_4 \cdot 10\,H_2O$	2,2683
1,7742	Na_2SO_4	↔ SO_3	0,56364
1,3805	$Na_2SO_4 \cdot 12\,H_2O$	↔ $BaSO_4$	0,72439

Nb A_r = 92,9064 lg A_r = 1.96805

0,69904	Nb	↔ Nb_2O_5	1,4305

Ni $A_r = 58{,}69$ $\lg A_r = 1.76856$

Faktor				Faktor
0,23585	Ni	↔	$Ni(C_2H_3O_2)_2 \cdot 4\,H_2O$ (Acetat)	4,2399
0,22498	Ni	↔	$Ni(C_2H_5N_4O)_2$ (*Dicyanamidinsulfat*)	4,4449
0,20314	Ni	↔	$Ni(C_4H_7N_2O_2)_2$ (*Dimethylglyoxim*)	4,9226
0,11947	Ni	↔	$Ni(C_5H_5N)_4(SCN)_2$ (*Pyridin + Thiocyanat*)	8,3704
0,17734	Ni	↔	$Ni(C_7H_6NO_2)_2$ (*Anthranilsäure*)	5,6390
0,16914	Ni	↔	$Ni(C_9H_6NO)_2$ (*Oxin*)	5,9124
0,15323	Ni	↔	$Ni(C_9H_6NO)_2 \cdot 2\,H_2O$	6,5263
0,34376	Ni	↔	$Ni(CO)_4$	2,9090
0,45285	Ni	↔	$NiCl_2$	2,2082
0,20183	Ni	↔	$Ni(NO_3)_2 \cdot 6\,H_2O$	4,9547
0,78578	Ni	↔	NiO	1,2726
0,40292	Ni	↔	$Ni_2P_2O_7$	2,4819
0,37926	Ni	↔	$NiSO_4$	2,6367
0,54525	$NiCl_2$	↔	$NiCl_2 \cdot 6\,H_2O$	1,8340
0,62829	$Ni(NO_3)_2$	↔	$Ni(NO_3)_2 \cdot 6\,H_2O$	1,5916
0,25685	NiO	↔	$Ni(NO_3)_2 \cdot 6\,H_2O$	3,8933
0,26594	NiO	↔	$NiSO_4 \cdot 7\,H_2O$	3,7602
0,55101	$NiSO_4$	↔	$NiSO_4 \cdot 7\,H_2O$	1,8149

Os $A_r = 190{,}2$ $\lg A_r = 2.27921$

0,74823	Os	↔	OsO_4	1,3365

P $A_r = 30{,}97376$ $\lg A_r = 1.49099$

0,91106	P	↔	PH_3	1,0976
0,22554	P	↔	PCl_3	4,4338
0,20200	P	↔	$POCl_3$	4,9504
0,14874	P	↔	PCl_5	6,7231
0,56344	P	↔	P_2O_3	1,7748
0,37774	P	↔	H_3PO_3	2,6473
0,32614	P	↔	PO_4	3,0662
0,073998	P	↔	Ag_3PO_4	13,514
0,31607	P	↔	H_3PO_4	3,1638
0,016508	P	↔	$(NH_4)_3PO_4 \cdot 12\,MoO_3$	60,578
0,01639	P	↔	$(NH_4)_3PO_4 \cdot 12\,MoO_3$	empirisch
0,43642	P	↔	P_2O_5	2,2914
0,017225	P	↔	$P_2O_5 \cdot 24\,MoO_3$	58,056
0,10232	P	↔	$Ag_4P_2O_7$	9,7730

P $A_r = 30{,}97376$ $\lg A_r = 1.49099$

Faktor			Faktor
0,34807	P	$\leftrightarrow H_4P_2O_7$	2,8730
0,12621	P	$\leftrightarrow MgNH_4PO_4 \cdot 6\ H_2O$	7,9231
0,27835	P	$\leftrightarrow Mg_2P_2O_7$	3,5926
0,27873	P	$\leftrightarrow P_2S_5$	3,5877
0,069898	H_3PO_2	$\leftrightarrow Hg_2Cl_2$	1,4306
0,71875	HPO_3	$\leftrightarrow Mg_2P_2O_7$	1,3913
0,67043	P_2O_3	$\leftrightarrow H_3PO_3$	1,4916
0,17369	H_3PO_3	$\leftrightarrow Hg_2Cl_2$	5,7575
0,73687	H_3PO_3	$\leftrightarrow Mg_2P_2O_7$	1,3571
0,050615	PO_4	$\leftrightarrow (NH_4)_3PO_4 \cdot 12\ MoO_3$	19,757
0,05025	PO_4	$\leftrightarrow (NH_4)_3PO_4 \cdot 12\ MoO_3$	empirisch n. FINKENER
1,3381	PO_4	$\leftrightarrow P_2O_5$	0,74730
0,85347	PO_4	$\leftrightarrow Mg_2P_2O_7$	1,1717
0,16955	P_2O_5	$\leftrightarrow Ag_3PO_4$	5,8977
0,23446	P_2O_5	$\leftrightarrow Ag_4P_2O_7$	4,2651
1,3921	P_2O_5	$\leftrightarrow Al_2O_3$	0,71832
0,58196	P_2O_5	$\leftrightarrow AlPO_4$	1,7183
0,45762	P_2O_5	$\leftrightarrow Ca_3(PO_4)_2$	2,1852
0,47058	P_2O_5	$\leftrightarrow FePO_4$	2,1250
0,72424	P_2O_5	$\leftrightarrow H_3PO_4$	1,3808
0,79755	P_2O_5	$\leftrightarrow H_4P_2O_7$	1,2538
0,63780	P_2O_5	$\leftrightarrow Mg_2P_2O_7$	1,5679
0,037825	P_2O_5	$\leftrightarrow (NH_4)_3PO_4 \cdot 12\ MoO_3$	26,438
0,03755	P_2O_5	$\leftrightarrow (NH_4)_3PO_4 \cdot 12\ MoO_3$	empirisch n.FINKENER
0,49995	P_2O_5	$\leftrightarrow Na_2HPO_4$	2,0002
0.19817	P_2O_5	$\leftrightarrow Na_2HPO_4 \cdot 12\ H_2O$	5,0462
0,33947	P_2O_5	$\leftrightarrow NaNH_4HPO_4 \cdot 4\ H_2O$	2,9458
0,039468	P_2O_5	$\leftrightarrow P_2O_5 \cdot 24\ MoO_3$	25,337
0,88065	H_3PO_4	$\leftrightarrow Mg_2P_2O_7$	1,1355
1,2757	Na_2HPO_4	$\leftrightarrow Mg_2P_2O_7$	0,78386
3,2185	$Na_2HPO_4 \cdot 12\ H_2O$	$\leftrightarrow Mg_2P_2O_7$	0,31070
1,8788	$NaNH_4HPO_4 \cdot 4\ H_2O$	$\leftrightarrow Mg_2P_2O_7$	0,53225

Pb $A_r = 207{,}2$ $\lg A_r = 2.31639$

0,54627	Pb	$\leftrightarrow Pb(C_2H_3O_2)_2 \cdot 3\ H_2O$ (Acetat)	1,8306
0,64069	Pb	$\leftrightarrow Pb(C_2H_5)_4$ (Tetraethyl)	1,5608
0,53074	Pb	$\leftrightarrow Pb(OH)(C_7H_4SN_2)$ (*Mercaptobenzthiazol*)	1,8842
0.43212	Pb	$\leftrightarrow Pb(C_7H_6NO_2)_2$ (*Anthranilsäure*)	2,3142
0.43212	Pb	$\leftrightarrow Pb(C_7H_6NO_2)_2$ (*Salicylaldoxim*)	2,3142

Pb $A_r = 207{,}2$ $\lg A_r = 2.31639$

Faktor			Faktor
0,27242	Pb	↔ $Pb(C_{10}H_7N_4O_5)_2 \cdot 1^1/_2\ H_2O$ (*Pikrolonsäure*)	**3,6708**
0,32385	Pb	↔ $Pb(C_{12}H_{10}NOS)$ (*Thionalid*)	**3,0878**
0,77545	Pb	↔ $PbCO_3$	**1,2896**
0,74506	Pb	↔ $PbCl_2$	**1,3422**
0,64109	Pb	↔ $PbCrO_4$	**1,5598**
0,56442	Pb	↔ $PbMoO_4$	**1,7717**
0,92832	Pb	↔ PbO	**1,0772**
0,86622	Pb	↔ PbO_2	**1,1544**
0,90665	Pb	↔ Pb_3O_4	**1,1030**
0,86586	Pb	↔ PbS	**1,1549**
0,68315	Pb	↔ $PbSO_4$	**1,4638**
0,83533	PbO	↔ $PbCO_3$	**1,1971**
0,69059	PbO	↔ $PbCrO_4$	**1,4480**
0,67391	PbO	↔ $Pb(NO_3)_2$	**1,4839**
0,93311	PbO	↔ PbO_2	**1,0717**
0,97666	PbO	↔ Pb_3O_4	**1,0239**
0,93272	PbO	↔ PbS	**1,0721**
0,73591	PbO	↔ $PbSO_4$	**1,3589**
0,78899	PbS	↔ $PbSO_4$	**1,2674**
1,2995	$PbSO_4$	↔ $BaSO_4$	**0,76954**

Pd $A_r = 106{,}42$ $\lg A_r = 2.02702$

0,26636	Pd	↔ $Pd(C_5H_5NO_2)_2Cl_2$ (*Furfuraldoxim*)	**3,7543**
0,28103	Pd	↔ $Pd(C_7H_6NO_2)$ (*Salicylaldoxim*)	**3,5584**
0,26960	Pd	↔ $Pd(C_9H_6NO)_2$ (*Oxin*)	**3,7092**
0,23610	Pd	↔ $Pd(C_{10}H_6NO_2)_2$ (*α-Nitroso-β-naphthol*)	**4,2356**
0,20592	Pd	↔ $Pd(C_{10}H_9N_2O_3)_2$ (*Benzoylmethylglyoxim*)	**4,8563**
0,67159	Pd	↔ $Pd(CN)_2$	**1,4890**
0,60012	Pd	↔ $PdCl_2$	**1,6663**
0,32601	Pd	↔ $K_2[PdCl_4]$	**3,0674**
0,26784	Pd	↔ $K_2[PdCl_6]$	**3,7336**
0,29960	Pd	↔ $(NH_4)_2[PdCl_6]$	**3,3378**
0,29542	Pd	↔ PdI_2	**3,3850**
0,86930	Pd	↔ PdO	**1,1503**
0,76849	Pd	↔ PdS	**1,3013**
0,52558	Pd	↔ $PdSO_4$	**1,9026**
0,83113	$PdCl_2$	↔ $PdCl_2 \cdot 2\ H_2O$	**1,2032**
0,84894	$PdSO_4$	↔ $PdSO_4 \cdot 2\ H_2O$	**1,1779**

Pt A_r = 195,08 lg A_r = 2.29021

Faktor			Faktor
0,57906	Pt	↔ $PtCl_4$	1,7269
0,47837	Pt	↔ $PtCl_6$	2,0904
0,37667	Pt	↔ $H_2[PtCl_6] \cdot 6\,H_2O$	2,6549
0,40141	Pt	↔ $K_2[PtCl_6]$	2,4912
0,43950	Pt	↔ $(NH_4)_2[PtCl_6]$	2,2753
0,75262	Pt	↔ PtS_2	1,3287
0,93837	$K_2[PtCl_6]$	↔ $H_2[PtCl_6] \cdot 6\,H_2O$	1,0657

Rb A_r = 85,4678 lg A_r = 1.93180

0,74016	Rb	↔ Rb_2CO_3	1,3511
0,70681	Rb	↔ RbCl	1,4148
0,46219	Rb	↔ $RbClO_4$	2,1636
0,91441	Rb	↔ Rb_2O	1,0936
0,29536	Rb	↔ $Rb_2[PtCl_6]$	3,3857
0,64023	Rb	↔ Rb_2SO_4	1,5619
0,84371	RbCl	↔ AgCl	1,1852
0,77296	Rb_2O	↔ RbCl	1,2937
0,70016	Rb_2O	↔ Rb_2SO_4	1,4283

Re A_r = 186,207 lg A_r = 2.27000

0,33040	Re	↔ $(C_{20}H_{16}N_4) \cdot HReO_4$ *(Nitron)*	3,0267
0,85335	Re	↔ ReO_2	1,1718
0,88583	Re	↔ Re_2O_3	1,1289
0,79506	Re	↔ ReO_3	1,2578
0,44395	ReO_4	↔ $(C_{20}H_{16}N_4) \cdot HReO_4$ *(Nitron)*	2,2525

Rh A_r = 102,9055 lg A_r = 2.01244

0,76280	Rh	↔ RhO_2	1,3110
0,81089	Rh	↔ Rh_2O_3	1,2332

S A_r = 32,06 lg A_r = 1.50596

0,13737	S	↔ $BaSO_4$	7,2798
0,11356	S	↔ $(C_{12}H_{12}N_2) \cdot H_2SO_4$ *(Benzidin)*	8,8060
0,22191	S	↔ CdS	4,5062
0,40304	S	↔ CuO	2,4811
0,94073	S	↔ H_2S	1,0630
0,39065	S	↔ H_2SO_3	2,5599
0,32691	S	↔ H_2SO_4	3,0590

S $A_r = 32{,}06$ $\lg A_r = 1.50596$

Faktor			Faktor
0,55200	S	↔ SCN	1,8116
0,31135	S	↔ SCl_2	3,2118
0,47486	S	↔ S_2Cl_2	2,1059
0,50047	S	↔ SO_2	1,9981
0,40045	S	↔ SO_3	2,4972
0,57189	S	↔ S_2O_3	1,7486
0,33375	S	↔ SO_4	2,9963
0,24884	SCN	↔ $BaSO_4$	4,0184
0,47755	SCN	↔ CuSCN	2,0940
1,4522	SCl_2	↔ Cl	0,68861
1,9044	S_2Cl_2	↔ Cl	5,2511
0,41558	H_2S	↔ As_2S_3	2,4063
0,14602	H_2S	↔ $BaSO_4$	6,8486
0,23590	H_2S	↔ CdS	4,2391
0,42568	H_2S	↔ SO_3	2,3492
0,35164	H_2SO_3	↔ $BaSO_4$	2,8438
0,42020	H_2SO_4	↔ $BaSO_4$	2,3798
0,34737	H_2SO_4	↔ $(C_{12}H_{12}N_2) \cdot H_2SO_4$ (*Benzidin*)	2,8788
0,27448	SO_2	↔ $BaSO_4$	3,6433
0,80015	SO_2	↔ SO_3	1,2498
0,34303	SO_3	↔ $BaSO_4$	2,9152
0,58807	SO_3	↔ $CaSO_4$	1,7005
0,81636	SO_3	↔ H_2SO_4	1,2250
0,89889	SO_3	↔ $H_2S_2O_7$	1,1125
0,60587	SO_3	↔ $(NH_4)_2SO_4$	1,6505
0,83344	SO_3	↔ SO_4	1,1999
0,24020	S_2O_3	↔ $BaSO_4$	4,1632
0,41159	SO_4	↔ $BaSO_4$	2,4296

Sb $A_r = 121{,}75$ $\lg A_r = 2.08547$

0,21968	Sb	↔ $Sb(C_9H_6NO)_3$ (*Oxin*)	4,5520
0,21277	Sb	↔ $SbO(C_9H_6NO)(C_9H_7NO)_2$	4,7000
0,15800	Sb	↔ $Sb(C_{12}H_{10}NOS)_3$ (*Thionalid*)	6,3292
0,46319	Sb	↔ $Sb(C_6H_5O_4)$ (*Pyrogallol*)	2,1589
0,53373	Sb	↔ $SbCl_3$	1,8736
0,70294	Sb	↔ SbOCl	1,4226
0,40716	Sb	↔ $SbCl_5$	2,4560

Sb A_r = 121,75 lg A_r = 2.08547

Faktor			Faktor
0,36460	Sb	↔ $K(SbO)C_4H_4O_6 \cdot {}^1/_2\, H_2O$ (Tartrat)	2,7428
0,83533	Sb	↔ Sb_2O_3	1,1971
0,79187	Sb	↔ Sb_2O_4	1,2628
0,75270	Sb	↔ Sb_2O_5	1,3285
0,71685	Sb	↔ Sb_2S_3	1,3950
0,60302	Sb	↔ Sb_2S_5	1,6583
0,94797	Sb_2O_3	↔ Sb_2O_4	1,0549
0,90108	Sb_2O_3	↔ Sb_2O_5	1,1098
0,85816	Sb_2O_3	↔ Sb_2S_3	1,1653
0,72189	Sb_2O_3	↔ Sb_2S_5	1,3852
0,90526	Sb_2O_4	↔ Sb_2S_3	1,1047
0,76152	Sb_2O_4	↔ Sb_2S_5	1,3132
1,0520	Sb_2O_5	↔ Sb_2O_4	0,95054
0,95237	Sb_2O_5	↔ Sb_2S_3	1,0500
0,80114	Sb_2O_5	↔ Sb_2S_5	1,2482

Sc A_r = 44,9559 lg A_r = 1.65279

0,65196	Sc	↔ Sc_2O_3	1,5338

Se A_r = 78,96 lg A_r = 1.89741

0,71161	Se	↔ SeO_2	1,4053
0,62193	Se	↔ SeO_3	1,6079
0,61224	Se	↔ H_2SeO_3	1,6334
0,45657	Se	↔ Na_2SeO_3	2,1902
0,54466	Se	↔ H_2SeO_4	1,8360
0,28171	Se	↔ $BaSeO_4$	3,5498

Si A_r = 28,0855 lg A_r = 1.44848

0,70044	Si	↔ SiC	1,4277
0,46743	Si	↔ SiO_2	2,1393
3,3384	SiC	↔ C	0,29955
0,37250	SiF_4	↔ $Ba[SiF_6]$	2,6846
0,72232	SiF_4	↔ $H_2[SiF_6]$	1,3844
0,60654	SiF_6	↔ CaF_2	1,6487
0,50849	SiF_6	↔ $Ba[SiF_6]$	1,9666
0,98602	SiF_6	↔ $H_2[SiF_6]$	1,0142
4,6503	$Ba[SiF_6]$	↔ SiO_2	0,21504
0,61515	$H_2[SiF_6]$	↔ CaF_2	1,6256

Si $A_r = 28{,}0855$ $\lg A_r = 1.44848$

Faktor			Faktor
0,51570	$H^2[SiF_6]$	↔ $Ba[SiF_6]$	**1,9391**
0,57729	SiO_2	↔ SiF_4	**1,7322**
0,21503	SiO_2	↔ $Ba[SiF_6]$	**4,6504**
0,27277	SiO_2	↔ $K_2[SiF_6]$	**3,6661**
0,78971	SiO_2	↔ SiO_3	**1,2663**
0,76933	SiO_2	↔ H_2SiO_3	**1,2998**
0,65250	SiO_2	↔ SiO_4	**1,5326**
0,71458	SiO_2	↔ Si_2O_7	**1,3994**

Sn $A_r = 118{,}69$ $\lg A_r = 2.07441$

0,52604	Sn	↔ $SnCl_2 \cdot 2\,H_2O$	**1,9010**
0,45562	Sn	↔ $SnCl_4$	**2,1948**
0,32297	Sn	↔ $(NH_4)_2[SnCl_6]$	**3,0962**
0,88121	Sn	↔ SnO	**1,1348**
0,78764	Sn	↔ SnO_2	**1,2696**
0,44502	Sn	↔ $Na_2[Sn(OH)_6]$	**2,2471**
0,78733	Sn	↔ SnS	**1,2701**
0,64925	Sn	↔ SnS_2	**1,5402**
0,84031	$SnCl_2$	↔ $SnCl_2 \cdot 2\,H_2O$	**1,1900**
0,89382	SnO	↔ SnO_2	**1,1188**

Sr $A_r = 87{,}62$ $\lg A_r = 1.94260$

0,24646	Sr	↔ $SrBr_2 \cdot 6\,H_2O$	**4,0575**
0,59351	Sr	↔ $SrCO_3$	**1,6849**
0,45244	Sr	↔ $Sr(C_2O_4) \cdot H_2O$ (Oxalat)	**2,2102**
0,55270	Sr	↔ $SrCl_2$	**1,8093**
0,43033	Sr	↔ $SrCrO_4$	**2,3238**
0,41402	Sr	↔ $Sr(NO_3)_2$	**2,4153**
0,84559	Sr	↔ SrO	**1,1826**
0,32970	Sr	↔ $Sr(OH)_2 \cdot 8\,H_2O$	**3,0331**
0,73212	Sr	↔ SrS	**1,3659**
0,56985	Sr	↔ $Sr(HS)_2$	**1,7549**
0,47703	Sr	↔ $SrSO_4$	**2,0963**
0,43867	Sr	↔ SrS_2O_3	**2,2796**
3,3545	$SrCO_3$	↔ CO_2	**0,29811**
0,80373	$SrCO_3$	↔ $SrSO_4$	**1,2442**
0,59459	$SrCl_2$	↔ $SrCl_2 \cdot 6\,H_2O$	**1,6818**
1,4335	$Sr(NO_3)_2$	↔ $SrCO_3$	**0,69759**
0,74599	$Sr(NO_3)_2$	↔ $Sr(NO_3)_2 \cdot 4\,H_2O$	**1,3405**
0,70189	SrO	↔ $SrCO_3$	**1,4247**

Sr $A_r = 87{,}62$ $\lg A_r = 1.94260$

Faktor			Faktor
0,65363	SrO	$\leftrightarrow SrCl_2$	**1,5299**
0,48963	SrO	$\leftrightarrow Sr(NO_3)_2$	**2,0424**
0,38990	SrO	$\leftrightarrow Sr(OH)_2 \cdot 8\,H_2O$	**2,5648**
0,56413	SrO	$\leftrightarrow SrSO_4$	**1,7726**
2,2943	$SrSO_4$	$\leftrightarrow SO_3$	**0,43587**
0,78701	$SrSO_4$	$\leftrightarrow BaSO_4$	**1,2706**
1,3492	$SrSO_4$	$\leftrightarrow CaSO_4$	**0,74118**

Ta $A_r = 180{,}9479$ $\lg A_r = 2.25755$

0,50514	Ta	$\leftrightarrow TaCl_5$	**1,9796**
0,81897	Ta	$\leftrightarrow Ta_2O_5$	**1,2210**
1,6213	$TaCl_5$	$\leftrightarrow Ta_2O_5$	**0,61680**

Te $A_r = 127{,}60$ $\lg A_r = 2.10585$

0,79950	Te	$\leftrightarrow TeO_2$	**1,2508**
0,72665	Te	$\leftrightarrow TeO_3$	**1,3762**
0,65906	Te	$\leftrightarrow H_2TeO_4$	**1,5173**

Th $A_r = 232{,}0381$ $\lg A_r = 2.36556$

0,17811	Th	$\leftrightarrow Th(C_{10}H_7N_4O_5)_4 \cdot H_2O$ (*Pikrolonsäure*)	**5,6147**
0,44954	Th	$\leftrightarrow Th(C_2O_4)_2 \cdot 6\,H_2O$ (Oxalat)	**2,2245**
0,62067	Th	$\leftrightarrow ThCl_4$	**1,6112**
0,48335	Th	$\leftrightarrow Th(NO_3)_4$	**2,0689**
0,87881	Th	$\leftrightarrow ThO_2$	**1,1379**
0,77329	Th	$\leftrightarrow Th(OH)_4$	**1,2932**
0,86948	$Th(NO_3)_4$	$\leftrightarrow Th(NO_3)_4 \cdot 4\,H_2O$	**1,1501**
0,68950	$Th(NO_3)_4$	$\leftrightarrow Th(NO_3)_4 \cdot 12\,H_2O$	**1,4503**

Ti $A_r = 47{,}88$ $\lg A_r = 1.68015$

0,13595	Ti	$\leftrightarrow TiO(C_3H_6NO)_2$ (*Oxin*)	**7,3555**
0,31043	Ti	$\leftrightarrow TiCl_3$	**3,2214**
0,25241	Ti	$\leftrightarrow TiCl_4$	**3,9618**
0,19944	Ti	$\leftrightarrow K_2[TiF_6]$	**5,0140**
0,29936	Ti	$\leftrightarrow TiO[SO_4]$	**3,3404**
0,59940	Ti	$\leftrightarrow TiO_2$	**1,6683**
0,93022	$K_2[TiF_6]$	$\leftrightarrow K_2[TiF_6] \cdot H_2O$	**1,0750**

Ti $A_r = 47{,}88$ $\lg A_r = 1.68015$

Faktor			Faktor
0,42111	TiO_2	↔ $TiCl_4$	2,3747
0,22682	TiO_2	↔ $TiO(C_9H_6NO)_2$ *(Oxin)*	4,4089

Tl $A_r = 204{,}383$ $\lg A_r = 2.31044$

0,55146	Tl	↔ $Tl(C_7H_4NS_2)$ *(Mercaptobenzthiazol)*	1,8134
0,48586	Tl	↔ $Tl(C_{12}H_{10}NOS)$ *(Thionalid)*	2,0582
0,87199	Tl	↔ Tl_2CO_3	1,1468
0,85218	Tl	↔ TlCl	1,1735
0,35347	Tl	↔ $[Co(NH_3)_6]\,[TlCl_6]$	2,8291
0,77896	Tl	↔ Tl_2CrO_4	1,2838
0,61693	Tl	↔ TlI	1,6209
0,76724	Tl	↔ $TlNO_3$	1,3034
0,96233	Tl	↔ Tl_2O	1,0391
0,89492	Tl	↔ Tl_2O_3	1,1174
0,80973	Tl	↔ Tl_2SO_4	1,2350
0,92994	Tl_2O	↔ Tl_2O_3	1,0753

U $A_r = 238{,}0289$ $\lg A_r = 2.37663$

0,67618	U	↔ UF_6	1,4789
0,88150	U	↔ UO_2	1,1344
0,56119	U	↔ $UO_2(C_2H_3O_2)_2 \cdot 2\,H_2O$ (Acetat)	1,7819
0,33835	U	↔ $UO_2(C_9H_6NO)_2(C_9H_7NO)$ *(Oxin)*	2,9555
0,47404	U	↔ $UO_2(NO_3)_2 \cdot 6\,H_2O$	2,1095
0,66675	U	↔ $(UO_2)_2P_2O_7$	1,4998
0,83219	U	↔ UO_3	1,2016
0,80955	U	↔ U_2O_7	1,2353
0,75084	U	↔ $Na_2U_2O_7$	1,3318
0,84800	U	↔ U_3O_8	1,1792
0,96200	UO_2	↔ U_3O_8	1,0395
0,91505	$UO_2(C_2H_3O_2)_2$	↔ $UO_2(C_2H_3O_2)_2 \cdot 2\,H_2O$ (Acetat)	1,0928
0,78473	$UO_2(NO_3)_2$	↔ $UO_2(NO_3)_2 \cdot 6\,H_2O$	1,2743

V $A_r = 50{,}9415$ $\lg A_r = 1.70707$

0,32385	V	↔ VCl_3	3,0879
0,26428	V	↔ VCl_4	3,7838
0,61419	V	↔ VO_2	1,6281

V $A_r = 50{,}9415$ $\lg A_r = 1.70707$

Faktor			Faktor
0,51487	V	↔ VO_3	1,9422
0,24632	V	↔ $AgVO_3$	4,0597
0,43548	V	↔ NH_4VO_3	2,2963
0,41779	V	↔ $NaVO_3$	2,3935
0,67976	V	↔ V_2O_3	1,4711
0,14024	V	↔ $V_2O_3(C_9H_6NO)_4$ (*Oxin*)	7,1307
0,11616	V	↔ Ag_3VO_4	8,6088
0,56017	V	↔ V_2O_5	1,7852
0,47636	V	↔ V_2O_7	2,0993
0,16216	V	↔ $Pb_2V_2O_7$	6,1669
0,51440	V	↔ V_2S_3	1,9440
0,38860	V	↔ V_2S_5	2,5733
0,82407	V_2O_3	↔ V_2O_5	1,2135

W $A_r = 183{,}85$ $\lg A_r = 2.26447$

0,50911	W	↔ WCl_5	1,9642
0,36467	W	↔ $WO_2(C_9H_6NO)_2$ (*Oxin*)	2,7422
0,79297	W	↔ WO_3	1,2611
0,74178	W	↔ WO_4	1,3481
0,62570	W	↔ Na_2WO_4	1,5982
0,74142	W	↔ WS_2	1,3488
1,2673	Na_2WO_4	↔ WO_3	0,78906
0,89077	Na_2WO_4	↔ $Na_2WO_4 \cdot 2\,H_2O$	1,1226

Y $A_r = 88{,}9059$ $\lg A_r = 1.94893$

0,78744	Y	↔ Y_2O_3	1,2699

Zn $A_r = 65{,}38$ $\lg A_r = 1.81544$

0,29786	Zn	↔ $Zn(C_2H_3O_2)_2 \cdot 2\,H_2O$ (Acetat)	3,3574
0,19244	Zn	↔ $Zn(C_5H_5N)_2(SCN)_2$ (*Pyridin + Thiocyanat*)	5,1964
0,19364	Zn	↔ $Zn(C_7H_6NO_2)_2$ (*Anthranilsäure*)	5,1643
0,18485	Zn	↔ $Zn(C_9H_6NO)_2$ (*Oxin*)	5,4098
0,15286	Zn	↔ $Zn(C_{10}H_6NO_2)_2 \cdot H_2O$ (*Chinaldinsäure*)	6,5421
0,47971	Zn	↔ $ZnCl_2$	2,0846

Zn $A_r = 65{,}38$ lg $A_r = 1.81544$

Faktor				Faktor
0,13121	Zn	↔	$ZnHg(SCN)_4$	7,6213
0,34521	Zn	↔	$Zn(NO_3)_2$	2,8968
0,36650	Zn	↔	$ZnNH_4PO_4$	2,7285
0,80339	Zn	↔	ZnO	1,2447
0,65781	Zn	↔	$Zn(OH)_2$	1,5202
0,42914	Zn	↔	$Zn_2P_2O_7$	2,3302
0,67098	Zn	↔	ZnS	1,4904
0,40498	Zn	↔	$ZnSO_4$	2,4693
0,47547	$ZnCl_2$	↔	$AgCl$	2,1032
0,83455	$ZnCl_2$	↔	$ZnCl_2 \cdot 1^1/_2\ H_2O$	1,1983
1,6747	$ZnCl_2$	↔	ZnO	0,59711
0,63665	$Zn(NO_3)_2$	↔	$Zn(NO_3)_2 \cdot 6\ H_2O$	1,5707
0,64902	ZnO	↔	$ZnCO_3$	1,5408
0,45619	ZnO	↔	$ZnHN_4PO_4$	2,1921
0,53416	ZnO	↔	$Zn_2P_2O_7$	1,8721
0,83518	ZnO	↔	ZnS	1,1973
0,41750	ZnS	↔	$BaSO_4$	2,3952
0,69172	$ZnSO_4$	↔	$BaSO_4$	1,4457
0,56145	$ZnSO_4$	↔	$ZnSO_4 \cdot 7\ H_2O$	1,7811

Zr $A_r = 91{,}22$ lg $A_r = 1.96009$

0,13659	Zr	↔	$Zr(C_9H_6NO)_4$ (*Oxin*)	7,3211
0,28307	Zr	↔	$ZrOCl_2 \cdot 8\ H_2O$	3,5327
0,32187	Zr	↔	$K_2[ZrF_6]$	3,1069
0,21248	Zr	↔	$Zr(NO_3)_4 \cdot 5\ H_2O$	4,7064
0,74030	Zr	↔	ZrO_2	1,3508
0,34402	Zr	↔	ZrP_2O_7	2,9068
0,49765	Zr	↔	$ZrSiO_4$	2,0094
0,79018	$Zr(NO_3)_4$	↔	$Zr(NO_3)_4 \cdot 5\ H_2O$	1,2655
0,43478	ZrO_2	↔	$K_2[ZrF_6]$	2,3000
0,46470	ZrO_2	↔	ZrP_2O_7	2,1519

7. Maßanalytische Äquivalente

7.1. Acidimetrie

1 ml 0,1 N HCl, HNO_3 bzw. H_2SO_4 entspricht:

Stoff	Masse in mg	Stoff	Masse in mg
$BaCO_3$	9,8670	6,25 N (Eiweiß)	8,7542
$Ba(OH)_2$	8,5670	6,37 N (Casein)	8,9223
CO_2	2,2005	NH_3	1,7030
CO_3	3,0005	NH_4	1,8038
$CaCO_3$	5,0045	NH_4Cl	5,3491
CaO	2,8040	NH_4NO_3	8,0043
$Ca(OH)_2$	3,7047	NH_4OH	3,5046
K_2CO_3 (Methylorange)	6,9103	$(NH_4)_2SO_4$	6,6065
$KHCO_3$	10,012	$Na_2B_4O_7 \cdot 10\,H_2O$	19,068
KOH	5,6106	Na_2CO_3 (Methylorange)	5,2994
Li_2CO_3 (Methylorange)	3,6946	$Na_2CO_3 \cdot 2\,H_2O$ (Methylorange)	7,1010
$MgCO_3$	4,2157	$Na_2CO_3 \cdot 10\,H_2O$ (Methylorange)	14,307
MgO	2,0152	$NaHCO_3$	8,4007
N	1,4007	Na_2O	3,0990
5,55 N (Gelatine)	7,7737	NaOH	3,9997

7.2. Alkalimetrie

1 ml 0,1 N KOH bzw. NaOH entspricht:

Stoff	Masse in mg	Stoff	Masse in mg
Al	0,89938	HIO_4	19,191
Al_2O_3	1,6994	$KHC_4H_4O_6$ (Tartrat)	18,818
B_2O_3	3,4810	HNO_3	6,3013
H_3BO_3	6,1830	$NaHSO_4$	12,006
HBr	8,0912	PO_4 (Phenolphthalein)	4,7486
HCOOH	4,6026	PO_4 (Methylorange)	9,4971
CH_3COOH	6,0052	P_2O_5 (Phenolphthalein)	3,5486
CH_3COO	5,9045	P_2O_5 (Methylorange)	7,0972
$(COOH)_2$	4,5018	H_3PO_4 (Phenolphthalein)	4,8998
$(COOH)_2 \cdot 2\,H_2O$	6,3033	H_3PO_4 (Methylorange)	9,7995
$(COO)_2$	4,4010	SO_3	4,0030
$C_4H_6O_6$ (Weinsäure)	7,5044	SO_4	4,8029
C_6H_5COOH	12,212	S_2O_8	9,6060
Cl	3,5453	H_2SO_3 (Methylorange)	4,1035
HCl	3,6461	H_2SO_4	4,9037
HF	2,0006	H_2SiF_6 (nach SAHLBOM u. HINRICHSEN)	2,4015
HI	12,791	H_2SiF_6 (nach TREADWELL)	7,2046
HIO_3	17,591	$SnCl_4$ (Methylorange)	6,5125

Alkalimetrische Titration von Metallen unter Verwendung von Ethylendiamintetraessigsäure

1 ml 0,1 N NaOH entspricht:

Metall	Masse in mg
Cd	5,6205
Co	2,9467
Cu	3,1773
Hg	10,030
Mn	2,7469
Ni	2,9345
Pb	10,360
Zn	3,2690

Alkalimetrische Titration von Metallen unter Verwendung von Nitrilotriessigsäure

1 ml 0,1 N NaOH entspricht:

Metall	Masse in mg
Cd	11,241
Co	5,8933
Cu	6,3546
Hg	20,059
Mn	5,4938
Ni	5,869
Pb	20,72
Zn	6,538

7.3. Argentometrie

Stoff	Masse in mg
1 ml 0,1 N $AgNO_3$ entspricht:	
$BaCl_2$	10,412
$BaCl_2 \cdot 2\,H_2O$	12,214
Br	7,9904
BrO_3	2,1317
HBr	8,0912
$CaCl_2$	5,5495
$CaCl_2 \cdot 6\,H_2O$	10,954
CN (nach Mohr)	2,6018
CN (nach Liebig)	5,2036
HCN (nach Mohr)	2,7026
HCN (nach Liebig)	5,4052
Cl	3,5453
HCl	3,6461
I	12,690
HI	12,791
KBr	11,900
KCN (nach Mohr)	6,5116
KCN (nach Liebig)	13,023
KCl	7,4551
KI	16,600
KSCN	9,718
LiCl	4,2394
$MgCl_2$	4,7606
NH_4Br	9,7942
NH_4Cl	5,3492
NH_4I	14,494
NH_4SCN	7,612
NaBr	10,289
NaCN (nach Mohr)	4,9008
NaCN (nach Liebig)	9,8016
NaCl	5,8443
NaI	14,989
NaSCN	8,107
SCN	5,808
1 ml 0,1 N NH_4SCN entspricht:	
Ag	10,787
$AgNO_3$	16,987
Cu	6,3546
Hg	10,030
HgO	10,830
1 ml 0,1 N NaCl entspricht:	
Ag	10,787
$AgNO_3$	16,987

7.4. Iodometrie

1 ml 0,1 N Iodlösung bzw. $Na_2S_2O_3$-Lösung entspricht:

Stoff	Masse in mg	Stoff	Masse in mg
As ($As^{3+} \rightarrow As^{5+}$)	3,7461	HIO_3	2,9318
AsO_3	6,1460	IO_4	2,3863
As_2O_3	4,9460	HIO_4	2,3989
AsO_4	6,9460	$KBrO_3$	2,7833
As_2O_5	5,7460	$KClO_3$	2,0425
Br	7,9904	K_2CrO_4	6,4730
BrO_3	2,1317	$K_2Cr_2O_7$	4,9031
CO ($5\,CO + I_2O_5 \rightarrow 5\,CO_2 + I_2$)	7,0025	$KHSO_3$	6,0080
Cl	3,5453	MnO_2	4,3469
HClO ($ClO^- \rightarrow Cl^-$)	2,6230	$N_2H_4 \cdot H_2SO_4$ ($N_2H_4 \rightarrow N_2$)	3,2530
$HClO_3$ ($ClO_3^- \rightarrow Cl^-$)	1,4077	NaClO ($ClO^- \rightarrow Cl^-$)	3,7221
Cr ($Cr_2O_7^{2-} \rightarrow 2\,Cr^{3+}$)	1,7332	$NaClO_3$	1,7740
Cr_2O_3	2,5332	$Na_2Cr_2O_7$	8,3661
Cr_2O_7	3,5998	Na_2HAsO_3	8,4954
Cu ($Cu^{2+} \rightarrow Cu^+$)	6,3546	NaHS ($HS^- \rightarrow S$)	2,803
$CuSO_4$	15,960	Na_2S ($S^{2-} \rightarrow S$)	3,902
$CuSO_4 \cdot 5\,H_2O$	24,968	$NaHSO_3$	5,203
Fe ($Fe^{2+} \rightarrow Fe^{3+}$)	5,5847	Na_2SO_3	6,302
$Fe(CN)_6$	21,195	$Na_2S_2O_3$	15,810
$FeCl_3$	16,221	$Na_2S_2O_3 \cdot 5\,H_2O$	24,817
Fe_2O_3	7,9846	S ($S^{2-} \rightarrow S$)	1,603
$FeSO_4$	15,190	H_2S ($S^{2-} \rightarrow S$)	1,704
$FeSO_4 \cdot 7\,H_2O$	27,801	SO_2 ($SO_3^{2-} \rightarrow SO_4^{2-}$)	3,203
H_2O_2	1,7007	SO_3 ($SO_3^{2-} \rightarrow SO_4^{2-}$)	4,003
Hg	10,030	H_2SO_3	4,1035
$HgCl_2$	13,575	S_2O_8 ($S_2O_8^{2-} \rightarrow 2\,SO_4^{2-}$)	19,212
$HgClNH_2$	12,604	Sb ($Sb^{3+} \rightarrow Sb^{5+}$)	6,0875
HgO	10,830	Sb_2O_3	7,2875
I	12,690	$SbOKC_4H_4O_6 \cdot {}^1/_2\,H_2O$	16,697
HI	12,791	Sn ($Sn^{2+} \rightarrow Sn^{4+}$)	5,9345
IO_3	2,9150	SnO	6,7345

Iodometrische Titration von Metallen unter Verwendung von Nitrilotriessigsäure

1 ml 0,1 N $Na_2S_2O_3$ entspricht:

Metall	Masse in mg	Metall	Masse in mg
Co	5,8933	Pb	20,72
Ni	5,869	Zn	6,538

7.5. Permanganometrie

1 ml 0,1 N $KMnO_4$ (= 0,02 M) bzw. 1 ml 0,1 N $(COOH)_2$ entspricht:

Stoff	Masse in mg	Stoff	Masse in mg
$(COOH)_2$	4,5018	MnO (nach VOLHARD-WOLFF)	2,1280
$(COOH)_2 \cdot 2\,H_2O$	6,3033	MnO_2 (*Braunstein mit Oxalsäure*)	4,3468
$(COO)_2$	4,4010	MnO_2 (nach VOLHARD-WOLFF)	2,6081
HCOOH (alkalisch nach JONES)	2,3013	NH_2OH (nach RASCHIG)	1,6515
HCOOH (alkalisch nach LIEBEN)	1,3808	N_2O_3	1,9003
Ca	2,0040	HNO_2	2,3507
$CaCO_3$	5,0045	NH_4NO_2	3,2022
CaO	2,804	$Na_2C_2O_4$	6,7000
$Ca(OH)_2$	3,7045	$NaClO_3$ ($ClO_3^- \xrightarrow{Fe^{2+}} Cl^-$)	1,7740
Cr	1,7332	$NaNO_2$	3,4498
Cr_2O_3	2,5332	$NaNO_3$ ($NO_3^- \xrightarrow{Fe^{2+}} NO$)	2,8332
CrO_4	3,8665	O	0,79997
Cu (Zuckerreduktion)	6,3546	PbO_2	11,960
Fe	5,5847	Pb_3O_4	34,280
FeO	7,1846	S_2O_8 ($S_2O_8^{2-} \xrightarrow{Fe^{2+}} 2\,SO_4^{2-}$)	9,6060
Fe_2O_3	7,9846	Sb ($Sb^{3+} \rightarrow Sb^{5+}$)	6,0875
$FeSO_4 \cdot 7\,H_2O$	27,801	Sb_2O_3	7,2875
$Fe_2(SO_4)_3 \cdot 9\,H_2O$	28,101	Ti ($Ti^{3+} \rightarrow Ti^{4+}$)	4,788
$(NH_4)_2Fe(SO_4)_2 \cdot 6\,H_2O$	39,213	U ($U^{4+} \rightarrow UO_2^{2+}$)	11,901
H_2O_2	1,7007	U_3O_8	14,035
$KMnO_4$	3,1607	V ($V^{4+} \rightarrow V^{5+}$)	5,0942
Mn (nach VOLHARD-WOLFF)	1,6481	V_2O_5	9,0940
Mn (nach HAMPE)	2,7469		

7.6. Titanometrie

1 ml 0,1 N Titanium(III)-Lösung entspricht:

Stoff	Masse in mg	Stoff	Masse in mg
Au	6,5656	$K_3[Fe(CN)_6]$	32,925
$AuCl_3$	10,111	$NH_4Fe(SO_4)_2 \cdot 12\,H_2O$	48,219
Cu	6,3546	Hg	10,030
CuO	7,9545	$HgCl_2$	13,575
$CuSO_4$	15,960	HgO	10,830
$CuSO_4 \cdot 5\,H_2O$	25,968	$HgSO_4$	14,833
Fe	5,5847	Sb	6,0875
$FeCl_3$	16,221	$SbCl_5$	14,951
$FeCl_3 \cdot 6\,H_2O$	27,030	Sb_2O_5	8,0875
Fe_2O_3	7,9846	U	11,901
$Fe_2(SO_4)_3$	19,994	$UO_2(CH_3COO)_2 \cdot 2\,H_2O$	21,207

7.7. Cerimetrie

1 ml 0,1 N $Ce(SO_4)_2$ entspricht:

Stoff	Masse in mg	Stoff	Masse in mg
As	3,7461	$(NH_4)_2Fe(SO_4)_2 \cdot 6\,H_2O$	39,213
AsO_3	6,1460	Hg	20,059
As_2O_3	4,9460	HgO	21,659
Ba	6,8665	$K_2C_2O_4 \cdot H_2O$ (Oxalat)	9,2116
BaO	7,6665	$KHC_2O_4 \cdot H_2O$	7,3071
$Ba(OH)_2$	8,5670	$KHC_2O_4 \cdot H_2C_2O_4 \cdot 2\,H_2O$	6,3548
$(COOH)_2$	4,5018	$K_4[Fe(CN)_6]$	36,835
$(COOH)_2 \cdot 2\,H_2O$	6,3033	$K_4[Fe(CN)_6] \cdot 3\,H_2O$	42,239
$C_4H_6O_6$ (Weinsäure)	1,5009	NO_2	4,6006
Ca (als Oxalat)	2,0040	$Na_2C_2O_4$ (Oxalat)	6,7000
$CaCO_3$ (als Oxalat)	5,0045	Sb	6,0875
CaO (als Oxalat)	2,8040	Sb_2O_3	7,2875
Fe	5,5847	Sn	5,9345
$Fe(CN)_6$	21,195	Sr	4,381
FeO	7,1846	$SrCO_3$	7,3815
Fe_2O_3	7,9846	Tl	10,219
$FeSO_4$	15,190	U	11,901
$FeSO_4 \cdot 7\,H_2O$	27,801	V	5,0942

7.8. Chromometrie

1 ml 0,1 N Chromium(II)-Lösung entspricht:

Stoff	Masse in mg
Ag ($Ag^+ \rightarrow Ag$)	10,787
Bi ($Bi^{3+} \rightarrow Bi$)	6,9660
Cr_2O_7 ($Cr_2O_7^{2-} \rightarrow Cr^{3+}$)	43,198
Cu ($Cu^{2+} \rightarrow Cu^+$)	6,3546
Cu ($Cu^{2+} \rightarrow Cu$)	3,1773
Hg ($Hg^{2+} \rightarrow Hg$)	10,030

7.9. Bromatometrie

1 ml 0,1 N $KBrO_3$ entspricht:

Stoff	Masse in mg
As	3,7461
AsO_3	6,1460
As_2O_3	4,9460
S	0,40075
H_2S	0,4260
Sb	6,0875
Sn	5,9345
Tl	10,219

Bromatometrische Bestimmung von Metallen über deren Komplexe mit 8-Hydroxychinolin

Metall	Masse in mg	Metall	Masse in mg
Al	0,22485	Mn	0,68673
Bi	1,7415	Ni	0,73363
Cd	1,405	Pb	2,590
Ce	1,1677	Sb	1,0146
Co	0,73667	Th	1,4502
Cu	0,7943	Ti	0,5985
Fe	0,46539	U	1,9836
Ga	0,581	V	0,63677
In	0,9568	Zn	0,81725
Mg	0,30381	Zr	0,5701

7.10. Chromatometrie

1 ml 0,1 N $K_2Cr_2O_7$ entspricht:

Stoff	Masse in mg
Fe	5,5847
FeO	7,1846
Fe_2O_3	7,9846
Pb	20,72

7.11. Iodatometrie

1 ml 0,1 N KIO_3 entspricht:

Stoff	Masse in mg
$[Fe(CN)_6]^{4-}$	21,1953

7.12. Spezielle Titrationsverfahren

	Stoff	Masse in mg
1 ml 0,1 N Na_2HPO_4 entspricht:	Bi	6,9660
	Bi_2O_3	1,5532
1 ml 0,1 N $FeSO_4$ entspricht:	S_2O_8	9,6060
1 ml 0,1 N $Th(NO_3)_4$ entspricht:	F	1,8998
1 ml 0,1 N $K_4[Fe(CN)_6]$ entspricht:	Pb	20,72
1 ml 0,1 N Palmitinsäure (K-Salz) entspricht:	Ca	2,0040
	$CaCO_3$	5,0045
	CaO	2,8040
1 ml 0,01 N $Ba(ClO_4)_2$ entspricht:	SO_4	0,48029

7.13. Komplexímetrie

Titration mit dem Dinatriumsalz der Ethylendiamintetraessigsäure (EDTA)

Stoff	1 ml 0,1 M EDTA entspricht mg	1 ml 0,05 M EDTA entspricht mg
Ag (mit Cyanoniccolat)	21,574	10,787
Al	2,6982	1,3491
Ba	13,733	6,8665
Bi	20,898	10,449
Br (über Ag-Salz)	15,981	7,9905
CN (mit Ni^{2+}-Lösung)	10,407	5,2036
Ca	4,008	2,0040
Cd	11,241	5,6205
Ce	14,012	7,0060
Cl (über Ag-Salz)	7,0906	3,5453
Co	5,8933	2,9467
Cu	6,3546	3,1773
Fe^{III}	5,5847	2,7924
Ga	6,972	3,4860
Hg	20,059	10,030
In	11,482	5,7410
Ir	19,222	9,610
I (über Ag-Salz)	25,381	12,691
K (als $NaK_2[Co(NO_2)_6] \cdot H_2O$)	7,8197	3,9098
La	13,891	6,9455
Mg	2,4305	1,2153
Mn	5,4938	2,7469
Na	2,2990	1,1495
Ni	5,869	2,9345
P (mit Mg^{2+}-Lösung)	3,0974	1,5487
PO_4 (mit Mg^{2+}-Lösung)	9,4971	4,7486
P_2O_5 (mit Mg^{2+}-Lösung)	7,0972	3,5486
Pb	20,72	10,360
Pd (mit Cyanoniccolat)	10,642	5,321
Pt (mit Cyanoniccolat)	19,508	9,7540
S (als $BaSO_4$)	3,206	1,6030
SO_4 (mit Ba^{2+}-Lösung)	9,606	4,8030
Sr	8,762	4,3810
Th	23,204	11,602
Ti^{4+}	4,788	2,3940
Tl	20,438	10,219
Zn	6,538	3,2690
Zr	9,122	4,5610

8. Indikatoren

8.1. Indikatoren für die Maßanalyse und pH-Bestimmung

8.1.1. pH-Indikatoren

Die aufgeführten Farbindikatoren sind nach steigendem pH-Wert geordnet.

Nr.	Indikator	Umschlags-intervall (pH-Wert)	Farbumschlag	Indikatorlösung
1	Methylviolett (1. Umschlag)	0,1 ... 1,5	gelb–blau	0,05% in Ethanol
2	Cresolrot; o-Cresolsulfonphthalein (1. Umschlag)	0,2 ... 1,8	rot–gelb	0,04% in Wasser
3	Metanilgelb; Na-Salz der Diphenylamino-azo-m-benzensulfonsäure	1,2 ... 2,3	rot–gelb	0,1% in Wasser
4	m-Cresolpurpur; m-Cresolsulfonphthalein (1. Umschlag)	1,2 ... 2,8	rot–gelb	0,04% in Wasser
5	p-Xylenolblau; 2,5,2′,5′-Tetramethyl-sulfonphthalein (1. Umschlag)	1,2 ... 2,8	rot–gelbbraun	0,04% in Wasser
6	Thymolblau; Thymolsulfonphthalein (1. Umschlag)	1,2 ... 2,8	rot–gelb	0,04% in Wasser
7	Tropäolin 00; Anilingelb; Na-Salz der Diphenylamino-azo-p-benzensulfonsäure	1,3 ... 3,2	rot–gelborange	0,04% in Wasser
8	Methylviolett (2. Umschlag)	1,5 ... 3,2	blau–violett	0,05% in Ethanol
9	β-Dinitrophenol; 2,6-Dinitrophenol	1,7 ... 4,4	farblos–gelb	0,1% in Ethanol
10	Benzylorange; K-Salz der 4-Benzylaminoazo-benzensulfonsäure-(4′)	1,9 ... 3,3	rot–gelb	0,05% in Wasser
11	α-Dinitrophenol; 2,4-Dinitrophenol	2,6 ... 4,0	farblos–gelb	0,05% in Wasser

Nr.	Indikator	Umschlags-intervall (pH-Wert)	Farbumschlag	Indikator-lösung
12	(Di-)Methylgelb; Dimethylaminoazobenzen	2,9 ... 4,0	rot–gelb	0,1% in Ethanol
13	Bromchlorphenolblau; 3′,3″-Dichlor-5′,5″-dibrom-phenolsulfonphthalein	3,0 ... 4,8	gelb–purpur	0,04% in Wasser
14	Bromphenolblau; Tetra-bromphenolsulfonphthalein	3,0 ... 4,6	gelb–blau	0,04% in Ethanol
15	Kongorot; Na-Salz der Diphenyl-4,4′-bis-[2-azo-naphthylamin-(1)-sulfonsäure-(4)]	3,0 ... 5,2	blau–rot	0,1% in Wasser
16	Methylorange; Helianthin; Na-Salz der p-Dimethyl-aminoazo-p-benzensulfonsäure	3,0 ... 4,4	rot–orange	0,1% in Wasser
17	Alizarin S; Na-Salz der Alizarinsulfonsäure	3,7 ... 5,2	gelb–violett	0,1% in Wasser
18	α-Naphthylrot; 4-Benzen-azonaphthylamin-(1)	3,7 ... 5,7	violett–bräunlichgelb	0,1% in 70%igem Ethanol
19	Bromcresolgrün; 3′,5′,3″,5″-Tetrabrom-m-cresolsulfonphthalein	3,8 ... 5,4	gelb–blau	0,04% in Wasser
20	γ-Dinitrophenol; 2,5-Dinitrophenol	4,0 ... 5,8	farblos–gelb	0,025% in Wasser
21	Methylrot; Na-Salz der 4-Dimethylaminoazo-benzen-2′-carbonsäure	4,4 ... 6,2	violettrot–gelborange	0,2% in 60%igem Ethanol
22	p-Nitrophenol	4,7 ... 7,9	farblos–gelb	0,1% in Wasser
23	Chlorphenolrot; Dichlor-phenolsulfonphthalein	4,8 ... 6,8	gelb–purpur	0,04% in Wasser
24	Bromphenolrot; 3,3′-Dibrom-phenolsulfonphthalein	5,0 ... 6,8	gelb–purpur	0,04% in Ethanol
25	Azolitmin (Extrakt aus Lackmus)	5,0 ... 8,0	rot–blau-violett	0,1% in Wasser

Nr.	Indikator	Umschlags-intervall (pH-Wert)	Farbumschlag	Indikator-lösung
26	Bromcresolpurpur; Dibrom-o-cresolsulfonphthalein	5,2 ... 6,8	gelb–purpur	0,04% in Wasser
27	Nitrazingelb; Di-Na-Salz der 2,4-Dinitrobenzen-(1-azo-2′)-naphthol(1′)-disulfonsäure-(3′,6′)	6,0 ... 7,0	gelb–blau-violett	0,1% in Wasser
28	Bromthymolblau; Dibrom-thymolsulfonphthalein	6,0 ... 7,6	gelb–blau	0,1% in Wasser
29	Phenolrot; Phenolsulfonphthalein	6,4 ... 8,2	gelb–rot	0,1% in 20%igem Ethanol
30	Neutralrot; Toluylenrot; Hydrochlorid des 3-Amino-6-dimethylamino-2-methyl-phenazin	6,8 ... 8,0	rot–gelb	0,1% in 60%igem Ethanol
31	Rosolsäure; 4′,4″-Dihydroxy-3-methylfuchson	6,8 ... 8,0	orange–violett	0,5% in 90%igem Ethanol
32	m-Nitrophenol	6,6 ... 8,6	farblos–gelb	0,3% in Wasser
33	Cresolrot; o-Cresolsulfon-phthalein (2. Umschlag)	7,2 ... 8,8	gelb–rot	0,04% in Wasser
34	α-Naphtholphthalein; 3,3-Bis-[4-hydroxy-naphthyl-(1)]-phthalid	7,3 ... 8,7	rosa–blaugrün	0,1% in 70%igem Ethanol
35	Brillantgelb; Stilbendisulfon-säure-(2,2′)-4,4′-bis-[⟨azo-4⟩-phenol], Na-Salz	7,4 ... 8,5	gelb–rotbraun	0,1% in Wasser
36	m-Cresolpurpur; m-Cresol-sulfonphthalein (2. Umschlag)	7,4 ... 9,0	gelb–purpur	0,04% in Wasser
37	Tropäolin 000 Nr. 1; Benzensulfonsäure-⟨4-azo-4′⟩-naphthol-(1′), Na-Salz	7,6 ... 8,9	gelbbraun–kirschrot	0,1% in Wasser
38	Phenolphthalein	8,2 ... 10,1	farblos–rot	0,1% in 70%igem Ethanol

Nr.	Indikator	Umschlags-intervall (pH-Wert)	Farbumschlag	Indikator-lösung
39	Thymolblau; Thymolsulfonphthalein (2. Umschlag)	8,0 ... 9,6	gelb–blau	0,04% in Wasser
40	p-Xylenolblau; 2,5,2′,5′-Tetramethylsulfon-phthalein (2. Umschlag)	8,0 ... 9,6	gelb–blau	0,04% in Wasser
41	o-Cresolphthalein; 3′,3″-Dimethylphenolphthalein	8,2 ... 9,8	farblos–rot	0,04% in Ethanol
42	p-Xylenolphthalein; 2′,5′,2″,5″-Tetramethyl-phenolphthalein	9,3 ... 10,5	farblos–blau	0,04% in Ethanol
43	Thymolphthalein	9,4 ... 10,6	farblos–blau	0,04% in 90%igem Ethanol
44	Alkaliblau 6 B; Na-Salz der N,N′,N″-Triphenylfuchsin-disulfonsäure	9,4 ... 14,0	blaurot–orange	0,1% in Wasser
45	β-Naphtholviolett; Na-Salz der 4-Nitrobenzen-⟨1-azo-1′⟩-[naphthol-(2′)-disulfon-säure-(3′,6′)]	10,0 ... 12,1	orangegelb–violett	0,04% in Wasser
46	Alizaringelb GG; Na-Salz der m-Nitrobenzen-azosalicylsäure	10,0 ... 12,1	hellgelb–dunkelorange	0,1% in Wasser
47	Alizaringelb RS; Na-Salz der 4-Nitro-4′-hydroxy-3′-carboxyazobenzen-3-sulfonsäure	10,1 ... 12,1	hellgelb–braunrot	0,1% in Wasser
48	Tropäolin 0; Resorcingelb; Di-Na-Salz der 2,4-Di-hydroxyazo-benzen-4′-sulfonsäure	11,0 ... 12,7	gelb-orangebraun	0,1% in Wasser
49	Lanacylviolett; Naphthol-(1)-disulfonsäure-(3,6)-⟨8-azo-4′⟩-[N-ethylnaphthyl-amin-(1′)], Na-Salz	11 ... 13	violett–orange	0,1% in Wasser

8.1.2. Indikatorgemische

Universalindikator A:

0,1 g Bromthymolblau + 0,1 g Methylrot + 0,1 g α-Naphtholphthalein + 0,1 g Thymolphthalein + 0,1 g Phenolphthalein in 500 ml Ethanol gelöst

Universalindikator B:

0,1 g Phenolphthalein + 0,3 g Methylgelb + 0,2 g Methylrot + 0,4 g Bromthymolblau + 0,5 g Thymolblau in 500 ml Ethanol gelöst

Universalindikator C:

0,04 g Methylorange + 0,02 g Methylrot + 0,12 g α-Naphtholphthalein in 100 ml 70%igem Ethanol gelöst

pH-Wert	Färbung von		
	A	B	C
1			hellrosa
2		rot	
3			
4	rot	orange	blaßrosa
5	orange		orange
6	gelb	gelb	
7	grüngelb		gelbgrün
8	grün	grün	
9	blaugrün		dunkelgrün
10	blauviolett	blau	violett
11	rotviolett		

Bei Neutralisationsanalysen verwendet man dann gelegentlich Mischindikatoren, wenn der Farbumschlag schlecht zu erkennen ist.

Tashiro-Indikator:

100 ml 0,03%ige Methylrotlösung (in 70%igem Alkohol) + 15 ml 0,1%ige Methylenblaulösung (in Wasser).
Sauer = violett; neutral = grau; alkalisch = grün.
Zum Beispiel für Titrationen bei der KJELDAHL-Bestimmung.

Phenolphthalein-Naphtholphthalein-Gemisch:

100 ml 0,1%ige Phenolphthaleinlösung + 50 ml 0,1%ige Naphtholphthaleinlösung (beide in 50%igem Alkohol).
Sauer und neutral = schwach rosa; pH 9,6 = grün; alkalisch = violett. Zum Beispiel für die Titration von Phosphorsäure zum Dialkaliorthophosphat.

8.1.3. Fluoreszenzindikatoren

Nr.	Indikator	Umschlags-intervall (pH-Wert)	Fluoreszenz
1	β-Methylumbelliferon; 7-Hydroxy-4-methylcumarin (1. Umschlag)	0,0 ... 2,0	grün–schwach blau
2	Phloxin; 3′,6′-Dichlor-2,4,5,7-tetrabromfluorescein	2,0 ... 4,0	weißlich–gelborange
3	Salicylsäure	2,5 ... 4,0	keine–blau
4	Eosin; Tetrabromfluorescein, Na-Salz	2,5 ... 4,5	keine–gelbgrün
5	Erythrosin; Tetraiod-fluorescein, Na-Salz	3,0 ... 4,0	keine–blaugrün
6	Chromotropsäure; 1,8-Dihydroxynaphthalen-3,6-disulfonsäure	3,5 ... 6,0	schwach blau–blau
7	Fluorescein	4,0 ... 5,0	schwach grün–grün
8	β-Methylumbelliferon; 7-Hydroxy-4-methylcumarin (2. Umschlag)	5,0 ... 7,5	schwach blau–leuchtend weißblau
9	β-Naphthochinolin	5,0 ... 8,0	leuchtend blau–blaßviolett
10	2-Naphthol	7,0 ... 8,5	schwach blau–blauviolett
11	2-Naphthol-3,6-disulfonsäure, Na-Salz	7,0 ... 9,0	schwach blau–blau
12	Morin; 3,5,7,2′,4′-Penta-hydroxyflavon	7,0 ... 10,0	grün–gelb
13	Cumarin	8,0 ... 9,5	schwach grün–bläulichgrün
14	Naphthionsäure; 1-Naphthol-4-sulfonsäure	11,5 ... 14,0	violett–bläulichgrün
15	1-Naphthylamin	12,0 ... 13,0	blau–schwach blau

8.2. Redoxindikatoren

Nr.	Indikator	Färbung oxydiert	Färbung reduziert	$U_H^\ominus$ in Volt bei pH = 7	Indikatorlösung
1	Neutralrot	rot	farblos	−0,32	0,1% in 60%igem Ethanol
2	Safranin T; Brillantsafranin; Tolusafranin; 10-Phenyl-ditolazoniumchlorid, meist gemischt mit 10-o-Tolyl-di-tolazoniumchlorid	rot	farblos	−0,29	0,05% in Wasser
3	Indigodisulfonat-(5,5′), K-Salz	blau	gelblich	−0,11	0,05% in Wasser
4	Indigotrisulfonat-(5,7,5′), K-Salz	blau	gelblich	−0,07	0,05% in Wasser
5	Indigotetrasulfonat-(5,7,5′,7′), K-Salz	blau	gelblich	−0,03	0,05% in Wasser
6	Methylenblau; 2,7-Bis-dimethylamino-phenazthioniumchlorid	blau	farblos	+0,01	0,05% in Wasser
7	Thionin; LAUTHsches Violett; 2,7-Diamino-phenazthioniumchlorid	violett	farblos	+0,06	0,05% in 60%igem Ethanol
8	Toluylenblau; Benzochinon-(1,4)-[3-methyl-4,6-diamino-anilid]-dimethylimmonium-chlorid	blau-violett	farblos	+0,11	0,05% in 60%igem Ethanol
9	Thymolindophenol; 2′-Methyl-5′-isopropyl-benzenonindophenol	$pH > 9$ blau $pH < 9$ rot	farblos	+0,18	0,02% in 60%igem Ethanol
10	m-Cresolindophenol; 2′-Methylbenzenon-indophenol	$pH > 8{,}5$ blau $pH < 8{,}5$ rötlich	farblos	+0,21	0,02% in 60%igem Ethanol
11	2,6-Dichlorphenol-indophenol-Na-Salz	blau	farblos	+0,23	0,02% in Wasser

Nr.	Indikator	Färbung oxydiert	Färbung reduziert	$U_H^\ominus$ in Volt bei pH = 7	Indikatorlösung
12	Diphenylaminsulfonsäure, Na- oder Ba-Salz	blau	farblos	in 1 M H_2SO_4 + 0,83	0,05% in Wasser
13	N-Phenylanthranilsäure; o-Diphenylamincarbonsäure	purpur	farblos	+1,08	0,2% in Wasser
14	Ferroin; Tris-1,10-phenanthrolin-eisen(II)-sulfat	schwach blau	stark rot	in 1 N H_2SO_4 +1,14	M/40 Lösung = 1,624 g Phenanthrolin-hydrochlorid + 0,695 g $FeSO_4$ in H_2O auf 100 ml aufgefüllt
15	Nitro-Ferroin; Tris-[5-nitro-1,10-phenanthrolin]-eisen(II)-sulfat	blau	rot	in 1 N H_2SO_4 + 1,25	M/40 Lösung, analog Ferroin

8.3. Adsorptionsindikatoren

Nr.	Indikator	Verwendung zur Bestimmung von	Färbung bei Überschuß an Halogenionen	Färbung bei Überschuß an Silberionen
1	Bromphenolblau	Cl, Br, SCN I	gelblich gelbgrün	blau blaugrün
2	3,6-Dichlorfluorescein	Cl, Br SCN I	rotviolett rosa gelbgrün	blauviolett rotviolett orange
3	Eosin	I, Br (in Gegenwart von Cl)	gelbrot	rotviolett
4	Fluorescein	Cl, Br, SCN I	gelbgrün gelbgrün	rosa orange
5	Fuchsin; Rosanilin	Cl Br, I SCN	rotviolett orange bläulich	rosa rosa rosa

Nr.	Indikator	Verwendung zur Bestimmung von	Färbung bei Überschuß an	
			Halogenionen	Silberionen
6	Phenosafranin; 9-Phenyl-2,7-diamino-phenaziniumchlorid	Cl Br	violett rotviolett	rosa blau
7	Rhodamin 6 G; N,N'-Diethylrhodamin-ethylester, Hydrochlorid	Cl, Br	rotviolett	orange
8	Rose bengale; 3',6'-Dichlor-2,4,5,7-tetraiodfluorescein, K-Salz	I	rosa	violett
9	Tartrazin; 1-[4'-Sulfo-phenyl]-5-oxo-4-[4''-sulfophenylhydrazono]-pyrazolincarbonsäure-(3)	Cl, Br, I, SCN	gelbgrün	gelbbraun

8.4. Indikatoren für kompleximetrische Titrationen

Nr.	Indikator	Anwendung zur Titration von	Methode[1]	pH-Wert[2])	Farbumschlag[2])	Indikatorlösung
1	Brenzcatechin-violett; Brenzcatechin-sulfonphthalein	Bi Th Cd, Co, Mg, Mn, Ni, Zn	D D D	2 … 3 2 … 3 ≈10	blau–gelb rot–gelb blau–rot-violett	0,1% in Wasser
2	Brompyrogallolrot, BPR	Seltene Erden Bi Pb Cd, Co, Mg, Mn, Ni Pd, Tl, Fe, In, Ga V, Cu, Th	D D D R S	4 … 6 2 … 3 4 7 … 8	blau–rot rot–gelb-orange orange blau-violett–rot	0,5% in 50%igem Ethanol

[1] D direkte Titration; I indirekte Titration; R Rücktitration; S Substitutionstitration
[2]) Angaben nur für direkte Titrationen

Nr.	Indikator	Anwendung zur Titration von	Methode[1])	pH-Wert[2])	Farbumschlag[2])	Indikatorlösung
3	Calconcarbonsäure; 2-Hydroxy-1-(2′-hydroxy-4′-sulfo-1′-naphthylazo)-3-naphthalencarbonsäure	Ca	D	> 12	weinrot–blau	0,4% in Methanol oder feste Verreibung mit Na_2SO_4 1:100
4	Chromazurol S, Solochrombrillantblau B, Eriochromazurol S, Na-Salz der 3″-Sulfo-2″,6″-dichlor-3,3′-dimethyl-4-hydroxyfuchson-5,5′-dicarbonsäure	Al	D	4	violett–orange	0,1 ... 0,4% in Wasser
		Cu	D	6 ... 6,5	blau–grün	
		Fe	D	≈ 3	grünblau–goldorange	
		Zr	D	2	rotviolett–orange	
5	3,3′-Dimethylnaphthidin	Zn	D	5	violett–farblos	1% in Eisessig
		Al, Cd, Cu, Fe, Ni, Pb	R			
6	Erio B, Eriochromblauschwarz B; Solochromschwarz 6 B und 6 BFA; 1-(1′-Hydroxy-2′-naphthylazo)-2-naphthol-4-sulfonsäure, Na-Salz	Ca, Mg	D	10 ... 11	rot–blau	2% in Wasser
7	Erio T; Eriochromschwarz T; Man Ver; Solochromschwarz T; TS und WDFA; 1-(1′-Hydroxy-2′-naphthylazo)-6-nitro-2-naphthol-4-sulfonsäure	Cd, In, Mg, Pb, Zn	D	10 ... 11	weinrot–blau	0,2 g in 15 ml Triethanolamin + 5 ml abs. Ethanol; besser: feste Verreibung mit NaCl 1:100
		Seltene Erden	D	7	rot–blau	
		Al, Co, Ga, Ni	R			
		Ca, Mn, Te, Hg	S			
		Na, F^-, PO_4^{3-}	I			

[1]), [2]) Fußnoten 1 und 2 s. S. 131.

Nr.	Indikator	Anwendung zur Titration von	Methode[1]	pH-Wert[2]	Farbumschlag[2]	Indikatorlösung
8	Fluorexon; Calcein; Bis-[N,N-di-(carboxymethyl)-aminomethyl]-fluorescein, Na-Salz	Ca, Sr, Ba	D	< 12	gelbgrüne Fluoreszenz –rosa bis farblos	feste Verreibung mit KNO_3 1:100 oder 2%ige wäßrige Lösung
9	Methylthymolblau; 3,3′-Bis-[N,N-di-(carboxymethyl)-aminomethyl]-thymolsulfonphthalein, Na-Salz	Ba, Ca, Cd, Mg, Mn, Pb, Sr, Zn	D	11,5 bis 12,5	blau–grau	feste Verreibung mit KNO_3 1:100 oder 0,1% in Wasser
		Bi, Cd, Co, Hg, La, Pb, Sc, Th, Zn	D	3 ... 5	blau–blaugrau	
10	Murexid; NH_4-Salz der Purpursäure	Ca	D	12 bis 12,5	rot–violett	feste Verreibung mit NaCl 1:100 oder frisch bereitete, gesättigte wäßrige Lösung
		Co, Cu, Ni			gelb–violett	
		Ag, Pd, WO_4^{2-} Br, Cl, CN, I	I			(≈0,15%ig)
11	PAN; 1-[Pyridyl-(2′)]-azonaphthol-(2)	Cd, Cu, Tl, Zn	D	< 6	rot–gelb	0,01 ... 0,1% in Ethanol
		Ce, Fe, Ga, In, Ni, Pb	R			
		Sc, Ca, Co, Hg, Mg, Mn, V, Aminosäuren	I			
12	PAR; 4-[Pyridyl-(2′)]-azoresorcin, Na-Salz	Cu und analog PAN (s. Indikator Nr. 11)	D	≈5	gelbrot–grün	0,1% in Wasser
13	Phthaleinpurpur; Metallphthalein; Phthaleinkomplexon; 3,3′-Bis-[N,N-di-(carboxymethyl)-aminomethyl]-o-cresolphthalein	Ba, Sr, Ca, Mg	D	> 11	rotviolett–blaßviolett	0,1%ige alkal. Lösung (0,1 g in 5 ml 10%igem NH_4OH + 95 ml Wasser; nur 1 Woche haltbar)
		S^{2-}, SO_3^{2-}, SO_4^{2-}, CrO_4^{2-}	I			
14	Sulfosalicylsäure	Fe	D	2 ... 3	rot–gelb	5% in Wasser

[1], [2]) Fußnoten 1 und 2 s. S. 131.

Nr.	Indikator	Anwendung zur Titration von	Methode[1]	pH-Wert[2]	Farbumschlag[2]	Indikatorlösung
15	Tiron; Brenzcatechin-3,5-disulfonsäure, Di-Na-Salz	Fe	D	2 ... 3	blaugrün–gelb	2% in Wasser
16	Variaminblau (B); 4-Amino-4'-methoxy-diphenylamin. Hydrochlorid	Fe	D	2 ... 3	blauviolett–gelb	1% in Wasser
17	Xylenolorange; 3,3'-Bis-[N,N-(dicarboxy-methyl)-amino-methyl]-o-cresol-sulfonphthalein	Bi Th Sc Pb, La Cd Hg, Co	D	1 ... 3 3 3 ... 5 ≈5 5 6	rot–zitronengelb	0,5% in Wasser
18	Zinkon N-(2-Carboxy-phenyl)-N'-(2'-hydroxy-5'-sulfo-phenyl)-C-phenylformazan	Zn Ca, Cd, Ce, Co, Cu, Fe, In, Mn, Ni, Pb	D R	9 ... 10	blau–rot	0,13 g in 2 ml 1 N NaOH gelöst und mit Wasser auf 100 ml verdünnt

[1]), [2]) Fußnoten 1 und 2 s. S. 131.

9. Gasanalyse

9.1. Gasvolumetrie

1 ml Gas im Normzustand entspricht

Gas	Gesuchter Stoff	Masse in mg	Gas	Gesuchter Stoff	Masse in mg
NO	HNO_3	2,8142	H_2	Al	0,80180
	KNO_3	4,5153		Fe	2,4895
	$NaNO_3$	3,7959		Mg	1,0834
	NH_4NO_3	3,5747		Ni	2,6162
	N	0,62550		Zn	2,9144
	N_2O_5	2,4119			
	NO_3	2,7691			

9.2. Umrechnung von Gasvolumina auf den Normzustand ($T_0 = 273,15\,K \mathrel{\hat{=}} t = 0\,°C$, $p_0 = 101,325\,kPa$)

Aus dem beim Druck p und der Temperatur T gemessenen Volumen $v_{p,T}$ ergibt sich das Volumen im Normzustand zu

$$v_0 = v_{p,T} \frac{pT_0}{p_0 T} = v_{p,T} f.$$

Tabelle 9.5 enthält die Faktoren f für Drücke von 80 bis 105 kPa (600 bis 788 Torr) und Temperaturen von 10 bis 100 °C. Der gemessene Druck ist um den Dampfdruck der Sperrflüssigkeit zu vermindern; für Wasser ist der Dampfdruck p_{H_2O} in Tabelle 9.5, S. 137, Spalte 2 und 3. aufgeführt. Bei Druckmessung mit Quecksilberbarometern (1 Torr = 133,3 Pa) ist die Barometerkorrektur (Tab. 9.3, S. 136) zu berücksichtigen.

Beispiel:

$v_{p,T}$(feucht) = 23,45 ml, t = 22 °C.
p_B = 765 Torr = 102,0 kPa (Hg-Barometer mit Messingskala).
p_{H_2O} = 2,6 kPa (Barometerkorrektur: 2,8 Torr = 0,4 kPa),
p = (102,0 − 2,6 − 0,4) kPa = 99,0 kPa.
v_0 (trocken) = 23,45 ml · 0,9042 = 21,20 ml.

Die Stoffmenge berechnet man nach $n = v_0/V_0$ (V_0 Molvolumen im Normzustand) und die Masse nach $m = n \cdot M$ oder $m = v_0 \cdot \varrho_0$ (ϱ_0 Dichte im Normzustand). Werte für V_0 und ϱ_0 findet man in Tab. 13.2.1., S. 186.

9.3. Barometerkorrektur

Die Tabellenwerte in Torr sind von den abgelesenen Barometerwerten zu subtrahieren (Ms für Barometer mit Messingskala, Gs für Barometer mit Glasskala).

t in °C	Barometerstand in Torr									
	690		710		730		750		770	
	Ms	Gs	Ms	Gs	Ms	Gs	Ms	Gs	Ms	GS
10	1,1	1,2	1,2	1,2	1,2	1,3	1,2	1,3	1,3	1,3
12	1,4	1,4	1,4	1,5	1,4	1,5	1,5	1,6	1,5	1,6
14	1,6	1,7	1,6	1,7	1,7	1,8	1,7	1,8	1,8	1,9
16	1,8	1,9	1,9	2,0	1,8	2,0	2,0	2,1	2,0	2,1
18	2,0	2,2	2,1	2,2	2,1	2,3	2,2	2,3	2,3	2,4
20	2,2	2,4	2,3	2,5	2,4	2,5	2,4	2,6	2,5	2,7
22	2,5	2,6	2,5	2,7	2,6	2,8	2,7	2,9	2,8	2,9
24	2,7	2,8	2,8	2,9	2,9	3,0	2,9	3,1	3,0	3,2
26	2,9	3,1	3,0	3,2	3,1	3,3	3,2	3,4	3,3	3,5
28	3,1	3,3	3,2	3,4	3,3	3,5	3,4	3,6	3,5	3,7
30	3,4	3,6	3,5	3,7	3,6	3,8	3,7	3,9	3,8	4,0
32	3,6	3,8	3,7	3,9	3,8	4,0	3,9	4,1	4,0	4,3
34	3,8	4,0	3,9	4,2	4,0	4,3	4,1	4,4	4,2	4,5

9.4. Kapillardepression bei Barometerablesungen

Die Tabellenwerte in Torr sind zu den abgelesenen Barometerwerten zu addieren.

Rohrdurchmesser in mm	Meniskushöhe in mm								
	0,2	0,4	0,6	0,8	1,0	1,2	1,4	1,6	1,8
7	0,17	0,34	0,49	0,62	0,74	0,85	0,95	1,04	1,12
8	0,13	0,27	0,39	0,49	0,59	0,68	0,76	0,82	0,87
9	0,10	0,21	0,30	0,39	0,47	0,54	0,60	0,65	0,70
10	0,08	0,16	0,23	0,30	0,36	0,42	0,48	0,52	0,57
11	0,06	0,11	0,17	0,22	0,27	0,32	0,37	0,41	0,45
12	0,04	0,08	0,12	0,15	0,19	0,23	0,27	0,31	0,34
13	0,03	0,06	0,09	0,11	0,14	0,17	0,20	0,22	0,25
14	0,02	0,05	0,07	0,09	0,11	0,14	0,16	0,18	0,21
15	0,02	0,04	0,06	0,08	0,08	0,11	0,13	0,15	0,17
16	0,02	0,03	0,05	0,06	0,07	0,09	0,10	0,12	0,14
17	0,01	0,02	0,03	0,04	0,05	0,06	0,07	0,08	0,09
18	0,01	0,01	0,02	0,03	0,04	0,04	0,05	0,06	0,07
19	0,01	0,01	0,02	0,02	0,03	0,03	0,04	0,04	0,05

9.5. Faktoren zur Umrechnung von Gasvolumina auf den Normzustand

t in °C	p_{H_2O} in kPa	p_{H_2O} in Torr	*p* in kPa (Torr) 80,0 (600)	82,0 (615)	84,0 (630)	86,0 (645)	88,0 (660)	90,0 (675)	91,0 (683)	92,0 (690)	*t* in °C
10	1,2	9,2	0,7617	0,7807	0,7997	0,8188	0,8378	0,8569	0,8664	0,8759	10
11	1,3	9,8	0,7590	0,7779	0,7969	0,8159	0,8349	0,8538	0,8633	0,8728	11
12	1,4	10,5	0,7563	0,7752	0,7941	0,8130	0,8319	0,8509	0,8603	0,8698	12
13	1,5	11,2	0,7537	0,7725	0,7914	0,8102	0,8290	0,8479	0,8573	0,8667	13
14	1,6	12,0	0,7510	0,7698	0,7886	0,8074	0,8261	0,8449	0,8543	0,8637	14
15	1,7	12,8	0,7484	0,7671	0,7859	0,8046	0,8233	0,8420	0,8513	0,8607	15
16	1,8	13,6	0,7458	0,7645	0,7831	0,8018	0,8204	0,8391	0,8484	0,8577	16
17	1,9	14,5	0,7433	0,7619	0,7804	0,7990	0,8176	0,8362	0,8455	0,8548	17
18	2,1	15,5	0,7407	0,7592	0,7778	0,7963	0,8148	0,8333	0,8426	0,8518	18
19	2,2	16,5	0,7382	0,7566	0,7751	0,7936	0,8120	0,8305	0,8397	0,8489	19
20	2,3	17,5	0,7357	0,7541	0,7725	0,7908	0,8092	0,8276	0,8368	0,8460	20
21	2,5	18,7	0,7332	0,7515	0,7698	0,7882	0,8065	0,8248	0,8340	0,8431	21
22	2,6	19,8	0,7307	0,7490	0,7672	0,7855	0,8038	0,8220	0,8312	0,8403	22
23	2,8	21,1	0,7282	0,7464	0,7646	0,7828	0,8010	0,8192	0,8284	0,8375	23
24	3,0	22,4	0,7258	0,7439	0,7621	0,7802	0,7983	0,8165	0,8256	0,8346	24
25	3,2	23,8	0,7233	0,7414	0,7595	0,7776	0,7957	0,8138	0,8228	0,8318	25
26	3,4	25,2	0,7209	0,7389	0,7570	0,7750	0,7930	0,8110	0,8200	0,8291	26
27	3,6	26,7	0,7185	0,7365	0,7544	0,7724	0,7904	0,8083	0,8173	0,8263	27
28	3,8	28,4	0,7161	0,7340	0,7519	0,7698	0,7877	0,8056	0,8146	0,8235	28
29	4,0	30,0	0,7138	0,7316	0,7494	0,7673	0,7851	0,8030	0,8119	0,8208	29
30	4,2	31,8	0,7114	0,7292	0,7470	0,7648	0,7825	0,8003	0,8092	0,8181	30
31	4,5	33,7	0,7091	0,7268	0,7445	0,7622	0,7800	0,7977	0,8066	0,8154	31
32	4,8	35,7	0,7067	0,7244	0,7421	0,7597	0,7774	0,7951	0,8039	0,8128	32
33	5,0	37,7	0,7044	0,7220	0,7397	0,7573	0,7749	0,7925	0,8013	0,8101	33
34	5,3	39,9	0,7021	0,7197	0,7372	0,7548	0,7724	0,7899	0,7987	0,8075	34
35	5,6	42,2	0,6999	0,7174	0,7349	0,7524	0,7698	0,7873	0,7961	0,8048	35
40	7,4	55,3	0,6887	0,7059	0,7231	0,7403	0,7576	0,7748	0,7834	0,7920	40
45	9,6	71,9	0,6779	0,6948	0,7118	0,7287	0,7457	0,7626	0,7711	0,7795	45
50	12,3	92,5	0,6674	0,6841	0,7007	0,7174	0,7341	0,7508	0,7591	0,7675	50
55	15,7	118,0	0,6572	0,6736	0,6901	0,7065	0,7229	0,7394	0,7476	0,7558	55
60	19,9	149,4	0,6473	0,6635	0,6797	0,6959	0,7121	0,7283	0,7364	0,7444	60
70	31,2	233,7	0,6285	0,6442	0,6599	0,6756	0,6913	0,7070	0,7149	0,7228	70
80	47,4	355,1	0,6107	0,6259	0,6412	0,6565	0,6718	0,6870	0,6947	0,7023	80
90	70,1	525,8	0,5939	0,6087	0,6236	0,6384	0,6533	0,6681	0,6755	0,6829	90
100	101,3	760,0	0,5780	0,5924	0,6068	0,6213	0,6357	0,6502	0,6574	0,6646	100

t in °C	p in kPa (Torr) 92,2 (692)	92,4 (693)	92,6 (695)	92,8 (696)	93,0 (698)	93,2 (699)	93,4 (701)	93,6 (702)	93,8 (704)	94,0 (705)	t in °C
10	0,8778	0,8797	0,8816	0,8835	0,8854	0,8873	0,8892	0,8911	0,8930	0,8949	10
11	0,8747	0,8766	0,8785	0,8804	0,8823	0,8842	0,8861	0,8880	0,8899	0,8918	11
12	0,8717	0,8735	0,8754	0,8773	0,8792	0,8811	0,8830	0,8849	0,8868	0,8887	12
13	0,8686	0,8705	0,8724	0,8743	0,8761	0,8780	0,8799	0,8818	0,8837	0,8856	13
14	0,8656	0,8675	0,8693	0,8712	0,8731	0,8750	0,8768	0,8787	0,8806	0,8825	14
15	0,8626	0,8644	0,8663	0,8682	0,8701	0,8719	0,8738	0,8757	0,8775	0,8794	15
16	0,8596	0,8615	0,8633	0,8652	0,8671	0,8689	0,8708	0,8726	0,8745	0,8764	16
17	0,8566	0,8585	0,8603	0,8622	0,8641	0,8659	0,8678	0,8696	0,8715	0,8734	17
18	0,8537	0,8555	0,8574	0,8592	0,8611	0,8629	0,8648	0,8666	0,8685	0,8704	18
19	0,8508	0,8526	0,8545	0,8563	0,8581	0,8600	0,8618	0,8637	0,8655	0,8674	19
20	0,8479	0,8497	0,8515	0,8534	0,8552	0,8571	0,8589	0,8607	0,8626	0,8644	20
21	0,8450	0,8468	0,8486	0,8505	0,8523	0,8541	0,8560	0,8578	0,8596	0,8615	21
22	0,8421	0,8439	0,8458	0,8476	0,8494	0,8513	0,8531	0,8549	0,8567	0,8586	22
23	0,8393	0,8411	0,8429	0,8447	0,8466	0,8484	0,8502	0,8520	0,8538	0,8557	23
24	0,8364	0,8383	0,8401	0,8419	0,8437	0,8455	0,8473	0,8492	0,8510	0,8528	24
25	0,8336	0,8355	0,8373	0,8391	0,8409	0,8427	0,8445	0,8463	0,8481	0,8499	25
26	0,8309	0,8327	0,8345	0,8363	0,8381	0,8399	0,8417	0,8435	0,8453	0,8471	26
27	0,8281	0,8299	0,8317	0,8335	0,8353	0,8371	0,8389	0,8407	0,8425	0,8443	27
28	0,8253	0,8271	0,8289	0,8307	0,8325	0,8343	0,8361	0,8379	0,8397	0,8415	28
29	0,8226	0,8244	0,8262	0,8280	0,8297	0,8315	0,8333	0,8351	0,8369	0,8387	29
30	0,8199	0,8217	0,8235	0,8252	0,8270	0,8288	0,8306	0,8323	0,8341	0,8359	30
31	0,8172	0,8190	0,8207	0,8225	0,8243	0,8261	0,8278	0,8296	0,8314	0,8332	31
32	0,8145	0,8163	0,8181	0,8198	0,8216	0,8234	0,8251	0,8269	0,8287	0,8304	32
33	0,8119	0,8136	0,8154	0,8171	0,8189	0,8207	0,8224	0,8242	0,8259	0,8277	33
34	0,8092	0,8110	0,8127	0,8145	0,8162	0,8180	0,8197	0,8215	0,8233	0,8250	34
35	0,8066	0,8083	0,8101	0,8118	0,8136	0,8153	0,8171	0,8188	0,8206	0,8223	35
40	0,7937	0,7954	0,7972	0,7989	0,8006	0,8023	0,8040	0,8058	0,8075	0,8092	40
45	0,7812	0,7829	0,7846	0,7863	0,7880	0,7897	0,7914	0,7931	0,7948	0,7965	45
50	0,7692	0,7708	0,7725	0,7742	0,7758	0,7775	0,7792	0,7808	0,7825	0,7842	50
55	0,7574	0,7591	0,7607	0,7624	0,7640	0,7656	0,7673	0,7689	0,7706	0,7722	55
60	0,7461	0,7477	0,7493	0,7509	0,7525	0,7542	0,7558	0,7574	0,7590	0,7606	60
70	0,7243	0,7259	0,7275	0,7290	0,7306	0,7322	0,7337	0,7353	0,7369	0,7385	70
80	0,7038	0,7053	0,7069	0,7084	0,7099	0,7114	0,7130	0,7145	0,7160	0,7176	80
90	0,6844	0,6859	0,6874	0,6889	0,6904	0,6919	0,6933	0,6948	0,6963	0,6978	90
100	0,6661	0,6675	0,6690	0,6704	0,6719	0,6733	0,6748	0,6762	0,6776	0,6791	100

t in °C	p in kPa (Torr)										t in °C
	94,2 (707)	94,4 (708)	94,6 (710)	94,8 (711)	95,0 (713)	95,2 (714)	95,4 (716)	95,6 (717)	95,8 (719)	96,0 (720)	
10	0,8968	0,8988	0,9007	0,9026	0,9045	0,9064	0,9083	0,9102	0,9121	0,9140	10
11	0,8937	0,8956	0,8975	0,8994	0,9013	0,9032	0,9051	0,9070	0,9089	0,9108	11
12	0,8906	0,8924	0,8943	0,8962	0,8981	0,9000	0,9019	0,9038	0,9057	0,9076	12
13	0,8874	0,8893	0,8912	0,8931	0,8950	0,8969	0,8988	0,9006	0,9025	0,9044	13
14	0,8844	0,8862	0,8881	0,8900	0,8919	0,8937	0,8956	0,8975	0,8994	0,9013	14
15	0,8813	0,8832	0,8850	0,8869	0,8888	0,8906	0,8925	0,8944	0,8963	0,8981	15
16	0,8782	0,8801	0,8820	0,8838	0,8857	0,8876	0,8894	0,8913	0,8932	0,8950	16
17	0,8752	0,8771	0,8789	0,8808	0,8826	0,8845	0,8864	0,8882	0,8901	0,8919	17
18	0,8722	0,8741	0,8759	0,8778	0,8796	0,8815	0,8833	0,8852	0,8870	0,8889	18
19	0,8692	0,8711	0,8729	0,8748	0,8766	0,8784	0,8803	0,8821	0,8840	0,8858	19
20	0,8663	0,8681	0,8699	0,8718	0,8736	0,8755	0,8773	0,8791	0,8810	0,8828	20
21	0,8633	0,8651	0,8670	0,8688	0,8706	0,8725	0,8743	0,8761	0,8780	0,8798	21
22	0,8604	0,8622	0,8640	0,8659	0,8677	0,8695	0,8713	0,8732	0,8750	0,8768	22
23	0,8575	0,8593	0,8611	0,8629	0,8648	0,8666	0,8684	0,8702	0,8720	0,8739	23
24	0,8546	0,8564	0,8582	0,8600	0,8619	0,8637	0,8655	0,8673	0,8691	0,8709	24
25	0,8517	0,8535	0,8553	0,8572	0,8590	0,8608	0,8626	0,8644	0,8662	0,8680	25
26	0,8489	0,8507	0,8525	0,8543	0,8561	0,8579	0,8597	0,8615	0,8633	0,8651	26
27	0,8461	0,8478	0,8496	0,8514	0,8532	0,8550	0,8568	0,8586	0,8604	0,8622	27
28	0,8432	0,8450	0,8468	0,8486	0,8504	0,8522	0,8540	0,8558	0,8576	0,8594	28
29	0,8405	0,8422	0,8440	0,8458	0,8476	0,8494	0,8512	0,8529	0,8547	0,8565	29
30	0,8377	0,8395	0,8412	0,8430	0,8448	0,8466	0,8484	0,8501	0,8519	0,8537	30
31	0,8349	0,8367	0,8385	0,8402	0,8420	0,8438	0,8456	0,8473	0,8491	0,8509	31
32	0,8322	0,8340	0,8357	0,8375	0,8393	0,8410	0,8428	0,8446	0,8463	0,8481	32
33	0,8295	0,8312	0,8330	0,8348	0,8365	0,8383	0,8400	0,8418	0,8436	0,8453	33
34	0,8268	0,8185	0,8303	0,8320	0,8338	0,8355	0,8373	0,8391	0,8408	0,8426	34
35	0,8241	0,8258	0,8276	0,8293	0,8311	0,8328	0,8346	0,8363	0,8381	0,8398	35
40	0,8109	0,8127	0,8144	0,8161	0,8178	0,8195	0,8213	0,8230	0,8247	0,8264	40
45	0,7982	0,7999	0,8016	0,8033	0,8050	0,8067	0,8084	0,8100	0,8117	0,8134	45
50	0,7858	0,7875	0,7892	0,7908	0,7925	0,7942	0,7985	0,7975	0,7992	0,8009	50
55	0,7739	0,7755	0,7771	0,7788	0,7804	0,7821	0,7837	0,7854	0,7870	0,7886	55
60	0,7622	0,7639	0,7655	0,7671	0,7687	0,7703	0,7720	0,7736	0,7752	0,7768	60
70	0,7400	0,7416	0,7432	0,7447	0,7463	0,7479	0,7495	0,7510	0,7526	0,7542	70
80	0,7191	0,7206	0,7221	0,7237	0,7252	0,7267	0,7282	0,7298	0,7313	0,7328	80
90	0,6993	0,7008	0,7022	0,7037	0,7052	0,7067	0,7082	0,7097	0,7112	0,7126	90
100	0,6805	0,6820	0,6834	0,6849	0,6863	0,6878	0,6892	0,6907	0,6921	0,6935	100

t in °C	p in kPa (Torr) 96,2 (722)	96,4 (723)	96,6 (725)	96,8 (726)	97,0 (728)	97,2 (729)	97,4 (731)	97,6 (732)	97,8 (734)	98,0 (735)	t in °C
10	0,9159	0,9178	0,9197	0,9216	0,9235	0,9254	0,9273	0,9292	0,9311	0,9330	10
11	0,9127	0,9146	0,9165	0,9184	0,9203	0,9222	0,9241	0,9259	0,9278	0,9297	11
12	0,9095	0,9114	0,9132	0,9151	0,9170	0,9189	0,9208	0,9227	0,9246	0,9265	12
13	0,9063	0,9082	0,9101	0,9119	0,9138	0,9157	0,9176	0,9195	0,9214	0,9232	13
14	0,9031	0,9050	0,9069	0,9088	0,9106	0,9125	0,9144	0,9163	0,9182	0,9200	14
15	0,9000	0,9019	0,9037	0,9056	0,9075	0,9094	0,9112	0,9131	0,9150	0,9168	15
16	0,8969	0,8987	0,9006	0,9025	0,9043	0,9062	0,9081	0,9099	0,9118	0,9137	16
17	0,8938	0,8957	0,8975	0,8994	0,9012	0,9031	0,9049	0,9068	0,9087	0,9105	17
18	0,8907	0,8926	0,8944	0,8963	0,8981	0,9000	0,9018	0,9037	0,9055	0,9074	18
19	0,8877	0,8895	0,8914	0,8932	0,8951	0,8969	0,8987	0,9006	0,9024	0,9043	19
20	0,8846	0,8865	0,8883	0,8902	0,8920	0,8938	0,8957	0,8975	0,8994	0,9012	20
21	0,8816	0,8835	0,8853	0,8871	0,8890	0,8908	0,8926	0,8945	0,8963	0,8981	21
22	0,8787	0,8805	0,8823	0,8841	0,8860	0,8878	0,8896	0,8914	0,8933	0,8951	22
23	0,8757	0,8775	0,8793	0,8811	0,8830	0,8848	0,8866	0,8884	0,8902	0,8921	23
24	0,8727	0,8746	0,8764	0,8782	0,8800	0,8818	0,8836	0,8854	0,8873	0,8891	24
25	0,8698	0,8716	0,8734	0,8752	0,8770	0,8789	0,8807	0,8825	0,8843	0,8861	25
26	0,8669	0,8687	0,8705	0,8723	0,8741	0,8759	0,8777	0,8795	0,8813	0,8831	26
27	0,8640	0,8658	0,8676	0,8694	0,8712	0,8730	0,8748	0,8766	0,8784	0,8802	27
28	0,8611	0,8629	0,8647	0,8665	0,8683	0,8701	0,8719	0,8737	0,8755	0,8773	28
29	0,8583	0,8601	0,8619	0,8636	0,8654	0,8672	0,8690	0,8708	0,8726	0,8744	29
30	0,8555	0,8572	0,8590	0,8608	0,8626	0,8644	0,8661	0,8679	0,8697	0,8715	30
31	0,8527	0,8544	0,8562	0,8580	0,8597	0,8615	0,8633	0,8651	0,8668	0,8686	31
32	0,8499	0,8516	0,8534	0,8552	0,8569	0,8587	0,8605	0,8622	0,8640	0,8658	32
33	0,8471	0,8488	0,8506	0,8524	0,8541	0,8559	0,8576	0,8594	0,8612	0,8629	33
34	0,8443	0,8461	0,8478	0,8496	0,8513	0,8531	0,8549	0,8566	0,8584	0,8601	34
35	0,8416	0,8433	0,8451	0,8468	0,8486	0,8503	0,8521	0,8538	0,8556	0,8573	35
40	0,8281	0,8299	0,8316	0,8333	0,8350	0,8368	0,8385	0,8402	0,8419	0,8436	40
45	0,8151	0,8168	0,8185	0,8202	0,8219	0,8236	0,8253	0,8270	0,8287	0,8304	45
50	0,8025	0,8042	0,8059	0,8075	0,8092	0,8109	0,8125	0,8142	0,8159	0,8175	50
55	0,7903	0,7919	0,7936	0,7952	0,7969	0,7985	0,8001	0,8018	0,8034	0,8051	55
60	0,7784	0,7800	0,7817	0,7833	0,7849	0,7865	0,7881	0,7898	0,7914	0,7930	60
70	0,7557	0,7573	0,7589	0,7605	0,7620	0,7636	0,7652	0,7667	0,7683	0,7699	70
80	0,7343	0,7359	0,7374	0,7389	0,7405	0,7420	0,7435	0,7450	0,7466	0,7481	80
90	0,7141	0,7156	0,7171	0,7186	0,7201	0,7215	0,7230	0,7245	0,7260	0,7275	90
100	0,6950	0,6964	0,6979	0,6993	0,7008	0,7022	0,7037	0,7051	0,7065	0,7080	100

t in °C	p in kPa (Torr) 98,2 (737)	98,4 (738)	98,6 (740)	98,8 (741)	99,0 (743)	99,2 (744)	99,4 (746)	99,6 (747)	99,8 (749)	100,0 (750)	t in °C
10	0,9349	0,9368	0,9387	0,9406	0,9425	0,9445	0,9464	0,9483	0,9502	0,9521	10
11	0,9316	0,9335	0,9354	0,9373	0,9392	0,9411	0,9430	0,9449	0,9468	0,9487	11
12	0,9284	0,9303	0,9322	0,9340	0,9359	0,9378	0,9397	0,9416	0,9435	0,9454	12
13	0,9251	0,9270	0,9289	0,9308	0,9327	0,9345	0,9364	0,9383	0,9402	0,9421	13
14	0,9219	0,9238	0,9257	0,9275	0,9294	0,9313	0,9332	0,9351	0,9369	0,9388	14
15	0,9187	0,9206	0,9225	0,9243	0,9262	0,9281	0,9299	0,9318	0,9337	0,9355	15
16	0,9155	0,9174	0,9193	0,9211	0,9230	0,9249	0,9267	0,9286	0,9304	0,9323	16
17	0,9124	0,9142	0,9161	0,9179	0,9198	0,9217	0,9235	0,9254	0,9272	0,9291	17
18	0,9092	0,9111	0,9129	0,9148	0,9166	0,9185	0,9204	0,9222	0,9241	0,9259	18
19	0,9061	0,9080	0,9098	0,9117	0,9135	0,9154	0,9172	0,9190	0,9209	0,9227	19
20	0,9030	0,9049	0,9067	0,9086	0,9104	0,9122	0,9141	0,9159	0,9178	0,9196	20
21	0,9000	0,9018	0,9036	0,9055	0,9073	0,9091	0,9110	0,9128	0,9146	0,9165	21
22	0,8969	0,8987	0,9006	0,9024	0,9042	0,9061	0,9079	0,9097	0,9115	0,9134	22
23	0,8939	0,8957	0,8975	0,8994	0,9012	0,9030	0,9048	0,9066	0,9085	0,9103	23
24	0,8909	0,8927	0,8945	0,8963	0,8981	0,9000	0,9018	0,9036	0,9054	0,9072	24
25	0,8879	0,8897	0,8915	0,8933	0,8951	0,8969	0,8987	0,9006	0,9024	0,9042	25
26	0,8849	0,8867	0,8885	0,8903	0,8921	0,8939	0,8957	0,8975	0,8993	0,9011	26
27	0,8820	0,8838	0,8856	0,8874	0,8892	0,8910	0,8928	0,8946	0,8963	0,8981	27
28	0,8790	0,8808	0,8826	0,8844	0,8862	0,8880	0,8898	0,8916	0,8934	0,8952	28
29	0,8761	0,8779	0,8797	0,8815	0,8833	0,8851	0,8868	0,8886	0,8904	0,8922	29
30	0,8732	0,8750	0,8768	0,8786	0,8804	0,8821	0,8839	0,8857	0,8875	0,8893	30
31	0,8704	0,8722	0,8739	0,8757	0,8775	0,8792	0,8810	0,8828	0,8846	0,8863	31
32	0,8675	0,8693	0,8711	0,8728	0,8746	0,8764	0,8781	0,8799	0,8817	0,8834	32
33	0,8647	0,8665	0,8682	0,8700	0,8717	0,8735	0,8753	0,8770	0,8788	0,8805	33
34	0,8619	0,8636	0,8654	0,8671	0,8689	0,8707	0,8724	0,8742	0,8759	0,8777	34
35	0,8591	0,8608	0,8626	0,8643	0,8661	0,8678	0,8696	0,8713	0,8731	0,8748	35
40	0,8454	0,8471	0,8488	0,8505	0,8523	0,8540	0,8557	0,8574	0,8591	0,8609	40
45	0,8321	0,8338	0,8355	0,8372	0,8389	0,8406	0,8422	0,8439	0,8456	0,8473	45
50	0,8192	0,8209	0,8225	0,8242	0,8259	0,8275	0,8292	0,8309	0,8326	0,8342	50
55	0,8067	0,8084	0,8100	0,8117	0,8133	0,8149	0,8166	0,8182	0,8199	0,8215	55
60	0,7946	0,7962	0,7979	0,7995	0,8011	0,8027	0,8043	0,8059	0,8076	0,8092	60
70	0,7715	0,7730	0,7746	0,7762	0,7777	0,7793	0,7809	0,7825	0,7840	0,7856	70
80	0,7496	0,7511	0,7527	0,7542	0,7557	0,7572	0,7588	0,7603	0,7618	0,7634	80
90	0,7290	0,7305	0,7319	0,7334	0,7349	0,7364	0,7379	0,7394	0,7408	0,7423	90
100	0,7094	0,7109	0,7123	0,7138	0,7152	0,7167	0,7181	0,7195	0,7210	0,7224	100

t in °C	p in kPa (Torr)										t in °C
	100,1 (751)	100,2 (752)	100,3 (752)	100,4 (753)	100,5 (754)	100,6 (755)	100,7 (755)	100,8 (756)	100,9 (757)	101,0 (758)	
10	0,9530	0,9540	0,9549	0,9559	0,9568	0,9578	0,9587	0,9597	0,9606	0,9616	10
11	0,9497	0,9506	0,9516	0,9525	0,9535	0,9544	0,9554	0,9563	0,9573	0,9582	11
12	0,9463	0,9473	0,9482	0,9492	0,9501	0,9511	0,9520	0,9530	0,9539	0,9548	12
13	0,9430	0,9440	0,9449	0,9459	0,9468	0,9477	0,9487	0,9496	0,9506	0,9515	13
14	0,9397	0,9407	0,9416	0,9426	0,9435	0,9444	0,9454	0,9463	0,9473	0,9482	14
15	0,9365	0,9374	0,9384	0,9393	0,9402	0,9412	0,9421	0,9430	0,9440	0,9449	15
16	0,9332	0,9342	0,9351	0,9360	0,9370	0,9379	0,9388	0,9398	0,9407	0,9416	16
17	0,9300	0,9310	0,9319	0,9328	0,9337	0,9347	0,9356	0,9365	0,9375	0,9384	17
18	0,9268	0,9278	0,9287	0,9296	0,9305	0,9315	0,9324	0,9333	0,9342	0,9352	18
19	0,9237	0,9246	0,9255	0,9264	0,9274	0,9283	0,9292	0,9301	0,9310	0,9320	19
20	0,9205	0,9214	0,9223	0,9233	0,9242	0,9251	0,9260	0,9269	0,9279	0,9288	20
21	0,9174	0,9183	0,9192	0,9201	0,9210	0,9220	0,9229	0,9238	0,9247	0,9256	21
22	0,9143	0,9152	0,9161	0,9170	0,9179	0,9188	0,9198	0,9207	0,9216	0,9225	22
23	0,9112	0,9121	0,9130	0,9139	0,9148	0,9157	0,9166	0,9176	0,9185	0,9194	23
24	0,9081	0,9090	0,9099	0,9108	0,9117	0,9127	0,9136	0,9145	0,9154	0,9163	24
25	0,9051	0,9060	0,9069	0,9078	0,9087	0,9096	0,9105	0,9114	0,9123	0,9132	25
26	0,9020	0,9029	0,9039	0,9048	0,9057	0,9066	0,9075	0,9084	0,9093	0,9102	26
27	0,8990	0,8999	0,9008	0,9017	0,9026	0,9035	0,9044	0,9053	0,9062	0,9071	27
28	0,8961	0,8970	0,8978	0,8987	0,8996	0,9005	0,9014	0,9023	0,9032	0,9041	28
29	0,8931	0,8940	0,8949	0,8958	0,8967	0,8976	0,8984	0,8993	0,9002	0,9011	29
30	0,8901	0,8910	0,8919	0,8928	0,8937	0,8946	0,8955	0,8964	0,8973	0,8981	30
31	0,8872	0,8881	0,8890	0,8899	0,8908	0,8917	0,8925	0,8934	0,8943	0,8952	31
32	0,8843	0,8852	0,8861	0,8870	0,8878	0,8887	0,8896	0,8905	0,8914	0,8923	32
33	0,8814	0,8823	0,8832	0,8841	0,8849	0,8858	0,8867	0,8876	0,8885	0,8893	33
34	0,8786	0,8794	0,8803	0,8812	0,8821	0,8829	0,8838	0,8847	0,8856	0,8865	34
35	0,8757	0,8766	0,8775	0,8783	0,8792	0,8801	0,8810	0,8818	0,8827	0,8836	35
40	0,8617	0,8626	0,8634	0,8643	0,8652	0,8660	0,8669	0,8677	0,8686	0,8695	40
45	0,8482	0,8490	0,8499	0,8507	0,8516	0,8524	0,8533	0,8541	0,8550	0,8558	45
50	0,8351	0,8359	0,8367	0,8376	0,8384	0,8392	0,8401	0,8409	0,8417	0,8426	50
55	0,8223	0,8232	0,8240	0,8248	0,8256	0,8264	0,8273	0,8281	0,8289	0,8297	55
60	0,8100	0,8108	0,8116	0,8124	0,8132	0,8140	0,8148	0,8157	0,8165	0,8173	60
70	0,7864	0,7872	0,7880	0,7887	0,7895	0,7903	0,7911	0,7919	0,7927	0,7935	70
80	0,7641	0,7649	0,7656	0,7664	0,7672	0,7679	0,7687	0,7695	0,7702	0,7710	80
90	0,7431	0,7438	0,7446	0,7453	0,7460	0,7468	0,7475	0,7483	0,7490	0,7498	90
100	0,7232	0,7239	0,7246	0,7253	0,7261	0,7268	0,7275	0,7282	0,7289	0,7297	100

t in °C	p in kPa (Torr)										t in °C
	101,1 (758)	101,2 (759)	101,3 (760)	101,4 (761)	101,5 (761)	101,6 (762)	101,7 (763)	101,8 (764)	101,9 (764)	102,0 (765)	
10	0,9625	0,9635	0,9644	0,9654	0,9663	0,9673	0,9683	0,9692	0,9702	0,9711	10
11	0,9592	0,9601	0,9611	0,9620	0,9629	0,9639	0,9648	0,9658	0,9667	0,9677	11
12	0,9558	0,9567	0,9577	0,9586	0,9596	0,9605	0,9615	0,9624	0,9634	0,9643	12
13	0,9524	0,9534	0,9543	0,9553	0,9562	0,9572	0,9581	0,9590	0,9600	0,9609	13
14	0,9491	0,9501	0,9510	0,9519	0,9529	0,9538	0,9548	0,9557	0,9566	0,9576	14
15	0,9458	0,9468	0,9477	0,9486	0,9496	0,9505	0,9515	0,9524	0,9533	0,9543	15
16	0,9426	0,9435	0,9444	0,9454	0,9463	0,9472	0,9482	0,9491	0,9500	0,9510	16
17	0,9393	0,9402	0,9412	0,9421	0,9430	0,9440	0,9449	0,9458	0,9468	0,9477	17
18	0,9361	0,9370	0,9379	0,9389	0,9398	0,9407	0,9416	0,9426	0,9435	0,9444	18
19	0,9329	0,9338	0,9347	0,9357	0,9366	0,9375	0,9384	0,9393	0,9403	0,9412	19
20	0,9297	0,9306	0,9315	0,9325	0,9334	0,9343	0,9352	0,9361	0,9371	0,9380	20
21	0,9265	0,9275	0,9284	0,9293	0,9302	0,9311	0,9320	0,9330	0,9339	0,9348	21
22	0,9234	0,9243	0,9252	0,9261	0,9271	0,9280	0,9289	0,9298	0,9307	0,9316	22
23	0,9203	0,9212	0,9221	0,9230	0,9239	0,9248	0,9258	0,9267	0,9276	0,9285	23
24	0,9172	0,9181	0,9190	0,9199	0,9208	0,9217	0,9226	0,9235	0,9244	0,9254	24
25	0,9141	0,9150	0,9159	0,9168	0,9177	0,9186	0,9195	0,9204	0,9213	0,9223	25
26	0,9111	0,9120	0,9129	0,9138	0,9147	0,9156	0,9165	0,9174	0,9183	0,9192	26
27	0,9080	0,9089	0,9098	0,9107	0,9116	0,9125	0,9134	0,9143	0,9152	0,9161	27
28	0,9050	0,9059	0,9068	0,9077	0,9086	0,9095	0,9104	0,9113	0,9122	0,9131	28
29	0,9020	0,9029	0,9038	0,9047	0,9056	0,9065	0,9074	0,9083	0,9092	0,9100	29
30	0,8990	0,8999	0,9008	0,9017	0,9026	0,9035	0,9044	0,9053	0,9062	0,9070	30
31	0,8961	0,8970	0,8979	0,8987	0,8996	0,9005	0,9014	0,9023	0,9032	0,9041	31
32	0,8931	0,8940	0,8949	0,8958	0,8967	0,8976	0,8984	0,8993	0,9002	0,9011	32
33	0,8902	0,8911	0,8920	0,8929	0,8938	0,8946	0,8955	0,8964	0,8973	0,8982	33
34	0,8873	0,8882	0,8891	0,8900	0,8908	0,8917	0,8926	0,8935	0,8944	0,8952	34
35	0,8845	0,8853	0,8862	0,8871	0,8879	0,8888	0,8897	0,8906	0,8914	0,8923	35
40	0,8703	0,8712	0,8721	0,8729	0,8738	0,8746	0,8755	0,8764	0,8772	0,8781	40
45	0,8567	0,8575	0,8583	0,8592	0,8600	0,8609	0,8617	0,8626	0,8634	0,8643	45
50	0,8434	0,8442	0,8451	0,8459	0,8467	0,8476	0,8484	0,8492	0,8501	0,8509	50
55	0,8305	0,8314	0,8322	0,8330	0,8338	0,8347	0,8355	0,8363	0,8371	0,8379	55
60	0,8181	0,8189	0,8197	0,8205	0,8213	0,8221	0,8229	0,8237	0,8246	0,8254	60
70	0,7942	0,7950	0,7958	0,7966	0,7974	0,7982	0,7990	0,7997	0,8005	0,8013	70
80	0,7717	0,7725	0,7733	0,7740	0,7748	0,7756	0,7763	0,7771	0,7779	0,7786	80
90	0,7505	0,7512	0,7520	0,7527	0,7535	0,7542	0,7550	0,7557	0,7564	0,7572	90
100	0,7304	0,7311	0,7318	0,7326	0,7333	0,7340	0,7347	0,7354	0,7362	0,7369	100

t in °C	p in kPa (Torr) 102,1 (766)	102,2 (767)	102,3 (767)	102,4 (768)	102,5 (769)	102,6 (770)	102,7 (770)	102,8 (771)	102,9 (772)	103,0 (773)	t in °C
10	0,9721	0,9730	0,9740	0,9749	0,9759	0,9768	0,9778	0,9787	0,9797	0,9806	10
11	0,9686	0,9696	0,9705	0,9715	0,9724	0,9734	0,9743	0,9753	0,9762	0,9772	11
12	0,9652	0,9662	0,9671	0,9681	0,9690	0,9700	0,9709	0,9719	0,9728	0,9738	12
13	0,9619	0,9628	0,9638	0,9647	0,9656	0,9666	0,9675	0,9685	0,9694	0,9703	13
14	0,9585	0,9595	0,9604	0,9613	0,9623	0,9632	0,9642	0,9651	0,9660	0,9670	14
15	0,9552	0,9561	0,9571	0,9580	0,9589	0,9599	0,9608	0,9617	0,9627	0,9636	15
16	0,9519	0,9528	0,9538	0,9547	0,9556	0,9566	0,9575	0,9584	0,9593	0,9603	16
17	0,9486	0,9495	0,9505	0,9514	0,9523	0,9533	0,9542	0,9551	0,9560	0,9570	17
18	0,9454	0,9463	0,9472	0,9481	0,9491	0,9500	0,9509	0,9518	0,9528	0,9537	18
19	0,9421	0,9430	0,9440	0,9449	0,9458	0,9467	0,9477	0,9486	0,9495	0,9504	19
20	0,9389	0,9398	0,9407	0,9417	0,9426	0,9435	0,9444	0,9453	0,9463	0,9472	20
21	0,9357	0,9366	0,9375	0,9385	0,9394	0,9403	0,9412	0,9421	0,9430	0,9440	21
22	0,9325	0,9335	0,9344	0,9353	0,9362	0,9371	0,9380	0,9389	0,9398	0,9408	22
23	0,9294	0,9303	0,9312	0,9321	0,9330	0,9339	0,9349	0,9358	0,9367	0,9376	23
24	0,9263	0,9272	0,9281	0,9290	0,9299	0,9308	0,9317	0,9326	0,9335	0,9344	24
25	0,9232	0,9241	0,9250	0,9259	0,9268	0,9277	0,9286	0,9295	0,9304	0,9313	25
26	0,9201	0,9210	0,9219	0,9228	0,9237	0,9246	0,9255	0,9264	0,9273	0,9282	26
27	0,9170	0,9179	0,9188	0,9197	0,9206	0,9215	0,9224	0,9233	0,9242	0,9251	27
28	0,9140	0,9149	0,9158	0,9166	0,9175	0,9184	0,9193	0,9202	0,9211	0,9220	28
29	0,9109	0,9118	0,9127	0,9136	0,9145	0,9154	0,9163	0,9172	0,9181	0,9190	29
30	0,9079	0,9088	0,9097	0,9106	0,9115	0,9124	0,9133	0,9142	0,9150	0,9159	30
31	0,9049	0,9058	0,9067	0,9076	0,9085	0,9094	0,9103	0,9112	0,9120	0,9129	31
32	0,9020	0,9029	0,9037	0,9046	0,9055	0,9064	0,9073	0,9082	0,9090	0,9099	32
33	0,8990	0,8999	0,9008	0,9017	0,9026	0,9034	0,9043	0,9052	0,9061	0,9070	33
34	0,8961	0,8970	0,8979	0,8987	0,8996	0,9005	0,9014	0,9023	0,9031	0,9040	34
35	0,8932	0,8941	0,8949	0,8958	0,8967	0,8976	0,8984	0,8993	0,9002	0,9011	35
40	0,8789	0,8798	0,8807	0,8815	0,8824	0,8832	0,8841	0,8850	0,8858	0,8867	40
45	0,8651	0,8660	0,8668	0,8677	0,8685	0,8694	0,8702	0,8711	0,8719	0,8728	45
50	0,8517	0,8526	0,8534	0,8542	0,8551	0,8559	0,8567	0,8576	0,8584	0,8592	50
55	0,8388	0,8396	0,8404	0,8412	0,8420	0,8429	0,8437	0,8445	0,8453	0,8462	55
60	0,8262	0,8270	0,8278	0,8286	0,8294	0,8302	0,8310	0,8318	0,8326	0,8335	60
70	0,8021	0,8029	0,8037	0,8045	0,8052	0,8060	0,8068	0,8076	0,8084	0,8092	70
80	0,7794	0,7801	0,7809	0,7817	0,7824	0,7832	0,7840	0,7847	0,7855	0,7863	80
90	0,7579	0,7587	0,7594	0,7601	0,7609	0,7616	0,7624	0,7631	0,7639	0,7646	90
100	0,7376	0,7383	0,7391	0,7398	0,7405	0,7412	0,7419	0,7427	0,7434	0,7441	100

t in °C	p in kPa (Torr)										t in °C
	103,2 (774)	103,4 (776)	103,6 (777)	103,8 (779)	104,0 (780)	104,2 (782)	104,4 (783)	104,6 (785)	104,8 (786)	105,0 (788)	
10	0,9825	0,9844	0,9863	0,9882	0,9902	0,9921	0,9940	0,9959	0,9978	0,9997	10
11	0,9791	0,9810	0,9829	0,9848	0,9867	0,9886	0,9905	0,9924	0,9943	0,9962	11
12	0,9756	0,9775	0,9794	0,9813	0,9832	0,9851	0,9870	0,9889	0,9908	0,9927	12
13	0,9722	0,9741	0,9760	0,9779	0,9798	0,9817	0,9835	0,9854	0,9873	0,9892	13
14	0,9688	0,9707	0,9726	0,9745	0,9764	0,9782	0,9801	0,9820	0,9839	0,9857	14
15	0,9655	0,9674	0,9692	0,9711	0,9730	0,9748	0,9767	0,9786	0,9805	0,9823	15
16	0,9621	0,9640	0,9659	0,9677	0,9696	0,9715	0,9733	0,9752	0,9771	0,9789	16
17	0,9588	0,9607	0,9625	0,9644	0,9663	0,9681	0,9700	0,9718	0,9737	0,9756	17
18	0,9555	0,9574	0,9592	0,9611	0,9629	0,9648	0,9666	0,9685	0,9704	0,9722	18
19	0,9523	0,9541	0,9560	0,9578	0,9596	0,9615	0,9633	0,9652	0,9670	0,9689	19
20	0,9490	0,9509	0,9527	0,9545	0,9564	0,9582	0,9601	0,9619	0,9637	0,9656	20
21	0,9458	0,9476	0,9495	0,9513	0,9531	0,9550	0,9568	0,9586	0,9605	0,9623	21
22	0,9426	0,9444	0,9462	0,9481	0,9499	0,9517	0,9535	0,9554	0,9572	0,9590	22
23	0,9394	0,9412	0,9430	0,9449	0,9467	0,9485	0,9503	0,9521	0,9540	0,9558	23
24	0,9362	0,9381	0,9399	0,9417	0,9435	0,9453	0,9471	0,9489	0,9508	0,9526	24
25	0,9331	0,9349	0,9367	0,9385	0,9403	0,9421	0,9440	0,9458	0,9476	0,9494	25
26	0,9300	0,9318	0,9336	0,9354	0,9372	0,9390	0,9408	0,9426	0,9444	0,9462	26
27	0,9269	0,9287	0,9305	0,9323	0,9341	0,9359	0,9377	0,9395	0,9413	0,9431	27
28	0,9238	0,9256	0,9274	0,9292	0,9310	0,9328	0,9345	0,9363	0,9381	0,9399	28
29	0,9207	0,9225	0,9243	0,9261	0,9279	0,9297	0,9315	0,9332	0,9350	0,9368	29
30	0,9177	0,9195	0,9213	0,9230	0,9248	0,9266	0,9284	0,9302	0,9319	0,9337	30
31	0,9147	0,9165	0,9182	0,9200	0,9218	0,9236	0,9253	0,9271	0,9289	0,9306	31
32	0,9117	0,9135	0,9152	0,9170	0,9188	0,9205	0,9223	0,9241	0,9258	0,9276	32
33	0,9087	0,9105	0,9122	0,9140	0,9158	0,9175	0,9193	0,9210	0,9228	0,9246	33
34	0,9058	0,9075	0,9093	0,9110	0,9128	0,9145	0,9163	0,9180	0,9198	0,9216	34
35	0,9028	0,9046	0,9063	0,9081	0,9098	0,9116	0,9133	0,9151	0,9168	0,9186	35
40	0,8884	0,8901	0,8919	0,8936	0,8953	0,8970	0,8987	0,9005	0,9022	0,9039	40
45	0,8744	0,8761	0,8778	0,8795	0,8812	0,8829	0,8846	0,8863	0,8880	0,8897	45
50	0,8609	0,8626	0,8643	0,8659	0,8676	0,8693	0,8709	0,8726	0,8743	0,8759	50
55	0,8478	0,8494	0,8511	0,8527	0,8544	0,8560	0,8577	0,8593	0,8609	0,8626	55
60	0,8351	0,8367	0,8383	0,8399	0,8415	0,8432	0,8448	0,8464	0,8480	0,8496	60
70	0,8107	0,8123	0,8139	0,8155	0,8170	0,8186	0,8202	0,8217	0,8233	0,8249	70
80	0,7878	0,7893	0,7908	0,7924	0,7939	0,7954	0,7969	0,7985	0,8000	0,8015	80
90	0,7661	0,7676	0,7691	0,7705	0,7720	0,7735	0,7750	0,7765	0,7780	0,7794	90
100	0,7456	0,7470	0,7484	0,7499	0,7513	0,7528	0,7542	0,7557	0,7571	0,7586	100

9.6. Absorptionsmittel für die Gasanalyse

Absorbent	Absorbens	Zusammensetzung des Absorbens	Absorptionsfähigkeit in ml Gas/1 ml Absorbens
H_2	O_2	O_2 im Überschuß, Explosionspipette	
	Br_2	gesättigte, wäßrige Lösung	
	Pd-Schwarz	$PdCl_2$ im alkalischen Medium mit C_2H_5OH reduziert	
	$NaClO_3$	35 g $NaClO_3$ + 5 g $NaHCO_3$ + 0,5 g $PdCl_2$ + 0,02 g OsO_2 in 250 ml H_2O	
	CuO	festes, gekörntes CuO	
	$AgMnO_4$	gesättigte, wäßrige $AgMnO_4$-Lösung (Kontaktsubstanz: Versilbertes Kieselgel)	
O_2	Pyrogallol	1 Teil 25%ige wäßrige Lösung von Pyrogallol + 5 ... 6 Teile 60%ige KOH	12
	Triacetyl-oxyhydrochinon	20 g Triacetyl-oxyhydrochinon mit wenig H_2O aufschwemmen + 40 g KOH in 80 ml H_2O	
	$CrCl_2$	20%ige wäßrige Lösung	
	$CrSO_4 \cdot 5\,H_2O$	15 g $CrSO_4 \cdot 5\,H_2O$ in 100 ml 30%iger H_2SO_4	5
O_2	Cu	Überleiten des O_2 in der Hitze	
	$Na_2S_2O_4 \cdot 2\,H_2O$	I. 250 ml 20%ige $Na_2S_2O_4$-Lösung + 40 ml KOH (5:7)	10
		II. 16 g $Na_2S_2O_4 \cdot 2\,H_2O$ + 13,3 g NaOH + 4 g anthrachinonsulfonsaures Natrium in 100 ml H_2O	7
	P (weiß)	feuchter Phosphor	
O_3	KI	alkalische KI-Lösung	
Cl, Br, I	$FeSO_4$	wäßrige Lösung	
	As_2O_3	$NaHCO_3$-haltige, wäßrige Lösung	
CO	CuCl	3 Vol.-Teile (200 g CuCl + 250 g NH_4Cl in 750 ml H_2O) + 1 Vol.-Teil wäßrige NH_3-Lösung (d = 0,91)	16
		15 g CuCl in 200 ml 20%iger HCl + 10 g $CuSO_4 \cdot 5\,H_2O$ + 30 g $NH_2OH \cdot HCl$ + 40 ml konz. NH_3 in 500 ml H_2O	5
		35 g CuCl in 250 ml konz. HCl mit metallischem Cu entfärben	
	Cu_2O	5 g Cu_2O in 100 ml 96%iger H_2SO_4 suspendiert	
	I_2O_5	25 g I_2O_5 mit 150 g H_2SO_4 (10% SO_3) anreiben und mit 120 g H_2SO_4 (10% SO_3) verdünnen; titrimetrische Bestimmungen des freigesetzten I_2	
CO_2	KOH	30- bis 50%ige Lösung in H_2O	40
NH_3	HCl	2 N HCl	
	NaOBr	wäßrige Lösung	
NO	$FeSO_4 \cdot 7\,H_2O$	28 g $FeSO_4 \cdot 7\,H_2O$ in 64 ml H_2O + 8,5 ml konz. H_2SO_4	

Absorbent	Absorbens	Zusammensetzung des Absorbens	Absorptionsfähigkeit in ml Gas/1 ml Absorbens
H_2S	$CdSO_4$	50 ml 1 N NH_3 + 50 ml 1 N NH_4Cl + 50 ml 0,5 N $CdSO_4 \cdot 8/3\ H_2O$ (3,2 g)	
	$Pb(CH_3COO)_2 \cdot 3\ H_2O$	1 N Lösung in H_2O	
	H_2O_2	50 ml 3%iges H_2O_2 + 50 ml 1 N NaOH	
	$K_3[Fe(CN)_6]$	15 g $K_3[Fe(CN)_6]$ + 18,5 g $Na_2CO_3 \cdot 10\ H_2O$ in 100 ml H_2O	
	MnO_2	MnO_2-Kugeln mit H_3PO_4 getränkt	
	$CuSO_4$	auf Bimsstein	
SO_2	NaOH	2 N NaOH	
HCN	Na_2CO_3	10%ige Lösung in H_2O	
HCN	$AgNO_3$	0,1 N $AgNO_3$ in salpetersaurer oder ammoniakalischer Lösung	
CH_4	O_2	O_2 im Überschuß, Explosionspipette	
C_2H_4	H_2SO_4	rauchende H_2SO_4	8
	Bromwasser	(Bildung von $C_2H_4Br_2$, Rücktitration des überschüssigen Br_2)	
	CuCl	ammoniakalische CuCl-Lösung (s. CO)	
C_2H_2	Br_2	gesättigtes Bromwasser	
(Acetylen)	H_2SO_4	H_2SO_4 mit 20% SO_3	
	CuCl	ammoniakalische CuCl-Lösung (s. CO)	
	$Hg(CN)_2$	20%ige $Hg(CN)_2$-Lösung in 2 N NaOH	
	HgI	25 g HgI + 30 g KI + 100 ml 1 N KOH	
C_6H_6 und Homologe, schwere Kohlenwasserstoffe	H_2SO_4	H_2SO_4 mit 20 ... 25% SO_3	8
	Br_2	gesättigte, wäßrige Lösung	

10. Elektrochemische Äquivalente

Das elektrochemische Äquivalent E eines Stoffes B ist diejenige Masse, die beim Durchgang der Elektrizitätsmenge $Q = 1$ Coulomb durch einen Elektrolyten an der Elektrode abgeschieden oder umgesetzt wird:

$$E = \frac{m}{Q} = \frac{M_B}{z_r F}.$$

$E_{1,2}$ elektrochemisches Äquivalent in mg/C bzw. g/C
m abgeschiedene bzw. umgesetzte Masse in mg bzw. g
Q Elektrizitätsmenge in Coulomb (A · s bzw. A · h)
F FARADAY-Konstante = 96484,56 C/mol
M_B molare Masse des Stoffes B in g/mol
z_r Ladungszahl des Stoffes B

$$E_1 = \frac{1000 M_B}{z_r F} \text{ in } \frac{\text{mg}}{\text{A} \cdot \text{s}}, \quad E_2 = \frac{3600 M_B}{z_r F} \text{ in } \frac{g}{\text{A} \cdot \text{h}}.$$

Ion	E_1	E_2	Ion	E_1	E_2
Ag^+	1,11798	4,02474	Hg^{2+}	1,03949	3,74217
Al^{3+}	0,09322	0,33557	I^-	1,31528	4,73502
Au^+	2,04143	7,34915	IO_3^-	1,81275	6,52591
Au^{3+}	0,68048	2,44972	K^+	0,40523	1,45882
Ba^{2+}	0,71167	2,56201	Li^+	0,07194	0,25898
Be^{2+}	0,04670	0,16813	Mg^{2+}	0,12595	0,45343
Bi^{3+}	0,72198	2,59914	Mn^{2+}	0,28470	1,02491
Br^-	0,82815	2,98135	NH_4^+	0,18696	0,67304
BrO_3^-	1,32562	4,77224	NO_3^-	0,64264	2,31351
$C_2O_4^{2-}$	0,45614	1,64209	Na^+	0,23827	0,85779
CO_3^{2-}	0,31098	1,11952	Ni^{2+}	0,30414	1,09491
Ca^{2+}	0,20770	0,74773	O^{2-}	0,08291	0,29848
Cd^{2+}	0,58253	2,09710	OH^-	0,17627	0,63457
Cl^-	0,36745	1,32281	Pb^{2+}	1,07375	3,86549
ClO_3^-	0,86492	3,11370	Pd^{2+}	0,55149	1,98535
CN^-	0,26965	0,97074	Pt^{2+}	1,01094	3,63938
Co^{2+}	0,30540	1,09945	Pt^{4+}	0,50547	1,81969
Co^{3+}	0,20360	0,73297	Rb^+	0,88582	3,18895
Cr^{3+}	0,17963	0,64669	S^{2-}	0,16614	0,59811
CrO_4^{2-}	0,60110	2,16396	SO_4^{2-}	0,49780	1,79208
Cs^+	1,37748	4,95892	Sb^{3+}	0,42062	1,51423
Cu^+	0,65861	2,37101	Sb^{5+}	0,25237	0,90854
Cu^{2+}	0,32931	1,18550	Sn^{2+}	0,61507	2,21426
F^-	0,19691	0,70886	Sn^{4+}	0,30754	1,10713
Fe^{2+}	0,28941	1,04187	Sr^{2+}	0,45406	1,63462
Fe^{3+}	0,19294	0,69454	Tl^+	2,11830	7,62587
H^+	0,01045	0,03761	Tl^{3+}	0,70610	2,54196
Hg_2^{2+}	2,07899	7,48435	Zn^{2+}	0,33881	1,21972

11. Elektrolytgleichgewichte

11.1. Aktivitätskoeffizienten

11.1.1. Erläuterungen

Für einen Elektrolyten, der nach

$$K^{z_+}_{\nu_+}A^{z_-}_{\nu_-} \rightarrow \nu_+K^{z_+} + \nu_-A^{z_-}$$

in ν_+ Kationen der Ladungszahl z_+ und ν_- Anionen der Ladungszahl z_- dissoziiert, ergibt sich die Konzentration der Kationen m_+ bzw. c_+ und die der Anionen m_- bzw. c_- aus der molalen (m) bzw. molaren (c) Elektrolytkonzentration durch die Gleichungen

$$m_+ = \nu_+m, \qquad m_- = \nu_-m;$$

$$c_+ = \nu_+c, \qquad c_- = \nu_-c.$$

Neutralitätsbedingung: $z_+\nu_+ = |z_-|\nu_-$
Für die mittlere Aktivität des Elektrolyten gilt

$$a_\pm = (a_+^{\nu_+}a_-^{\nu_-})^{1/\nu} \quad (\nu = \nu_+ + \nu_-).$$

Sie ist mit der mittleren molaren bzw. molalen Konzentration durch den mittleren Aktivitätskoeffizienten verbunden:

$$a_{c_\pm} = c_\pm f_{c_\pm} \qquad a_{m_\pm} = m_\pm f_{m_\pm}.$$

Die mittleren Konzentrationen und mittleren Aktivitätskoeffizienten werden nach folgenden Beziehungen gebildet:

$$c_\pm = (c_+^{\nu_+}c_-^{\nu_-})^{1/\nu}, \qquad m_\pm = (m_+^{\nu_+}m_-^{\nu_-})^{1/\nu};$$

$$f_{c_\pm} = (f_{c+}^{\nu_+}f_{c-}^{\nu_-})^{1/\nu} \qquad f_{m_\pm} = (f_{m+}^{\nu_+}f_{m-}^{\nu_-})^{1/\nu}.$$

Für die mittleren Aktivitätskoeffizienten gelten die Näherungsformeln

$$\lg f_\pm = -\frac{Az_+|z_-|\sqrt{I}}{1 + \sqrt{I}} \quad (I \leqq 0{,}1)$$

oder

$$\lg f_\pm = -Az_+|z_-|\sqrt{I} \quad (I \leqq 0{,}01).$$

Die Ionenstärke I ergibt sich nach

$$I = \tfrac{1}{2}\sum m_jz_j^2 \quad \text{bzw.} \quad I = \tfrac{1}{2}\sum c_jz_j^2.$$

Der individuelle Aktivitätskoeffizient f_i (d. h. f_{m+}, f_{m-}, f_{c+}, f_{c-}) einer beliebigen Ionenart berechnet sich nach der DEBYE-HÜCKEL-Gleichung

$$\lg f_i = -\frac{A z_i^2 \sqrt{I}}{1 + B d_i \sqrt{I}} \quad (I \leqq 0{,}1)$$

oder

$$\lg f_i = -A z_i^2 \sqrt{I} \quad (I \leqq 0{,}01).$$

Die Konstanten[1])

$$A = 1{,}825 \cdot 10^6 (\varepsilon T)^{-3/2} \varrho_s^{1/2} \quad \text{und} \quad B = 503{,}0\,(\varepsilon T)^{-1/2} \varrho_s^{1/2}$$

hängen von der Temperatur und der Art des Lösungsmittels ab. ε ist die Dielektrizitätskonstante und ϱ_s die Dichte des Lösungsmittels, z_i die Ladungszahl und d_i der Ionendurchmesser in nm.

Temperaturabhängigkeit der Konstanten *A* und *B* der Debye-Hückel-Gleichung für Wasser

t	Molare Konzentration		Molale Konzentration	
in °C	*A*	*B*	*A*	*B*
0	0,4918	3,248	0,4918	3,248
5	0,4952	3,256	0,4952	3,256
10	0,4989	3,264	0,4988	3,264
15	0,5028	3,273	0,5026	3,272
20	0,5070	3,282	0,5066	3,279
25	0,5115	3,291	0,5108	3,286
30	0,5161	3,301	0,5150	3,294
35	0,5211	3,312	0,5196	3,302
38	0,5242	3,318	0,5224	3,306
40	0,5262	3,323	0,5242	3,310
45	0,5317	3,334	0,5291	3,318
50	0,5373	3,346	0,5341	3,326
55	0,5432	3,358	0,5393	3,334
60	0,5494	3,371	0,5448	3,343
65	0,5558	3,384	0,5504	3,351
70	0,5625	3,397	0,5562	3,359
75	0,5695	3,411	0,5623	3,368
80	0,5767	3,426	0,5685	3,377
85	0,5842	3,440	0,5750	3,386
90	0,5920	3,456	0,5817	3,396
95	0,6001	3,471	0,5886	3,404
100	0,6086	3,488	0,5958	3,415

[1]) Bei Verwendung molarer Konzentrationsmaße entfällt bei den Konstanten *A* und *B* der Term $\varrho_s^{1/2}$.

Näherungswerte der Ionendurchmesser d_i ausgewählter Ionen

d_i in nm	Ionen
1,1	Sn^{4+}, Zr^{4+}, Ce^{4+}, Th^{4+}
0,9	H^+, Al^{3+}, Cr^{3+}, Fe^{3+}, La^{3+}, Sc^{3+}, Ce^{3+}, Pr^{3+}, Nd^{3+}, Sm^{3+}
0,8	Mg^{2+}, Be^{2+}, $(C_6H_5)_2CHCOO^-$, $(C_3H_7)_4N^+$
0,6	Li^+, Ca^{2+}, Cu^{2+}, Zn^{2+}, Sn^{2+}, Mn^{2+}, Fe^{2+}, Ni^{2+}, Co^{2+}, $C_6H_5COO^-$, $(C_2H_5)_4N^+$
0,5	Ba^{2+}, Cd^{2+}, Hg^{2+}, Sr^{2+}, S^{2-}, $S_2O_4^{2-}$, WO_4^{2-}, CCl_3COO^-, $C_6H_5O_7^{3-}$ (Citrat)
0,45	Na^+, Pb^{2+}, IO_3^-, HCO_3^-, CO_3^{2-}, $H_2PO_4^-$, HSO_3^-, $H_2AsO_4^-$, SO_3^-, CH_3COO^-, $(COO)_2^{2-}$, $(CH_3)_4N^+$
0,4	Hg_2^{2+}, SO_4^{2-}, $S_2O_3^{2-}$, $S_2O_6^{2-}$, $S_2O_8^{2-}$, CrO_4^{2-}, HPO_4^{2-}, PO_4^{3-}, $[Fe(CN)_6]^{3-}$
0,35	OH^-, F^-, SCN^-, ClO_3^-, ClO_4^-, BrO_3^-, IO_4^-, $HCOO^-$, MnO_4^-, SH^-
0,3	K^+, Cl^-, Br^-, I^-, CN^-, NO_2^-, NO_3^-
0,25	Rb^+, Cs^+, NH_4^+, Tl^+, Ag^+

11.1.2. Mittlere Aktivitätskoeffizienten $f_{m\pm}$ in wäßrigen Lösungen bei 25 °C

Molalität	HCl	HBr	HI	H_2SO_4	HNO_3	$HClO_4$	NaOH	KOH
0,001	0,966	0,966	0,966	0,830	0,965	–	–	–
0,002	0,952	0,952	0,953	0,757	0,951	–	–	–
0,005	0,929	0,930	0,931	0,639	0,927	–	–	–
0,01	0,905	0,906	0,908	0,544	0,902	–	–	–
0,02	0,876	0,879	0,882	0,453	0,871	–	–	–
0,05	0,840	0,838	0,845	0,340	0,823	–	0,818	0,824
0,1	0,796	0,805	0,818	0,265	0,785	0,803	0,766	0,798
0,2	0,767	0,782	0,807	0,209	0,748	0,778	0,726	0,760
0,5	0,757	0,790	0,839	0,154	0,715	0,769	0,693	0,728
1,0	0,809	0,871	0,965	0,130	0,720	0,823	0,679	0,756
2,0	1,009	1,168	1,367	0,124	0,793	–	0,708	0,888
5,0	2,38	–	–	0,212	–	–	1,075	1,720

Molalität	NaCl	NaBr	NaI	NaF	KCl	KBr	KI	KF
0,001	0,965	–	–	–	0,965	–	–	–
0,002	0,952	–	–	–	0,952	–	–	–
0,005	0,927	–	–	–	0,927	–	–	–
0,01	0,902	–	–	–	0,902	–	–	–
0,02	0,871	–	–	–	0,869	–	–	–
0,05	0,819	–	–	–	0,816	–	–	–
0,1	0,778	0,782	0,788	0,764	0,769	0,771	0,776	0,774
0,2	0,734	0,740	0,752	0,708	0,719	0,721	0,731	0,727
0,5	0,682	0,695	0,726	0,631	0,651	0,657	0,675	0,672
1,0	0,658	0,686	0,739	0,572	0,606	0,617	0,646	0,649
2,0	0,671	0,734	0,824	–	0,576	0,596	0,641	0,663
5,0	0,885	–	–	–	–	0,632	–	–

Molalität	NaAc	KAc	NH_4Cl	$MgCl_2$	$CaCl_2$	$BaCl_2$	$SrCl_2$	$ZnCl_2$
0,001	–	–	0,961	0,891	0,889	0,881	–	–
0,002	–	–	0,945	0,856	0,852	0,840	–	–
0,005	0,932	0,932	0,911	0,800	0,789	0,774	–	0,789
0,01	0,910	0,911	0,880	0,751	0,731	0,723	–	0,731
0,02	0,882	0,882	0,845	0,697	0,668	0,651	–	0,667
0,05	0,841	0,842	0,790	0,627	0,583	0,559	0,571	0,578
0,1	0,791	0,796	0,770	0,565	0,523	0,492	0,514	0,515
0,2	0,755	0,767	0,718	0,520	0,482	0,438	0,463	0,459
0,5	0,740	0,751	0,649	0,514	0,457	0,390	0,425	0,429
1,0	0,757	0,779	0,603	0,613	0,509	0,392	0,455	0,337
2,0	0,854	0,910	0,570	1,143	0,800	–	0,636	0,282
5,0	–	–	0,562	–	5,890	–	–	0,353

Molalität	NaH_2PO_4	Na_2HPO_4	Na_3PO_4	KH_2PO_4	K_2HPO_4	K_3PO_4	$NaClO_3$	$KClO_3$
0,001	–	0,885	–	–	–	–	–	0,967
0,002	–	0,812	–	–	–	–	–	0,955
0,005	–	0,771	–	–	–	–	0,930	0,932
0,01	–	0,706	–	–	–	–	0,905	0,907
0,02	–	0,635	–	–	–	–	0,873	0,875
0,05	–	0,530	–	–	–	–	0,819	0,813
0,1	0,744	0,466	0,293	0,731	0,469	0,312	0,772	0,749
0,2	0,675	0,394	0,216	0,653	0,387	0,244	0,720	0,681
0,5	0,563	0,313	0,134	0,529	0,288	0,175	0,645	0,568
1,0	0,468	0,264	–	0,421	0,225	–	0,589	–
2,0	0,371	–	–	–	–	–	0,538	–
5,0	0,276	–	–	–	–	–	–	–

Molalität	Na_2SO_4	K_2SO_4	$(NH_4)_2SO_4$	$MgSO_4$	$ZnSO_4$	$CuSO_4$	$CdSO_4$	Na_2CO_3
0,001	0,887	–	–	–	0,700	0,74	0,697	0,891
0,002	–	–	–	–	0,608	–	–	–
0,005	0,778	–	0,740	–	0,477	0,53	0,476	0,791
0,01	0,714	–	0,668	0,40	0,387	0,41	0,383	0,729
0,02	–	–	0,592	–	0,298	0,32	–	–
0,05	0,536	–	0,479	0,22	0,202	0,20	0,199	0,565
0,1	0,453	0,436	0,423	0,18	0,150	0,16	0,150	0,466
0,2	0,371	0,356	0,343	0,11	0,104	0,104	0,103	0,394
0,5	0,270	0,261	0,248	0,068	0,063	0,062	0,062	0,313
1,0	0,204	–	0,189	0,049	0,044	0,042	0,042	0,264
2,0	0,154	–	0,144	0,042	0,036	–	0,032	–
5,0	–	–	–	–	–	–	–	–

Molalität	$NaNO_3$	KNO_3	NH_4NO_3	$AgNO_3$	$Pb(NO_3)_2$	$Cu(NO_3)_2$	$CoCl_2$	$FeCl_3$
0,001	–	0,965	–	–	0,885	–	–	0,80
0,002	–	0,951	–	–	0,841	–	–	–
0,005	0,931	0,926	0,912	–	0,763	–	–	0,65
0,01	0,906	0,898	0,882	0,731	0,687	–	–	0,59
0,02	0,874	0,862	0,844	0,654	0,596	–	–	–
0,05	0,818	0,799	0,783	–	0,464	–	–	0,47
0,1	0,758	0,738	0,740	0,731	0,405	0,513	0,526	0,41
0,2	0,702	0,659	0,677	0,654	0,316	0,464	0,482	–
0,5	0,615	0,546	0,582	0,534	0,210	0,432	0,465	0,35
1,0	0,548	0,443	0,504	0,428	0,145	0,463	0,538	0,42
2,0	0,481	0,327	0,419	0,315	0,095	0,614	0,884	–
5,0	0,388	–	0,302	0,181	–	2,050	–	–

11.1.3. Mittlere Aktivitätskoeffizienten $f_{m_\pm}$ von HCl-Lösungen bei verschiedenen Temperaturen

Molalität	Temperatur in °C							
	0	10	20	25	30	40	50	60
0,0001	0,9890	0,9890	0,9892	0,9891	0,9890	0,9885	0,9879	0,9879
0,0002	0,9848	0,9846	0,9842	0,9835	0,9838	0,9835	0,9831	0,9831
0,0005	0,9756	0,9756	0,9759	0,9725	0,9747	0,9741	0,9735	0,9734
0,001	0,9668	0,9666	0,9661	0,9656	0,9650	0,9643	0,9639	0,9632
0,002	0,9541	0,9514	0,9527	0,9521	0,9515	0,9505	0,9500	0,9491
0,005	0,9303	0,9300	0,9294	0,9285	0,9275	0,9265	0,9250	0,9235
0,01	0,9065	0,9055	0,9052	0,9048	0,9034	0,9016	0,9000	0,8987
0,02	0,8774	0,8773	0,8768	0,8755	0,8741	0,8715	0,8890	0,8666
0,05	0,8346	0,8338	0,8317	0,8404	0,8285	0,8246	0,8211	0,8168
0,1	0,8027	0,8016	0,7985	0,7964	0,7940	0,7891	0,7850	0,7813
0,2	0,7756	0,7740	0,7694	0,7667	0,7630	0,7569	0,7508	0,7437
0,5	0,7761	0,7694	0,7616	0,7571	0,7526	0,7432	0,7344	0,7237
1,0	0,8419	0,8295	0,8162	0,8090	0,8018	0,7865	0,7697	0,7541
1,5	0,9452	0,9270	0,9065	0,8962	0,8849	0,8601	0,8404	0,8178
2,0	1,078	1,053	1,024	1,009	0,9929	0,9602	0,9327	0,9072
3,0	1,452	1,401	1,345	1,316	–	–	–	–
4,0	2,000	1,911	1,812	1,762	–	–	–	–

11.1.4. Mittlere Aktivitätskoeffizienten $f_{m_\pm}$ von H_2SO_4-Lösungen bei verschiedenen Temperaturen

Molalität	Temperatur in °C							
	0	10	20	25	30	40	50	60
0,0005	0,912	0,901	0,890	0,885	0,880	0,869	0,859	0,848
0,0007	0,896	0,880	0,867	0,857	0,854	0,841	0,828	0,814
0,001	0,876	0,957	0,839	0,830	0,823	0,806	0,790	0,775
0,002	0,825	0,796	0,769	0,757	0,746	0,722	0,701	0,680
0,003	0,788	0,754	0,723	0,709	0,695	0,669	0,645	0,622
0,005	0,734	0,693	0,656	0,639	0,623	0,593	0,566	0,533
0,007	0,691	0,647	0,608	0,591	0,574	0,543	0,515	0,489
0,01	0,649	0,603	0,562	0,544	0,527	0,495	0,467	0,441
0,02	0,554	0,509	0,470	0,453	0,437	0,407	0,380	0,356
0,03	0,495	0,453	0,417	0,401	0,386	0,358	0,333	0,311
0,05	0,426	0,387	0,354	0,340	0,326	0,301	0,279	0,260
0,07	0,383	0,346	0,315	0,301	0,290	0,266	0,246	0,228
0,1	0,341	0,307	0,278	0,265	0,254	0,227	0,214	0,197
0,2	0,271	0,243	0,219	0,209	0,199	0,161	0,166	0,153
0,5	0,202	0,181	0,162	0,154	0,147	0,133	0,122	0,107
1,0	0,173	0,153	0,137	0,130	0,123	0,111	0,101	0,0922
1,5	0,167	0,147	0,131	0,124	0,117	0,106	0,0956	0,0869
2,0	0,170	0,149	0,132	0,124	0,118	0,105	0,0949	0,0859
3,0	0,210	0,173	0,151	0,141	0,132	0,117	0,104	0,0926
4,0	0,254	0,215	0,184	0,171	0,159	0,138	0,121	0,106
5,0	0,330	0,275	0,231	0,212	0,196	0,168	0,145	0,126
6,0	0,427	0,350	0,289	0,264	0,242	0,205	0,174	0,150
7,0	0,546	0,440	0,359	0,326	0,297	0,247	0,208	0,177
8,0	0,686	0,545	0,439	0,397	0,358	0,296	0,246	0,206
9,0	0,843	0,662	0,527	0,470	0,425	0,346	0,285	0,237
10,0	1,012	0,785	0,618	0,553	0,493	0,398	0,325	0,268
11,0	1,212	0,940	0,725	0,643	0,573	0,458	0,370	0,302
12,0	1,431	1,088	0,840	0,742	0,656	0,521	0,418	0,339
13,0	1,676	1,261	0,965	0,830	0,750	0,590	0,471	0,379
14,0	1,958	1,458	1,104	0,967	0,850	0,664	0,525	0,420
15,0	2,271	1,671	1,254	1,093	0,957	0,741	0,583	0,462
16,0	2,550	1,907	1,420	1,234	1,076	0,828	0,647	0,511
17,0	3,015	2,176	1,604	1,387	1,204	0,919	0,712	0,559
17,5	3,217	2,316	1,703	1,471	1,275	0,972	0,752	0,589

11.1.5. Mittlere Aktivitätskoeffizienten $f_{m_\pm}$ von NaOH-Lösungen bei verschiedenen Temperaturen

Molalität	Temperatur in °C							
	0	10	20	30	40	50	60	70
1,5	0,661	0,673	0,682	0,685	0,684	0,674	0,657	0,635
2,0	0,682	0,702	0,709	0,712	0,707	0,696	0,677	0.652
3,0	0,763	0,766	0,789	0,791	0,783	0,767	0,742	0,711
4,0	0,900	0,920	0.916	0,911	0,895	0,872	0,839	0,800
5,0	1,100	1,109	1,098	1,081	1,053	1,017	0,971	0,822
6,0	1,39	1,40	1,35	1,32	1,27	1,21	1,14	1,07
8,0	2,35	2,31	2,17	2,06	1,93	1,78	1,63	1,48
10,0	4,12	4,00	3,61	3,31	3,00	2,67	2,34	2,03
12,0	7,16	6,67	5,80	5,11	4.43	3,79	3,19	2,65
14,0	11,4	10,00	8,68	7.43	6,26	5,20	4,26	3,43
17,0	22,5	19,0	15,82	13,00	10,52	9,39	6,60	5,11

11.1.6. Mittlere Aktivitätskoeffizienten $f_{m_\pm}$ von KOH-Lösungen bei verschiedenen Temperaturen

Molalität	Temperatur in °C							
	0	5	10	15	20	25	30	35
0,05	0,829	0,828	0,828	0,827	0,825	0,824	0,823	0,822
0,10	0,795	0,796	0,798	0,798	0,798	0,798	0,796	0,793
0,15	0,778	0,778	0,778	0,777	0,776	0,774	0,773	0,771
0,25	0,757	0,758	0,759	0,758	0,757	0,757	0,753	0,751
0,35	0,738	0,740	0,740	0,739	0,739	0,739	0,736	0,733
0,50	0,737	0,736	0,735	0,734	0,732	0,728	0,725	0,725
0,75	0,742	0,742	0,743	0,743	0,741	0.740	0,740	0,736
1,0	0,755	0,756	0,758	0,757	0,756	0,756	0,755	0,752
1,5	0,809	0.812	0,815	0,815	0,814	0,814	0,812	0.809
2,0	0,880	0,886	0,890	0,890	0,889	0,888	0,884	0,879
2,5	0,974	0,978	0,981	0,982	0,980	0,974	0,972	0,965
3,0	1,088	1,091	1,094	1,093	1,087	1,081	1,072	1,065
3,5	1,219	1.229	1,231	1,229	1,219	1,215	1,199	1,195
4,0	1,391	1,395	1,389	1,381	1,361	1,352	1,334	1,314

11.1.7. Mittlere Aktivitätskoeffizienten $f_{m_\pm}$ von NaCl-Lösungen bei verschiedenen Temperaturen

t	Molalität									
in °C	0,1	0,2	0,5	1,0	1,5	2,0	2,5	3,0	3,5	4,0
0	0,781	0,731	0,671	0,6375	0,626	0,630	0,641	0,660	0,687	0,717
5	0,781	0,733	0,675	0,6435	0,6355	0,6425	0,659	0,677	0,706	0,7395
10	0,781	0,734	0,677	0,649	0,6425	0,652	0,667	0,691	0,721	0,757
15	0,780	0,734	0,678	0,652	0,648	0,659	0,677	0,702	0,735	0,772
20	0,779	0,733	0,679	0,654	0,652	0,665	0,684	0,7115	0,744	0,783
25	0,778	0,732	0,680	0,656	0,659	0,670	0,691	0,719	0,752	0,791
30	0,777	0,731	0,679	0,657	0,658	0,674	0,695	0,724	0,756	0,797
35	0,776	0,729	0,67	0,66	0,66	0,67	0,69	0,7255	0,76	0,800
40	0,774	0,728	0,67	0,657	0,66	0,67	0,69	0,73	0,761	0,80
50	0,770	0,72	0,67	0,66	0,66	0,68	0,70	0,73	0,76	0,80
60	0,766	0,721	0,67	0,65	0,66	0,68	0,69	0,73	0,76	0,80
70	0,762	0,717	0,667	0,648	0,65	0,672	0,69	0,72	0,76	0,79
80	0,757	0,711	0,660	0,641	0,646	0,663	0,685	0,71	0,742	0,777
90	0,752	0,705	0,653	0,632	0,638	0,651	0,674	0,700	0,730	0,763
100	0,746	0,698	0,644	0,662	0,629	0,641	0,649	0,687	0,716	0,746

11.1.8. Mittlere Aktivitätskoeffizienten $f_{m_\pm}$ von KCl-Lösungen bei verschiedenen Temperaturen

Molalität	Temperatur in °C							
	0	10	15	20	25	30	35	40
0,1	0,786	0,769	0,769	0,770	0,769	0,768	0,767	0,765
0,2	0,717	0,718	0,719	0,718	0,719	0,718	0,717	0,715
0,3	0,683	0,687	0,687	0,688	0,688	0,687	0,685	0,682
0,5	0,642	0,648	0,650	0,651	0,651	0,651	0,648	0,646
0,7	0,613	0,623	0,624	0,627	0,628	0,629	0,627	0,626
1,0	0,588	0,598	0,601	0,604	0,606	0,604	0,604	0,603
1,5	0,563	0,576	0,579	0,582	0,585	0,585	0,585	0,585
2,0	0,547	0,562	0,568	0,573	0,576	0,578	0,579	0,578
2,5	0,540	0,556	0,562	0,568	0,572	0,574	0,575	0,575
3,0	0,539	0,556	0,562	0,567	0,571	0,573	0,574	0,573
3,5	0,540	0,558	0,565	0,571	0,574	0,577	0,578	0,578
4,0	–	0,563	0,569	0,574	0,579	0,582	0,584	0,587

11.2. Ionenprodukt des Wassers und pH-Wert

Das Massenwirkungsgesetz für das Autoprotolysegleichgewicht des Wassers $2\,H_2O \rightleftarrows H_3O^+ + OH^-$[1]) lautet

$$K_W^\dagger = \frac{a_{H^+} a_{OH^-}}{a_{H_2O}^2}\,.$$

Unter Berücksichtigung der Aktivität des reinen Wassers $a_{H_2O} = 1$ ergibt sich als Ionenprodukt des Wassers

$$K_W^\dagger = a_{H^+} a_{OH^-}\,.$$

Mit den Definitionen $pH = -\lg a_{H^+}$, $pOH = -\lg a_{OH^-}$, $pK_W^\dagger = -\lg K_W^\dagger$ erhält man

$$pK_W^\dagger = pH + pOH\,.$$

In verdünnten wäßrigen Lösungen ($I \leqq 10^{-4}$) kann wegen $f_\pm = 1$ mit den Näherungen $a_{H^+} \approx c_{H^+}$ und $pH = -\lg c_{H^+}$ gerechnet werden.
Für die Berechnung des pH-Wertes werden folgende Näherungsformeln benutzt (c_0 Ausgangskonzentration):

starke Säuren:

$$c_{H^+} = c_0\,, \qquad pH = -\lg c_0;$$

schwache Säuren:

$$c_{H^+} = \sqrt{c_0 K_S}\,, \qquad pH = \tfrac{1}{2}\,(pK_S - \lg c_0);$$

starke Basen:

$$c_{OH^-} = c_0\,, \qquad pH = 14 + \lg c_0;$$

schwache Basen:

$$c_{OH^-} = \sqrt{c_0 K_B}\,, \qquad pH = 14 - \tfrac{1}{2}\,(pK_B - \lg c_0)\,.$$

Die folgende Tabelle enthält Angaben über die Temperaturabhängigkeit des Ionenproduktes.

[1]) Für das hydratisierte Proton H_3O^+ wird im weiteren die vereinfachte Schreibweise H^+ verwendet.

t in °C	$K_W^{\dagger}$ in mol²/l²	$pK_W^{\dagger}$	a_{H^+} in mol/l	pH
0	$0{,}13 \cdot 10^{-14}$	14,89	$0{,}36 \cdot 10^{-7}$	7,44
10	$0{,}36 \cdot 10^{-14}$	14,44	$0{,}60 \cdot 10^{-7}$	7,22
15	$0{,}58 \cdot 10^{-14}$	14,24	$0{,}76 \cdot 10^{-7}$	7,12
18	$0{,}74 \cdot 10^{-14}$	14,13	$0{,}86 \cdot 10^{-7}$	7,07
20	$0{,}86 \cdot 10^{-14}$	14,07	$0{,}93 \cdot 10^{-7}$	7,03
22	$1{,}00 \cdot 10^{-14}$	14,00	$1{,}00 \cdot 10^{-7}$	7,00
25	$1{,}27 \cdot 10^{-14}$	13,90	$1{,}13 \cdot 10^{-7}$	6,95
30	$1{,}89 \cdot 10^{-14}$	13,73	$1{,}37 \cdot 10^{-7}$	6,87
40	$3{,}80 \cdot 10^{-14}$	13,42	$1{,}95 \cdot 10^{-7}$	6,71
50	$5{,}95 \cdot 10^{-14}$	13,23	$2{,}96 \cdot 10^{-7}$	6,62
70	$21{,}00 \cdot 10^{-14}$	12,68	$4{,}58 \cdot 10^{-7}$	6,34
100	$74{,}00 \cdot 10^{-14}$	12,13	$8{,}60 \cdot 10^{-7}$	6,07

11.3. Dissoziationskonstanten von Säuren und Basen

11.3.1. Erläuterungen

Für die Protolysegleichgewichte einer Säure HA bzw. einer Base B gelten die Beziehungen

$$K_S = \frac{a_{H^+}a_{A^-}}{a_{HA}} \quad \text{und} \quad K_B = \frac{a_{BH^+}a_{OH^-}}{a_B}.$$

Die Gleichgewichtskonstanten heißen Säurekonstante und Basekonstante.
Für korrespondierende Säure-Base-Paare gilt wegen

$$K_B = \frac{a_{HA}a_{OH^-}}{a_{A^-}}$$

$$K_S K_B = a_{H^+}a_{OH^-} = K_W$$

oder

$$pK_S + pK_B = pK_W = 14{,}00.$$

Damit läßt sich bei bekanntem pK_S-Wert einer Säure der pK_B-Wert der korrespondierenden Base berechnen.
Die folgenden Tabellen enthalten die Dissoziationskonstanten anorganischer und organischer Säuren und Basen. Bei mehrbasigen Säuren und mehrsäurigen Basen werden die Konstanten der einzelnen Protolysestufen gekennzeichnet.

11.3.2. Dissoziationskonstanten anorganischer Säuren in wäßrigen Lösungen

Säure	t in °C	K_S	pK_S
H_3AlO_3	25	$6{,}3 \cdot 10^{-13}$	12,20
H_3AsO_3	20	K_{S1} $4{,}0 \cdot 10^{-10}$	9,40
		K_{S2} $3{,}0 \cdot 10^{-14}$	13,52
H_3AsO_4	18	K_{S1} $6{,}6 \cdot 10^{-3}$	2,18
		K_{S2} $1{,}7 \cdot 10^{-7}$	6,77
		K_{S3} $6{,}0 \cdot 10^{-12}$	11,23
H_3BO_3	20	K_{S1} $7{,}3 \cdot 10^{-10}$	9,14
		K_{S2} $1{,}8 \cdot 10^{-13}$	12,74
		K_{S3} $1{,}6 \cdot 10^{-14}$	13,80
$H_2B_4O_7$	25	K_{S1} 10^{-14}	14,00
		K_{S2} 10^{-9}	9,00
HCN	20	$4{,}8 \cdot 10^{-10}$	9,32
H_2CO_3	25	K_{S1} $4{,}5 \cdot 10^{-7}$	6,35
		K_{S2} $4{,}7 \cdot 10^{-11}$	10,33
H_2CrO_4	25	K_{S1} $1{,}8 \cdot 10^{-1}$	0,74
		K_{S2} $3{,}2 \cdot 10^{-7}$	6,75
HF	25	$3{,}5 \cdot 10^{-4}$	3,45
HIO_3	25	$1{,}7 \cdot 10^{-1}$	0,77
HN_3	18	$2{,}1 \cdot 10^{-5}$	4,67
HIO_4	25	$2{,}3 \cdot 10^{-2}$	1,64
HNO_2	25	$4{,}6 \cdot 10^{-4}$	3,34
H_2O	18	$1{,}8 \cdot 10^{-16}$	15,74
H_3O^+	22	$5{,}5 \cdot 10^{1}$	−1,74
H_2O_2	25	$2{,}4 \cdot 10^{-12}$	11,62
$HOBr$	25	$2{,}1 \cdot 10^{-9}$	8,69
$HOCl$	25	$5{,}6 \cdot 10^{-8}$	7,35
HOI	20	$2{,}3 \cdot 10^{-11}$	10,64
$HOCN$	20	$2{,}2 \cdot 10^{-4}$	3,66
H_3PO_3	18	K_{S1} $1{,}0 \cdot 10^{-2}$	2,00
		K_{S2} $2{,}6 \cdot 10^{-7}$	6,59
H_3PO_4	20	K_{S1} $7{,}9 \cdot 10^{-3}$	2,10
		K_{S2} $1{,}0 \cdot 10^{-7}$	7,00
		K_{S3} $4{,}5 \cdot 10^{-12}$	11,35
H_2S	18	K_{S1} $9{,}1 \cdot 10^{-8}$	7,04
		K_{S2} $1{,}2 \cdot 10^{-12}$	11,92
H_2SO_3	25	K_{S1} $1{,}7 \cdot 10^{-2}$	0,77
		K_{S2} $5{,}0 \cdot 10^{-6}$	5,30
H_2SO_4	25	K_{S2} $1{,}2 \cdot 10^{-2}$	1,92
$H_2S_2O_3$	25	K_{S1} $1{,}0 \cdot 10^{-2}$	2,00
H_2SeO_3	18	K_{S1} $2{,}9 \cdot 10^{-3}$	2,54
		K_{S2} $9{,}6 \cdot 10^{-9}$	8,02
H_2SeO_4	25	K_{S2} $1{,}2 \cdot 10^{-2}$	1,92
H_2SiO_3	20	K_{S1} $2{,}0 \cdot 10^{-10}$	9,70
		K_{S2} $1{,}0 \cdot 10^{-12}$	12,00
H_4SiO_4	30	K_{S1} $2{,}2 \cdot 10^{-10}$	9,66
		K_{S2} $2{,}2 \cdot 10^{-12}$	11,66
		K_{S3} $1{,}0 \cdot 10^{-12}$	12,00
		K_{S4} $1{,}0 \cdot 10^{-12}$	12,00
H_2SnO_3	25	K_{S1} $1{,}9 \cdot 10^{-4}$	3,73

11.3.3. Dissoziationskonstanten organischer Säuren in wäßrigen Lösungen

Säure	Formel	t in °C	K_S	pK_S
Ameisensäure	CH_2O_2	20	$1{,}8 \cdot 10^{-4}$	3,75
Apfelsäure	$C_4H_6O_5$	25	K_{S1} $3{,}8 \cdot 10^{-4}$	3,42
		25	K_{S2} $7{,}4 \cdot 10^{-6}$	5,13
Ascorbinsäure	$C_6H_8O_6$	24	K_{S1} $7{,}9 \cdot 10^{-5}$	4,10
		16	K_{S2} $1{,}6 \cdot 10^{-12}$	11,79
Barbitursäure	$C_4H_4O_3N_2$	25	$9{,}8 \cdot 10^{-5}$	4,01
Benzoesäure	$C_7H_6O_2$	25	$6{,}3 \cdot 10^{-5}$	4,19
Bernsteinsäure	$C_4H_6O_4$	25	K_{S1} $6{,}9 \cdot 10^{-5}$	4,16
		25	K_{S2} $2{,}5 \cdot 10^{-6}$	5,61
n-Buttersäure	$C_4H_8O_2$	25	$1{,}5 \cdot 10^{-5}$	4,82
Brenzcatechin	$C_6H_6O_2$	20	$1{,}4 \cdot 10^{-10}$	9,85
Citronensäure	$C_6H_{10}O_8$	25	K_{S1} $8{,}6 \cdot 10^{-4}$	3,07
		25	K_{S2} $1{,}7 \cdot 10^{-5}$	4,77
		25	K_{S3} $4{,}0 \cdot 10^{-6}$	5,40

Säure	Formel	t in °C	K_S	pK_S
Essigsäure	$C_2H_4O_2$	25	$1{,}8 \cdot 10^{-5}$	4,75
Fumarsäure	$C_4H_4O_4$	25	K_{S1} $9{,}6 \cdot 10^{-4}$	3,02
		25	K_{S2} $4{,}1 \cdot 10^{-5}$	4,38
Gallussäure	$C_7H_6O_5$	25	$3{,}9 \cdot 10^{-5}$	4,41
Glycolsäure	$C_2H_4O_3$	18	$1{,}5 \cdot 10^{-4}$	3,83
Glutarsäure	$C_4H_6O_4$	25	K_{S1} $4{,}6 \cdot 10^{-5}$	4,34
		25	K_{S2} $3{,}9 \cdot 10^{-6}$	5,41
Harnsäure	$C_5H_4O_3N_4$	14	$1{,}3 \cdot 10^{-4}$	3,89
Hydrochinon	$C_6H_6O_2$	20	$4{,}5 \cdot 10^{-11}$	10,35
Maleinsäure	$C_4H_4O_4$	25	K_{S1} $1{,}1 \cdot 10^{-2}$	1,43
		25	K_{S2} $6{,}0 \cdot 10^{-7}$	6,25
Malonsäure	$C_3H_4O_4$	25	K_{S1} $1{,}5 \cdot 10^{-3}$	2,83
		25	K_{S2} $2{,}0 \cdot 10^{-6}$	5,70
o-Cresol	C_7H_8O	25	$6{,}3 \cdot 10^{-11}$	10,20
m-Cresol	C_7H_8O	25	$9{,}8 \cdot 10^{-11}$	10,01
p-Cresol	C_7H_8O	25	$6{,}7 \cdot 10^{-11}$	10,17
Milchsäure	$C_3H_6O_3$	25	$1{,}4 \cdot 10^{-4}$	3,86
2-Nitrophenol	$C_6H_5O_3N$	25	$6{,}8 \cdot 10^{-8}$	7,17
3-Nitrophenol	$C_6H_5O_3N$	25	$5{,}3 \cdot 10^{-9}$	8,28
4-Nitrophenol	$C_6H_5O_3N$	25	$7{,}0 \cdot 10^{-8}$	7,16
Oxalsäure	$C_2H_2O_4$	25	K_{S1} $5{,}4 \cdot 10^{-2}$	1,27
			K_{S2} $5{,}4 \cdot 10^{-5}$	4,27
Phenol	C_6H_6O	20	$1{,}3 \cdot 10^{-10}$	9,89
o-Phthalsäure	$C_8H_6O_4$	25	K_{S1} $1{,}1 \cdot 10^{-3}$	2,20
		25	K_{S2} $3{,}9 \cdot 10^{-6}$	5,42
Propionsäure	$C_3H_6O_2$	25	$1{,}3 \cdot 10^{-5}$	4,87
Resorcin	$C_6H_6O_2$	25	$1{,}6 \cdot 10^{-10}$	9,81
Salicylsäure	$C_7H_6O_3$	25	K_{S1} $9{,}4 \cdot 10^{-4}$	3,13
		25	K_{S2} $3{,}6 \cdot 10^{-14}$	13,44
Sulfanilsäure	$C_6H_7O_3NS$	25	$6{,}2 \cdot 10^{-4}$	3,21
Trichloressigsäure	$C_2HO_2Cl_3$	25	$1{,}3 \cdot 10^{-1}$	0,89
Weinsäure	$C_4H_6O_6$	25	K_{S1} $1{,}0 \cdot 10^{-3}$	2,08
		25	K_{S2} $4{,}6 \cdot 10^{-5}$	4,34
Zimtsäure (trans)	$C_9H_8O_2$	25	$3{,}7 \cdot 10^{-5}$	4,44

11.3.4. Dissoziationskonstanten anorganischer Basen in wäßrigen Lösungen

Base	t in °C	K_B	pK_B	Base	t in °C	K_B	pK_B
NH_3 (in H_2O)	25	$1{,}8 \cdot 10^{-5}$	4,75	NH_2OH	20	$1{,}1 \cdot 10^{-8}$	7,97
				$Ca(OH)_2$	25	$3{,}7 \cdot 10^{-3}$	2,43
$Be(OH)_2$	25	K_{B2} $5{,}0 \cdot 10^{-11}$	10,30	$AgOH$	25	$1{,}1 \cdot 10^{-4}$	3,96
$Pb(OH)_2$	18	$2{,}7 \cdot 10^{-4}$	3,57	$Zn(OH)_2$	25	K_{B2} $1{,}5 \cdot 10^{-9}$	8,82
ND_4OD	25	$1{,}1 \cdot 10^{-5}$	4,96	OH^-	22	$5{,}5 \cdot 10^{1}$	−1,74
N_2H_4	20	$1{,}5 \cdot 10^{-6}$	5,82				

11.3.5. Dissoziationskonstanten organischer Basen in wäßrigen Lösungen

Base	Formel	t in °C	K_B	pK_B
1-Aminonaphthalen	$C_{10}H_9N$	25	$8{,}4 \cdot 10^{-11}$	10,08
2-Aminonaphthalen	$C_{10}H_9N$	25	$1{,}3 \cdot 10^{-10}$	9,89
Anilin	C_6H_7N	25	$3{,}8 \cdot 10^{-10}$	9,42
Benzidin	$C_{12}H_{12}N_2$	30	K_{B1} $9{,}3 \cdot 10^{-10}$	9,07
		30	K_{B2} $5{,}6 \cdot 10^{-11}$	10,25
Benzylamin	C_7H_9N	25	$2{,}4 \cdot 10^{-5}$	4,63
Chinolin	C_9H_7N	25	$6{,}3 \cdot 10^{-10}$	9,20
Diethylamin	$C_4H_{11}N$	25	$9{,}6 \cdot 10^{-4}$	3,02
N,N-Diethylanilin	$C_{10}H_{15}N$	25	$3{,}7 \cdot 10^{-8}$	7,19
1,2-Diaminobenzen	$C_6H_8N_2$	21	K_{B1} $2{,}4 \cdot 10^{-10}$	9,63
Dimethylamin	C_2H_7N	25	$5{,}2 \cdot 10^{-4}$	3,28
N,N-Dimethylanilin	$C_8H_{11}N$	25	$1{,}2 \cdot 10^{-9}$	8,94
Diphenylamin	$C_{12}H_{11}N$	15	$7{,}6 \cdot 10^{-14}$	13,12
Ethanolamin	C_2H_7ON	25	$2{,}8 \cdot 10^{-5}$	4,56
Ethylamin	C_2H_7N	25	$3{,}4 \cdot 10^{-4}$	3,47
N-Ethylanilin	$C_8H_{11}N$	25	$1{,}3 \cdot 10^{-9}$	8,89
Ethylendiamin	$C_2H_8N_2$	25	$8{,}5 \cdot 10^{-5}$	4,07
Harnstoff	CH_4ON_2	25	$1{,}5 \cdot 10^{-14}$	13,82
Methylamin	CH_5N	25	$4{,}4 \cdot 10^{-4}$	3,36
N-Methylanilin	C_7H_9N	25	$5{,}0 \cdot 10^{-10}$	9,30
2-Nitroanilin	$C_6H_6O_2N_2$	0	$6{,}0 \cdot 10^{-6}$	5,22
3-Nitroanilin	$C_6H_6O_2N_2$	0	$2{,}7 \cdot 10^{-5}$	4,57
Phenylhydrazin	$C_6H_7N_2$	40	$1{,}6 \cdot 10^{-9}$	8,80
Piperazin	$C_4H_{10}N_2$	25	K_{B1} $6{,}4 \cdot 10^{-5}$	4,19
		15	K_{B2} $3{,}7 \cdot 10^{-9}$	8,43
Piperidin	$C_5H_{11}N$	25	$1{,}6 \cdot 10^{-3}$	2,80
Pyrazol	$C_3H_4N_2$	25	$3{,}0 \cdot 10^{-12}$	11,52
Pyridin	C_5H_5N	20	$1{,}7 \cdot 10^{-9}$	8,77
Semicarbazid	CH_5ON_3	25	$2{,}7 \cdot 10^{-11}$	10,57
Thioharnstoff	CH_4N_2S	25	$1{,}1 \cdot 10^{-15}$	14,96
Triethylamin	$C_6H_{15}N$	25	$5{,}7 \cdot 10^{-4}$	3,25
Trimethylamin	C_3H_9N	25	$5{,}5 \cdot 10^{-5}$	4,26

11.4. Pufferlösungen

11.4.1. Standard-Bezugslösungen und deren pH-Werte

1. 0,05 mol/kg $KH_3(C_2O_4)_2 \cdot 2\ H_2O$ (Kaliumtetraoxalat)
2. $KH(C_4H_4O_6)$, gesättigt bei 25 °C (Kaliumhydrogentartrat)
3. 0,05 mol/kg $KH_2(C_6H_5O_7)$ (Kaliumdihydrogencitrat)
4. 0,05 mol/kg $KH(C_8H_4O_4)$ (Kaliumhydrogenphthalat)
5. 0,025 mol/kg KH_2PO_4 + 0,025 mol/kg Na_2HPO_4 (Phosphat 1 : 1)
6. 0,008695 mol/kg KH_2PO_4 + 0,03043 mol/kg Na_2HPO_4 (Phosphat 1 : 3,5)
7. 0,01 mol/kg $Na_2B_4O_7 \cdot 10\ H_2O$ (Natriumtetraborat; Borax)
8. 0,025 mol/kg $NaHCO_3$ + 0,025 mol/kg Na_2CO_3 (Hydrogencarbonat-Carbonat)
9. $Ca(OH)_2$, gesättigt bei 25 °C (Calciumhydroxid)

t in °C	1	2	3	4	5	6	7	8	9
0	1,666		3,863	4,003	6,984	7,534	9,464	10,317	13,423
5	1,668		3,840	3,999	6,951	7,500	9,395	10,245	13,207
10	1,670		3,820	3,998	6,923	7,472	9,332	10,179	13,003
15	1,672		3,802	3,999	6,900	7,448	9,276	10,118	12,810
20	1,675		3,788	4,002	6,881	7,429	9,225	10,062	12,627
25	1,679	3,557	3,776	4,008	6,865	7,413	9,180	10,012	12,454
30	1,683	3,552	3,766	4,015	6,853	7,400	9,139	9,966	12,289
35	1,688	3,549	3,759	4,024	6,844	7,389	9,102	9,925	12,133
38	1,691	3,548	3,756	4,030	6,840	7,384	9,081	9,910	12,043
40	1,694	3,547	3,753	4,035	6,838	7,380	9,068	9,889	11,984
45	1,700	3,547	3,750	4,047	6,834	7,373	9,038	9,856	11,841
50	1,707	3,549	3,749	4,060	6,833	7,367	9,011	9,828	11,705
55	1,715	3,554		4,075	6,834		8,985		11,574
60	1,723	3,560		4,091	6,836		8,962		11,449
70	1,743	3,580		4,126	6,845		8,921		
80	1,766	3,609		4,164	6,859		8,885		
90	1,792	3,650		4,205	6,877		8,850		
95	1,806	3,674		4,227	6,886		8,833		

11.4.2. Arbeitspufferlösungen für pH-Werte von 1,0 bis 13,0 Stammlösungen und Herstellungsvorschriften

1. Kaliumchlorid-Salzsäure-Puffer nach CLARK und LUBS (pH 1,0 ... 2,2)

Lösung A: 14,910 g KCl in 1 l Lösung (0,2 M)
Lösung B: 0,2 M Salzsäure

Herstellung: 25 ml A + x ml B, mit Wasser auf 100 ml auffüllen

2. Citrat-Puffer nach SÖRENSEN (pH 1,0 ... 6,6)

Lösung A: 21,008 g Zitronensäure-Monohydrat + 200 ml 1 M NaOH in 1 l Lösung
Lösung B: a) 0,1 M Salzsäure
b) 0,1 M Natronlauge

Herstellung: (100-x) ml A + x ml B

3. Glycocoll-Puffer nach SÖRENSEN (pH 1,0 ... 13,0)

Lösung A: 7,505 Glycocoll + 5,844 g NaCl in 1 l Lösung (0,1 M)
Lösung B: a) 0,1 M Salzsäure
b) 0,1 M Natronlauge

Herstellung: (100-x) ml A + x ml B

4. Kaliumhydrogenphthalat-Puffer nach CLARK und LUBS (pH 2,2 ... 6,2)

Lösung A: 40,836 g Kaliumhydrogenphthalat in 1 l Lösung (0,2 M)
Lösung B: a) 0,1 M Salzsäure
b) 0,1 M Natronlauge

Herstellung: 25 ml A + x ml B, mit Wasser auf 100 ml auffüllen

5. Borat-Bernsteinsäure-Puffer nach KOLTHOFF (pH 3,0 ... 5,8)

Lösung A: 19,07 g Natriumtetraborat (Borax) in 1 l Lösung (0,05 M)
Lösung B: 5,905 g Bernsteinsäure in 1 l Lösung (0,05 M)

Herstellung: (100-x) ml A + x ml B

6. Acetat-Puffer (pH 2,8 ... 6,0)

Lösung A: 27,216 g $CH_3COONa \cdot 3\,H_2O$ in 1 l Lösung (0,2 M)
Lösung B: 0,2 M Essigsäure

Herstellung: (100-x) ml A + x ml B

7. Phosphat-Puffer nach SÖRENSEN (pH 4,8 ... 8,0)

Lösung A: 9,072 g KH_2PO_4 in 1 l Lösung ($^1/_{15}$ M)
Lösung B: 11,866 g $Na_2HPO_4 \cdot 2\,H_2O$ in 1 l Lösung ($^1/_{15}$ M)

Herstellung: (100-x) ml A + x ml B

8. Phosphat-Citrat-Puffer nach McIlvaine (pH 2,2 ... 8,0)

Lösung A: 35,600 g $Na_2HPO_4 \cdot 2\,H_2O$ in 1 l **Lösung** (0,2 M)
Lösung B: 21,014 g $C_6H_8O_7 \cdot H_2O$ (Zitronensäure) in 1 l Lösung (0,1 M)

Herstellung: (100-x) ml A + x ml B

9. Phosphat-Borat-Puffer nach Kolthoff (pH 5,8 ... 9,2)

Lösung A: 19,07 g $Na_2B_4O_7 \cdot 10\,H_2O$ (Borax) in 1 l Lösung (0,05 M)
Lösung B: 13,61 g KH_2PO_4 in 1 l Lösung (0,1 M)

Herstellung: (100-x) ml A + x ml B

10. Borat-Puffer nach Sörensen und Clark (pH 7,6 ... 11,0)

Lösung A: 19,07 g $Na_2B_4O_7 \cdot 10\,H_2O$ (Borax) in 1 l Lösung (0,05 M)
Lösung B: a) 0,1 M Salzsäure
b) 0,1 M Natronlauge

Herstellung: (100-x) ml A + x ml B

11. Borsäure-Puffer nach Clark und Lubs (pH 8,2 ... 10,0)

Lösung A: 6,183 g Borsäure + 7,455 g KCl in 1 l Lösung (0,1 M)
Lösung B: 0,1 M Natronlauge

Herstellung: 100 ml A + x ml B

12. Tris-Puffer nach Gomori (pH 7,0 ... 9,0)

Lösung A: 24,3 g Tris(hydroxymethyl)-aminomethan in 1 l Lösung (0,2 M)
Lösung B: 0,1 M Salzsäure

Herstellung: 25 ml A + x ml B, mit Wasser auf 100 ml auffüllen

13. Universalpuffer (pH 2,6 ... 12,0)

Lösung A: 6,008 g $C_6H_8O_7 \cdot H_2O$ (Zitronensäure) + 1,769 g H_3BO_3 (Borsäure) + 3,893 g $KHSO_4$ + 5,266 g Diethylbarbitursäure in 1 l Lösung (je 0,0286 M)
Lösung B: 0,2 M Natronlauge

Herstellung: 100 ml A + x ml B

14. Ammoniak-Ammoniumchlorid-Puffer (pH 8,2 ... 10,2)

Lösung A: 0,1 M Ammoniumhydroxid
Lösung B: 5,349 g NH_4Cl in 1 l Lösung (0,1 M)

Herstellung: (100-x) ml A + x ml B

15. Soda-Salzsäure-Puffer nach Kolthoff (pH 10,2 ... 11,2)

Lösung A: 10,599 g Na_2CO_3 (Soda) in 1 l Lösung (0,1 M)
Lösung B: 0,1 M Salzsäure

Herstellung: 50 ml A + x ml B, mit Wasser auf 100 ml auffüllen.

Volumina x in ml der jeweiligen Stammlösung B:

pH	1	2a	3a	4a	4b	5	6	7	8	13	pH
1,0	48,50	100,0	100,0								1,0
2	32,25	88,9	85,4								2
4	20,75	80,7	71,1								4
6	13,15	75,4	62,0								6
8	8,30	71,8	54,7								8
2,0	5,30	69,4	48,1								2,0
2	3,35	67,4	42,4	46,6					98,0		2
4		65,4	36,4	39,6					93,8		4
6		63,6	30,4	33,0					89,1	2,0	6
8		61,7	24,0	26,5			100,0		84,2	4,3	8
3,0		59,7	17,9	20,4		98,8	98,0		79,5	6,4	3,0
2		57,3	12,9	14,8		96,5	97,0		75,3	8,3	2
4		54,6	9,0	10,0		93,6	94,5		71,5	10,1	4
6		51,6		6,0		90,5	92,5		67,8	11,9	6
8		48,1		2,7		86,8	88,0		64,5	13,7	8
4,0		44,0			0,40	82,5	82,0		61,5	15,5	4,0
2		38,9			3,70	77,7	73,5		58,6	17,6	2
4		32,1			7,50	73,5	63,0		55,9	19,9	4
6		23,1			12,15	70,0	51,0		53,3	22,4	6
8		12,0			17,70	66,0	40,0	0,35	50,7	24,8	8
5,0					23,85	62,5	29,5	0,95	48,5	27,1	5,0
2					29,95	60,0	21,0	1,80	46,4	29,5	2
4					35,45	57,5	14,5	3,00	44,3	31,8	4
6					39,85	55,5	9,5	4,90	42,0	34,2	6
8					43,00	53,5	7,0	7,90	39,6	36,5	8
6,0					45,45		5,0	12,1	36,9	38,9	6,0
2					47,00			18,4	33,9	41,2	2
4								26,4	30,8	43,5	4
6								37,2	27,3	46,0	6
8								49,2	22,8	48,3	8
7,0								61,2	17,7	50,6	7,0
2								72,6	13,1	52,9	2
4								81,8	9,2	55,8	4
6								88,5	6,4	58,6	6
8								93,6	4,3	61,7	8
8,0								96,9	2,8	63,7	8,0

Volumina x in ml der jeweiligen Stammlösung B:

pH	2b	3b	9	10a	10b	11	12	13	14	15	pH
5,0	3,6										5,0
2	14,9										2
4	23,7										4
6	31,0										6
8	36,4		92,0								8
6,0	40,4		87,7								6,0
2	43,4		83,0								2
4	45,4		77,0					43,5			4
6	47,0		71,2					46,0			6
8			65,8					48,3			8
7,0			61,0				46,6	50,6			7,0
2			56,6				44,7	52,9			2
4			53,6				42,0	55,8			4
6			50,8	47,8			38,5	58,6			6
8			48,0	46,2			34,5	61,7			8
8,0			45,0	44,1			29,2	63,7			8,0
2			42,4	41,5		11,0	22,9	65,6	93,5		2
4			38,0	38,0		16,0	17,2	67,5	90,5		4
6		5,8	32,0	32,5		23,0	12,4	69,3	85,2		6
8		8,6	24,8	25,0		32,0	8,5	71,0	79,2		8
9,0		12,4	13,2	15,0		42,0	5,7	72,7	70,3		9,0
2		17,0	4,0	3,7		52,0		74,0	60,0		2
4		22,3			13,0	64,0		75,9	48,9		4
6		28,0			26,0	72,0		77,6	37,9		6
8		33,8			35,0	80,0		79,3	27,8		8
10,0		38,3			40,5	87,0		80,8	19,4		10,0
2		41,9			44,0			82,0	13,7	19,2	2
4		44,8			46,1			82,9		13,8	4
6		46,7			47,9			83,9		8,8	6
8		48,0			49,0			84,9		6,4	8
11,0		48,9			49,8			86,0		3,5	11,0
2		49,8						87,7		1,5	2
4		50,6						89,7			4
6		51,4						92,0			6
8		52,6						95,0			8
12,0		54,5						99,6			12,0
2		57,4									2
4		61,8									4
6		70,0									6
8		81,0									8

16. $K_2HPO_4-KH_2PO_4$-Puffer verschiedener Konzentrationen und pH-Werte.

Zur Herstellung von Phosphatpuffern verschiedener Konzentrationen und pH-Werte sind *a* g K_2HPO_4 und *b* g KH_2PO_4 je Liter einzuwägen. Die Tabelle enthält die zur Berechnung der Einwaagen erforderlichen Molenbrüche x von K_2HPO_4. Die Molmassen betragen für K_2HPO_4 M = 174,18 g/mol, für KH_2PO_4 M = 136,09 g/mol.

Beispiel: Herzustellen ist ein 0,6molarer Puffer vom pH-Wert 5,8. Der Tabelle entnimmt man den Molenbruch x = 0,171. Einzuwägen sind

$$a = 174{,}18 \cdot 0{,}171 \cdot 0{,}6 = 17{,}87 \text{ g } K_2HPO_4,$$
$$b = 136{,}09 \cdot (1{,}000-0{,}171) \cdot 0{,}6 = 67{,}69 \text{ g } KH_2PO_4.$$

pH	Puffermolarität										
	0,01	0,04	0,10	0,20	0,30	0,40	0,50	0,60	0,80	1,0	1,2
5,3											0,110
5,4										0,115	0,129
5,5								0,099	0,119	0,134	0,150
5,6							0,109	0,121	0,141	0,157	0,172
5,7					0,104	0,121	0,132	0,145	0,165	0,182	0,198
5,8			0,085	0,110	0,129	0,146	0,158	0,171	0,192	0,212	0,227
5,9	0,065	0,083	0,106	0,135	0,155	0,173	0,186	0,200	0,224	0,244	0,259
6,0	0,081	0,103	0,132	0,163	0,185	0,203	0,219	0,236	0,259	0,277	0,292
6,1	0,100	0,126	0,160	0,195	0,220	0,239	0,256	0,273	0,295	0,312	0,325
6,2	0,122	0,155	0,192	0,232	0,261	0,281	0,298	0,312	0,333	0,349	0,360
6,3	0,150	0,190	0,232	0,276	0,305	0,326	0,341	0,354	0,372	0,386	0,395
6,4	0,183	0,230	0,278	0,325	0,353	0,373	0,385	0,398	0,414	0,424	0,432
6,5	0,222	0,274	0,328	0,376	0,403	0,421	0,435	0,444	0,458	0,466	0,471
6,6	0,266	0,325	0,381	0,429	0,457	0,473	0,484	0,493	0,503	0,508	0,510
6,7	0,315	0,380	0,438	0,486	0,511	0,526	0,535	0,543	0,549	0,551	0,550
6,8	0,369	0,440	0,497	0,543	0,565	0,578	0,586	0,590	0,594	0,594	0,590
6,9	0,425	0,498	0,557	0,598	0,617	0,629	0,634	0,637	0,638	0,636	0,631
7,0	0,484	0,556	0,615	0,651	0,669	0,677	0,681	0,683	0,681	0,676	0,671
7,1	0,544	0,614	0,668	0,701	0,716	0,722	0,724	0,725	0,721	0,715	0,707
7,2	0,604	0,670	0,717	0,747	0,758	0,764	0,763	0,762	0,758	0,751	0,742
7,3	0,659	0,720	0,762	0,785	0,796	0,801	0,800	0,797	0,790	0,784	0,774
7,4	0,710	0,763	0,802	0,822	0,829	0,832	0,832	0,828	0,821	0,814	0,803
7,5	0,756	0,805	0,837	0,854	0,860	0,860	0,859	0,855	0,848	0,840	0,830
7,6	0,796	0,840	0,866	0,880	0,883	0,884	0,883	0,879	0,872	0,864	0,855
7,7	0,831	0,869	0,890	0,902	0,905	0,905	0,904	0,901	0,894	0,885	0,876

17. Veronalpuffer nach MICHAELIS (pH 2,8 ... 9,0)

Stammlösung: 19,43 g $CH_3COONa \cdot 3\ H_2O$ + 29,43 g Veronal-Natrium je 1 Lösung

Herstellung: 5 ml Stammlösung + 2 ml 8,5%ige NaCl-Lösung + A ml 0,1 M Salzsäure + B ml Wasser

pH	*A*	*B*	pH	*A*	*B*	pH	*A*	*B*	pH	*A*	*B*
2,8	15,65	2,35	4,4	10,8	7,2	6,0	7,15	10,85	7,6	4,25	13,75
3,0	15,3	2,7	4,6	10,2	7,8	6,2	6,9	11,1	7,8	3,4	14,6
3,2	15,0	3,0	4,8	9,5	8,5	6,4	6,8	11,2	8,0	2,65	15,35
3,4	14,5	3,5	5,0	8.8	9,2	6,6	6,6	11,4	8,2	1,95	16,05
3,6	14,05	3,95	5,2	8,3	9,7	6,8	6,4	11,6	8,4	1,4	16,6
3,8	13,3	4.7	5,4	7,9	10,1	7,0	6,0	12,0	8,6	0,8	17,2
4,0	12,5	5,5	5,6	7,65	10,35	7,2	5,6	12.4	8,8	0,6	17,4
4,2	11,65	6,35	5.8	7,5	10,6	7,4	5,05	12,95	9,0	0,4	17,6

18. Pufferreihe mit hoher Pufferkapazität nach THIEL, SCHULZ und KOCH

Lösung 1: 0,2 M $(COOH)_2$ + 0,2 M H_3BO_3
Lösung 2: 0,2 M KH_2PO_4 + 0,2 M $(CH_2COOH)_2$ + 0,2 M H_3BO_3 + 0,2 M K_2SO_4
Lösung 3: 0,2 M $(CH_2COOH)_2$ + 0,2 M KH_2PO_4 + 0,2 M H_3BO_3 + 200 ml 2 M KOH je l
Lösung 4: 0,2 M KH_2PO_4 + 0,05 M $H_2B_4O_7$ + 0,05 M K_2SO_4
Lösung 5: 0,2 M H_3BO_3 + 0,2 M K_2CO_3 + 100 ml 2 M KOH je l

Herstellung: Mischung je zweier Stammlösungen; die Anzahl der ml ist der nachfolgenden Tabelle zu entnehmen.

pH	1	2	3	4	5
1,5	71,0	29,0			
2,0	45,0	55,0			
2,5	21,4	78,6			
3,0	2,0	98,0			
3.5		90,0	10,0		
4,0		74,8	25,2		
4,5		55,0	45,0		
5,0		34,4	65.6		
5,5		14,0	86,0		
6,0			93,6	6.4	
6.5			70,6	29,4	
7,0			51,8	48,2	
7,5			39,2	60.8	
8,0			30,2	69,8	
8,5			20,8	79,2	
9.0			8,8	91,2	
9,5				91,6	8.4
10,0				65,5	34,5
10,5				33,6	66,4
11,0				10,5	89,5
11,5				0	100,0

11.5. Löslichkeiten und Löslichkeitsprodukte von Elektrolyten

11.5.1. Erläuterungen

Die maximal in einer bestimmten Menge Lösungsmittel lösbare Menge eines Stoffes bezeichnet man als seine Löslichkeit. Sie ist von der Natur des Lösungsmittels und der Temperatur abhängig. Zur quantitativen Angabe der Löslichkeit leicht löslicher Substanzen verwendet man die molare bzw. molale Sättigungskonzentration oder die Einheit g/100 g Lösungsmittel.
Bei schwer löslichen Salzen wird zur Charakterisierung ihrer Löslichkeit die Löslichkeitskonstante $K_L^\dagger$ oder das Löslichkeitsprodukt K_L verwendet.
Für einen Elektrolyten, der in gesättigter Lösung mit dem festen Bodenkörper nach

$$(K_{\nu+}^{z+}A_{\nu-}^{z-})_{\text{fest}} \rightleftarrows \nu_+K^{z+} + \nu_-A^{z-}$$

im Löslichkeitsgleichgewicht steht, gilt die Beziehung

$$K_L^\dagger = (a_+^{\nu+}a_-^{\nu-})_{\text{eq}}\,.$$

Führt man die Konzentrationen und Aktivitätskoeffizienten ein, erhält man

$$K_L^\dagger = (c_+^{\nu+}c_-^{\nu-})_{\text{eq}}\,(f_+^{\nu+}f_-^{\nu-})\,.$$

Mit dem Löslichkeitsprodukt

$$K_L = c_+^{\nu+}c_-^{\nu-}$$

ergibt sich als Beziehung zwischen der Löslichkeitskonstanten und dem Löslichkeitsprodukt

$$K_L^\dagger = K_L f_\pm^\nu \quad (\nu = \nu_+ + \nu_-)\,.$$

Während $K_L^\dagger$ eine Konstante darstellt, ist K_L von der Ionenstärke abhängig. Für schwer lösliche starke Elektrolyte ergibt sich für die Sättigungskonzentration oder Löslichkeit

$$c_{\text{sa}} = \sqrt[\nu]{\frac{K_L}{\nu_+^{\nu+}\nu_-^{\nu-}}}\,.$$

Enthält die Lösung Fremdionen oder gleichionige Elektrolyte, so daß die Ionenstärke über 10^{-4} ansteigt, müssen zur Ermittlung der Löslichkeit aus dem Löslichkeitsprodukt die Aktivitätskoeffizienten berücksichtigt werden.

11.5.2. Löslichkeit anorganischer Verbindungen in Wasser bei 20 °C

Die angeführten Werte beziehen sich auf wasserfreie Substanz.

Verbindung	Löslichkeit in	
	g/100 g H_2O	mol/1000 g H_2O
Ag_3AsO_4	$8{,}5 \cdot 10^{-4}$	$1{,}8 \cdot 10^{-5}$
$AgBr$	$1{,}3 \cdot 10^{-5}$	$6{,}9 \cdot 10^{-7}$
$AgCN$	$2{,}2 \cdot 10^{-5}$	$1{,}6 \cdot 10^{-6}$
Ag_2CO_3	$3{,}3 \cdot 10^{-3}$	$1{,}2 \cdot 10^{-4}$
$Ag(C_2H_3O_2)$ (Acetat)	1,04	$6{,}2 \cdot 10^{-3}$
$AgCl$	$1{,}5 \cdot 10^{-4}$	$1{,}0 \cdot 10^{-5}$
$AgClO_3$	14,48	$7{,}6 \cdot 10^{-2}$
$AgClO_4$	834	4,02
Ag_2CrO_4	$2{,}6 \cdot 10^{-3}$	$8{,}0 \cdot 10^{-5}$
$Ag_2Cr_2O_7$	$8{,}3 \cdot 10^{-3}$	$1{,}9 \cdot 10^{-4}$
AgI	$3 \cdot 10^{-7}$	$1{,}3 \cdot 10^{-8}$
$AgMnO_4$	0,92	$4{,}9 \cdot 10^{-3}$
$AgNO_2$	0,34	$2{,}2 \cdot 10^{-2}$
$AgNO_3$	215,5	12,7
Ag_2O	$2{,}1 \cdot 10^{-3}$	$9{,}1 \cdot 10^{-5}$
Ag_3PO_4	$1{,}6 \cdot 10^{-3}$	$3{,}8 \cdot 10^{-5}$
Ag_2S	$1{,}4 \cdot 10^{-5}$	$5{,}7 \cdot 10^{-7}$
$AgSCN$	$1{,}7 \cdot 10^{-5}$	$1{,}0 \cdot 10^{-6}$
Ag_2SO_4	0,8	$2{,}6 \cdot 10^{-3}$
$AlCl_3$	45,6	3,42
$Al(NO_3)_3$	73,0	3,43
Al_2O_3	$1 \cdot 10^{-4}$	$9{,}8 \cdot 10^{-6}$
$Al(OH)_3$	$1 \cdot 10^{-4}$	$1{,}3 \cdot 10^{-5}$
$Al_2(SO_4)_3$	36,3	1,06
$KAl(SO_4)_2$	6,0	0,23
$NH_4Al(SO_4)_2$	6,59	0,278
As_2O_3	1,85	$9{,}4 \cdot 10^{-2}$
As_2O_5	65,8	2,9
H_3AsO_4	86,3	6,1
As_2S_3	$5 \cdot 10^{-5}$	$2{,}0 \cdot 10^{-6}$
As_2S_5	$1{,}4 \cdot 10^{-4}$	$4{,}5 \cdot 10^{-6}$
$AuCl_3$	68,0	2,2
H_3BO_3	4,9	0,79
$Ba(C_2H_3O_2)_2$ (Acetat)	71	2,8
$BaBr_2$	104	3,5
$Ba(C_2O_4)$ (Oxalat)	$8{,}5 \cdot 10^{-3}$	$3{,}8 \cdot 10^{-4}$
$BaCO_3$	$2{,}2 \cdot 10^{-3}$	$1{,}1 \cdot 10^{-4}$
$BaCl_2$	35,7	1,71
$Ba(ClO_4)_2$	289,1	12,2
$BaCrO_4$	$3{,}5 \cdot 10^{-4}$	$1{,}4 \cdot 10^{-5}$
BaF_2	0,16	$9{,}1 \cdot 10^{-3}$
BaI_2	577,15	1,48
$Ba(NO_3)_2$	9,03	0,346
BaO	3,48	0,227
$Ba(OH)_2$	3,5	0,20
$BaSO_4$	$2{,}3 \cdot 10^{-4}$	$9{,}9 \cdot 10^{-6}$
$Ba[SiF_6]$	$2{,}2 \cdot 10^{-2}$	$7{,}9 \cdot 10^{-4}$
$BeCl_2$	238,4	2,98
$Be(NO_3)_2$	103,3	7,78
BeO	$2 \cdot 10^{-5}$	$8 \cdot 10^{-6}$
$BeSO_4$	42,5	4,04
$Bi(OH)_3$	$1{,}4 \cdot 10^{-4}$	$5{,}4 \cdot 10^{-6}$
Bi_2S_3	$1{,}8 \cdot 10^{-5}$	$3{,}5 \cdot 10^{-7}$
Br_2	3,53	0,221
HBr	198,0	24,5
$Ca(C_2H_3O_2)_2$ (Acetat)	34,7	2,19
$CaBr_2$	143	7,15
$Ca(C_2O_4)$ (Oxalat)	$5{,}1 \cdot 10^{-4}$	$4{,}0 \cdot 10^{-5}$
$CaCO_3$	$1{,}5 \cdot 10^{-3}$	$1{,}5 \cdot 10^{-4}$
$CaCl_2$	74,5	6,71
$CaCrO_4$	16,6	0,11
CaF_2	$1{,}8 \cdot 10^{-3}$	$2{,}3 \cdot 10^{-4}$
$Ca(NO_3)_2$	127,0	7,74
CaO	0,12	$2{,}1 \cdot 10^{-2}$
$Ca(OH)_2$	0,17	$2{,}3 \cdot 10^{-2}$
$CaHPO_4$	$2{,}0 \cdot 10^{-2}$	$1{,}5 \cdot 10^{-3}$
$Ca_3(PO_4)_2$	$3{,}6 \cdot 10^{-4}$	$1{,}2 \cdot 10^{-5}$
$CaSO_4$	0,2	$1{,}5 \cdot 10^{-2}$
$CdBr_3$ (30 °C)	132,0	4,85
$CdCl_2$	134,5	7,34

Verbindung	Löslichkeit in g/100 g H_2O	Löslichkeit in mol/1000 g H_2O
CdI_2	86,2	2,35
$Cd(NO_3)_2$	153,0	6,48
$Cd(OH)_2$	$2,5 \cdot 10^{-4}$	$1,7 \cdot 10^{-5}$
CdS	$1,3 \cdot 10^{-4}$	$9,0 \cdot 10^{-6}$
$CdSO_4$	76,9	3,68
$Ce_2(SO_4)_3$	12,0	0,211
Cl_2	1,85	$2,61 \cdot 10^{-2}$
HCl	72,1	19,8
$CoCl_2$	51,0	3,93
$Co(NO_3)_2$	100	5,46
$Co(OH)_3$	$3,2 \cdot 10^{-4}$	$2,9 \cdot 10^{-5}$
CoS	$4 \cdot 10^{-4}$	$4,4 \cdot 10^{-5}$
$CoSO_4$	36,0	2,32
CrO_3	168,0	16,8
$Cr(OH)_3$	64	6,2
$KCr(SO_4)_2$	24,4	0,862
$CsAl(SO_4)_2$	0,46	$1,3 \cdot 10^{-2}$
$CsCl$	186,5	11,1
$CsClO_4$	1,6	$6,9 \cdot 10^{-2}$
$CsNO_3$	23,0	1,18
$Cs_2[PtCl_6]$	$8,6 \cdot 10^{-3}$	$1,3 \cdot 10^{-4}$
Cs_2SO_4	178,6	4,94
$CuCl$	$1,2 \cdot 10^{-2}$	$1,2 \cdot 10^{-3}$
$CuCl_2$	77,0	5,72
$Cu(NO_3)_2$	121,9	6,50
$Cu(OH)_2$	$6,7 \cdot 10^{-4}$	$6,9 \cdot 10^{-5}$
CuS	$3,4 \cdot 10^{-5}$	$3,6 \cdot 10^{-6}$
$CuSO_4$	20,9	1,31
$FeBr_2$	115,1	5,3
$FeCO_3$	$7,2 \cdot 10^{-4}$	$6,2 \cdot 10^{-5}$
$FeCl_2$	62,6	4,95
$FeCl_3$	91,9	5,66
$Fe(NO_3)_2$	209,55	1,17
$Fe(NO_3)_3$	229,7	0,95
$Fe(OH)_2$	$9,9 \cdot 10^{-5}$	$1,1 \cdot 10^{-5}$
$Fe(OH)_3$	$5 \cdot 10^{-9}$	$4,7 \cdot 10^{-10}$
FeS	$6,2 \cdot 10^{-4}$	$7,1 \cdot 10^{-5}$
$FeSO_4$	26,6	1,75
$Fe(NH_4)_2(SO_4)_2$	26,9	0,947
$FeNH_4(SO_4)_2$	124,0	4,66
Hg	$2 \cdot 10^{-6}$	$1 \cdot 10^{-7}$
$HgBr_2$	0,62 (25 °C)	$1,7 \cdot 10^{-2}$
$Hg(CN)_2$	9,3 (13,5 °C)	0,37
$HgCl_2$	6,6	0,24
Hg_2Cl_2	$2,3 \cdot 10^{-4}$	$9,7 \cdot 10^{-6}$
HgI_2 (gelb)	$5 \cdot 10^{-3}$	$1,1 \cdot 10^{-4}$
HgI_2 (rot)	$3 \cdot 10^{-5}$	$6,6 \cdot 10^{-7}$
HgI	$2 \cdot 10^{-8}$	$6,1 \cdot 10^{-10}$
HgO	$5 \cdot 10^{-3}$	$2,3 \cdot 10^{-4}$
HgS	$1,3 \cdot 10^{-6}$	$5,6 \cdot 10^{-8}$
Hg_2SO_4	$6 \cdot 10^{-2}$	$1,2 \cdot 10^{-3}$
I_2	$2,2 \cdot 10^{-2}$	$8,7 \cdot 10^{-4}$
HIO_3	269,0	15,3
$KAl(SO_4)_2$	6,0	0,23
KBr	65,6	5,51
$KBrO_3$	6,9	0,41
KCN	71,6	11,0
$K(C_2H_3O_2)$ (Acetat)	255,6	2,6
K_2CO_3	111,5	8,06
$KHCO_3$	33,3	3,33
KCl	34,4	4,61
$KClO_3$	7,3	0,6
$KClO_4$	1,7	0,12
K_2CrO_4	63,0	3,24
$K_2Cr_2O_7$	12,3	0,418
$KCr(SO_4)_2$	24,4	0,862
KF	48,0	8,26
KHF_2	39,2	5,02
$K_3[Fe(CN)_6]$	46,0	1,40
$K_4[Fe(CN)_6]$	28,0	0,760
KI	144,5	8,71
KIO_3	8,1	0,38
$KMnO_4$	6,4	0,40
KNO_2	298,4	35,0
KNO_3	31,5	3,12
KOH	112,0	20,0
KH_2PO_4	22,7	1,67
$K_2[PtCl_6]$	0,77	$1,6 \cdot 10^{-2}$
$KReO_4$	1,01	$3,49 \cdot 10^{-2}$

Verbindung	Löslichkeit in	
	g/100 g H_2O	mol/1000 g H_2O
$KSCN$	218,0	22,4
K_2SO_3	107,0	6,76
K_2SO_4	11,2	0,643
$KHSO_4$	51,4	3,77
$K_2S_2O_8$	4,7	0.17
$K_2[SiF_6]$	0,1	$4{,}5 \cdot 10^{-3}$
$La(C_2H_3O_2)_3$ (Acetat)	22,1	$7 \cdot 10^{-2}$
$LaCl_3$	218,3	0,59
$La_2(SO_4)_3$	2,25	$3{,}98 \cdot 10^{-2}$
$LiBr$	177	2,04
Li_2CO_3	1,3	0,18
$LiCl$	82,8	19,5
LiF	0,27	$1{,}0 \cdot 10^{-2}$
LiI	163	12,2
$LiNO_3$	69,5	10,1
$LiOH$	12,8	5,35
Li_3PO_4	$3 \cdot 10^{-2}$	$2{,}6 \cdot 10^{-3}$
Li_2SO_4	34,8	3,17
$MgBr_2$	96,5	5,24
$MgCO_3$	$1{,}1 \cdot 10^{-2}$	$1{,}3 \cdot 10^{-3}$
$MgCl_2$	54,3	5,70
MgF_2	$8{,}7 \cdot 10^{-3}$	$1{,}4 \cdot 10^{-3}$
$Mg(NO_3)_2$	70,5	4,75
MgO	$6{,}2 \cdot 10^{-4}$	$1{,}5 \cdot 10^{-4}$
$Mg(OH)_2$	$9 \cdot 10^{-4}$	$1{,}5 \cdot 10^{-4}$
$MgNH_4PO_4$	$6{,}0 \cdot 10^{-3}$	$4{,}4 \cdot 10^{-4}$
$MgSO_4$	35,6	2,95
$MnBr_2$	146,9	6,84
$MnCO_3$	$4 \cdot 10^{-2}$	$3{,}5 \cdot 10^{-3}$
$MnCl_2$	73,5	5,84
$Mn(NO_3)_2$	131,5	7,35
$Mn(OH)_2$	$2 \cdot 10^{-4}$	$2{,}2 \cdot 10^{-5}$
MnS	$6 \cdot 10^{-3}$	$6{,}9 \cdot 10^{-4}$
$MnSO_4$	62,9	4,16
NH_3	53,1	31,2
NH_4Br	73,9	7,55
$(NH_4)_2CO_3$	100,0	10,4
NH_4HCO_3	21,7	2,74
$(NH_4)_2C_2O_4$ (Oxalat)	4,4	0,35
NH_4Cl	37,4	7,00
NH_4F	82,6	2,2

Verbindung	Löslichkeit in	
	g/100 g H_2O	mol/1000 g H_2O
NH_4I	172,3	11,9
NH_4NO_3	178,7	22,3
$NH_4H_2PO_4$	36,8	3,20
$(NH_4)_2HPO_4$	68,6	5,20
$(NH_4)_2[PtCl_6]$	0,67	$1{,}5 \cdot 10^{-2}$
NH_4SCN	163,0	21,4
$(NH_4)_2SO_4$	75,4	5,70
NH_4VO_3	0,48	$4{,}1 \cdot 10^{-2}$
Na_2HAsO_4	26,5	1,43
$Na_2B_4O_7$	2,5	0,12
$NaBr$	90,5	8,80
$Na(C_2H_3O_2)$ (Acetat)	46,2	5,63
$Na_3(C_6H_5O_7)$ (Citrat)	70,3	0,37
Na_2CO_3	21,6	2,04
$NaHCO_3$	9,6	1,1
$NaCl$	35,9	6,15
$NaClO_3$	96,1	9,03
$NaClO_4$	181	14,8
Na_2CrO_4	90,1	5,56
$Na_2Cr_2O_7$	180,1	6,88
NaF	4,1	0,98
NaI	179,3	12,0
Na_2MoO_4	65,0	3,16
$NaNO_2$	81,8	11,9
$NaNO_3$	88,0	10,3
$NaOH$	107,0	26,8
NaH_2PO_4	85,2	7,10
Na_2HPO_4	7,7	0,54
$NaNH_4HPO_4$	16,7	1,22
Na_2S	18,6	2,66
Na_2SO_3	26,6	2,11
$Na_2S_2O_3$	70,0	4,42
Na_2SO_4	19,1	1,34
$Na_2[SiF_6]$	0,65	$3{,}5 \cdot 10^{-2}$
$NaVO_3$	20,7 (25 °C)	1,70
Na_2WO_4	73,0	2,48
$NiCl_2$	55,3	4,26
$Ni(NO_3)_2$	94,1	5,15
$Ni(OH)_2$	$1{,}4 \cdot 10^{-3}$	$1{,}5 \cdot 10^{-4}$
NiS	$1{,}5 \cdot 10^{-4}$	$1{,}7 \cdot 10^{-5}$
$NiSO_4$	37,8	2,51
$Ni(NH_4)_2(SO_4)_2$	10,4	0,362
OsO_4	6,4	0,25

Verbindung	Löslichkeit in g/100 g H_2O	Löslichkeit in mol/1000 g H_2O
$PbBr_2$	0,84	$3,6 \cdot 10^{-2}$
$Pb(C_2H_3O_2)_2$ (Acetat)	30,6	0,941
$PbCO_3$	$1 \cdot 10^{-4}$	$3,7 \cdot 10^{-6}$
$PbCl_2$	0,97	$3,5 \cdot 10^{-2}$
$PbCrO_4$	$4,3 \cdot 10^{-6}$	$1,3 \cdot 10^{-7}$
PbF_2	$6,6 \cdot 10^{-2}$	$2,7 \cdot 10^{-3}$
PbI_2	$6,5 \cdot 10^{-2}$	$1,4 \cdot 10^{-3}$
$Pb(NO_3)_2$	52,2	1,58
PbO	$1,7 \cdot 10^{-3}$	$7,6 \cdot 10^{-5}$
$Pb(OH)_2$	$2,2 \cdot 10^{-4}$	$9,1 \cdot 10^{-6}$
PbS	$3 \cdot 10^{-5}$	$1,3 \cdot 10^{-6}$
$PbSO_4$	$4,2 \cdot 10^{-3}$	$1,4 \cdot 10^{-4}$
$RbAl(SO_4)_2$	1,52	$4,99 \cdot 10^{-2}$
$RbCl$	91,1	7,54
$RbClO_4$	1,0	$5,4 \cdot 10^{-2}$
$RbNO_3$	53,4	3,62
$Rb_2[PtCl_6]$	$2,8 \cdot 10^{-2}$	$4,8 \cdot 10^{-4}$
Rb_2SO_4	48,2	1,80
H_2S	0,38	0,11
$SbCl_3$	931,5	40,8
Sb_2S_3	$2 \cdot 10^{-4}$	$5,9 \cdot 10^{-6}$
H_2SeO_3	16,8	1,30
H_2SeO_4	1329	91,7
$SnCl_2$ (15 °C)	659	34,7
SnS	$1,3 \cdot 10^{-6}$	$8,6 \cdot 10^{-8}$
SnS_2	$1,5 \cdot 10^{-5}$	$8,2 \cdot 10^{-7}$
$SrBr_2$	98	4,0
$Sr(C_2O_4)$ (Oxalat)	$4,6 \cdot 10^{-3}$	$2,6 \cdot 10^{-4}$
$SrCO_3$	$1,1 \cdot 10^{-3}$	$7,5 \cdot 10^{-5}$
$SrCl_2$	53,8	3,39
$SrCrO_4$	12	0,59
SrF_2	$1,2 \cdot 10^{-2}$	$9,6 \cdot 10^{-4}$
$Sr(NO_3)_2$	70,9	3,35
SrO	0,7	$6,8 \cdot 10^{-2}$
$Sr(OH)_2$	0,7	$5,8 \cdot 10^{-2}$
$SrSO_4$	$1,1 \cdot 10^{-2}$	$6,0 \cdot 10^{-4}$
TeO_2	$7 \cdot 10^{-4}$	$4,4 \cdot 10^{-5}$
H_2TeO_4	33,85 (10 °C)	1,75
$Th(NO_3)_4$	191,0	3,98
$Th(SO_4)_2$	1,38	$3,26 \cdot 10^{-2}$
$TlBr$	$2,4 \cdot 10^{-2}$	$8,4 \cdot 10^{-4}$
Tl_2CO_3	3,92	$8,36 \cdot 10^{-2}$
$TlCl$	0,32	$1,3 \cdot 10^{-2}$
Tl_2CrO_4	$4,27 \cdot 10^{-3}$	$1,8 \cdot 10^{-6}$
TlI	$6,4 \cdot 10^{-3}$	$1,9 \cdot 10^{-4}$
$TlNO_3$	9,6	0,36
$TlOH$ (30 °C)	39,9	1,80
$Tl_2[PtCl_6]$	$6,4 \cdot 10^{-3}$	$7,8 \cdot 10^{-6}$
Tl_2S	$5 \cdot 10^{-2}$	$1,1 \cdot 10^{-3}$
Tl_2SO_4	4,9	$9,7 \cdot 10^{-2}$
$UO_2(NO_3)_2$	119,3	3,02
$ZnBr_2$	446,4	19,8
$ZnCO_3$	$2,2 \cdot 10^{-2}$	$1,8 \cdot 10^{-3}$
$ZnCl_2$	367,0	26,9
$Zn(NO_3)_2$	117,5	6,20
ZnO	$1,6 \cdot 10^{-4}$	$2,0 \cdot 10^{-5}$
$Zn(OH)_2$	$5,2 \cdot 10^{-4}$	$5,2 \cdot 10^{-5}$
$ZnSO_4$	53,8	3,33
ZnS	$6,9 \cdot 10^{-4}$	$7,1 \cdot 10^{-5}$
$Zr(SO_4)_2$	110,6	3,91

11.5.3. Löslichkeitsprodukte von in Wasser schwer löslichen Verbindungen

Den Berechnungen der Löslichkeitsprodukte liegt die Stoffmengenkonzentration mol/l zugrunde.

Verbindung	K_L	t in °C
$AgBr$	$7 \cdot 10^{-13}$	25
$AgBrO_3$	$5{,}8 \cdot 10^{-5}$	25
$AgCN$	$2 \cdot 10^{-12}$	25
$AgCNO$	$2{,}3 \cdot 10^{-7}$	18 … 20
Ag_2CO_3	$6{,}2 \cdot 10^{-12}$	25
$AgCl$	$1{,}6 \cdot 10^{-10}$	25
Ag_2CrO_4	$2 \cdot 10^{-12}$	20
$Ag_2Cr_2O_7$	$2 \cdot 10^{-7}$	25
AgI	$1 \cdot 10^{-16}$	25
$AgIO_3$	$3{,}2 \cdot 10^{-8}$	25
$AgOH$	$2 \cdot 10^{-8}$	25
Ag_3PO_4	$1{,}8 \cdot 10^{-18}$	18 … 20
Ag_2S	$1 \cdot 10^{-49}$	20
$AgSCN$	$1 \cdot 10^{-12}$	25
Ag_2SO_4	$8 \cdot 10^{-5}$	25
$AgVO_3$	$5 \cdot 10^{-7}$	20
As_2S_3	$4 \cdot 10^{-29}$	20
$BaCO_3$	$7 \cdot 10^{-9}$	16
$Ba(C_2O_4)$ (Oxalat)	$1{,}6 \cdot 10^{-7}$	18
$BaCrO_4$	$2 \cdot 10^{-10}$	18
BaF_2	$1{,}7 \cdot 10^{-6}$	18
$Ba(IO_3)_2$	$6{,}5 \cdot 10^{-10}$	25
$Ba(OH)_2$	$19 \cdot 10^{-3}$	25
$BaSO_4$	$1 \cdot 10^{-10}$	25
$Bi(OH)_3$	$4{,}3 \cdot 10^{-31}$	18 … 20
Bi_2S_3	$1{,}6 \cdot 10^{-72}$	25
$CaCO_3$	$1 \cdot 10^{-8}$	25
$Ca(C_2O_4)$ (Oxalat)	$2{,}6 \cdot 10^{-9}$	25
$CaCrO_4$	$2{,}3 \cdot 10^{-2}$	20
CaF_2	$4 \cdot 10^{-11}$	25
$Ca(OH)_2$	$5{,}5 \cdot 10^{-6}$	18
$CaSO_4$	$6{,}1 \cdot 10^{-5}$	25
$CdCO_3$	$2{,}5 \cdot 10^{-14}$	25
$Cd(C_2O_4)$ (Oxalat)	$1{,}5 \cdot 10^{-8}$	20
$Cd(OH)_2$	$1{,}2 \cdot 10^{-14}$	25
CdS	$1 \cdot 10^{-29}$	25
$Ce_2(C_2O_4)_3$ (Oxalat)	$2{,}6 \cdot 10^{-29}$	20
$CoCO_3$	$1 \cdot 10^{-12}$	25
$Co(OH)_2$	$2 \cdot 10^{-16}$	25
β-CoS	$2 \cdot 10^{-27}$	20
$Cr(OH)_2$	$2 \cdot 10^{-20}$	18
$Cr(OH)_3$	$1 \cdot 10^{-30}$	25
$CuCO_3$	$1{,}4 \cdot 10^{-10}$	25
$Cu(C_2O_4)$ (Oxalat)	$2{,}9 \cdot 10^{-8}$	25
$CuBr$	$4{,}1 \cdot 10^{-8}$	18
$CuCl$	$1 \cdot 10^{-6}$	18
CuI	$5 \cdot 10^{-12}$	18
$Cu(OH)_2$	$5{,}6 \cdot 10^{-20}$	25
CuS	$8{,}5 \cdot 10^{-45}$	18
Cu_2S	$2 \cdot 10^{-47}$	17
$CuSCN$	$1{,}6 \cdot 10^{-11}$	18
$FeCO_3$	$2{,}5 \cdot 10^{-11}$	18
$Fe(C_2O_4)$ (Oxalat)	$2 \cdot 10^{-7}$	25
$Fe(OH)_2$	$3{,}2 \cdot 10^{-14}$	18
$Fe(OH)_3$	$4 \cdot 10^{-38}$	25
FeS	$3{,}7 \cdot 10^{-19}$	18
Hg_2Br_2	$1{,}3 \cdot 10^{-21}$	25
Hg_2CO_3	$9 \cdot 10^{-17}$	25
Hg_2Cl_2	$2 \cdot 10^{-18}$	25
Hg_2I_2	$1{,}2 \cdot 10^{-28}$	25
HgO	$1{,}4 \cdot 10^{-26}$	20
$Hg(OH)_2$	$1 \cdot 10^{-26}$	18
$Hg_2(OH)_2$	$7{,}8 \cdot 10^{-24}$	18
HgS	$4 \cdot 10^{-53}$	20
Hg_2S	$1 \cdot 10^{-45}$	25
Hg_2SO_4	$4{,}8 \cdot 10^{-7}$	25
$K_2[PtCl_6]$	$5 \cdot 10^{-5}$	18

Verbindung	K_L	t in °C
$La_2(C_2O_4)_3$ (Oxalat)	$2 \cdot 10^{-28}$	25
$La(OH)_3$	$1 \cdot 10^{-20}$	25
Li_2CO_3	$1{,}7 \cdot 10^{-3}$	25
$MgCO_3$	$2{,}6 \cdot 10^{-5}$	12
$Mg(C_2O_4)$ (Oxalat)	$8{,}6 \cdot 10^{-5}$	18
MgF_2	$6 \cdot 10^{-9}$	25
$MgNH_4PO_4$	$2{,}5 \cdot 10^{-13}$	25
$Mg(OH)_2$	$1{,}2 \cdot 10^{-11}$	25
$MnCO_3$	$1 \cdot 10^{-10}$	25
$Mn(OH)_2$	$4 \cdot 10^{-14}$	18
MnS	$1{,}4 \cdot 10^{-15}$	20
$NiCO_3$	$1{,}4 \cdot 10^{-7}$	25
$Ni(OH)_2$	$2 \cdot 10^{-16}$	25
β-NiS	$1 \cdot 10^{-26}$	20
$PbBr_2$	$7{,}4 \cdot 10^{-6}$	25
$PbCO_3$	$3{,}3 \cdot 10^{-14}$	18
$Pb(C_2O_4)$ (Oxalat)	$2{,}7 \cdot 10^{-11}$	18
$PbCl_2$	$2 \cdot 10^{-5}$	25
$PbCrO_4$	$1{,}8 \cdot 10^{-14}$	18
PbF_2	$7 \cdot 10^{-9}$	20
PbI_2	$1{,}3 \cdot 10^{-8}$	20
$Pb(OH)_2$	$2 \cdot 10^{-16}$	25
PbS	$1 \cdot 10^{-29}$	25
$PbSO_4$	$2 \cdot 10^{-8}$	25
$RaSO_4$	$4{,}3 \cdot 10^{-11}$	20
$Sb(OH)_3$	$4 \cdot 10^{-42}$	25
$Sn(OH)_2$	$5 \cdot 10^{-26}$	25
$Sn(OH)_4$	$1 \cdot 10^{-56}$	25
SnS	$1 \cdot 10^{-28}$	25
$SrCO_3$	$1{,}6 \cdot 10^{-9}$	25
$Sr(C_2O_4)$ (Oxalat)	$5 \cdot 10^{-8}$	18
$SrCrO_4$	$3{,}6 \cdot 10^{-5}$	18
SrF_2	$3 \cdot 10^{-9}$	25
$SrSO_4$	$3{,}8 \cdot 10^{-7}$	18
$Th(OH)_4$	$1 \cdot 10^{-50}$	25
$Ti(OH)_3$	$1 \cdot 10^{-40}$	25
$TlBr$	$4 \cdot 10^{-6}$	25
$TlCl$	$2 \cdot 10^{-4}$	25
TlI	$2{,}8 \cdot 10^{-8}$	20
$Tl(OH)_3$	$1 \cdot 10^{-44}$	25
Tl_2S	$7 \cdot 10^{-23}$	18
$ZnCO_3$	$6 \cdot 10^{-11}$	25
$Zn(C_2O_4)$ (Oxalat)	$1{,}4 \cdot 10^{-9}$	18
$Zn(OH)_2$	$5 \cdot 10^{-17}$	25
ZnS	$7 \cdot 10^{-26}$	20

11.6. Komplexstabilitätskonstanten

11.6.1. Erläuterungen

Wenn ein Zentralatom M mehrere Liganden L anlagert, erhält man eine Folge von Reaktionen für die stufenweise Komplexbildung:

$$M + L \rightleftarrows ML; \qquad ML_2 + L \rightleftarrows ML_3;$$

$$ML + L \rightleftarrows ML_2; \qquad ML_{n-1} + L \rightleftarrows ML_n.$$

Durch Anwendung des Massenwirkungsgesetzes ergibt sich für die individuellen Komplexstabilitätskonstanten

$$K_1^\dagger = \frac{a_{ML}}{a_M a_L}; \quad K_2^\dagger = \frac{a_{ML_2}}{a_{ML} a_L}; \quad K_3^\dagger = \frac{a_{ML_3}}{a_{ML_2} a_L}; \quad K_n^\dagger = \frac{a_{ML_n}}{a_{ML_{n-1}} a_L}.$$

Für die Gesamtreaktion gilt die Bruttostabilitätskonstante

$$\beta_n^\dagger = \frac{a_{ML_n}}{a_M a_L^n} = K_1^\dagger K_2^\dagger K_3^\dagger K_n^\dagger = \prod_i K_i^\dagger$$

Die individuellen Stabilitätskonstanten und die Bruttostabilitätskonstante sind über die Aktivitätskoeffizienten mit den entsprechenden stöchiometrischen Gleichgewichtskonstanten verbunden:

$$K_i = \frac{f_M f_L}{f_{ML}} K_i^\dagger; \qquad \beta_n = \frac{f_M f_L^n}{f_{ML}} \beta_n^\dagger$$

Anstelle der Stabilitätskonstanten werden auch ihre reziproken Werte als Komplexdissoziationskonstanten angegeben:

$$K_{Diss.} = \frac{1}{K_{Stab.}}.$$

Außerdem gilt für K:

$$\lg K_{Stab.} = -\lg K_{Diss.} = pK.$$

Tabelle 11.6.2 enthält die Bruttostabilitätskonstanten, Bruttodissoziationskonstanten und pK-Werte für ausgewählte Komplexionen, Tabelle 11.6.3 die pK-Werte einiger Komplexe der Ethylendiamintetraessigsäure und der Nitrilotriessigsäure.

11.6.2. Stabilitätskonstanten von ausgewählten Komplexionen

Komplex	$K_{Stab.}$	pK	$K_{Diss.}$
$[Ag(NH_3)_2]^+$	$1{,}5 \cdot 10^7$	7,17	$6{,}7 \cdot 10^{-8}$
$[Ag(NO_2)_2]^-$	$6{,}7 \cdot 10^2$	2,83	$1{,}5 \cdot 10^{-3}$
$[Ag(S_2O_3)]^-$	$1{,}0 \cdot 10^{13}$	13,00	$1{,}0 \cdot 10^{-13}$
$[Ag(SO_3)_2]^{3-}$	$2{,}5 \cdot 10^8$	8,40	$4{,}0 \cdot 10^{-9}$
$[Ag(SCN)_2]^-$	$6{,}0 \cdot 10^9$	9,78	$1{,}7 \cdot 10^{-10}$
$[Ag(CN)_2]^-$	$2{,}4 \cdot 10^{21}$	21,40	$4{,}2 \cdot 10^{-22}$
$[Ag(Methylamin)_2]^+$	$1{,}4 \cdot 10^7$	7,15	$7{,}1 \cdot 10^{-7}$
$[Ag(Dimethylamin)_2]^+$	$2{,}3 \cdot 10^5$	5,36	$4{,}3 \cdot 10^{-6}$
$[Ag(Trimethylamin)_2)^+$	$1{,}7 \cdot 10^3$	3,23	$5{,}9 \cdot 10^{-4}$
$[Ag(Ethylamin)_2]^+$	$5{,}0 \cdot 10^7$	7,70	$2{,}0 \cdot 10^{-8}$
$[Ag(Diethylamin]_2]^+$	$2{,}5 \cdot 10^6$	6,40	$4{,}0 \cdot 10^{-7}$
$[Ag(Triethylamin)_2]^+$	$2{,}5 \cdot 10^4$	4,40	$4{,}0 \cdot 10^{-5}$
$[Ag(Ethylendiamin)_2]^+$	$7{,}7 \cdot 10^6$	6,89	$1{,}45 \cdot 10^{-8}$
$[AgCl_4]^{3-}$	$5{,}0 \cdot 10^5$	5,70	$2{,}0 \cdot 10^{-6}$
$[AgBr_4]^{3-}$	$8{,}5 \cdot 10^8$	8,93	$1{,}2 \cdot 10^{-9}$
$[AgI_4]^{3-}$	$5{,}5 \cdot 10^{15}$	15,74	$1{,}8 \cdot 10^{-16}$
$[Au(CN)_2]^-$	$2{,}5 \cdot 10^{36}$	36,40	$4{,}0 \cdot 10^{-37}$
$[Cd(NH_3)_4]^{2+}$	$4{,}0 \cdot 10^6$	6,60	$2{,}5 \cdot 10^{-7}$
$[Cd(CN)_4]^{2-}$	$7{,}1 \cdot 10^{16}$	16,85	$1{,}4 \cdot 10^{-17}$
$[Co(NH_3)_6]^{2+}$	$1{,}3 \cdot 10^5$	5,11	$7{,}8 \cdot 10^{-6}$
$[Co(NH_3)_6]^{3+}$	$4{,}5 \cdot 10^{23}$	23,66	$2{,}2 \cdot 10^{-24}$
$[Cu(NH_3)_4]^{2+}$	$2{,}2 \cdot 10^{13}$	13,34	$4{,}6 \cdot 10^{-14}$
$[Cu(CN)_4]^{2-}$	$2{,}0 \cdot 10^{27}$	27,30	$5{,}0 \cdot 10^{-28}$
$[Cu(Ethylendiamin)_2]^{2+}$	$6{,}2 \cdot 10^5$	5,80	$1{,}6 \cdot 10^{-6}$
$[Fe(CN)_6]^{4-}$	$1{,}0 \cdot 10^{44}$	44,00	$1{,}0 \cdot 10^{-44}$
$[HgCl_4]^{2-}$	$1{,}7 \cdot 10^{16}$	16,20	$5{,}9 \cdot 10^{-17}$
$[HgBr_4]^{2-}$	$4{,}6 \cdot 10^{21}$	21,70	$2{,}2 \cdot 10^{-22}$
$[HgI_4]^{2-}$	$2{,}0 \cdot 10^{30}$	30,30	$5{,}0 \cdot 10^{-31}$
$[Hg(SCN)_4)^{2-}$	$1{,}0 \cdot 10^{22}$	22,00	$1{,}0 \cdot 10^{-22}$
$[Hg(CN)_4]^{2-}$	$4{,}7 \cdot 10^{41}$	41,70	$2{,}1 \cdot 10^{-42}$
$[Ni(CN)_4]^{2-}$	$2{,}0 \cdot 10^{15}$	15,30	$5{,}0 \cdot 10^{-16}$
$[Ni(NH_3)_6]^{2+}$	$5{,}5 \cdot 10^8$	8,74	$1{,}8 \cdot 10^{-9}$
$[Zn(NH_3)_4]^{2+}$	$1{,}0 \cdot 10^9$	9,00	$1{,}0 \cdot 10^{-9}$

11.6.3. p*K*-Werte einiger Komplexe der Ethylendiamintetraessigsäure (EDTA) und der Nitrilotriessigsäure (NTE) für die Ionenstärke 0,1 und die Temperatur 20 °C

Kation	p*K* (EDTA)	p*K* (NTE)	Kation	p*K* (EDTA)	p*K* (NTE)
Al^{3+}	16,1	–	In^{3+}	24,9	–
Ag^{+}	7,3	5,4	Mg^{2+}	8,7	5,4
Ba^{2+}	7,8	4,8	Mn^{2+}	13,8	7,4
Ca^{2+}	10,7	6,4	Ni^{2+}	18,6	11,5
Cd^{2+}	16,5	9,8	Pb^{2+}	18,0	11,4
Co^{2+}	16,3	10,4	Sr^{2+}	8,6	5,0
Cu^{2+}	18,8	13,0	Th^{4+}	23,2	–
Fe^{3+}	25,1	15,9	V^{2+}	12,7	–
Fe^{2+}	14,3	8,8	V^{3+}	25,9	–
Ga^{3+}	20,3	–	VO^{2+}	18,8	–
Hg^{2+}	21,8	–	Zn^{2+}	16,5	10,7

12. Elektrodenpotentiale

12.1. Standardelektrodenpotentiale

12.1.1. Erläuterungen

Das Gleichgewichtselektrodenpotential $U_H(X)_{eq}$ einer Versuchselektrode X, bezogen auf die Standardwasserstoffelektrode, ergibt sich aus der NERNSTschen Gleichung

$$U_H(X)_{eq} = U_H^{\ominus}(X) + \frac{RT}{z_r F} \ln \prod a_i^{\nu_i},$$

bzw. bei 25 °C aus der Zahlenwertgleichung

$$U_H(X, 25\,°C) = U_H^{\ominus}(X, 25\,°C) + \frac{0{,}0592}{z_r} \lg \prod a_i^{\nu_i}.$$

Die Reaktionsladungszahl z_r ist gleich der Anzahl der in der Elektrodenreaktion übertragenen Elektronen. Bei der Bildung des Aktivitätenproduktes $\Pi\, a_i^{\nu_i}$ ist zu beachten:

- für Ionen werden die Aktivitäten a_i, für Gase die Partialdrücke p_i eingesetzt,
- reduzierte Formen bzw. verschwindende Reaktionsteilnehmer gehen mit negativer, oxydierte Formen bzw. entstehende Reaktionsteilnehmer mit positiver Stöchiometriezahl ν_i in das Produkt ein,
- für reine feste Phasen (z. B. Metalle) oder reine flüssige Phasen (z. B. Wasser) ist die Aktivität gleich 1 zu setzen.

Die Standardelektrodenpotentiale $U_H^{\ominus}$, bezogen auf die Standardwasserstoffelektrode, sind für reines Wasser als Lösungsmittel bei 25 °C, 101,325 kPa (1 atm), $a_i = 1$ im folgenden tabelliert.

12.1.2. Werte des Nernst-Faktors $N_F = 2{,}3026 \cdot RT/z_r F$ in V für $z_r = 1$ bei verschiedenen Temperaturen

t in °C	N_F in V	t in °C	N_F in V	t in °C	N_F in V
0	0,05420	22	0,05856	40	0,06214
5	5519	23	5876	45	6313
10	5618	24	5896	50	6412
15	5718	25	5916	55	6511
16	5737	26	5936	60	6610
17	5757	27	5956	65	6710
18	5777	28	5975	70	6809
19	5797	29	5995	80	7007
20	5817	30	6015	90	7206
21	5837	35	6114	100	7404

12.1.3. Standardelektrodenpotentiale $U_H^\ominus$ von Elektroden 1. Art

Elektrodenreaktion	$U_H^\ominus$ in Volt	Elektrodenreaktion	$U_H^\ominus$ in Volt
$Li \rightleftharpoons Li^+ + e^-$	−3,045	$In \rightleftharpoons In^{3+} + 3e^-$	−0,340
$K \rightleftharpoons K^+ + e^-$	−2,925	$Tl \rightleftharpoons Tl^+ + e^-$	−0,335
$Rb \rightleftharpoons Rb^+ + e^-$	−2,925	$Co \rightleftharpoons Co^{2+} + 2e^-$	−0,277
$Cs \rightleftharpoons Cs^+ + e^-$	−2,923	$Ni \rightleftharpoons Ni^{2+} + 2e^-$	−0,250
$Ba \rightleftharpoons Ba^{2+} + 2e^-$	−2,906	$Sn \rightleftharpoons Sn^{2+} + 2e^-$	−0,140
$Sr \rightleftharpoons Sr^{2+} + 2e^-$	−2,888	$Pb \rightleftharpoons Pb^{2+} + 2e^-$	−0,126
$Ca \rightleftharpoons Ca^{2+} + 2e^-$	−2,866	$Fe \rightleftharpoons Fe^{3+} + 3e^-$	−0,036
$Na \rightleftharpoons Na^+ + e^-$	−2,714	$Sn \rightleftharpoons Sn^{4+} + 4e^-$	+0,050
$La \rightleftharpoons La^{3+} + 3e^-$	−2,522	$Sb \rightleftharpoons Sb^{3+} + 3e^-$	+0,200
$Mg \rightleftharpoons Mg^{2+} + 2e^-$	−2,363	$Bi \rightleftharpoons Bi^{3+} + 3e^-$	+0,280
$Y \rightleftharpoons Y^{3+} + 3e^-$	−2,100	$As \rightleftharpoons As^{3+} + 3e^-$	+0,300
$Th \rightleftharpoons Th^{4+} + 4e^-$	−1,899	$Cu \rightleftharpoons Cu^{2+} + 2e^-$	+0,342
$Be \rightleftharpoons Be^{2+} + 2e^-$	−1,847	$Cu \rightleftharpoons Cu^+ + e^-$	+0,521
$Ti \rightleftharpoons Ti^{2+} + 2e^-$	−1,750	$Te \rightleftharpoons Te^{4+} + 4e^-$	+0,570
$Al \rightleftharpoons Al^{3+} + 3e^-$	−1,662	$Tl \rightleftharpoons Tl^{3+} + 3e^-$	+0,720
$U \rightleftharpoons U^{4+} + 4e^-$	−1,400	$2\,Hg \rightleftharpoons Hg_2^{2+} + 2e^-$	+0,799
$Mn \rightleftharpoons Mn^{2+} + 2e^-$	−1,050	$Ag \rightleftharpoons Ag^+ + e^-$	+0,800
$Zn \rightleftharpoons Zn^{2+} + 2e^-$	−0,763	$Pd \rightleftharpoons Pd^{2+} + 2e^-$	+0,830
$Cr \rightleftharpoons Cr^{3+} + 3e^-$	−0,744	$Hg \rightleftharpoons Hg^{2+} + 2e^-$	+0,854
$Ga \rightleftharpoons Ga^{3+} + 3e^-$	−0,520	$Pt \rightleftharpoons Pt^{2+} + 2e^-$	+1,200
$Fe \rightleftharpoons Fe^{2+} + 2e^-$	−0,440	$Au \rightleftharpoons Au^{3+} + 3e^-$	+1,498
$Cd \rightleftharpoons Cd^{2+} + 2e^-$	−0,402	$Au \rightleftharpoons Au^+ + e^-$	+1,691

12.1.4. Standardelektrodenpotentiale $U_H^\ominus$ von Elektroden 2. Art

Elektrode	$U_H^\ominus$ in Volt
Pb/PbO (s), OH^-	−0,5785
$Pb/PbSO_4$ (s), SO_4^{2-}	−0,276
Ag/AgI (s), I^-	−0,1523
Hg/Hg_2I_2 (s), I^-	−0,0405
$Ag/AgBr$ (s), Br^-	+0,0713
$Ag/AgSCN$ (s), SCN^-	+0,0947
Hg/HgO (s), OH^-	+0,0984
Hg/Hg_2Br_2 (s), Br^-	+0,1396
$Ag/AgCl$(s), Cl^-	+0,2224
Hg/Hg_2Cl_2(s), Cl^-	+0,26796
Ag/AgN_3(s), N_3^-	+0,2919
Hg/Hg_2SO_4 (s), SO_4^{2-}	+0,6141

12.1.5. Standardelektrodenpotentiale $U_H^{\ominus}$ von Redoxelektroden (pH-unabhängige Redoxsysteme)

Elektrodenreaktion			$U_H^{\ominus}$ in Volt
$[Co(CN)_6]^{4-}$	$\rightleftharpoons [Co(CN)_6]^{3-}$	+ e^-	−0,83
S^-	$\rightleftharpoons$ S (s)	+ e^-	−0,508
Cr^{2+}	$\rightleftharpoons Cr^{3+}$	+ e^-	−0,41
Ti^{2+}	$\rightleftharpoons Ti^{3+}$	+ e^-	−0,37
V^{2+}	$\rightleftharpoons V^{3+}$	+ e^-	−0,20
Ti^{3+}	$\rightleftharpoons Ti^{4+}$	+ e^-	+0,1
$[Co(NH_3)_6]^{2+}$	$\rightleftharpoons [Co(NH_3)_6]^{3+}$	+ e^-	+0,1
Sn^{2+}	$\rightleftharpoons Sn^{4+}$	+ $2e^-$	+0,154
Cu^+	$\rightleftharpoons Cu^{2+}$	+ e^-	+0,167
$2\,S_2O_3$	$\rightleftharpoons S_4O_2^{-}$	+ $2e^-$	+0,17
$[Fe(CN)_6]^{4-}$	$\rightleftharpoons [Fe(CN)_6]^{3-}$	+ e^-	+0,356
$2\,I^-$	$\rightleftharpoons I_2$ (s)	+ $2e^-$	+0,535
$3\,I^-$	$\rightleftharpoons I_3^-$	+ $2e^-$	+0,536
MnO_4^{2-}	$\rightleftharpoons MnO_4^-$	+ e^-	+0,54
Fe^{2+}	$\rightleftharpoons Fe^{3+}$	+ e^-	+0,771
Hg_2^{2+}	$\rightleftharpoons 2\,Hg^{2+}$	+ $2e^-$	+0,910
$2\,Br^-$	$\rightleftharpoons Br_2$ (l)	+ $2e^-$	+1,065
Tl^+	$\rightleftharpoons Tl^{3+}$	+ $2e^-$	+1,25
Au^+	$\rightleftharpoons Au^{3+}$	+ $2e^-$	+1,29
$2\,Cl^-$	$\rightleftharpoons Cl_2$ (g)	+ $2e^-$	+1,358
Ce^{3+}	$\rightleftharpoons Ce^{4+}$	+ e^-	+1,610
Pb^{2+}	$\rightleftharpoons Pb^{4+}$	+ $2e^-$	+1,69
Co^{2+}	$\rightleftharpoons Co^{3+}$	+ e^-	+1,842
Ag^+	$\rightleftharpoons Ag^{2+}$	+ e^-	+1,98
$2\,SO_4^{2-}$	$\rightleftharpoons S_2O_8^{2-}$	+ $2e^-$	+2,05
$2\,F^-$	$\rightleftharpoons F_2$ (g)	+ $2e^-$	+2,85

12.1.6. Standardelektrodenpotentiale $U_H^{\ominus}$ von Redoxelektroden (pH-abhängige Redoxsysteme)

Elektrodenreaktion			$U_H^{\ominus}$ in Volt
Ca + 2 OH^-	$\rightleftharpoons Ca(OH)_2$	+ $2e^-$	−3,02
La + 3 OH^-	$\rightleftharpoons La(OH)_3$	+ $3e^-$	−2,80
Mg + 2 OH^-	$\rightleftharpoons Mg(OH)_2$	+ $2e^-$	−2,68
U + 4 OH^-	$\rightleftharpoons UO_2 + 2\,H_2O$	+ $4e^-$	−2,39
Al + 4 OH^-	$\rightleftharpoons H_2AlO_3^- + H_2O$	+ $3e^-$	−2,35
Zr + 4 OH^-	$\rightleftharpoons H_2ZrO_3 + H_2O$	+ $4e^-$	−2,32
Al + 3 OH^-	$\rightleftharpoons Al(OH)_3$	+ $3e^-$	−2,31
Th + 2 H_2O	$\rightleftharpoons ThO_2 + 4\,H^+$	+ $4e^-$	−1,80
Mn + 2 OH^-	$\rightleftharpoons Mn(OH)_2$	+ $2e^-$	−1,47
Zr + 2 H_2O	$\rightleftharpoons ZrO_2 + 4\,H^+$	+ $4e^-$	−1,43
Cr + 3 OH^-	$\rightleftharpoons Cr(OH)_3$	+ $3e^-$	−1,3
Zn + 2 OH^-	$\rightleftharpoons Zn(OH)_2$	+ $2e^-$	−1,245
Zn + 4 OH^-	$\rightleftharpoons ZnO_2^{2-} + 2\,H_2O$	+ $2e^-$	−1,216

Elektrodenreaktion			$U_H^\ominus$ in Volt
$HPO_3^{2-} + 3\,OH^-$	$\rightleftharpoons PO_4^{3-} + 2\,H_2O$	$+ 2e^-$	$-1{,}05$
$Mo + 8\,OH^-$	$\rightleftharpoons MoO_4^{2-} + 4\,H_2O$	$+ 6e^-$	$-1{,}05$
$W + 8\,OH^-$	$\rightleftharpoons WO_4^{2-} + 4\,H_2O$	$+ 6e^-$	$-1{,}05$
$CN^- + 2\,OH^-$	$\rightleftharpoons CNO^- + H_2O$	$+ 2e^-$	$-0{,}96$
$SO_3^{2-} + 2\,OH^-$	$\rightleftharpoons SO_4^{2-} + H_2O$	$+ 2e^-$	$-0{,}90$
$Fe + 2\,OH^-$	$\rightleftharpoons Fe(OH)_2$	$+ 2e^-$	$-0{,}877$
$H_2 + 2\,OH^-$	$\rightleftharpoons 2\,H_2O$	$+ 2e^-$	$-0{,}828$
$Co + 2\,OH^-$	$\rightleftharpoons Co(OH)_2$	$+ 2e^-$	$-0{,}73$
$Ni + 2\,OH^-$	$\rightleftharpoons Ni(OH)_2$	$+ 2e^-$	$-0{,}69$
$Pb + 2\,OH^-$	$\rightleftharpoons PbO + H_2O$	$+ 2e^-$	$-0{,}578$
$NO + 2\,OH^-$	$\rightleftharpoons NO_2^- + H_2O$	$+ e^-$	$-0{,}46$
$2\,Cu + 2\,OH^-$	$\rightleftharpoons Cu_2O + H_2O$	$+ 2e^-$	$-0{,}361$
$NH_2OH + 7\,OH^-$	$\rightleftharpoons NO_3^- + 5\,H_2O$	$+ 6e^-$	$-0{,}30$
$Cu + 2\,OH^-$	$\rightleftharpoons Cu(OH)_2$	$+ 2e^-$	$-0{,}224$
$Cr(OH)_3 + 5\,OH^-$	$\rightleftharpoons CrO_4^{2-} + 4\,H_2O$	$+ 3e^-$	$-0{,}12$
H_2	$\rightleftharpoons 2\,H^+$	$+ 2e^-$	$\pm 0{,}000$
$NO_3^- + OH^-$	$\rightleftharpoons NO_2^- + H_2O$	$+ 2e^-$	$+0{,}01$
$Ti^{3+} + H_2O$	$\rightleftharpoons TiO^{2+} + 2\,H^+$	$+ e^-$	$+0{,}1$
$2\,Hg + 2\,OH^-$	$\rightleftharpoons Hg_2O + H_2O$	$+ 2e^-$	$+0{,}123$
$ClO_3^- + 2\,OH^-$	$\rightleftharpoons ClO_4^- + H_2O$	$+ 2e^-$	$+0{,}17$
$H_2SO_3 + H_2O$	$\rightleftharpoons SO_4^{2-} + 4\,H^+$	$+ 2e^-$	$+0{,}20$
$I^- + 6\,OH^-$	$\rightleftharpoons IO_3^- + 3\,H_2O$	$+ 6e^-$	$+0{,}26$
$V^{3+} + H_2O$	$\rightleftharpoons VO^{2+} + 2\,H^+$	$+ e^-$	$+0{,}314$
$U^{4+} + 2\,H_2O$	$\rightleftharpoons UO_2^{2+} + 4\,H^+$	$+ 2e^-$	$+0{,}334$
$4\,OH^-$	$\rightleftharpoons O_2 + 2\,H_2O$	$+ 4e^-$	$+0{,}401$
$Br_2 + 4\,OH^-$	$\rightleftharpoons 2\,BrO^- + 2\,H_2O$	$+ 2e^-$	$+0{,}45$
$Cl^- + 8\,OH^-$	$\rightleftharpoons ClO_4^- + 4\,H_2O$	$+ 8e^-$	$+0{,}51$
$Cl_2 + 4\,OH^-$	$\rightleftharpoons 2\,ClO^- + 2\,H_2O$	$+ 2e^-$	$+0{,}52$
$MnO_2 + 4\,OH^-$	$\rightleftharpoons MnO_4^- + 2\,H_2O$	$+ 3e^-$	$+0{,}57$
H_2O_2	$\rightleftharpoons O_2 + 2\,H^+$	$+ 2e^-$	$+0{,}682$
$C_6H_6O_2$ (Hydrochinon)	$\rightleftharpoons C_6H_4O_2 + 2\,H^+$	$+ 2e^-$	$+0{,}6997$
$NH_4^+ + H_2O$	$\rightleftharpoons HNO_2 + 7\,H^+$	$+ 6e^-$	$+0{,}86$
$Cl^- + 2\,OH^-$	$\rightleftharpoons ClO^- + H_2O$	$+ 2e^-$	$+0{,}89$
$NO + H_2O$	$\rightleftharpoons NO_3^- + 4\,H^+$	$+ 3e^-$	$+0{,}96$
$2\,H_2O$	$\rightleftharpoons O_2 + 4\,H^+$	$+ 4e^-$	$+1{,}229$
$Mn^{2+} + 2\,H_2O$	$\rightleftharpoons MnO_2 + 4\,H^+$	$+ 2e^-$	$+1{,}236$
$2\,Cr^{3+} + 7\,H_2O$	$\rightleftharpoons Cr_2O_7^{2-} + 14\,H^+$	$+ 6e^-$	$+1{,}33$
$Br^- + 3\,H_2O$	$\rightleftharpoons BrO_3^- + 6\,H^+$	$+ 6e^-$	$+1{,}44$
$Cl^- + 3\,H_2O$	$\rightleftharpoons ClO_3^- + 6\,H^+$	$+ 6e^-$	$+1{,}45$
$Mn^{2+} + 4\,H_2O$	$\rightleftharpoons MnO_4^- + 8\,H^+$	$+ 5e^-$	$+1{,}51$
$PbSO_4 + 2\,H_2O$	$\rightleftharpoons PbO_2 + SO_4^{2-} + 4\,H^+$	$+ 2e^-$	$+1{,}685$
$MnO_2 + 2\,H_2O$	$\rightleftharpoons MnO_4^- + 4\,H^+$	$+ 3e^-$	$+1{,}695$
$2\,H_2O$	$\rightleftharpoons H_2O_2 + 2\,H^+$	$+ 2e^-$	$+1{,}77$
$NH_4^+ + H_2$	$\rightleftharpoons NH_3 + 3\,H^+$	$+ 2e^-$	$+1{,}96$
$O_2 + H_2O$	$\rightleftharpoons O_3 + 2\,H^+$	$+ 2e^-$	$+2{,}07$
H_2O	$\rightleftharpoons O\,(g) + 2\,H^+$	$+ 2e^-$	$+2{,}42$
$2\,HF$	$\rightleftharpoons F_2 + 2\,H^+$	$+ 2e^-$	$+3{,}06$

12.2. Elektrodenpotentiale von Bezugselektroden

Bezugselektrode	$U_H(B)_{eq}$ in Volt
Ag/AgCl (s), KCl (aq, sa)	+0,1958
Ag/AgCl (s), KCl (aq, 1 mol/l)	+0,235
Ag/AgCl (s), KCl (aq, 0,1 mol/l)	+0,2882
Ag/AgBr (s), KBr (aq, 1 mol/l)	+0,084
Ag/AgI (s), KI (aq, 1 mol/l)	−0,141
Hg/Hg_2Cl_2 (s), KCl (aq, sa)	+0,2412
Hg/Hg_2Cl_2 (s), KCl (aq, 1 mol/l)	+0,2801
Hg/Hg_2Cl_2 (s), KCl (aq, 0,1 mol/l)	+0,3337
Hg/Hg_2SO_4 (s), H_2SO_4 (aq, 0,5 mol/l)	+0,676
Hg/Hg_2SO_4 (s), K_2SO_4 (aq, sa)	+0,650
Hg/HgO (s), NaOH (aq, 1 mol/l)	+0,108
Hg/HgO (s), NaOH (aq, 0,1 mol/l)	+0,165
Hg/HgO (s), KOH (aq, 1 mol/l)	+0,107

12.3. Normalelemente

WESTON-Normalelement

Beim WESTON-Normalelement sind zwei Elektroden 2. Art über eine gesättigte Cadmiumsulfatlösung miteinander verbunden:

+ Hg/Hg_2SO_4 (s), $CdSO_4$ (aq, sa), $CdSO_4 \cdot 8/3\ H_2O$ (s)/Cd, Hg/Hg −

Die Gleichgewichtszellspannung beträgt bei 20 °C $U_{eq} = 1{,}01865$ V.
Für die Temperaturabhängigkeit der Zellspannung zwischen 0 °C und 40 °C gilt:

$$U_{eq}(t) = 1{,}01865 + (352{,}6 + 8{,}17t - 1{,}47t^2 + 0{,}009t^3) \cdot 10^{-6}\ \text{V}.$$

WESTON-Standardelement

Das WESTON-Standardelement enthält Cadmiumsulfatlösung, die bei 4 °C gesättigt ist. Die Gleichgewichtszellspannung beträgt bei 20 °C $U_{eq} = 1{,}0190$ V und ist zwischen 10 und 30 °C nahezu konstant.

CLARK-Normalelement

Beim CLARK-Normalelement sind zwei Elektroden 2. Art über eine gesättigte Zinksulfatlösung miteinander verbunden:

+ Hg/Hg_2SO_4 (s), $ZnSO_4$ (aq, sa), $ZnSO_4 \cdot 7\ H_2O$/Zn, Hg/Hg −

Die Gleichgewichtszellspannung beträgt bei 15 °C $U_{eq} = 1{,}4330$ V.
Für die Temperaturabhängigkeit der Zellspannung zwischen 0 und 30 °C gilt:

$$U_{eq}(t) = 1{,}4330 + (152{,}1 - 9{,}09t - 0{,}07t^2) \cdot 10^{-4}\ \text{V}.$$

12.4. Elektrodenpotentiale U_H in Volt bei verschiedenen Temperaturen

t in °C	Elektroden 2. Art (a = 1 mol/l)			Bezugselektroden						
	Ag/AgCl, (s), Cl^-	Hg/Hg_2Cl_2, (s), Cl^-	Hg/Hg_2SO_4, (s), SO_4^{2-}	Ag/AgCl (s), KCl, aq			Hg/Hg_2Cl_2 (s), KCl, aq			Hg/Hg_2SO_4 (s),
				sa	1 M	0,1 M	sa	1 M	0,1 M	aq H_2SO_4, 0,5 M
0	0,2365	0,2735	0,6350	0,2200	0,252	0,2971	0,2567	0,2855	0,3340	0,687
2	2355	2733	6334	2182	251	2966	2555	2852	3341	686
4	2346	2729	6318	2163	250	2960	2543	2848	3342	685
6	2336	2726	6302	2143	248	2954	2531	2845	3343	684
8	2325	2723	6286	2124	247	2948	2519	2841	3343	684
10	0,2314	0,2719	0,6270	0,2104	0,246	0,2941	0,2507	0,2837	0,3343	0,683
15	2285	2708	6231	2056	242	2923	2476	2826	3343	681
17	2273	2703	6216	2036	241	2915	2464	2821	3342	680
18	2267	2700	6208	2026	240	2912	2457	2819	3342	679
19	2261	2698	6201	2016	239	2907	2451	2817	3341	679
20	0,2255	0,2695	0,6193	0,2007	0,239	0,2904	0,2445	0,2814	0,3341	0,679
21	2249	2692	6185	2096	238	2899	2438	2812	3340	678
22	2243	2689	6177	2086	237	2895	2432	2809	3339	678
23	2236	2686	6168	1977	237	2891	2425	2806	3339	677
24	2230	2683	6160	1967	236	2886	2419	2804	3338	677
25	0,2224	0,2680	0,6152	0,1958	0,235	0,2882	0,2412	0,2801	0,3337	0,676
26	2217	2677	6144	1948	234	2878	2405	2798	3336	676
27	2211	2674	6136	1938	233	2873	2399	2795	3335	676
28	2204	2671	6127	1928	233	2869	2392	2793	3334	675
29	2198	2668	6119	1917	232	2865	2385	2790	3333	675
30	0,2191	0,2665	0,6111	0,1906	0,231	0,2860	0,2379	0,2787	0,3332	0,674
31	2184	2661	6103	1896	230	2855	2372	2784	3331	674
32	2177	2657	6095	1886	230	2851	2365	2781	3329	674
33	2171	2654	6086	1876	229	2846	2358	2777	3328	673
34	2164	2651	6078	1866	228	2841	2351	2774	3327	673
35	0,2157	0,2647	0,6070	0,1856	0,227	0,2837	0,2344	0,2771	0,3325	0,672
40	2121	2628	6031	1802	223	2812	2309	2754	3317	670
50	2044	2584	5949	1695	214	2758	2236	2716	3296	667

13. Dichte von Gasen und Lösungen

13.1. Erläuterungen

Die Dichte ϱ eines homogenen Stoffes ist der Quotient m/V aus Masse und Volumen. Die SI-Einheit der Dichte ist kg/m^3.
Über die Verwendung anderer zulässiger Einheiten wie z. B. g/cm^3, g/dm^3, g/ml, g/l siehe Hinweis 2, S. 19.
Die relative Dichte d ist das Verhältnis der Dichte ϱ eines Stoffes zur Dichte ϱ eines Bezugsstoffes unter Bedingungen, die für beide Stoffe gesondert anzugeben sind. Im allgemeinen wird als Bezugsstoff für Flüssigkeiten destilliertes Wasser und für Gase trockene Luft verwendet.

Dichtebestimmung

Pyknometrische Bestimmung der Dichte ϱ_F einer Flüssigkeit bei 20 °C. Durch Wägung des Pyknometers mit der Flüssigkeit und mit Wasser, jeweils bei 20 °C, erhält man, da das Volumen V konstant ist, zunächst die relative Dichte

$$d = \frac{\varrho_{F,\,20\,°C}}{\varrho_{H_2O,\,20\,°C}} = \frac{m_F}{m_{H_2O}}.$$

Durch Multiplikation mit der Dichte des Wassers bei 20 °C ergibt sich die Dichte ϱ_F^* der Flüssigkeit bei Wägung in Luft zu

$$\varrho^*_{F,\,20\,°C} = d\varrho_{H_2O,\,20\,°C} = \frac{m_F}{m_{H_2O}}\varrho_{H_2O,20\,°C}.$$

Die Korrektur des Luftauftriebes zur Reduktion der Wägung auf das Vakuum erfolgt nach

$$\varrho_{F,\,20\,°C} = \varrho^*_{F,\,20\,°C} + (1 - d)\,\varrho_L$$

bzw.

$$\varrho_{F,\,20\,°C} = \frac{m_F}{m_{H_2O}}(\varrho_{H_2O,\,20\,°C} - \varrho_L) + \varrho_L.$$

Mit $\varrho_{H_2O,\,20\,°C} = 0{,}9982\ g/cm^3$ und einer mittleren Luftdichte von

$\varrho_L \approx 0{,}0012\ g/cm^3$ folgt $\varrho_{F,\,20\,°C} = d \cdot 0{,}9970 + 0{,}0012$ in g/cm^3.

Beispiel: Pyknometer mit einem Nenninhalt von 5 cm^3

$m_F = 4{,}1693\ g$
$m_{H_2O} = 5{,}0025\ g$

$$d = \frac{4{,}1693}{5{,}0025} = 0{,}8334$$

$$\varrho_{F,\,20\,°C} = 0{,}8334 \cdot 0{,}9970 + 0{,}0012 = 0{,}8321\ g/cm^3.$$

13.2. Dichtetabellen

13.2.1. Dichte von Gasen

Gas	Formel	M_r	ϱ_0 in g/dm³ (0 °C, p_0)	d (Luft = 1)	V_0 in dm³/mol
Luft (trocken)	–	28,96	1,2928	1,0000	22,40
Helium	He	4,00260	0,1785	0,1381	22,42
Neon	Ne	20,179	0,8999	0,6961	22,42
Argon	Ar	39,948	1,7839	1,3799	22,39
Krypton	Kr	83,8	3,744	2,896	22,25
Xenon	Xe	131,29	5,896	4,561	22,27
Wasserstoff	H_2	2,01588	0,08987	0,06952	22,43
Sauerstoff	O_2	31,9988	1,42895	1,1053	22,39
Ozon	O_3	47,9982	2,1415	1,6565	22,41
Stickstoff	N_2	28,0134	1,25046	0,9672	22,40
Chlor	Cl_2	70,906	3,214	2,4861	22,06
Fluor	F_2	37,9968	1,696	1,312	22,40
Kohlenmonoxid	CO	28,0104	1,2500	0,9669	22,41
Kohlendioxid	CO_2	44,0098	1,9769	1,5292	22,26
Stickstoffoxid	NO	30,0061	1,3402	1,0367	22,39
Distickstoffoxid	N_2O	44,0128	1,9804	1,5319	22,22
Schwefeldioxid	SO_2	64,0588	2,9262	2,2635	21,89
Chlorwasserstoff	HCl	36,461	1,6392	1,2679	22,24
Bromwasserstoff	HBr	80,912	3,6443	2,8189	22,20
Iodwasserstoff	HI	127,9124	5,789	4,478	22,10
Ammoniak	NH_3	17,0304	0,7714	0,5967	22,08
Phosphin	PH_3	33,9975	1,5307	1,1840	22,21
Wasserdampf	H_2O	18,0153	(0,804)	0,622	22,41
Schwefelwasserstoff	H_2S	34,0758	1,5385	1,1901	22,15
Selenwasserstoff	H_2Se	80,9758	3,6643	2,8344	22,10
Methan	CH_4	16,0428	0,7168	0,5545	22,38
Ethan	C_2H_6	30,0696	1,3566	1,0494	22,17
Propan	C_3H_8	44,0962	2,0096	1,5545	21,94
Ethen	C_2H_4	28,0536	1,2604	0,9749	22,26
Ethin	C_2H_2	26,0379	1,1747	0,9086	22,17

13.2.2. Dichte von trockener Luft

t	Dichte ϱ bei p in kPa			t	Dichte ϱ bei p in kPa		
in °C	100,0 (750 Torr)	101,3 (760 Torr)	102,6 (770 Torr)	in °C	100,0 (750 Torr)	101,3 (760 Torr)	102,6 (770 Torr)
0	1,2758	1,2928	1,3098	22	1,1805	1,1962	1,2120
5	1,2528	1,2695	1,2862	25	1,1686	1,1842	1,1997
10	1,2306	1,2470	1,2634	28	1,1569	1,1723	1,1878
15	1,2092	1,2253	1,2415	30	1,1493	1,1646	1,1799
20	1,1886	1,2044	1,2202	35	1,1306	1,1456	1,1607

13.2.3. Dichte von Wasser

t in °C	Dichte ϱ in g/cm³	t in °C	Dichte ϱ in g/cm³	t in °C	Dichte ϱ in g/cm³	t in °C	Dichte ϱ in g/cm³
0.0	0,999840	18,0	594	36,0	682	68	0,978801
0.5	872	18,5	500	36,5	506	69	0,978329
1.0	899	19,0	404	37,0	327	70	0,977760
1.5	922	19,5	304	37,5	145	71	0,977187
2.0	940	20,0	202	38,0	0,992964	72	0,976608
2.5	954	20,5	098	38,5	779	73	0,976024
3.0	964	21,0	0,997991	39,0	593	74	0,975434
3.5	970	21,5	881	39,5	404	75	0,974840
4.0	972	22,0	769	40,0	214	76	0,974240
4.5	970	22,5	654	41	0,991828	77	0,973635
5.0	964	23,0	537	42	0,991435	78	0,973025
5.5	954	23,5	417	43	0,991034	79	0,972410
6.0	940	24,0	295	44	0,990626	80	0,971790
6.5	923	24,5	170	45	0,990211	81	0,971164
7.0	902	25,0	043	46	0,989789	82	0,970534
7.5	877	25,5	0,996913	47	0,989361	83	0,969899
8.0	848	26,0	782	48	0,988925	84	0,969259
8.5	816	26,5	648	49	0,988483	85	0,968614
9.0	780	27,0	511	50	0,988034	86	0,967965
9.5	741	27,5	372	51	0,987578	87	0,967310
10.0	699	28,0	231	52	0,987116	88	0,966651
10.5	653	28,5	088	53	0,986647	89	0,965986
11.0	604	29,0	0,995943	54	0,986172	90	0,965318
11.5	552	29,5	795	55	0,985691	91	0,964644
12.0	497	30,0	645	56	0,985203	92	0,963965
12.5	438	30,5	493	57	0,984710	93	0,963282
13.0	376	31,0	339	58	0,984210	94	0,962594
13.5	311	31,5	183	59	0,983704	95	0,961901
14.0	243	32,0	024	60	0,983193	96	0,961203
14.5	172	32,5	0,994864	61	0,982675	97	0,960501
15.0	098	33,0	701	62	0,982152	98	0,959794
15.5	022	33,5	536	63	0,981622	99	0,959083
16.0	0,998942	34,0	370	64	0,981087	100	0,958367
16.5	859	34,5	201	65	0,980547		
17.0	773	35,0	030	66	0,980001		
17.5	685	35,5	0,993857	67	0,979449		

13.2.4. Dichte von Schwefelsäure/Schwefeltrioxid

% H_2SO_4	Dichte ϱ bei 20 °C	g H_2SO_4/l	mol H_2SO_4 bzw. SO_3/l	% SO_3	g SO_3/l
1	1,0051	10,05	0,103	0,82	8,20
2	1,0118	20,24	0,206	1,63	16,52
3	1,0184	30,55	0,312	2,45	24,94
4	1,0250	41,00	0,418	3,27	33,47
5	1,0317	51,59	0,526	4,08	42,11
6	1,0385	62,31	0,635	4,90	50,86
7	1,0453	73,17	0,746	5,71	59,73
8	1,0522	84,18	0,858	6,53	68,71
9	1,0591	95,32	0,972	7,35	77,81
10	1,0661	106,6	1,087	8,16	87,03
11	1,0731	118,0	1,203	8,98	96,36
12	1,0802	129,6	1,321	9,80	105,8
13	1,0874	141,4	1,442	10,61	115,4
14	1,0947	153,3	1,563	11,43	125,1
15	1,1020	165,3	1,685	12,24	134,9
16	1,1094	177,5	1,810	13,06	144,9
17	1,1168	189,9	1,936	13,88	155,0
18	1,1243	202,4	2,063	14,69	165,2
19	1,1318	215,0	2,192	15,51	175,5
20	1,1394	227,9	2,324	16,33	186,0
21	1,1471	240,9	2,456	17,14	196,6
22	1,1548	254,1	2,591	17,96	207,4
23	1,1626	267,4	2,726	18,77	218,3
24	1,1704	280,9	2,864	19,59	229,3
25	1,1783	294,6	3,004	20,41	240,5
26	1,1862	308,4	3,144	21,22	251,8
27	1,1942	322,4	3,287	22,04	263,2
28	1,2023	336,6	3,432	22,86	274,8
29	1,2104	351,0	3,579	23,67	286,5
30	1,2185	365,6	3,728	24,49	298,4
31	1,2267	380,3	3,878	25,31	310,5
32	1,2349	395,2	4,029	26,12	322,6
33	1,2432	410,3	4,183	26,94	334,9
34	1,2515	425,5	4,338	27,75	347,3
35	1,2599	441,0	4,496	28,57	360,0
36	1,2684	456,6	4,656	29,39	372,8
37	1,2769	472,5	4,818	30,20	385,6
38	1,2855	488,5	4,981	31,02	398,8
39	1,2941	504,7	5,146	31,84	412,0
40	1,3028	521,1	5,313	32,65	425,4
41	1,3116	537,8	5,483	33,47	439,0
42	1,3205	554,6	5,655	34,28	452,7
43	1,3294	571,6	5,828	35,10	466,6
44	1,3384	588,9	6,004	35,92	480,8
45	1,3476	606,4	6,183	36,73	495,0

% H_2SO_4	Dichte ϱ bei 20 °C	g H_2SO_4/l	mol H_2SO_4 bzw. SO_3/l	% SO_3	g SO_3/l
46	1,3569	624,2	6,364	37,55	509,5
47	1,3663	642,2	6,548	38,37	524,2
48	1,3758	660,4	6,734	39,18	539,0
49	1,3854	678,8	6,921	40,00	554,2
50	1,3951	697,6	7,113	40,82	569,5
51	1,4049	716,5	7,306	41,63	584,9
52	1,4148	735,7	7,501	42,45	600,6
53	1,4248	755,1	7,699	43,26	616,4
54	1,4350	774,9	7,901	44,08	632,5
55	1,4453	794,9	8,105	44,90	648,9
56	1,4557	815,2	8,312	45,71	665,5
57	1,4662	835,7	8,521	46,53	682,2
58	1,4768	856,5	8,733	47,35	699,3
59	1,4875	877,6	8,948	48,16	716,4
60	1,4983	899,0	9,166	48,98	733,9
61	1,5091	920,6	9,386	49,79	751,4
62	1,5200	942,4	9,609	50,61	769,3
63	1,5310	964,5	9,834	51,43	787,4
64	1,5421	986,9	10,06	52,24	805,6
65	1,5533	1010	10,30	53,06	824,2
66	1,5646	1033	10,53	53,88	843,0
67	1,5760	1056	10,77	54,69	861,9
68	1,5874	1079	11,00	55,51	880,8
69	1,5989	1103	11,25	56,32	900,5
70	1,6105	1127	11,49	57,14	920,2
71	1,6221	1152	11,75	57,96	940,2
72	1,6338	1176	11,99	58,77	960,2
73	1,6456	1201	12,25	59,59	980,6
74	1,6574	1226	12,50	60,41	1001
75	1,6692	1252	12,77	61,22	1022
76	1,6810	1278	13,03	62,04	1043
77	1,6927	1303	13,29	62,86	1064
78	1,7043	1329	13,55	63,67	1085
79	1,7158	1355	13,82	64,49	1107
80	1,7272	1382	14,09	65,30	1128
81	1,7383	1408	14,36	66,12	1149
82	1,7491	1434	14,62	66,94	1171
83	1,7594	1460	14,89	67,75	1192
84	1,7693	1486	15,15	68,57	1213
85	1,7786	1512	15,42	69,39	1234
86	1,7872	1537	15,67	70,20	1255
87	1,7951	1562	15,93	71,02	1275
88	1,8022	1586	16,17	71,83	1295
89	1,8087	1610	16,42	72,65	1314
90	1,8144	1633	16,65	73,47	1333
91	1,8195	1656	16,88	74,28	1352
92	1,8240	1678	17,11	75,10	1370

% H_2SO_4	Dichte ϱ bei 20 °C	g H_2SO_4/l	mol H_2SO_4 bzw. SO_3/l	% SO_3	g SO_3/l
93	1,8279	1700	17,33	75,92	1388
94	1,8312	1721	17,55	76,73	1405
95	1,8337	1742	17,76	77,55	1422
96	1,8355	1762	17,97	78,36	1438
97	1,8364	1781	18,16	79,18	1454
98	1,8361	1799	18,34	80,00	1469
99	1,8342	1816	18,52	80,81	1482
100	1,8305	1831	18,67	81,63	1494

13.2.5. Dichte von Perchlorsäure

% $HClO_4$	Dichte ϱ bei 15 °C	g $HClO_4$/l	mol $HClO_4$/l
1	1,0050	10,05	0,100
2	1,0109	20,22	0,201
4	1,0228	40,91	0,407
6	1,0348	62,09	0,618
8	1,0471	83,77	0,834
10	1,0597	106,0	1,055
12	1,0726	128,7	1,281
14	1,0859	152,0	1,513
16	1,0995	175,9	1,751
18	1,1135	200,4	1,995
20	1,1279	225,6	2,245
24	1,1581	277,9	2,767
28	1,1900	333,2	3,317
32	1,2239	391,7	3,899
36	1,2603	453,7	4,516
40	1,2991	519,6	5,173
45	1,3521	608,5	6,057
50	1,4103	705,2	7,019
55	1,4733	810,3	8,066
60	1,5389	923,3	9,191
65	1,6059	1043,8	10,391
70	1,6736	1171,5	11,662

13.2.6. Dichte von Salzsäure

% HCl	Dichte ϱ bei 20 °C	g HCl/l	mol HCl/l
1	1,0032	10,03	0,2751
2	1,0082	20,16	0,5529
3	1,0132	30,40	0,8338
4	1,0181	40,72	1,117
5	1,0230	51,15	1,403
6	1,0279	61,67	1,691
7	1,0328	72,30	1,983
8	1,0376	83,01	2,277
9	1,0425	93,83	2,573
10	1,0474	104,7	2,872
11	1,0524	115,8	3,176
12	1,0574	126,9	3,480
13	1,0625	138,1	3,788
14	1,0675	149,5	4,100
15	1,0726	160,9	4,413
16	1,0776	172,4	4,728
17	1,0827	184,1	5,049
18	1,0878	195,8	5,370
19	1,0929	207,7	5,697
20	1,0980	219,6	6,023
21	1,1032	231,7	6,355
22	1,1083	243,8	6,687
23	1,1135	256,1	7,024
24	1,1187	268,5	7,365
25	1,1239	281,0	7,707
26	1,1290	293,5	8,050
27	1,1341	306,2	8,398
28	1,1392	319,0	8,749
29	1,1443	331,9	9,103
30	1,1493	344,8	9,457
31	1,1543	357,8	9,813
32	1,1593	371,0	10,18
33	1,1642	384,2	10,54
34	1,1691	397,5	10,90
35	1,1740	410,9	11,27
36	1,1789	424,4	11,64
37	1,1837	438,0	12,01
38	1,1885	451,6	12,39
39	1,1933	465,4	12,76
40	1,1980	479,2	13,14

13.2.7. Dichte von Salpetersäure/Stickstoff(V)-oxid

% HNO_3	Dichte ϱ bei 20 °C	g HNO_3/l	mol HNO_3/l	% N_2O_5	g N_2O_5/l	mol N_2O_5/l
1	1,0036	10,04	0,1593	0,86	8,60	0,07962
2	1,0091	20,18	0,3203	1,71	17,30	0,1602
3	1,0146	30,44	0,4831	2,57	26,09	0,2416
4	1,0201	40,80	0,6475	3,43	34,97	0,3238
5	1,0256	51,28	0,8138	4,29	43,95	0,4069
6	1,0312	61,87	0,9819	5,14	53,03	0,4910
7	1,0369	72,58	1,152	6,00	62,21	0,5760
8	1,0427	83,42	1,324	6,86	71,49	0,6619
9	1,0485	94,37	1,498	7,71	80,88	0,7488
10	1,0543	105,4	1,673	8,57	90,36	0,8366
11	1,0602	116,6	1,850	9,43	99,95	0,9254
12	1,0661	127,9	2,030	10,28	109,6	1,015
13	1,0721	139,4	2,212	11,14	119,4	1,105
14	1,0781	150,9	2,395	12,00	129,4	1,198
15	1,0842	162,6	2,580	12,86	139,4	1,291
16	1,0903	174,4	2,768	13,71	149,5	1,384
17	1,0964	186,4	2,958	14,57	159,7	1,479
18	1,1026	198,5	3,150	15,43	170,1	1,575
19	1,1088	210,7	3,343	16,28	180,6	1,672
20	1,1150	223,0	3,539	17,14	191,1	1,769
21	1,1213	235,5	3,737	18,00	201,8	1,868
22	1,1276	248,1	3,937	18,86	212,6	1,968
23	1,1340	260,8	4,139	19,71	223,5	2,069
24	1,1404	273,7	4,344	20,57	234,6	2,172
25	1,1469	286,7	4,550	21,43	245,7	2,275
26	1,1534	299,9	4,758	22,28	257,0	2,379
27	1,1600	313,2	4,970	23,14	268,4	2,485
28	1,1666	326,6	5,183	24,00	280,0	2,592
29	1,1733	340,3	5,401	24,85	291,6	2,700
30	1,1800	354,0	5,618	25,71	303,4	2,809
31	1,1867	367,9	5,839	26,57	315,3	2,919
32	1,1934	381,9	6,061	27,43	327,3	3,030
33	1,2002	396,1	6,286	28,28	339,4	3,143
34	1,2071	410,4	6,513	29,14	351,7	3,256
35	1,2140	424,9	6.743	30,00	364,2	3,372
36	1,2205	439,4	6.973	30,85	376,6	3,487
37	1,2270	454,0	7,205	31,71	389,1	3,603
38	1,2335	468,7	7,438	32,57	401,7	3,719
39	1,2399	483,6	7,675	33,42	414,3	3,836
40	1,2463	498,5	7,911	34,28	427,3	3,956
41	1,2527	513,6	8.151	35,14	440,2	4,076
42	1,2591	528,8	8,392	36,00	453,2	4,196
43	1,2655	544,2	8,636	36,85	466,4	4,318
44	1,2719	559,6	8,881	37,71	479,6	4,440
45	1,2783	575,2	9,128	38,57	493,0	4,564
46	1,2847	591,0	9,379	39,42	506,5	4,689
47	1,2911	606,8	9,630	40,28	520,1	4,815
48	1,2975	622,8	9,884	41,14	533,8	4,942
49	1,3040	639,0	10,14	42,00	547,6	5,070
50	1,3100	655,0	10,39	42,85	561,4	5,198

% HNO_3	Dichte ϱ bei 20 °C	g HNO_3/l	mol HNO_3/l	% N_2O_5	g N_2O_5/l	mol N_2O_5/l
51	**1,3160**	671,2	10,65	43,71	575,2	5,325
52	**1,3219**	687,4	10,91	44,57	589,1	5,454
53	**1,3278**	703,7	11,17	45,42	603,1	5,584
54	**1,3336**	720,1	11,43	46,28	617,2	5,714
55	**1,3393**	736,6	11,69	47,14	631,3	5,845
56	**1,3449**	753,1	11,95	47,99	645,5	5,976
57	**1,3505**	769,8	12,22	48,85	659,7	6,108
58	**1,3560**	786,5	12,48	49,71	674,1	6,241
59	**1,3614**	803,2	12,75	50,57	688,4	6,373
60	**1,3667**	820,0	13,01	51,42	702,8	6,507
61	**1,3719**	836,9	13,28	52,28	717,2	6,640
62	**1,3769**	853,7	13,55	53,14	731,6	6,773
63	**1,3818**	870,5	13,81	53,99	746,1	6,908
64	**1,3866**	887,4	14,08	54,85	760,6	7,042
65	**1,3913**	904,3	14,35	55,71	775,1	7,176
66	**1,3959**	921,3	14,62	56,57	789,6	7,310
67	**1,4004**	938,3	14,89	57,42	804,1	7,445
68	**1,4048**	955,3	15,16	58,28	818,7	7,580
69	**1,4091**	972,3	15,43	59,14	833,3	7,715
70	**1,4134**	989,4	15,70	59,99	847,9	7,850
71	**1,4176**	1006	15,96	60,85	862,6	7,986
72	**1,4218**	1024	16,25	61,71	877,4	8,123
73	**1,4258**	1041	16,52	62,56	892,0	8,258
74	**1,4298**	1058	16,79	63,42	906,8	8,395
75	**1,4337**	1075	17,06	64,28	921,6	8,533
76	**1,4375**	1093	17,35	65,14	936,3	8,669
77	**1,4413**	1110	17,62	65,99	951,2	8,807
78	**1,4450**	1127	17,89	66,85	966,0	8,944
79	**1,4486**	1144	18,16	67,71	980,8	9,081
80	**1,4521**	1162	18,44	68,56	995,6	9,218
81	**1,4555**	1179	18,71	69,42	1010	9,351
82	**1,4589**	1196	18,98	70,28	1025	9,490
83	**1,4622**	1214	19,27	71,14	1040	9,629
84	**1,4655**	1231	19,54	71,99	1055	9,768
85	**1,4686**	1248	19,81	72,85	1070	9,906
86	**1,4716**	1266	20,09	73,71	1085	10,05
87	**1,4745**	1283	20,36	74,56	1099	10,17
88	**1,4773**	1300	20,63	75,42	1114	10,31
89	**1,4800**	1317	20,90	76,28	1129	10,45
90	**1,4826**	1334	21,17	77,13	1144	10,59
91	**1,4850**	1351	21,44	77,99	1158	10,72
92	**1,4873**	1368	21,71	78,85	1173	10,86
93	**1,4892**	1385	21,98	79,71	1187	10,99
94	**1,4912**	1402	22,24	80,56	1201	11,12
95	**1,4932**	1419	22,52	81,42	1216	11,26
96	**1,4952**	1435	22,77	82,28	1230	11,39
97	**1,4974**	1452	23,04	83,13	1245	11,53
98	**1,5008**	1471	23,34	83,99	1261	11,67
99	**1,5056**	1491	23,66	84,85	1277	11,82
100	**1,5129**	1513	24,01	85,71	1297	12,01

13.2.8. Dichte von Phosphorsäure/Phosphor(V)-oxid

% H_3PO_4	Dichte ϱ bei 20 °C	g H_3PO_4/l	mol H_3PO_4/l	% P_4O_{10}	g P_4O_{10}/l	mol P_4O_{10}/l
1	1,0038	10,038	0,1024	0,72	7,27	0,051
2	1,0092	20,184	0,2060	1,45	14,62	0,103
3	1,0146	30,438	0,3106	2,17	22,04	0,155
4	1,0200	40,800	0,4163	2,90	29,55	0,208
5	1,0255	51,275	0,5232	3,62	37,14	0,262
6	1,0309	61,854	0,6312	4,35	44,80	0,316
7	1,0365	72,555	0,7404	5,07	52,55	0,370
8	1,0420	83,360	0,8507	5,79	60,37	0,425
9	1,0476	94,284	0,9621	6,52	68,28	0,481
10	1,0532	105,32	1,075	7,24	76,28	0,537
11	1,0590	116,49	1,189	7,97	84,37	0,594
12	1,0647	127,76	1,304	8,69	92,53	0,652
13	1,0705	139,17	1,420	9,42	100,8	0,710
14	1,0764	150,70	1,538	10,14	109,1	0,769
15	1,0824	162,36	1,657	10,86	117,6	0,828
16	1,0884	174,14	1,777	11,59	126,1	0,888
17	1,0946	186,08	1,899	12,31	134,8	0,950
18	1,1008	198,14	2,022	13,04	143,5	1,01
19	1,1071	210,35	2,147	13,76	152,3	1,07
20	1,1134	222,68	2,272	14,49	161,3	1,14
21	1,1199	235,18	2,400	15,21	170,3	1,20
22	1,1263	247,79	2,529	15,93	179,5	1,26
23	1,5329	260,57	2,659	16,66	188,7	1,33
24	1,5395	273,48	2,791	17,38	198,1	1,40
25	1,1462	286,55	2,924	18,11	207,5	1,46
26	1,1129	299,75	3,059	18,83	217,1	1,53
27	1,1697	313,12	3,195	19,55	226,8	1,60
28	1,1165	326,62	3,333	20,28	236,6	1,67
29	1,1735	340,32	3,473	21,00	246,5	1,74
30	1,1805	354,15	3,614	21,73	256,5	1,81
35	1,216	425,6	4,343	25,3	308,2	2,17
40	1,254	501,6	5,119	29,0	363,3	2,56
45	1,293	581,9	5,938	32,6	421,4	2,97
50	1,335	667,5	6,811	36,2	483,4	3,41
55	1,379	758,5	7,740	39,8	549,3	3,87
60	1,426	855,6	8,731	43,5	619,7	4,37
65	1,476	959,4	9,790	47,1	694,5	4,89
70	1,526	1068	10,90	50,7	773,6	5,45
75	1,579	1184	12,08	54,3	857,7	6,04
80	1,633	1306	13,33	57,9	946,1	6,67
85	1,689	1436	14,65	61,6	1040	7,33
90	1,746	1571	16,03	65,2	1138	8,02
92	1,770	1628	16,61	66,6	1179	8,31
94	1,794	1686	17,20	68,1	1221	8,60
96	1,819	1746	17,82	69,5	1265	8,91
98	1,844	1807	18,44	71,0	1309	9,22
100	1,870	1870	19,08	72,4	1354	9,54

13.2.9. Dichte von Essigsäure

%	Dichte ϱ bei 20 °C	g/l	mol/l	%	Dichte ϱ bei 20 °C	g/l	mol/l
1	0,9996	9,996	0,1665	51	1,0582	539,7	8,987
2	1,0012	20,02	0,3364	52	1,0590	550,7	9,170
3	1,0025	30,08	0,5009	53	1,0597	561,6	9,352
4	1,0040	40,16	0,6687	54	1,0604	572,6	9,535
5	1,0055	50,28	0,8373	55	1,0611	583,6	9,718
6	1,0069	60,41	1,006	56	1,0618	594,6	9,901
7	1,0083	70,58	1,175	57	1,0624	605,6	10,08
8	1,0097	80,78	1,345	58	1,0631	616,6	10,27
9	1,0111	91,00	1,515	59	1,0637	627,6	10,45
10	1,0125	101,3	1,687	60	1,0642	638,5	10,63
11	1,0139	111,5	1,857	61	1,0648	649,5	10,82
12	1,0154	121,8	2,028	62	1,0653	660,5	11,00
13	1,0168	132,2	2,201	63	1,0658	671,5	11,18
14	1,0182	142,5	2,373	64	1,0662	682,4	11,36
15	1,0195	152,9	2,546	65	1,0666	693,3	11,54
16	1,0209	163,3	2,719	66	1,0671	704,3	11,73
17	1,0223	173,8	2,894	67	1,0675	715,2	11,91
18	1,0236	184,2	3,067	68	1,0678	726,1	12,09
19	1,0250	194,8	3,244	69	1,0682	737,1	12,27
20	1,0263	205,3	3,419	70	1,0685	748,0	12,46
21	1,0276	215,8	3,593	71	1,0687	758,8	12,64
22	1,0288	226,3	3,768	72	1,0690	769,7	12,82
23	1,0301	236,9	3,945	73	1,0693	780,6	13,00
24	1,0313	247,5	4,121	74	1,0694	791,4	13,18
25	1,0326	258,2	4,300	75	1,0696	802,2	13,36
26	1,0338	268,8	4,476	76	1,0698	813,0	13,54
27	1,0349	279,4	4,653	77	1,0699	823,8	13,72
28	1,0361	290,1	4,831	78	1,0700	834,6	13,90
29	1,0372	300,8	5,009	79	1,0700	845,3	14,08
30	1,0384	311,5	5,187	80	1,0700	856,0	14,25
31	1,0395	322,2	5,365	81	1,0699	866,6	14,43
32	1,0406	333,0	5,545	82	1,0698	877,2	14,61
33	1,0417	343,8	5,725	83	1,0696	887,8	14,78
34	1,0428	354,6	5,905	84	1,0693	898,2	14,96
35	1,0438	365,3	6,083	85	1,0689	908,6	15,13
36	1,0449	376,2	6,264	86	1,0685	918,9	15,30
37	1,0459	387,0	6,444	87	1,0680	929,2	15,47
38	1,0469	397,8	6,624	88	1,0675	939,4	15,64
39	1,0479	408,7	6,806	89	1,0668	949,5	15,81
40	1,0488	419,5	6,985	90	1,0661	959,5	15,98
41	1,0498	430,4	7,167	91	1,0652	969,3	16,14
42	1,0507	441,3	7,349	92	1,0643	979,2	16,31
43	1,0516	452,2	7,530	93	1,0632	988,8	16,47
44	1,0525	463,1	7,712	94	1,0619	998,2	16,62
45	1,0534	474,0	7,893	95	1,0605	1007	16,77
46	1,0542	484,9	8,075	96	1,0588	1016	16,92
47	1,0551	495,9	8,258	97	1,0570	1025	17,07
48	1,0559	506,8	8,439	98	1,0549	1034	17,22
49	1,0567	517,8	8,622	99	1,0524	1042	17,35
50	1,0575	528,8	8,806	100	1,0498	1050	17,48

13.2.10. Dichte von Kalilauge

% KOH	Dichte ϱ bei 20 °C	g KOH/l	mol KOH/l	% K_2O	g K_2O/l	mol K_2O/l
1	**1,0074**	10,07	0,1795	0,84	8,46	0,0898
2	**1,0165**	20,33	0,3623	1,68	17,07	0,1812
3	**1,0257**	30,77	0,5484	2,52	25,83	0,2742
4	**1,0348**	41,39	0,7377	3,36	34,75	0,3689
5	**1,0440**	52,20	0,9303	4,20	43,82	0,4652
6	**1,0531**	63,19	1,126	5,04	53,04	0,5630
7	**1,0624**	74,37	1,325	5,88	62,43	0,6627
8	**1,0717**	85,74	1,528	6,72	71,97	0,7640
9	**1,0811**	97,30	1,734	7,56	81,68	0,8671
10	**1,0904**	109,0	1,943	8,39	91,53	0,9716
11	**1,0998**	121,0	2,157	9,23	101,6	1,079
12	**1,1092**	133,1	2,372	10,07	111,7	1,186
13	**1,1187**	145,4	2,592	10,91	122,1	1,296
14	**1,1283**	158,0	2,816	11,75	132,6	1,408
15	**1,1379**	170,7	3,042	12,59	143,3	1,521
16	**1,1475**	183,6	3,272	13,43	154,1	1,636
17	**1,1572**	196,7	3,506	14,27	165,1	1,753
18	**1,1669**	210,0	3,743	15,11	176,3	1,871
19	**1,1766**	223,6	3,985	15,95	187,6	1,991
20	**1,1864**	237,3	4,229	16,79	199,2	2,115
21	**1,1963**	251,2	4,477	17,63	210,9	2,239
22	**1,2062**	265,4	4,730	18,47	222,8	2,365
23	**1,2162**	279,7	4,985	19,31	234,8	2,492
24	**1,2263**	294,3	5,245	20,15	247,1	2,623
25	**1,2364**	309,1	5,509	20,99	259,5	2,755
26	**1,2466**	324,1	5,776	21,83	272,1	2,888
27	**1,2567**	339,3	6,047	22,67	284,8	3,023
28	**1,2669**	354,7	6,322	23,50	297,8	3,161
29	**1,2774**	370,4	6,601	24,34	311,0	3,301
30	**1,2879**	386,4	6,887	25,18	324,3	3,443
31	**1,2985**	402,5	7,174	26,02	337,9	3,587
32	**1,3091**	418,9	7,466	26,86	351,7	3,733
33	**1,3197**	435,5	7,762	27,70	365,6	3.881
34	**1,3304**	452,3	8,061	28,54	379,7	4,031
35	**1,3412**	469,4	8,366	29,38	394,1	4,184
36	**1,3520**	486,7	8,674	30,22	408,6	4,337
37	**1,3629**	504,3	8,988	31,06	423,3	4,493
38	**1,3738**	522,0	9.303	31,90	438,2	4,652
39	**1,3848**	540,1	9,626	32,74	453,4	4,813
40	**1,3959**	558,4	9.952	33,58	468,7	4,975
41	**1,4071**	576,9	10,28	34,42	484,3	5,141
42	**1,4183**	595,7	10,62	35,26	500,0	5,308
43	**1,4296**	614,7	10,96	36,10	516,0	5,478
44	**1,4409**	634,0	11.30	36,94	532,2	5,650
45	**1,4524**	653,6	11,65	37,78	548,6	5,824
46	**1,4639**	673,4	12,00	38,61	565,3	6,001
47	**1,4755**	693,5	12,36	39,45	582,1	6,180
48	**1,4871**	713,8	12,72	40,29	599,2	6,361
49	**1,4988**	734,4	13,09	41,13	616,5	6,544
50	**1,5106**	755,3	13,46	41,97	634,0	6,730

13.2.11. Dichte von Natronlauge

% NaOH	Dichte ϱ bei 20 °C	g NaOH/l	mol NaOH/l	% Na_2O	g Na_2O/l	mol Na_2O/l
1	1,0095	10,10	0,2525	0,7748	7,82	0,1262
2	1,0207	20,41	0,5103	1,550	15,82	0,2552
3	1,0318	30,95	0,7738	2,324	23,98	0,3869
4	1,0428	41,71	1,043	3,099	32,32	0,5215
5	1,0538	52,69	1,317	3,874	40,82	0,6586
6	1,0648	63,89	1,597	4,649	49,50	0,7987
7	1,0758	75,31	1,883	5,424	58,35	0,9414
8	1,0869	86,95	2,174	6,198	67,37	1,087
9	1,0979	98,81	2,470	6,973	76,56	1,235
10	1,1089	110,9	2,773	7,748	85,92	1,386
11	1,1199	123,2	3,080	8,523	95,45	1,540
12	1,1309	135,7	3,393	9,298	105,1	1,696
13	1,1420	148,5	3,713	10,07	115,0	1,855
14	1,1530	161,4	4,035	10,85	125,1	2,018
15	1,1641	174,6	4,365	11,62	135,3	2,183
16	1,1751	188,0	4,701	12,40	145,7	2,351
17	1,1862	201,7	5,040	13,17	156,2	2,520
18	1,1972	215,5	5,388	13,95	167,0	2,694
19	1,2082	229,6	5,740	14,72	177,9	2,870
20	1,2191	243,8	6,095	15,50	188,9	3,048
21	1,2301	258,3	6,458	16,27	200,1	3,229
22	1,2411	273,0	6,825	17,05	211,6	3,414
23	1,2520	288,0	7,201	17,82	223,1	3,600
24	1,2629	303,1	7,578	18,60	234,8	3,788
25	1,2739	318,5	7,963	19,37	246,8	3,982
26	1,2848	334,0	8,351	20,14	258,8	4,176
27	1,2956	349,8	8,746	20,92	271,0	4,372
28	1,3064	365,8	9,146	21,69	283,4	4,573
29	1,3172	382,0	9,551	22,47	296,0	4,776
30	1,3279	398,4	9,960	23,24	308,7	4,981
31	1,3385	414,9	10,37	24,02	321,5	5,187
32	1,3490	431,7	10,79	24,79	334,5	5,397
33	1,3593	448,6	11,22	25,57	347.6	5,608
34	1,3696	465,7	11,64	26,34	360,8	5,821
35	1,3798	482,9	12,07	27,12	374,2	6,038
36	1,3900	500,4	12,51	27,89	387,7	6,255
37	1,4001	518,0	12,95	28,67	401,4	6,476
38	1,4101	535,8	13,40	29,44	415,2	6,699
39	1,4201	553,8	13,85	30,22	429,1	6,923
40	1,4300	572,0	14,30	30,99	443,2	7,151
41	1,4397	590,3	14,76	31,77	457,3	7,378
42	1,4494	608,7	15,22	32,54	471,7	7,611
43	1,4590	627,4	15,69	33,32	486,1	7,843
44	1,4685	646,1	16,15	34,09	500,6	8,077
45	1,4779	665,1	16,63	34,87	515,3	8,314
46	1,4873	684,2	17,11	35,64	530,1	8,553
47	1,4969	703,5	17,59	36,42	545,1	8,795
48	1,5065	723,1	18,08	37,19	560,3	9,040
49	1,5159	742,8	18,57	37,97	575,5	9,285
50	1,5253	762,7	19,07	38,74	590,9	9,534

13.2.12. Dichte von Ammoniaklösung

% NH_3	Dichte ϱ bei 20 °C	g NH_3/l	mol NH_3/l
1	**0,9939**	9,939	0,5836
2	**0,9895**	19,79	1,162
3	**0,9853**	29,56	1,736
4	**0,9811**	39,24	2,304
5	**0,9770**	48,85	2,868
6	**0,9730**	58,38	3,428
7	**0,9690**	67,83	3,983
8	**0,9651**	77,21	4,534
9	**0,9613**	86,52	5,080
10	**0,9575**	95,75	5,622
11	**0,9538**	104,9	6,160
12	**0,9501**	114,0	6,694
13	**0,9465**	123,0	7,222
14	**0,9430**	132,0	7,751
15	**0,9396**	140,9	8,273
16	**0,9362**	149,8	8,796
17	**0,9328**	158,6	9,313
18	**0,9295**	167,3	9,823
19	**0,9262**	175,8	10,32
20	**0,9229**	184,6	10,84
21	**0,9196**	193,1	11,34
22	**0,9164**	201,6	11,84
23	**0,9132**	210,0	12,33
24	**0,9101**	218,4	12,82
25	**0,9070**	226,8	13,32
26	**0,9040**	235,0	13,80
27	**0,9010**	243,3	14,29
28	**0,8980**	251,4	14,76
29	**0,8950**	259,6	15,24
30	**0,8920**	267,6	15,71

13.2.13. Dichte von Ethanol-Wasser-Mischungen bei 20 °C

%	Dichte ϱ in g/cm³	σ_B in ml/l	ϱ_B in g/l	%	Dichte ϱ in g/cm³	σ_B in ml/l	ϱ_B in g/l
1	**0,99631**	12,6	9,94	51	**0,91155**	589,0	464,9
2	**0,99449**	25,2	19,89	52	**0,90931**	599,1	472,8
3	**0,99273**	37,7	29,75	53	**0,90707**	609,1	480,7
4	**0,99102**	50,2	39,62	54	**0,90481**	619,1	488,6
5	**0,98938**	62,7	49,49	55	**0,90255**	629,0	496,4
6	**0,98778**	75,1	59,27	56	**0,90028**	638,8	504,2
7	**0,98624**	87,5	69,06	57	**0,89799**	648,5	511,8
8	**0,98473**	99,8	78,77	58	**0,89570**	658,2	519,5
9	**0,98327**	112,1	88,47	59	**0,89340**	667,9	527,1
10	**0,98185**	124,4	98,18	60	**0,89110**	677,4	534,6
11	**0,98046**	136,7	107,9	61	**0,88878**	686,9	542,1
12	**0,97910**	148,9	117,5	62	**0,88646**	696,4	549,6
13	**0,97776**	161,1	127,1	63	**0,88413**	705,7	557,0
14	**0,97644**	173,2	136,7	64	**0,88179**	715,1	564,4
15	**0,97513**	185,3	146,2	65	**0,87945**	724,3	571,6
16	**0,97383**	197,4	155,8	66	**0,87709**	733,5	578,9
17	**0,97254**	209,5	165,3	67	**0,87473**	742,6	586,1
18	**0,97124**	221,5	174,8	68	**0,87237**	751,6	593,2
19	**0,96993**	233,5	184,3	69	**0,86999**	760,6	600,3
20	**0,96861**	245,5	193,8	70	**0,86761**	769,5	607,3
21	**0,96727**	257,4	203,2	71	**0,86522**	778,4	614,3
22	**0,96590**	269,2	212,5	72	**0,86283**	787,1	621,2
23	**0,96451**	281,1	221,9	73	**0,86043**	795,8	628,1
24	**0,96309**	292,9	231,2	74	**0,85802**	804,5	634,9
25	**0,96163**	304,6	240,4	75	**0,85560**	813,1	641,7
26	**0,96014**	316,3	249,6	76	**0,85317**	821,6	648,4
27	**0,95861**	327,9	258,8	77	**0,85074**	830,0	655,1
28	**0,95705**	339,5	267,9	78	**0,84830**	838,4	661,7
29	**0,95544**	351,1	277,1	79	**0,84585**	846,7	668,2
30	**0,95378**	362,5	286,1	80	**0,84339**	854,9	674,7
31	**0,95209**	374,0	295,2	81	**0,84091**	863,0	681,1
32	**0,95036**	385,3	304,1	82	**0,83843**	871,1	687,5
33	**0,94858**	396,6	313,0	83	**0,83593**	879,1	693,8
34	**0,94677**	407,9	321,9	84	**0,83341**	887,0	700,1
35	**0,94449**	419,0	330,7	85	**0,83088**	894,8	706,2
36	**0,94303**	430,1	339,5	86	**0,82832**	902,6	712,4
37	**0,94111**	441,2	348,2	87	**0,82575**	910,2	718,4
38	**0,93915**	452,2	356,9	88	**0,82315**	917,8	724,4
39	**0,93716**	463,1	365,5	89	**0,82053**	925,3	730,3
40	**0,93515**	473,9	374,0	90	**0,81788**	932,7	736,1
41	**0,93310**	484,7	382,5	91	**0,81521**	939,9	741,8
42	**0,93103**	495,5	391,1	92	**0,81249**	947,1	747,5
43	**0,92894**	506,1	399,4	93	**0,80975**	954,2	753,1
44	**0,92682**	516,7	407,8	94	**0,80697**	961,1	758,5
45	**0,92469**	527,2	416,1	95	**0,80414**	967,9	763,9
46	**0,92253**	537,7	424,4	96	**0,80127**	974,6	769,2
47	**0,92037**	548,1	432,6	97	**0,79836**	981,2	774,4
48	**0,91818**	558,4	440,7	98	**0,79538**	987,6	779,5
49	**0,91598**	568,7	448,8	99	**0,79235**	993,9	784,4
50	**0,91377**	578,9	456,9	100	**0,78924**	1000,0	789,2

13.2.14. Dichte von Quecksilber

(ϱ_t bei 101,325 kPa)

t in °C	Dichte ϱ_t in g/cm^3	Spezifisches Volumen v in cm^3/g
0	13,5951	0,073556
1	13,5926	0,073569
2	13,5901	0,073583
3	13,5876	0,073597
4	13,5852	0,073610
5	13,5827	0,073623
6	13,5802	0,073637
7	13,5778	0,073650
8	13,5753	0,073663
9	13,5728	0,073677
10	13,5704	0,073690
11	13,5679	0,073703
12	13,5654	0,073717
13	13,5630	0,073730
14	13,5605	0,073744
15	13,5580	0,073757
16	13,5556	0,073770
17	13,5531	0,073784
18	13,5507	0,073797
19	13,5482	0,073811
20	13,5457	0,073824
21	13,5433	0,073837
22	13,5408	0,073851
23	13,5384	0,073864
24	13,5359	0,073878
25	13,5335	0,073891
26	13,5310	0,073904
27	13,5286	0,073917
28	13,5261	0,073931
29	13,5237	0,073944
30	13,5212	0,073958
31	13,5187	0,073972
32	13,5163	0,073985
33	13,5138	0,073998
34	13,5114	0,074012
35	13,5090	0,074025
36	13,5065	0,074038
37	13,5041	0,074052
38	13,5016	0,074065
39	13,4992	0,074078
40	13,4967	0,074092
41	13,4943	0,074105
42	13,4918	0,074119
43	13,4894	0,074132
44	13,4869	0,074146
45	13,4845	0,074159
46	13,4821	0,074172
47	13,4796	0,074186
48	13,4772	0,074199
49	13,4747	0,074213
50	13,4723	0,074226
51	13,4699	0,074240
52	13,4674	0,074253
53	13,4650	0,074267
54	13,4626	0,074280
55	13,4601	0,074294
56	13,4577	0,074307
57	13,4553	0,074320
58	13,4528	0,074334
59	13,4504	0,074347
60	13,4480	0,074360
61	13,4455	0,074374
62	13,4431	0,074388
63	13,4407	0,074401
64	12,4382	0,074415
65	13,4358	0,074428
66	13,4334	0,074441
67	13,4310	0,074455
68	13,4285	0,074468
69	13,4261	0,074482
70	13,4237	0,074495
75	13,4116	0,074562
80	13,3995	0,074630
85	13,3874	0,074697
90	13,3753	0,074765
95	13,3633	0,074832
100	13,3514	0,074899
110	13,328	0,075030
120	13,304	0,075165
130	13,280	0,075301
140	13,256	0,075438
150	13,232	0,075574
160	13,208	0,075712
170	13,184	0,075850
180	13,160	0,075988
190	13,137	0,076121
200	13,113	0,076260
220	13,065	0,076540
240	13,018	0,076817
260	12,970	0,077101
280	12,923	0,077381
300	12,876	0,077664

14. Herstellung verdünnter Säuren und Basen

Zur Herstellung von 1 l Lösung eines bestimmten Gehaltes in % bzw. einer bestimmten Stoffmengenkonzentration werden die angegebenen Volumen *v* der handelsüblichen konzentrierten Lösungen der Säuren oder des Ammoniaks benötigt. Die erzielbare Genauigkeit hängt vom wahren Gehalt der verwendeten konzentrierten Lösung und der Präzision der Volumenmessung ab. Zugrunde gelegt wurden die in Klammern stehenden Gehalte.

Säure	Konzentration	*v* in ml	Säure, Ammoniak	Konzentration	*v* in ml
H_2SO_4	50%	395,9	HCl	25%	641,5
(96%)	25%	167,2	(37%)	10%	239,0
	10%	60,5		5%	116,8
	5%	29,3		1%	22,9
	1%	5,7		2,0 M	166,5
	1,0 M	55,7		1,0 M	83,2
	0,5 M	27,8		0,5 M	41,6
	0,1 M	5,5		0,1 M	8,3
HNO_3	50%	724,3	H_3PO_4	50%	464,8
(65%)	25%	317,0	(85%)	25%	199,5
	10%	116,6		10%	73,3
	5%	56,7		5%	35,7
	1%	11,1		1%	7,0
	1,0 M	69,7		1,0 M	68,2
	0,5 M	34,8		1/3 M	22,7
	0,1 M	7,0		0,1 M	6,8
CH_3COOH	50%	503,6	NH_3	10%	422,2
(100%)	25%	245,9	(25%)	5%	215,4
	10%	96,5		2%	87,3
	5%	47,9		1%	43,8
	1%	9,5		2,0 M	150,2
	1,0 M	57,2		1,0 M	75,1
	0,5 M	28,6		0,5 M	37,5
	0,1 M	5,7		0,1 M	7,5

15. Temperatur und Temperaturmessung

1968 wurde vom Comité International des Poids et Mesures (CIPM) die »Internationale Praktische Temperaturskala« (IPTS-68) angenommen (TGL 29760, März 1974). Sie enthält Definitionsfixpunkte und sekundäre Fixpunkte. Fixpunkte werden durch bestimmte thermische Gleichgewichtszustände zwischen zwei oder drei Phasen von reinsten Substanzen dargestellt. Die den Definitionsfixpunkten zugeordneten Temperaturwerte T_{68} (in K) wurden in internationalen Fundamentalmessungen mit Hilfe von Gasthermometern bestimmt. Sie stimmen mit den wahren Temperaturen der thermodynamischen Temperatur im Rahmen der derzeitigen Meßgenauigkeit überein.
Die Darstellung der Temperaturskala zwischen den Definitionsfixpunkten erfolgt mit Hilfe des Platin-Widerstandsthermometers (von 13,81 bis 903,89 K) und des Platin-Rhodium/Platin-Thermoelements (von 903,89 bis 1337,58 K) sowie den zugehörigen Interpolationsvorschriften für die Temperaturabhängigkeit des Widerstandes (Pt) bzw. der Thermospannung (Pt-Rh/Pt). Oberhalb von 1337,58 K ist die Temperaturskala durch das exakt geltende PLANCKsche Strahlengesetz definiert.
Außer bei den Tripelpunkten und beim Siedepunkt des Wasserstoffs (p = 33,3306 kPa) gelten die T_{68}- bzw. t_{68}-Werte für Normdruck.

15.1. Definitionsfixpunkte der IPTS-68

Definitionsfixpunkt	T_{68} in K	t_{68} in °C	Unsicherheit in K
Tripelpunkt des Wasserstoffs	13,81	−259,34	0,01
Siedepunkt des Wasserstoffs	17,042	−256,108	0,01
Siedepunkt des Wasserstoffs	20,28	−252,87	0,01
Siedepunkt des Neons	27,102	−246,048	0,01
Tripelpunkt des Sauerstoffs	54,361	−218,789	0,01
Siedepunkt des Sauerstoffs	90,188	−182,962	0,01
Tripelpunkt des Wassers	273,16	+0,01	exakt
Siedepunkt des Wassers	373,15	+100	0,005
Erstarrungspunkt des Zinks	692,73	+419,48	0,03
Erstarrungspunkt des Silbers	1235,08	+961,93	0,2
Erstarrungspunkt des Goldes	1337,58	+1064,43	0,2

15.2. Sekundäre Fixpunkte der IPTS-68

Substanz	Art der Umwandlung	T_{68} in K	t_{68} in °C
Helium	Verdampfung	4,21	−268,94
Neon	Tripelpunkt	24,561	−248,589
Sauerstoff	Tripelpunkt	54,361	−218,789
Stickstoff	Tripelpunkt	63,146	−210,004
Stickstoff	Verdampfung	77,344	−195,806
Argon	Tripelpunkt	83,798	−189,352
Argon	Verdampfung	87,294	−185,856
Toluen	Erstarrung	178,16	− 94,99
Kohlendioxid	Sublimation	194,674	−78,476
Chloroform	Erstarrung	209,66	−63,49
Chlorbenzen	Erstarrung	227,65	−45,50
Quecksilber	Erstarrung	234,309	−38,841
Wasser	Eis-Punkt	273,15	0
Diphenylether	Tripelpunkt	300,02	26,87
$Na_2SO_4 \cdot 10\,H_2O$	Übergang zu Na_2SO_4	305,53	32,38
Naphthalen	Erstarrung	353,44	80,29
Benzoesäure	Tripelpunkt	395,52	122,37
Indium	Erstarrung	429,784	156,634
Anilin	Verdampfung	457,55	184,40
Naphthalen	Verdampfung	491,15	218,00
Zinn	Erstarrung	505,118	231,968
Bismut	Erstarrung	544,592	271,442
Benzophenon	Verdampfung	579,05	309,05
Cadmium	Erstarrung	594,258	321,108
Blei	Erstarrung	600,652	327,502
Quecksilber	Verdampfung	629,81	356,66
Schwefel	Verdampfung	717,824	444,674
Antimon	Erstarrung	903,905	630,755
Aluminium	Erstarrung	933,61	660,46
Kupfer	Erstarrung	1356,03	1084,68
Nickel	Erstarrung	1728	1455
Cobalt	Erstarrung	1766	1495
Palladium	Erstarrung	1827	1554
Platin	Erstarrung	2041	1769
Rhodium	Erstarrung	2236	1963
Aluminiumoxid	Erstarrung	2327	2054
Iridium	Erstarrung	2720	2447
Niobium	Erstarrung	2750	2477
Molybdän	Erstarrung	2896	2623
Wolfram	Erstarrung	3695	3422

15.3. Fadenkorrektur für Quecksilberthermometer

Befindet sich der Faden eines Quecksilberthermometers nicht in seiner ganzen Länge in dem Raum, dessen Temperatur bestimmt werden soll, so werden die Messungen um so ungenauer, je weiter die Quecksilbersäule aus dem Raum herausragt.

Der Korrekturwert ergibt sich zu $\Delta = n(t - t')\,\alpha$.

Δ Korrektur in K zur Thermometerablesung; sie ist zu addieren, wenn die Außentemperatur niedriger ist als die der Flüssigkeit, im umgekehrten Fall ist sie zu subtrahieren

n gesamte Länge des aus der Flüssigkeit ragenden Quecksilberfadens, ausgedrückt in K

t abgelesene Temperatur in °C

t' mittlere Temperatur des herausragenden Quecksilberfadens in °C, mit einem Hilfsthermometer gemessen

α von der Glassorte und Konstruktion des Thermometers abhängiger Faktor (mittlerer Faktor 0,00016 in der Tabelle berücksichtigt)

$t - t'$ in K	n in K														
	20	40	60	80	100	120	140	160	180	200	220	240	260	280	300
10	0,0	0,1	0,1	0,1	0,2	0,2	0,2	0,3	0,3	0,3	0,4	0,4	0,4	0,4	0,5
20	0,1	0,1	0,2	0,3	0,3	0,4	0,4	0,5	0,6	0,6	0,7	0,8	0,8	0,9	1,0
30	0,1	0,2	0,3	0,4	0,5	0,6	0,7	0,8	0,9	1,0	1,1	1,2	1,2	1,3	1,4
40	0,1	0,3	0,4	0,5	0,6	0,8	0,9	1,0	1,2	1,3	1,4	1,5	1,7	1,8	1,9
50	0,2	0,3	0,5	0,6	0,8	1,0	1,1	1,3	1,4	1,6	1,8	1,9	2,1	2,2	2,4
60	0,2	0,4	0,6	0,8	1,0	1,2	1,3	1,5	1,7	1,9	2,1	2,3	2,5	2,7	2,9
70	0,2	0,4	0,7	0,9	1,1	1,3	1,6	1,8	2,0	2,2	2,5	2,7	2,9	3,1	3,4
80	0,3	0,5	0,8	1,0	1,3	1,5	1,8	2,0	2,3	2,6	2,8	3,1	3,3	3,6	3,8
90	0,3	0,6	0,9	1,2	1,4	1,7	2,0	2,3	2,6	2,9	3,2	3,5	3,7	4,0	4,3
100	0,3	0,6	1,0	1,3	1,6	1,9	2,2	2,6	2,9	3,2	3,5	3,8	4,2	4,5	4,8
110	0,4	0,7	1,1	1,4	1,8	2,1	2,5	2,8	3,2	3,5	3,8	4,2	4,6	4,9	5,3
120	0,4	0,8	1,2	1,5	1,9	2,3	2,7	3,1	3,5	3,8	4,2	4,6	5,0	5,4	5,8
130	0,4	0,8	1,2	1,7	2,1	2,5	2,9	3,3	3,7	4,2	4,6	5,0	5,4	5,8	6,2
140	0,4	0,9	1,3	1,8	2,2	2,7	3,1	3,6	4,0	4,5	4,9	5,4	5,8	6,3	6,7
150	0,5	1,0	1,4	1,9	2,4	2,9	3,3	3,8	4,3	4,8	5,3	5,8	6,2	6,7	7,2
160	0,5	1,0	1,5	2,0	2,6	3,1	3,6	4,1	4,6	5,1	5,6	6,1	6,7	7,2	7,7
170	0,5	1,1	1,6	2,2	2,7	3,3	3,8	4,4	4,9	5,4	6,0	6,5	7,1	7,6	8,2
180	0,6	1,2	1,7	2,3	2,9	3,5	4,0	4,6	5,2	5,8	6,3	6,9	7,5	8,1	8,6
190	0,6	1,2	1,8	2,4	3,0	3,6	4,3	4,9	5,5	6,1	6,7	7,3	7,9	8,5	9,1
200	0,6	1,3	1,9	2,6	3,2	3,8	4,5	5,1	5,8	6,4	7,0	7,7	8,3	9,0	9,6
220	0,7	1,4	2,1	2,8	3,5	4,2	4,9	5,6	6,3	7,0	7,7	8,4	9,1	9,9	10,6
240	0,8	1,5	2,3	3,1	3,8	4,6	5,4	6,1	6,9	7,7	8,4	9,2	10,0	10,8	11,5
260	0,8	1,7	2,5	3,3	4,2	5,0	5,8	6,6	7,5	8,3	9,2	10,0	10,8	11,6	12,5
280	0,9	1,8	2,7	3,6	4,5	5,4	6,3	7,2	8,1	9,0	9,9	10,8	11,6	12,5	13,4
300	1,0	1,9	2,9	3,8	4,8	5,8	6,7	7,7	8,6	9,6	10,6	11,5	12,5	13,4	14,4

15.4. Kältemittel, Kühlsolen und Heizbäder

Die Temperaturangaben (t in °C) bedeuten für Kältemittel die tiefste erreichbare Temperatur, für Kühlsolen die tiefste, für Heizbäder die geeignete Anwendungstemperatur.

Kältemittel

Wäßrige Salzlösungen (100 g H_2O + x g Salz)			Eis-Salz-Gemische (100 g Eis + x g Salz)		
Salz	x	t	Salz	x	t
$CH_3COONa \cdot H_2O$	85	−4,7	$CaCl_2 \cdot 6\,H_2O$	43	−9
NH_4Cl	30	−5	KCl	33	−11
$NaNO_3$	75	−5,3	NH_4Cl	25	−15
$Na_2S_2O_3 \cdot 5\,H_2O$	110	−8	NH_4NO_3	67	−17
KCl	25	−12	$NaNO_3$	59	−18
$NH_4Cl + NaNO_3$	30 + 30	−12	$(NH_4)_2SO_4$	62	−19
$CaCl_2 \cdot 6\,H_2O$	250	−12,5	NaCl	33	−20
NH_4NO_3	100	−14	$CaCl_2 \cdot 6\,H_2O$	82	−22
$NaNO_2$	60	−17	$MgCl_2 \cdot 6\,H_2O$	67	−27
NH_4SCN	130	−18	KCl	100	−30
$NH_4Cl + NaNO_3$	100 + 100	−20	$CaCl_2 \cdot 6\,H_2O$	122	−40
KSCN	200	−24	$CaCl_2 \cdot 6\,H_2O$	160	−55

Trockeneis-Mischungen		Verflüssigte Gase	
Flüssigkeit	t	Gas	t
Methanol	−71	Luft	−185
Ethanol (87,5%)	−53		
(85,5%)	−68	Stickstoff	−195
(absolut)	−72		
Diethylether	−75	Wasserstoff	−252
Chloroform	−77		
Aceton	−86	Helium	−268

Kühlsolen (100 g H_2O + x g Substanz)

Substanz	x	t	Substanz	x	t
NaCl	29	−20	Ethanol	104	−40
$MgCl_2$	26	−30	Ethylenglykol	126	−40
K_2HPO_4	70	−30	Glycerol	113	−40
KH_2PO_4	21	−30	$CaCl_2$	44	−50
K_2CO_3	7	−30	Glycerol	138	−50
Methanol	46	−30	CH_3COONa	100	−60

Heizbäder

Wärmeträger	t	Wärmeträger	t
Wasser	bis 95	Wood-Legierung	60 ... 250
$NaNO_3$ (aq. kalt gesättigt)	bis 150	Rose-Legierung	95 ... 250
$CaCl_2$ (aq. kalt gesättigt)	bis 180	Lot-Metall	200 ... 350
Paraffinöle	bis 150	KNO_3	ab 310
Polyglykole	bis 200	$NaNO_3$	ab 320
Siliconöle	bis 350	$MgCl_2$	ab 720

15.5. Kryoskopische und ebullioskopische Konstanten von Lösungsmitteln (Molmassebestimmungen)

In ideal verdünnten Lösungen sind die Gefriertemperaturerniedrigung ΔT_F und die Siedetemperaturerhöhung ΔT_S des Lösungsmittels der Molalität m_B des gelösten Stoffes B proportional:

$$\Delta T_F = k_k m_B,$$

$$\Delta T_S = k_e m_B.$$

Die kryoskopische Konstante k_k eines Lösungsmittels ist die durch die Molalität 1 mol/kg eines gelösten Stoffes hervorgerufene Gefriertemperaturerniedrigung.
Die ebullioskopische Konstante k_e eines Lösungsmittels ist die durch die Molalität 1 mol/kg eines gelösten Stoffes hervorgerufene Siedetemperaturerhöhung.
Sind k_k bzw. k_e des Lösungsmittels gegeben, so kann bei bekannter Molalität des gelösten Stoffes B dessen Molmasse M_B aus der beobachteten Gefriertemperaturerniedrigung ΔT_F bzw. Siedetemperaturerhöhung ΔT_S ermittelt werden:

$$M_B = \frac{\hat{m}_B k_k \cdot 1000}{\hat{m}_L \Delta T_F} \quad \text{oder} \quad M_B = \frac{\hat{m}_B k_e \cdot 1000}{\hat{m}_L \Delta T_S}.$$

M_B Molmasse des gelösten Stoffes B in g/mol
$\hat{m}_B$ Masse des gelösten Stoffes B in g
$\hat{m}_L$ Masse des Lösungsmittels in g
ΔT_F Gefriertemperaturerniedrigung des Lösungsmittels in K
ΔT_S Siedetemperaturerhöhung des Lösungsmittels in K
k_k kryoskopische Konstante des Lösungsmittels in K · kg/mol
k_e ebullioskopische Konstante des Lösungsmittels in K · kg/mol

Die Tabelle enthält beobachtete Zahlenwerte der beiden Konstanten für ausgewählte Lösungsmittel. Bei ihrer Verwendung zur Molmassebestimmung ist zu beachten, daß die gelösten Stoffe im Lösungsmittel nicht dissoziieren dürfen. Bei der Bestimmung der Molmasse von Elektrolyten aus Temperaturänderungen von Phasenumwandlungen ist zu berücksichtigen, daß k_k und k_e sowohl von der Anzahl der bei der Dissoziation entstehenden Ionen als auch deren Wertigkeit abhängen.

Lösungsmittel	Schmp. in °C	k_k in K · kg/mol	Sdp. in °C	k_e in K · kg/mol
Aceton	–	–	56,3	1,48
Ameisensäure	8,4	2,77	101	2,4
Anilin	–6,2	5,87	184,4	3,69
Anthrachinon	266	14,8	–	–
Arsentribromid	31,2	18,2	–	–
Arsentrichlorid	–	–	130	7,1
Benzen	5,49	5,07	80,1	2,64
Benzophenon	48,0	9,8	–	–
Biphenyl	70,5	8,0	–	–
2-Bromnaphthalen	59	12,4	–	–
Campher	179	39,8	204	6,09
Chloroform	–63,2	4,9	61,1	3,8
Cyclohexan	6,4	20,2	81,5	2,75
Cyclohexanol	23,9	38,3	–	–
Dekalin	–	–	191,7	5,76
2,6-Dibrombornan	169	80,9	–	–
Dibrommethan	10,0	12,5	131,6	6,43
Diethylether	–	–	34,6	2,16
1,4-Dioxan	11,8	4,7	101,4	3,13
Essigsäure	16,6	3,9	118,1	3,07
Essigsäureanhydrid	–	–	139,4	3,53
Essigsäureethylester	–	–	77,1	2,83
Essigsäuremethylester	–	–	56,5	2,06
Ethanol	–	–	78,4	1,04
Harnstoff	132,7	21,5	–	–
n-Hexan	–95,5	1,8	68,7	2,78
Isobornan	66	44,5	–	–
Kaliumchlorid	772	25	–	–
Kohlenstoffdisulfid	–	–	46,5	2,29
Methanol	–	–	64,7	0,84
Naphthalen	80,4	6,9	217,9	5,8
β-Naphthol	123	11,25	–	–
Natriumchlorid	800	18,0	–	–
Natriumsulfat	884	44	–	–
Nitrobenzen	5,7	6,89	210,9	5,27
Nitromethan	–	–	101,2	1,86
Phenol	41	7,27	181,4	3,6
Propanol	–	–	97,3	1,73
Pyridin	–42	4,97	115,5	2,69
Tetrachlorethen	–	–	121,1	5,5
Tetrachlormethan	–22,9	29,8	76,7	4,88
Trichloressigsäure	57,5	12,1	–	–
Trichlorethylen	–	–	87,2	4,43
Wasser	0	1,86	100	0,52

15.6. Abhängigkeit des Siedepunktes vom Druck

Die Temperaturabhängigkeit des Siedepunktes vom äußeren Druck wird durch die Gleichung von CLAUSIUS-CLAPEYRON beschrieben.
Angenähert gilt:

$$T_2 = \frac{\Delta_V H}{0{,}019 \lg \frac{p_1}{p_2} + \frac{\Delta_V H}{T_1}}.$$

T_1 Siedepunkt (in K) bei bekanntem Druck p_1 (in kPa oder Torr)
T_2 gesuchter Siedepunkt beim Druck p_2
$\Delta_V H$ Verdampfungsenthalpie (in kJ/mol) beim Siedepunkt unter Normdruck

Zur Abschätzung des Siedepunktes bei der Vakuumdestillation dient das nebenstehende Nomogramm (S. 209). Man sucht in der oberen Kopfzeile die Siedetemperatur bei Normdruck auf, verfolgt die dort beginnende Dampfdruckkurve bis zum Schnittpunkt mit der gewünschten Druckkoordinate, lotet vom Schnittpunkt auf die Temperaturachse und erhält den zugehörigen Siedepunkt. Das Nomogramm gilt für eine mittlere Verdampfungsentropie von $\Delta_V S = 88$ J/K · mol (Regel von PICTET-TROUTON).
Die folgende Tabelle enthält die Verdampfungsenthalpien ausgewählter Flüssigkeiten beim Siedepunkt unter Normdruck.

Flüssigkeit	Sdp. in °C	$\Delta_V H$ in kJ/mol	Flüssigkeit	Sdp. in °C	$\Delta_V H$ in kJ/mol
Aceton	56,2	29,1	Essigsäure	117,9	23,7
Acetophenon	202,3	38,8	Essigsäureethylester	77,1	32,3
Acetonitril	81,6	32,8	Ethanol	78,3	38,7
Anilin	184,4	45,2	n-Hexan	68,7	28,9
Benzen	80,1	30,8	Isopropanol	82,5	40,5
Benzylalkohol	205,4	50,5	Methanol	64,7	35,4
Brombenzen	156,1	36,4	Methylethylketon	79,6	32,8
Butan-1-ol	117,8	43,8	Nitrobenzen	211	48,8
Butan-2-ol	100,0	41,7	Nitromethan	101,2	34,0
tert-Butanol	82,6	39,7	n-Octan	125,7	34,6
Chlorbenzen	131,7	35,7	Pyridin	115,2	35,1
Chloroform	61,3	29,7	Tetrachlormethan	76,7	30,0
Cyclohexan	80,7	30,1	Toluen	110,6	33,5
Cyclohexanol	161,4	42,4	Wasser	100	40,7
Diethylether	34,5	26,6	o-Xylen	144,4	36,8
1,4-Dioxan	101,4	35,8	m-Xylen	139,1	36,4

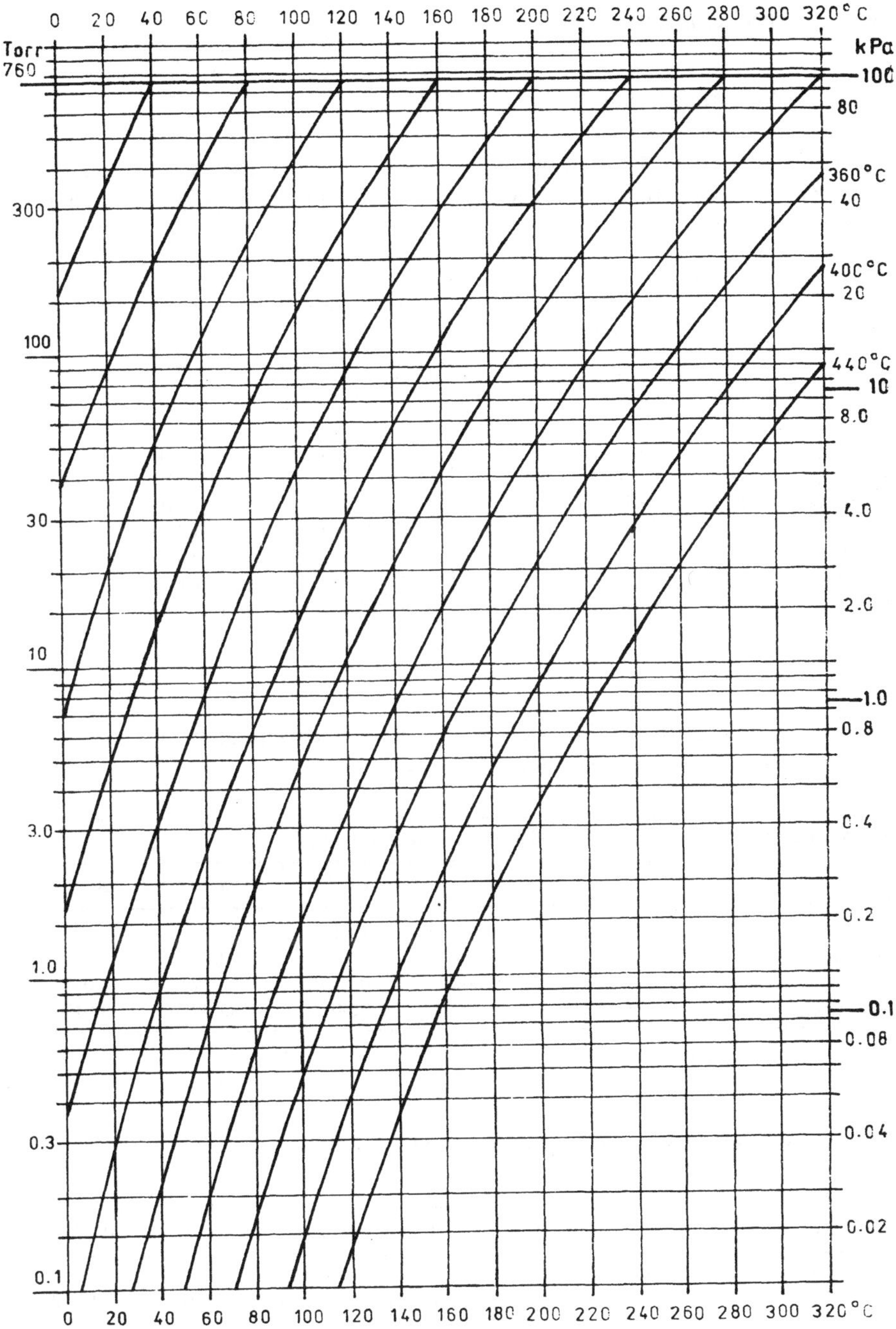
0 20 40 60 80 100 120 140 160 180 200 220 240 260 280 300 320 °C
Torr
760
300
100
30
10
3.0
1.0
0.3
0.1
kPa
100
80
360 °C
40
400 °C
20
440 °C
10
8.0
4.0
2.0
1.0
0.8
0.4
0.2
0.1
0.08
0.04
0.02
0 20 40 60 80 100 120 140 160 180 200 220 240 260 280 300 320 °C

16. Trockenmittel

16.1. Wirksamkeit einiger Trockenmittel

Die Tabelle enthält Trockenmittel für Gase oder zur Exsikkatorfüllung und Angaben über den Restwassergehalt des Gases (in mg H_2O/l Gas) nach dem Trocknen bei 25 °C.

Trockenmittel	Restwassergehalt in mg H_2O/l	Trockenmittel	Restwassergehalt in mg H_2O/l
CaH_2	$< 10^{-23}$	$CuSO_4$	$1{,}4 \cdot 10^{-2}$
P_4O_{10}	$2 \cdot 10^{-5}$	Silicagel (Blaugel)	$2 \cdot 10^{-2}$
BaO	$1 \cdot 10^{-4}$	NaOH (geschmolzen)	$1{,}6 \cdot 10^{-1}$
$Mg(ClO_4)_2$	$5 \cdot 10^{-4}$	$CaCl_2$ (gekörnt)	$2 \cdot 10^{-1}$
$Mg(ClO_4)_2 \cdot 3\,H_2O$	$2 \cdot 10^{-3}$	$CaBr_2$	$2 \cdot 10^{-1}$
KOH (geschmolzen)	$2 \cdot 10^{-3}$	H_2SO_4 (95%)	$3 \cdot 10^{-1}$
Al_2O_3	$3 \cdot 10^{-3}$	$CaCl_2$ (geschmolzen)	$3{,}6 \cdot 10^{-1}$
$CaSO_4 \cdot {}^1/_2\,H_2O$	$4 \cdot 10^{-3}$	$ZnCl_2$	0,8
H_2SO_4 (konz.)	$5 \cdot 10^{-3}$	$ZnBr_2$	1,1
MgO	$8 \cdot 10^{-3}$	Molekularsiebe siehe Seite 241	

16.2. Dampfdruck des Wassers in kPa über Trockenmitteln, die bereits bestimmte Wassermengen aufgenommen haben

Trockenmittel	g H_2O/100 g Trockenmittel bei 25 °C				
	1	5	10	15	20
Al_2O_3	0,020	0,16	1,01	1,92	–
Silicagel	0,020	0,11	0,75	0,92	1,13
Molekularsieb 4A	0,0013	0,0027	0,0093	0,027	0,067
$Mg(ClO_4)_2$	0,0020	0,0020	0,0020	0,0027	0,013

16.3. Dampfdruck des Wassers über H_2SO_4 bei 20 °C

% H_2SO_4	10	20	30	40	50	60
p in kPa	2,29	2,05	1,76	1,30	0,83	0,37
% H_2SO_4	65	70	75	80	85	90
p in kPa	0,21	0,11	0,040	0,013	0,004	0,00067

16.4. Zeitliche Abhängigkeit der Wasseraufnahme einiger Trockenmittel für Exsikkatorfüllungen bei Wasserstrahlpumpenvakuum

Werte der Wasseraufnahme in g H_2O/100 g Trockenmittel

Trockenmittel	Zeit in h						
	1	2	3	4	5	6	7
P_4O_{10}	3,0	5,6	8,0	10,1	12,2	14,0	16,0
konz. H_2SO_4	2,6	4,6	6,6	8,7	10,6	12,4	14,4
$CaCl_2$	1,9	3,9	6,0	8,0	9,7	11,5	13,5

16.5. Wirkung verschiedener Trockenmittel in organischen Flüssigkeiten

1. Zahl = nach dem Trocknen in der Flüssigkeit verbleibender Wassergehalt in Masse-%
2. Zahl = aufnehmbare Wassermenge in Masse-% im Trockenmittel

Organische Flüssigkeit	Molekularsiebe		Al_2O_3	Silicagel
	4A	5A		
Methanol	0,54/2,5	0,55/1,5	–	–
Ethanol	0,25/7,0	0,25/6,8	0,45/1,5	–
2-Ethylhexanol	0,21/16	0,29/13,7	0,45/2,6	0,49/3,5
n-Butylamin	1,65/10,4	1,31/18,2	1,93/3,4	–
2-Ethylhexylamin	0,25/15,1	0,08/21,1	0,43/6,1	0,53/1,7
Ethylether	< 0,001/ > 9,5	0,013/9,2	0,16/6,2	0,27/4,3
Amylacetat	0,002/9,3	–	0,33/7,4	0,38/1,9

16.6. Einstellung definierter Luftfeuchtigkeit (über Salzlösungen mit viel Bodenkörper in geschlossenen Gefäßen)

Relative Luftfeuchtigkeit (bei 20 °C)	Gesättigte Lösung von
35%	Calciumchlorid
45%	Kaliumcarbonat
55%	Calciumnitrat
63%	Ammoniumnitrat
76%	Natriumchlorid
86%	Kaliumchlorid
92%	Natriumcarbonat

17. Justierung und Volumenprüfung von Volumenmeßmitteln aus Glas

Volumenmeßmittel aus Glas sind, wenn auf ihnen nicht eine andere Flüssigkeit angegeben ist, für die Verwendung mit destilliertem Wasser justiert und werden mit destilliertem Wasser geprüft.
Das Ablaufverhalten anderer Flüssigkeiten, bedingt durch deren Dichte, Oberflächenspannung und Viskosität, wird durch Einhalten bestimmter Ablauf- bzw. Wartezeiten weitestgehend ausgeglichen.
Die Meßmittel sind für Ablesung des tiefsten Punktes des Flüssigkeitsmeniskus am oberen Rand des Teilstriches justiert. Meßmittel mit Schellbachstreifen sind für Ablesung der Schellbachspitze am oberen Rand des Teilstriches justiert.
Volumenmeßmittel aus Glas können auf Einguß (In) oder Ausguß (Ex) justiert sein. Bei Justierung auf Einguß verkörpert die in das nicht benetzte Meßmittel eingefüllte, bei Justierung auf Ausguß die aus dem Meßmittel abgelaufene Flüssigkeitsmenge das abgemessene Volumen. Der nach Beendigung des zusammenhängenden Ablaufs bzw. nach Einhalten einer Wartezeit in den Meßmitteln verbleibende Flüssigkeitsfilm oder in einer Spitze verbleibende Flüssigkeitsrest gehört nicht zum abgemessenen Volumen.
Für Volumenmeßmittel der Genauigkeitsklasse »A« (eichfähig, auf Bestellung auch geeicht) bestehen zur Zeit folgende Fehlergrenzen (Stand: Dezember 1980).

Nenn-volumen	Enghalsmeßkolben				Weithalsmeßkolben			
	In		Ex		In		Ex	
	Fehlergrenze		Fehlergrenze		Fehlergrenze		Fehlergrenze	
in cm³	in cm³	in %	in cm³	in %	in cm³	in %	in cm³	in %
5	±0,008	±0,16	–	–	–	–	–	–
10	±0,008	±0,08	–	–	–	–	–	–
25	±0,015	±0,06	–	–	±0,03	±0,12	–	–
50	±0,03	±0,06	–	–	±0,08	±0,16		
100	±0,05	±0,05	±0,10	±0,10	±0,12	±0,12	±0,24	±0,24
250	±0,11	±0,044	±0,22	±0,088	±0,20	±0,08	±0,40	±0,16
500	±0,14	±0,028	±0,28	±0,056	±0,28	±0,056	±0,56	±0,112
1000	±0,19	±0,019	±0,38	±0,038	±0,40	±0,04	±0,80	±0,08
2000	±0,40	±0,02	±0,80	±0,04	±0,80	±0,04	±1,60	±0,08
5000	–	–	–	–	±2,4	±0,048	±4,8	±0,096

Meßkolben mit mittelweitem Hals	
Nennvolumen in cm³	Fehlergrenze in cm³
5	±0,025
10	±0,025
25	±0,040
50	±0,060
100	±0,100
200	±0,150
250	±0,150
500	±0,250
1000	±0,400
2000	±0,600
5000	±2,400

Nenn-volumen	Vollpipetten Ex		Meßpipetten Ex		Büretten Ex	
	Fehlergrenze		Fehlergrenze		Fehlergrenze	
in cm³	in cm³	in %	in cm³	in %	in cm³	in %
0,5	±0,005	±1,0	–	–	–	–
1	±0,007	±0,7	±0,006	±0,6	±0,01	±1
2	±0,01	±0,5	±0,010	±0,5	±0,01	±0,5
5	±0,015	±0,3	±0,03	±0,6	±0,01	±0,2
10	±0,02	±0,2	±0,05	±0,5	±0,02	±0,2
20	±0,03	±0,15	–	–	–	–
25	±0,03	±0,12	±0,05	±0,2	±0,03	±0,12
50	±0,05	±0,1	–	–	±0,05	±0,1
100	±0,08	±0,08	–	–	±0,1	±0,1
200	±0,1	±0,05	–	–	–	–

Außer Volumenmeßmitteln der Genauigkeitsklasse »A« gibt es solche der Genauigkeitsklasse »B« oder »S«, die im allgemeinen die doppelten Fehlergrenzen von denen der Genauigkeitsklasse »A« besitzen. »B« und »S« unterscheiden sich hinsichtlich der Ablaufzeit, d. h., Meßmittel der Genauigkeitsklasse »S« sind auf Schnellablauf justiert (deutlich verkürzte Ablaufzeit), gelegentlich ist eine Wartezeit einzuhalten (Büretten).

Die exakte meßtechnische Prüfung der Volumenmeßmittel erfolgt nach DIN-Vorschriften. eine orientierende Volumenbestimmung kann jedoch vom Benutzer selbst unter Verwendung der folgenden Tabelle durch Auswägen mit destilliertem Wasser vorgenommen werden.

t in °C	15	16	17	18	19	20	21	22	23	24	25
A in g	997,91	997,78	997,64	997,49	997,32	997,15	996,96	996,77	996,56	996,35	996,12

Hierbei bedeutet A Sollwert der Masse des Wassers zur Füllung eines Volumenmeßmittels vom Nennvolumen $V = 1000\ \text{cm}^3$ bei 20 °C, 760 Torr (101325 kPa) und Verwendung von Messingwägestücken.
Für ein beliebiges Volumen V erhält man den Sollwert der Wassermasse A' aus obiger Tabelle nach der Gleichung

$$A' = \frac{V}{1000} A .$$

Beispiel:

Meßkolben, 1000 cm³, In, 20 °C	997,15 g
Masse der eingefüllten Wassermenge bei 24 °C	996,35 g
Differenz	0,80 g
Abweichung vom Sollwert	0,08 %

Pipetten und Büretten werden so geprüft, daß man das destillierte Wasser aus dem ordnungsgemäß gefüllten Meßmittel in ein vorher austariertes Hilfsgefäß ablaufen läßt und wägt.

18. Organische Verbindungen

18.1. Eigenschaften häufig verwendeter organischer Verbindungen

Erläuterungen zu nachstehender Tabelle:

Dichte ϱ

Die Tabelle enthält die Dichten bei 20 °C in g/ml.
Ausnahmen: z. B. $1{,}378^{23}$ bedeutet Dichte bei 23 °C.

Siedepunkt

Die Siedepunkte beziehen sich auf 760 Torr (≙101,325 kPa).
Ausnahmen: z. B. 139^{746} bedeutet Siedepunkt bei 746 Torr (Torr · 0.1333224 = kPa).

Löslichkeit

Löslichkeit in g Substanz je 100 g Lösungsmittel bei 20 °C.
Ausnahmen: z. B. $6{,}4^{90}$ bedeutet: 6,4 g Substanz lösen sich in 100 g Lösungsmittel bei 90 °C.

Brechungsindex n_D

Die Werte beziehen sich auf 20 °C und Licht der Wellenlänge 589.3 nm (Natriumdampflampe).
Ausnahmen: z. B. $1{,}4457^{19}$ bedeutet Brechungsindex bei 19 °C.

Mischbarkeit

Die mit * versehenen Lösungsmittel sind in Tabelle 18.2 enthalten.

Abkürzungen:

Ac	Aceton	K	in der Kälte
Bz	Benzen	ll	leicht löslich
Chl	Chloroform	l	löslich
ES	Essigsäure	wl	wenig löslich
E	Ether	swl	sehr wenig löslich
Tol	Toluen	unl	unlöslich
S	Säure	subl	sublimiert
Vak	Vakuum	z	zersetzlich
H	in der Hitze	(z)	wenig zersetzlich
Sd	in der Siedehitze	∞	unbegrenzt mischbar

Name	Formel	Relative Molekülmasse	Dichte	Schmelzpunkt	Siedepunkt	Löslichkeit			Brechungsindex
						Wasser	Ethanol	andere Lösungsmittel	
Acetaldehyd	CH_3CHO	44,05	0,783^{18}	−123,5	20,2	∞	∞	∞E	1,3316
Acetamid	CH_3CONH_2	59,07		81 … 83	221 bis 222	ll	ll	swl E	1,4274^{78,3}
Acetessigester*	$CH_3COCH_2CO_2C_2H_5$	130,14	1,025	−45 bis −44	180^{755}	13^{17}	∞	∞E, Chl	1,4226^{19,7}
Aceton*	CH_3COCH_3	58,08	0,791	−95	56,3	∞	∞	∞E; l Chl	1,3591
Acetondicarbonsäurediethylester	$CO(CH_2CO_2C_2H_5)_2$	202,21	1,113		250	wl	∞	∞E	1,4378^{23,6}
Acetonitril*	CH_3CN	41,04	0,783	−45,7	81,6	∞	∞	∞E	1,3441
Acetonylaceton*	$CH_3COCH_2CH_2COCH_3$	114,15	0,973	−9	191,4	∞	∞	∞E	1,4232
Acetophenon*	$CH_3COC_6H_5$	120,15	1,026	19,7	202,3	unl	7,45	1,56 E 7,1 Chl	1,5338^{18,8}
Acetylaceton	$CH_3COCH_2COCH_3$	100,12	0,976	−23,2	139^{746}	20^{25}	∞	∞E; l Chl, Bz; ES	1,4518^{18,5}
Acetylchlorid	CH_3COCl	78,50	1,104	−112	51 … 52	z	z	∞E, Bz, Chl	1,3898
Allylbromid	$CH_2{:}CHCH_2Br$	120,98	1,432	−119,4	70,3	unl	∞	∞E; l Chl, CCl_4	1,4693
Ameisensäure*	$HCOOH$	46,03	1,220	8,4	100,5 bis 100,8	∞	∞	ll E	1,3714
Ameisensäureethylester	$HCOOC_2H_5$	74,08	0,923	−80,5	54	ll	l		1,3598

Anilin*	$C_6H_5NH_2$	93.13	1,022	−6	184,4	3,4 $6{,}4^{90}$	∞	∞E	1,5855
Anisol*	$C_6H_5OCH_3$	108,14	0,9954	−37,2	153,8	unl	l	l E	$1{,}5173^{12,9}$
Anthracen	$C_6H_4\langle{}^{CH}_{CH}\rangle C_6H_4$	178,24		217	351 bis 355	unl	$0{,}08^{16}$	1,2 E; $12{,}2^{100}$ Tol; 1^{15} Bz; 7^{80} Bz	
Anthrachinon	$C_6H_4\langle{}^{CO}_{CO}\rangle C_6H_4$	208,22		286	379 bis 381	unl	$0{,}05^{18}$ 2,25 Sd	swl E; wl Bz; $6{,}4^{100}$ Tol $16{,}0^{7}$ E	
Anthranilsäure (o-Amino-benzoesäure)	$C_6H_4\langle{}^{COOH}_{NH_2}$	137,14		145	subl	$0{,}35^{14}$	$10{,}7^{10}$ (90% Ethanol)		
Benzaldehyd*	C_6H_5CHO	106,13	1,050	−26	178 bis 179	0,3	∞	∞E	$1{,}5456^{19,5}$
Benzidin	$NH_2C_6H_4C_6H_4NH_2$	184,24		127 bis 128	401^{740}	$0{,}04^{12}$ 1^{100}	1 Sd	2,2 E	
Benzoesäure	C_6H_5COOH	122,12		122 subl >100	249	$0{,}1^{17,5}$ $2{,}2^{75}$	47^{15}	ll E; l Chl. CCl_4, Bz	
Benzoesäure-methylester	$C_6H_5COOCH_3$	136,15	$1{,}092^{18,7}$	−12,5	199,5	swl	∞	∞E	$1{,}5144^{18,7}$
Benzoinoxim (Cupron)	$C_6H_5CH(OH)CNOHC_6H_5$	227,27		153 bis 155		wl	l		
Benzen*	C_6H_6	78,11	0,879	5,5	80,1	$0{,}07^{22}$	∞	∞E	1,5011
Benzensulfo-chlorid	$C_6H_5SO_2Cl$	176,62	$1{,}378^{23}$	14,5	251,5	unl H	ll H	l E	

Name	Formel	Relative Molekülmasse	Dichte	Schmelzpunkt	Siedepunkt	Löslichkeit			Brechungsindex
						Wasser	Ethanol	andere Lösungsmittel	
Benzensulfonsäure	$C_6H_5SO_3H$	158,18		50 bis 52,5; + 1¹/₂ H_2O 43 … 46	z	ll	ll	unl E; wl Bz	
Benzonitril*	C_6H_5CN	103,12	1, 05	−13	190,7 bis 191,3	1^{100}	∞	∞E	1,5289
Benzoylchlorid	C_6H_5COCl	140,57	1,212	−1	197	2	z	∞E, l Bz, CS_2	1,5537
Benzsulfhydroxamsäure	$C_6H_5SO_2NHOH$	173,19		≈126	z > F_p	l H	l	l E, ES; swl Bz	
Benzylalkohol*	$C_6H_5CH_2OH$	108,14	1,043	−15,3	205,2	4^{17}	∞	∞E, Chl; l ES	1,5396
Benzylchlorid	$C_6H_5CH_2Cl$	126,59	1,100	−39	179,4	unl K; z H	∞	∞E, Chl	$1{,}5391^{17,4}$
Benzylcyanid	$C_6H_5CH_2CN$	117,15	1,016	−23,8	233 bis 234	unl	∞	∞E	1,5233
Brenzcatechin (o-Dihydroxybenzen)	$C_6H_4(OH)_2$	110,11		105	240 bis 245	45	ll	ll E; l Chl, Bz	
Brombenzen	C_6H_5Br	157,02	1,495	−30,6	155 bis 156	unl	$10{,}4^{25}$	71 E	1,5604
Bromcyan	BrCN	105,93		52	$61{,}3^{750}$	l	l	l E	

Butan-1,4-diol*	$HO(CH_2)_4OH$	90,12	1,069	20,1	229,2	∞	∞	wl E	1,4461
n-Butanol*	C_4H_9OH	74,12	0,8098	−79,9	117	7,9	∞	∞E	1,3991
Butan-2-ol	$CH_3CH_2CH(OH)CH_3$	74,12	0,808	−89	100	12,5	∞	∞E	$1{,}3924^{22}$
tert-Butanol	$(CH_3)_3COH$	74,12	0,789	25	82,6	∞	∞	∞E	1,3878
Butylacetat*	$CH_3(CH_2)_3OOCCH_3$	116,16	0,884	−76,8	126,2	1,0	∞	∞E	$1{,}3961^{15}$
Chinhydron	$C_6H_4O_2$, $C_6H_4(OH)_2$	218,21		171	subl	wl; l H	ll	ll E	
Chinolin*	C_9H_7N	129,16	1,093	−19,5	238	6	∞	∞E; ll Chl	$1{,}6283^{18,2}$
p-Chinon	$O{:}C_6H_4{:}O$	108,10		115,7	subl	swl	l	l E	
Chlorbenzen	C_6H_5Cl	112,56	1,107	−45	132	0,05	∞	∞E; ll Bz	1,5251
Chloressigsäure	$CH_2ClCOOH$	94,50	1,58	61,3 (α)	189	614	l	l E, Chl, CS_2, Bz	
Chloroform*	$CHCl_3$	119,38	1,489	−63,5	61,2	0,8	∞	∞E, l Bz, CS_2, ES	$1{,}4457^{19}$
Citronensäure	$HO{-}C(CH_2COOH)_2{-}COOH$	192,13		153	z	ll	76^{15}	$2{,}1^{15}$ E	
Cupferron	$C_6H_5N(NO)ONH_4$	155,16		163 bis 164		ll	ll		
Cyclohexan	C_6H_{12}	84,16	0,7791	6,4	80,8	unl	∞	∞E	$1{,}4266^{19,5}$
Cyclohexanol*	$C_6H_{11}OH$	100,16	0,962	24 … 25	160 bis 161	3,6	l	l E; ∞ Bz, CS_2	$1{,}461^{37}$
Cyclohexanon*	$CH_2(CH_2CH_2)_2CO$ (Ring)	98,15	0,9466	−26	155	l	l	l E	$1{,}4503^{19}$

Name	Formel	Relative Molekülmasse	Dichte	Schmelzpunkt	Siedepunkt	Löslichkeit			Brechungsindex
						Wasser	Ethanol	andere Lösungsmittel	
cis-Decalin*, trans-Decalin*	$C_{10}H_{18}$	138,25	0,895 0,872	−51 −32	193,3 185,3	unl unl	l l		1,4828 1,4699
Diethanolamin	$HN(CH_2CH_2OH)_2$	105,14	1,097	28	270^{748}	∞	∞	swl Bz	1,4776
Diethylether*	$(C_2H_5)_2O$	74,12	0,714	−116,3	34,5	7,5	∞	∞Chl, Bz	1,3527
Diethylcarbonat (Kohlensäurediethylester)	$(C_2H_5O)_2CO$	118,13	0,975	−43,0	126	unl	l	ll E	1,3846
Diethylenglycol	$(HOCH_2CH_2)_2O$	106,12	1,118	−10,5	244,5	ll	ll		1,4469
Diethylenglycoldiethylether	$(C_2H_5OCH_2CH_2)_2O$	162,23	0,906		189	l	l	l E	
Diethylenglycol-di-n-butylether	$(C_4H_9OCH_2CH_2)_2O$	218,34	0,885		245 bis 247		∞	∞Ac, Tol	
Diethylenglycoldimethylether	$(CH_3OCH_2CH_2)_2O$	134,18	0,945		162	ll	l	l E	
Diazoessigester	$N_2:CHCO_2C_2H_5$	114,10	$1,085^{18}$	−22	140 bis 141^{720} 45^{12}	wl	l	l E, Bz	$1,4588^{17,6}$
Diazomethan	$CH_2:N_2$	42,04		−145	−23	z	l	l E	
Dicyanamidinsulfat	$[NH_2C(NH)NHCONH_2]_2 \cdot H_2SO_4 \cdot 2\,H_2O$	338,30				l	wl		
Diisopropylether	$((CH_3)_2CH)_2O$	102,18	0,726	−86	68				$1,3678^{23}$

Dimedon (Dimethyl-dihydroresorcin)	$(CH_3)_2C_6H_6O_2$	140,18		148 bis 149		$0{,}42^{25}$		swl E; 6,6 Bz H	
N,N-Dimethyl-anilin*	$(CH_3)_2NC_6H_5$	121,18	0,956	2,5	193	swl	l	l E, Chl	1,5582
N,N-Dimethyl-formamid	$(CH_3)_2NCHO$	73,10	$0{,}945^{25}$	−61	153	∞	∞	∞E, Chl, Bz, CS_2, Ac	$1{,}4269^{25}$
Dimethylglyoxim (Diacetyldioxim)	$[CH_2(NOH)C]_2$	116,12		240 bis 242		unl	l	l E	
Dimethylsulfat	$(CH_3O)_2SO_2$	126,13	1,328	−31,4	188,5	swl	ll	ll E, Chl	1,3874
Dimethylsulfoxid	$(CH_3)_2SO$	78,13	1,010		189				
3,5-Dinitro-benzoylchlorid	$(NO_2)_2C_6H_3COCl$	230,57		68 … 69	196^{12}	z	z		
2,4-Dinitro-phenylhydrazin	$(NO_2)_2C_6H_3NHNH_2$	198,14		197 bis 198 z		unl; l verd. S	swl	unl E	
1,4-Dioxan*	$O(CH_2CH_2)_2O$	88,11	1,034	11,8	101,1	∞	∞		1,4224
Dipikrylamin	$NH(C_6H_2(NO_2)_3)_2$	439,21		238 z		unl	unl	unl Ac, E	
Essigsäure*	CH_3COOH	60,05	1,049	16,6	118,1	∞	∞	∞E	1,3718
Essigsäure-ethylester	$CH_3COOC_2H_5$	88,11	0,901	−83,6	77,2	8,6	∞	∞E	1,3724
Essigsäure-anhydrid	$(CH_3CO)_2O$	102,09	1,082	−73	140	13,6 (z)	∞; H z	∞E	1,3904
Essigsäure-methylester	CH_3COOCH_3	74,08	0,933	−98,1	57,2	ll	∞	∞E	1,3594
Ethanol*	C_2H_5OH	46,06	0,789	−114,5	78,3	∞		∞E, Chl	1,3616
Ethanolamin	$NH_2CH_2CH_2OH$	61,08	1,022	10,5	172,2	∞	∞	0,7 E; 1 Chl; wl. Bz	1,4539

Name	Formel	Relative Molekülmasse	Dichte	Schmelzpunkt	Siedepunkt	Löslichkeit			Brechungsindex
						Wasser	Ethanol	andere Lösungsmittel	
Ethylbromid	C_2H_5Br	108,97	1,460	−119	38,4	0,9	∞	∞E	1,4246
Ethylenchlorhydrin*	$ClCH_2CH_2OH$	80,52	1,200	−67,5	128,7	∞	∞	∞E	1,4422
Ethylenglycolmonoethylether	$C_2H_5OCH_2CH_2OH$	90,12	0,930		135	∞	∞	∞E, Ac	1,4080
Ethylenglycolmonomethylether	$CH_3OCH_2CH_2OH$	76,10	0,966		124	∞	∞	∞E, Ac, Bz	1,4028
Ethyliodid	C_2H_5I	155,97	1,933	−111 bis −105	72,4	0,4	ll	ll E	1,5131
Ethylnitrit	C_2H_5ONO	75,07	$0{,}907^{10}$		17^{729}	swl	∞	∞E	$1{,}3418^{10}$
Formaldehyd	HCHO	30,03		−118,3 bis −117,6	−19,3	ll	ll	ll E	
Formamid*	$HCONH_2$	45,04	1,134	2,6	210,5 z; $92 \ldots 95^{10}$	∞	∞	swl E	1,4472
Furfural*	C_4H_3OCHO	96,09	1,161	−36,5	161,7	8,3 $19{,}9^{90}$	∞	∞E	1,5261
Glycerol*	$CH_2OH \cdot CHOH \cdot CH_2OH$	92,10	1,261	18,2	290,5	∞	∞	unl E, Chl, Bz	1,4740
Glycin	NH_2CH_2COOH	75,07		232 bis 236 z		$25{,}3^{25}$ $57{,}5^{75}$	swl	unl E	
Glycol*	$HOCH_2CH_2OH$	62,07	1,113	−12,9	197,8	∞	∞	l E	1,4318
Guajacol	$CH_3OC_6H_4OH$	124,14		28,3	205	$1{,}7^{15}$	ll	ll E	
Harnstoff	NH_2CONH_2	60,06		132,7	z	100	l	wl E; unl Chl	
n-Heptan*	$CH_3(CH_2)_5CH_3$	100,21	0,684	−90,6	98,4	swl	l	∞E, Chl	1,3876

Hexamethylen-tetramin	$(CH_2)_6N_4$	140,19			subl 230 … 270 Vak	81^{12}	3^{12} (abs.)	swl E	
n-Hexan*	$CH_3(CH_2)_4CH_3$	86,18	0,659	−95,3	68,7	swl	l	ll E, Chl	1,3749
Hexanol-(1)*	$CH_3(CH_2)_4CH_2OH$	102,18	0,819	−52	157	0,7	ll	ll E	1,4179
Iodoform	CHI_3	393,73		125	subl > 70	$0,01^{25}$	$1,5^{17}$ 11 Sd	$13,6^{25}$ E	
Isoamylalkohol	$(CH_3)_2CH(CH_2)_2OH$	88,15	0,809	−117	131 bis	2,8	ll	l Bz	1,4053
Isooctan*	$(CH_3)_2CH(CH_2)_4CH_3$	114,23	0,7029		116,0	unl	l	l E	
Isopropanol*	$CH_3CHOHCH_3$	60,10	0,7854	−89,5	82,3	∞	∞	∞E	1,3771
Kohlenstoff-disulfid*	CS_2	76,14	1,263	−111,5	46,3	$0,18^{16}$	∞	∞E	1,6276
Malonsäure	$CH_2(COOH)_2$	104,06		130 bis 135 z	z	74^{20} 93^{50}	ll	8^{15} E	
Malonsäure-diethylester	$CH_2(COOC_2H_5)_2$	160,17	1,055	−49,8	198,9 (z)	wl	ll	ll E	1,4143
Mercapto-benzthiazol	$C_7H_5NS_2$	167,25		179		unl	wl	wl E	
Methanol*	CH_3OH	32,04	0,791	−97,8	64,7	∞	∞	∞E	1,3286
Methylethylketon	$CH_3COC_2H_5$	72,11	$0,8255^0$	−86,4	79,6	29,2	∞	∞E	1,3808
Methylbromid	CH_3Br	94,94	$1,732^0$	−93,7	3,5	wl	l	l E, Chl, CS_2	
Methylenchlorid*	CH_2Cl_2	84,93	1,336	−96,5	40	1,6	∞	∞E	1,4246
Methylisobutyl-keton	$CH_3COCH_2CH(CH_3)_2$	100,16	0,801	−83,5	116,9	unl	∞	∞E	1,3959
Monochlor-essigsäure*	$CH_2ClCOOH$	94,50	1,58	61,3	189	614	l	l E, Chl, CS_2, Bz	

Name	Formel	Relative Molekülmasse	Dichte	Schmelzpunkt	Siedepunkt	Löslichkeit			Brechungsindex
						Wasser	Ethanol	andere Lösungsmittel	
Naphthalen	$C_{10}H_8$	128,18		80,4	217,9	0,003	$9{,}5^{19,5}$	ll E, Chl, CS_2, Bz	
α-Naphthol	$C_{10}H_7OH$	144,17		96	278 bis 280	unl K; wl H	ll	ll E; l Bz	
β-Naphthol	$C_{10}H_7OH$	144,17		122 bis 123	285 bis 286	$0{,}08^{25}$	$12{,}5^{25}$	ll E; l Chl	
α-Naphthylamin	$C_{10}H_7NH_2$	143,19		50	301	0,17	ll	ll E	
β-Naphthylamin	$C_{10}H_7NH_2$	143,19		111 bis 112	306	swl K; ll H	l	l E	
Ninhydrin	$C_6H_4\langle(CO)_2\rangle C(OH)_2$	178,15		239 bis 240 z		ll H		wl E	
p-Nitranilin	$NO_2C_6H_4NH_2$	138,13		147,5	z	$0{,}08^{19}$ 2,2 Sd	5,8	6,1 E; 2 Bz	
Nitrobenzen*	$C_6H_5NO_2$	123,11	1,203	5,7	210,9	0,2	ll	ll E	1,5524
p-Nitrobenzoylchlorid	$NO_2C_6H_4COCl$	185,57		72	154^{15}	z	z	l E	
p-Nitrobenzylchlorid	$NO_2C_6H_4CH_2Cl$	171,58		71		unl	$7{,}6^{25}$	l E	
Nitromethan*	CH_3NO_2	61,04	1,137	−28,4	101	$12{,}3^{25}$	l	l E	1,3815
p-Nitrophenylhydrazinhydrochlorid	$NO_2C_6H_4NHNH_2 \cdot HCl$	189,60		214 bis 215 z		l	unl	unl	
3-Nitrophthalsäureanhydrid	$NO_2C_6H_3(CO)_2O$	193,12		162 bis 163			l H	l Ac; swl Bz	
Nitrosomethylharnstoff	$CH_3N(NO)CONH_2$	103,08		123 bis 124 z		l	ll	ll E	

α-Nitroso-β-naphthol	$C_{10}H_7NO(OH)$	173,17		109 bis 110		swl	l		
Oxalessigester	$(CH_2CO)(CO_2C_2H_5)_2$	188,18	1,131		132^{24}	unl	∞	∞E, Bz	
Oxalsäure	$(COOH)_2$	90,04		189 z	subl > 100	10^{20} 120^{100}	24^{15} (abs.)	$1,3^{15}$ E (abs.)	
Oxin (8-Hydroxy-chinolin)	C_9H_7NO	145,16		76	267	swl	ll	ll Ac, Chl, Bz; swl E	
n-Pentan	$CH_3(CH_2)_3CH_3$	72,15	0,626	−130,8	36,2	unl	∞	∞E	$1,3606^{13,1}$
Phenol*	C_6H_5OH	94,11		41	182	$8,2^{15}$ $\infty >^{65,3}$	∞	∞E	
Phenylarsinsäure	$C_6H_5AsO(OH)_2$	202,04		158 bis 162 z		l	l	unl Chl	
Phenylhydrazin	$C_6H_5NHNH_2$	108,14	1,098	19,6	243,5	wl	∞	∞E, Chl, Bz	1,6081
Phenylhydrazin-hydrochlorid	$C_6H_5NHNH_2 \cdot HCl$	144,61		240 bis 243		ll	l	unl E	
Phenylhydroxyl-amin	C_6H_5NHOH	109,13		81 … 82		2 K; 10 H	ll	ll E	
Phenylisocyanat	C_6H_5NCO	119,12	$1,096^{19,6}$		166	z	z	ll E	$1,5368^{19,6}$
Phthalsäure	$C_6H_4(COOH)_2$	166,13		191[1])		$0,54^{14}$ 18^{99}	$11,7^{18}$	$0,7^{15}$ E; unl Chl	
Phthalsäure-anhydrid	$C_6H_4(CO)_2O$	148,12		131	284,5	wl	l	wl E	
Pikrinsäure	$(NO_2)_3C_6H_2OH$	229,11		121,8	expl. > 300	1,2 7,2 Sd	6,2 66 Sd	2,1 E; l Bz	
Pikrolonsäure	$C_{10}H_8N_4O_5$	264,20		116 bis 117		wl	l		
Piperidin*	$(CH_2)_5NH$	85,15	0,8622	−13	106,3	∞	∞	∞E	1,4530

Name	Formel	Relative Molekülmasse	Dichte	Schmelzpunkt	Siedepunkt	Löslichkeit Wasser	Löslichkeit Ethanol	Löslichkeit andere Lösungsmittel	Brechungsindex
n-Propanol	$CH_3CH_2CH_2OH$	60,10	0,804	−126,5	97,2	∞	∞	∞E	1,3854
Propionsäure*	C_2H_5COOH	74,08	0,992	−22	141,1	∞	∞	∞E, Chl	$1{,}3874^{19,8}$
1,2-Propylenglycol	$CH_3CH(OH)CH_2OH$	76,10	1,036		188	∞	∞	l E	1,4331
Pyridin*	C_5H_5N	79,10	0,983	−42	115,5	∞	∞	∞E; l Bz	1,5100
Pyrogallol	$C_6H_3(OH)_3$	126,11		133 bis 134	309 (z)	44^{13} 63^{25}	100^{25}	83^{25} E; wl Bz	
Resorcin	$C_6H_4(OH)_2$	110,11		110	276 bis 280	147^{12} 223^{30}	144^{9} 243^{25}	ll E	
Salicylaldehyd	HOC_6H_4CHO	122,12	1,167		196,5	wl	∞	∞E; ll Bz	$1{,}5736^{19,7}$
Salicylaldoxim	$C_6H_4(OH)CHNOH$	137,14		57		unl K; l H	ll	ll E, Bz	
Salicylsäure	HOC_6H_4COOH	138,12		159	subl. 76 $\approx 211^{20}$	$0{,}18^{20}$ $1{,}3^{70}$	$49{,}6^{15}$	$50{,}5^{15}$ E	
Semicarbazid	$NH_2NHCONH_2$	75,07		96		ll	ll	unl E, Chl, Bz	
Semicarbazid-hydrochlorid	$NH_2NHCONH_2 \cdot HCl$	111,53		173 z		ll	unl (abs.)	unl E	
Sulfanilsäure	$NH_2C_6H_4SO_3H$	173,19		280 bis 300 z		l 6,7 Sd	swl	swl E	
Tetrachlor-ethylen*	$CCl_2{:}CCl_2$	165,83	1,619	−22,2	121	$0{,}02^{25}$	∞	∞E, Chl, Bz	1,5053
Tetrachlor-kohlenstoff*	CCl_4	153,82	1,595	−22,9	76,8	$0{,}08^{30}$	∞	∞E	1,4603

Tetrahydrofuran*	$CH_2(CH_2)_2CH_2O$ (ringförmig)	72,11	$0{,}888^{21}$		64 … 66	l	l		1,4070
Tetralin*	$C_{10}H_{12}$	132,21	0,971	−31	207	unl	l	l E	1,5402
Tetranitromethan	$C(NO_2)_4$	196,03	1,639	13,8	125,7	unl	ll	ll E	$1{,}4399^{17}$
Thioharnstoff	NH_2CSNH_2	76,12		180 bis 182	z	$9{,}2^{13}$	l	swl E	
Thionalid	$C_{10}H_7NHCOCH_2SH$	217,29		111 bis 112		unl	ll		
p-Toluidin	$CH_3C_6H_4NH_2$	107,16		44 … 45	200,4	$0{,}74^{21}$ $1{,}1^{32}$	ll		
Toluen*	$C_6H_5CH_3$	92,14	0,866	−95	110,6	$0{,}05^{16}$	∞ (abs.)	∞E; ll Chl, Bz	1,4969
p-Toluensulfo-chlorid	$CH_3C_6H_4SO_2Cl$	190,65		69	146,15	unl	l	l E, Bz	
Triethanolamin*	$N(CH_2CH_2OH)_3$	149,19		20 … 21	360 208^{10}	∞	∞	wl E	1,4852
Triethylamin*	$(C_2H_5)_3N$	101,19	0,7277	−114,8	89,4	16,6	l	l E	1,4003
Trichlorethylen*	$CHClCCl_2$	131,39	1,462	−86,5	87,2	$0{,}1^{25}$	∞	∞E	1,4474
Trichloressigsäure	CCl_3COOH	163,39		57 … 58	196 bis 197	120^{25}	l	l E	
o-Xylen	$C_6H_4(CH_3)_2$	106,17	0,880	−25	144	unl	∞ (abs.)	∞E	1,5055
m-Xylen*	$C_6H_4(CH_3)_2$	106,17	0,864	−54 bis −53	139	unl	∞ (abs.)	∞E	1,4972
p-Xylen	$C_6H_4(CH_3)_2$	106,17	0,861	13,2	138,4	unl	ll	ll E	1,4958
Zimtsäure (trans)	$C_6H_5CH{:}CHCOOH$	148,16		133	300	$0{,}04^{18}$ $0{,}59^{98}$	$23{,}8^{20}$	ll E; l Chl, Bz	

[1]) im geschl. Rohr

18.2. Mischbarkeit organischer Lösungsmittel

	Acetessigester	Aceton	Acetonitril	Acetonylaceton	Ethanol	Ethylenchlorhydrin	Ameisensäure	Anilin	Benzaldehyd	Benzylalkohol	1,4-Butandiol	n-Butanol	Butylacetat	Chinolin	Cyclohexanol	Diethylether	1,4-Dioxan	Essigsäure
Acetophenon	+	+	+		+	+	+	+	+	+	+	+	+	+	+	+	+	+
Anisol	+	+	+	−	+	+	−	+	+	+	−	+	+	+	+	+	+	+
Benzin (Sdp.: 150 … 200 °C)	−	+	−		+	−	−	−	+	−	−	+	+	+	+	+	+	+
Benzen	+	+	+	−	+	+	−	+	+	+	−	+	+	+	+	+	+	+
Benzonitril	+	+		+	+		+	−	+	+		+	+	+		+	+	+
Butylacetat	+	+	+	−	+	+	+	+	+	+	−	+	0	+	+	+	+	+
Chlorbenzen	+	+	+	−	+	+	−	+	+	+	−	+	+	+	+	−	+	+
Chloroform	+	+	+	−	+	+	−	−	+	+	+	+	+	+	+	+	+	+
Cyclohexanon	+	+	+	−	+	+	+	+	+	+	+	+	+	+	+	+	+	+
Decalin	−	+	−	−	+	−	−	−	−	+		+	+	+	+	+	+	−
Diethylether	+	+	+	+	+	+	+	+	+	+	−	+	+	+	+	0	+	+
Dimethylanilin	+	+	+		+	+	+	+	+	+	−	+	+	+	+	+	+	+
Essigsäure-ethylester	+	+	+		+	+	+	+	+	+	+	+	+	+	+	+	+	+
Formamid	+	+	+	+	+	+	+	+	+	+	+	+	−	+	+	+	+	+
Glycerol	−	−	−		+	+	+	−	+	−	+	+	−	+	−	−	+	+
Glycol	−	+	+	+	+	+	+	+	+	+	+	+	×	+	+	−	+	+
n-Heptan	−	+	−	−	+	−	−	−	+	+		+	−	+	+	+	+	+
n-Hexan	−	+	−	−	+	−	+	−	+	−		+	+	+	+	+	+	+
Isooctan	−	+	−	−	+	−		−	+	−		+		+	+	+	+	+
Methylenchlorid	+	+	+	−	+	+	+	+	+	+	−	+	+	+	+	+	+	+
Nitrobenzen	+	+	+	−	+	+	+	×	+	+	−	+	+	+	+	+	+	+
Nitromethan	+	+	+	+	+	+	+	+	+	+	−	+	+	+	−	+	+	+
Kohlenstoff-disulfid	+	+	−	−	+	×	−	+	+	+	−	+	+	+	+	+	+	+
Tetrachlorethylen		+	+		−	−		+	+	+	−	+		+		+	+	+
Tetrachlor-kohlenstoff	+	+	+	−	+	+	−	+	+	+	−	+	+	+	+	+	+	+
Tetralin	+	+	+	−	+	+	−	+	+	+	−	+	+	+	+	+	+	+
Toluen	+	+	+	−	+	+	−	+	+	+	−	+	+	+	+	+	+	+
Triethylamin	+	+	+	+	+	+	+	+	+	+	+	+	+	+	+	+	+	+
Trichlorethylen	+	+	+	−	+	+	−	+	+	+	−	+	+	+	+	+	+	+
m-Xylen	+	+	+		+	+	−	+	+	+	−	+	+	+	+	+	+	+
Wasser	−	+	+	−	+	+	+	−	−	−	+	−	−	−	−	−	+	+

+ mischbar   × begrenzt mischbar

	Formamid	Furfural	Glycerol	Glycol	Hexanol	Isoamylalkohol	Isopropylalkohol	Methanol	Monochloressigsäure	Nitromethan	Phenol	Piperidin	Propionsäure	Pyridin	Tetrachlorkohlenstoff	Tetrahydrofuran	Triethanolamin	Wasser
Acetophenon	−	+	−	−	+		+	+	+	+	+	+	+	+	+	+	+	−
Anisol	−	+	−	−	+		+	+	+	+	+	+	+	+	+	+	−	−
Benzin (Sdp.: 150 ... 200 °C)	−	−	−	−	+	+	+	+	−	−	−	+	+	+	+	+	−	−
Benzen	−	+	−	−	+	+	+	+	+	−	+	+	+	+	+	+	−	−
Benzonitril	−	+	−	−		+	+	+			+	+	+	+	+	+	+	−
Butylacetat	−	+	−	×	+	+	+	+	+	+	+	+	+	+	+	+	−	−
Chlorbenzen	−	+	−	−	+		+	+	+	+	+	+	+	+	+	+	+	−
Chloroform	−	+	−	+	+	+	+	+	+	+	+	+	+	+	+	+	+	−
Cyclohexanon	+	+	−	+	+		+	−		+		+	+	+	+	+	+	−
Decalin	−	−	−	−	+	+	+	−	+	−	+	+	+	+	+	+	−	−
Diethylether	−	+	−	−	+	+	+	+	+	+	+	+	+	+	+	+	−	−
Dimethylanilin	−	+	−	−	+	+	+	+	+	+	+	+	+	+	+	+	−	−
Essigsäure-ethylester	−	+	−	−	+		+	+	+	+	+	+	+	+	+	+	+	−
Formamid	0	+	+	+	−	+	+	+	+	+	+	+	+	+	−	+	+	+
Glycerol	+	−	0	+	−	−	+	+	+	−	+	+	+	+	−	+	+	+
Glycol	+	+	+	0	+	+	+	+	+	−	−	+	+	+	−	+	+	+
n-Heptan	−	−	−	−	+		+	−	−	−	−	+	+	+	+	+	−	−
n-Hexan	−	−	−	−	+		+	−	−	−	−	+	+	+	+	+	−	−
Isooctan		−			+		+	−	−		−	+	+					−
Methylenchlorid	−	+	−	−	+		+	+	−	+	−	+	+	+	+	+	+	−
Nitrobenzen	−	+	−	−	+		+	+	+	+	+	+	+	+	+	+	+	−
Nitromethan	+	+	−	−	×	+	+	+	+	0	+	+	+	+	+	+	+	−
Kohlenstoff-disulfid	−	+	−	−	+	+	+	−	+	−	+	+	+	+	+	+	−	−
Tetrachlorethylen	−	+	−	−	+		+		−	−	+	+	+	+		+	−	−
Tetrachlor-kohlenstoff	−	+	−	−	+	+	+	+	−	+	+	+	+	+	0	+	−	−
Tetralin	−	+	−	−	+		+	+	+	+	+	+	+	+	+	+	−	−
Toluen	−	+	−	−	+		+	+	+	+	+	+	+	+	+	+	−	−
Triethylamin	−	+	−	+	+		+	+	+	+	+	+	+	+	−	+	−	+
Trichlorethylen	−	+	−	−	+		+	+	+	+	+	+	+	+	+	+	+	−
m-Xylen	−	+	−	−	+		+	+	+	+	+	+	+	+	+	+	−	−
Wasser	+	−	+	+	−	−	+	+	+	−	×	+	+	+	−	+	+	0

− nicht oder nur wenig mischbar

19. Filtermaterialien

19.1. Filterpapiere für die qualitative Analyse

Papier-Nr. der Spezialpapierfabrik Niederschlag	Eignung für	Entsprechende Papiere von Schleicher & Schüll
288, 288/N	grobflockige und voluminöse Niederschläge; schnell filtrierend	2329, 604, 1573
289, 289/N	meist verwendete Sorte, z. B. für Silber-, Arsen-, Antimon-, Cadmium-, Eisen- und Mangansulfid; Bleichromat; Erdalkalicarbonate; mittelschnell filtrierend	591, 598, 597, 595, 593, 1574
292, 292/N	feine Niederschläge, z. B. Magnesiumammoniumphosphat und -arsenat; gröbere Formen von Bariumsulfat: mäßig schnell filtrierend	593, 594, 1575
290, 290/N	feine Niederschläge, z. B. Bariumsulfat; Bleimolybdat; Calciumhydroxid; Nickelsulfid; langsam filtrierend	594, 602 h, 1575
291, 291/N	besonders feinkörnige Niederschläge, z. B. kalt gefälltes Bariumsulfat; Metazinnsäure; Kupfer(I)-oxid; langsam filtrierend	602 h, 602 eh

[1]) Bei den Papieren Nr. 288 bis 292 handelt es sich um normalfeste, bei Nr. 288/N bis 292/N um naßfeste Sorten.
[2]) Bei den Papieren Nr. 1573, 1574 und 1575 handelt es sich um naßfeste Sorten.

19.2. Filterpapiere für die quantitative Analyse

Papiere der Spezialpapierfabrik Niederschlag

Nr.[1])	Eignung für
388, 1388	grobflockige Niederschläge (z. B. Hydroxide)
389, 1389	grobkristalline Niederschläge (z. B. Sulfide)
392, 1392	mittlere Niederschläge
390, 1390	feine Niederschläge
391, 1391	sehr feine Niederschläge und Trübungen

[1]) Bei den Papieren Nr. 388 bis 392 handelt es sich um normalfeste, bei Nr. 1388 bis 1392 um naßfeste Sorten.

19.3. Filtrationstabelle für analytische Arbeiten

Fällungsform	Papiernummer von Schleicher & Schüll		Papiernummer von Macherey, Nagel & Co.		**Papiernummer der Spezialpapierfabrik Niederschlag**	
	qualitativ	quantitativ	qualitativ	quantitativ	qualitativ	quantitativ
Aluminiumacetat, bas.	597	589/2	616	640 m	289	389
Aluminiumhydroxid	604	589/1	617	640 m	288	388
Aluminiumphosphat	593, 597	589/2, 589/5	616, 616 md	640 m 640 md	289, 292	392
Ammonium-phosphormolybdat	597, 602 h evtl. mit Flockenm.	589/2, 589/3, evtl. mit Flockenm.	616, 619 eh	640 m, 640 d		389, 392
Antimonsulfide	597	589/2	616	640 m	289	389
Antimonige Säure	1575, 602 h, 575	507, 1507, 589/3	1674, 619 eh	1640 d		390, 392
Arsensulfide	597	589/2	616	640 m	289	389
Bariumcarbonat	597	589/2	616	640 m	289	389
Bariumchromat	597, 595, 593	589/2, 589/5	616, 616 md	640 m, 640 md	289, 292	389, 392
Bariumsulfat, heiß gefällt	602 h, 597, m. Flockenm.	589/3, 589/5	619 eh, 616 md	640 d, 640 md	290, 291	390, 391
Bismutcarbonat, bas.	597	589/2	616	640 m	288, 289	388, 389
Bismuthydroxid	597, 595	589/2	616	640 m	288, 289	389
Bismutoxidchlorid	593	589/5	616 md	640 md	289, 292	392
Bismutsulfid	604, 597, 595	589/1, 589/2	616, 617	640 w, 640 m	288, 289	388, 389
Bleicarbonat	597	589/2	616	640 m	289	389
Bleichlorid	597	589/2	616	640 m	288, 289	388, 389
Bleichromat, heiß gefällt	597	589/2	616	640 m	289, 292	389, 392
Bleichromat, kalt gefällt	602h, evtl. m. Flockenm.	589/3	619 eh	640 d	290	390
Bleidioxid	602 h	589/3, 589/5	616	640 d, 640 md	290	390, 392
Bleimolybdat	593, 602 h	589/3, 589/5	616	640 d, 640 md	290, 292	392, 390
Bleisulfat, heiß gefällt	597, 602 h	589/2, 589/5	616	640 m,	290, 292	390, 392
Bariumphosphat	597	589/2	616	640 m 640 md	289	389
Bleisulfid	597	589/2	616	640 m	289	389
Bleivanadat	593	589/5	616 md	640 md	289, 292	392
Cadmiumsulfid	597	589/2	616	640 m	289	389
Caesiumantimon-chlorid	597	589/2, 589/5	616	640 m, 640 md	292	392
Calciumcarbonat	597, 595	589/2	616	640 m	289, 292	389, 392
Calciumphosphat	597, 595	589/2, 589/5	616	640 m, 640 md	289	389, 392
Calciumoxalat, heiß gefällt	597, 595, 602 h	589/2, 5893, 589/5	616, 616 md	640 m, 640 md	289, 292	389, 392
Chromiumhydroxid	604	589/1	617	640 w	288	388
Cobalt(II)-hydroxid	593	589/3, 589/5	616 md	640 d, 640 md	289, 292	392
Cobalt(III)-hydroxid	593	589/3, 589/5	616 md	640 d, 640 md	290, 290/N	390
Cobaltsulfid	604	589/1	617	640 w	288	388
Eisen(III)-acetat, bas.	597	589/2	616	640 m	289	389
Eisen-Cupferronat	604	589/1	617	640 w	288	388
Eisen(III)-hydroxid	604	589/1	617	640 w	288	388
Eisen-8-hydroxychinolat					288	388
Kaliumchloro-platinat(IV)	602 h	589/3	616 md	640 md	290, 291	390

Fällungsform	Papiernummer von Schleicher & Schüll		Papiernummer von Macherey, Nagel & Co.		**Papiernummer der Spezialpapierfabrik Niederschlag**	
	qualitativ	quantitativ	qualitativ	quantitativ	qualitativ	quantitativ
Kaliumnitrito-cobaltat(III)	602 h	589/3	616 md	640 md	290, 291	390
Kaliumperchlorat	1575, 602 h, 575	1507, 589/3, 507	1674	1640 d	290, 292	390, 1390
Kupfercarbonat	597	589/2	616	640 m	288, 289	389, 388
Kupfer-Cupferronat	604	589/1	617	640 w	288	388
Kupfersulfide	604	589/1	617	640 w	288	388
Lithiumcarbonat	602 h	589/3	616	640 m	290, 292	390
Magnesium-ammoniumarsenat	597, 595, 593	589/2, 589/3	616, 619 eh	640 m, 640 d	289, 292	389, 392
Magnesium-ammoniumphosphat	597, 595	589/2, 589/3, 589/5	616, 619 eh	640 m, 640 d	289, 292	389, 392
Magnesiumhydroxid	597	589/2	616	640 m	288, 289	389
Mangansulfid	597	589/2	616	640 m	289	389
Molybdänsulfid	597, 595	589/2, 589/5	616, 616 md	640 m, 640 md	289, 292	389, 392
Natriumzinkuranyl-acetat	597	589/2	616	640 m	289	389
Nickel-diacetyldioxim	604	589/1	617	640 w	288	388
Nickelsulfid	602 h	589/3	619 eh	640 d	290	390, 392
Platin, met. gef.	593, 602 h	589/3, 589/5	616 md, 619 eh	640 md, 640 d	292, 289	392
Quecksilber(I)-chlorid	597, 595	589/2	616	640 m	289, 292	389, 392
Quecksilber(II)-sulfid	597	589/2	616	640 m	289	389
Selensulfoharnstoff	593	589/5	616 md	640 md	292	392
Silberarsenat	593	589/5	616 md	640 md	292, 289	392
Silberchlorid	597, 595	589/2	616	640 m	288, 289	389
Silbersulfid	604	589/1	617	640 w	288, 289	388, 389
Strontiumcarbonat	597	589/2	616	640 m	289, 292	389, 392
Strontiumsulfat	602 h	589/3, 589/5	619 eh	640 d	290, 291	390
Thalliumchromat	593	589/5	616 md	640 md		392, 390
Thallium(III)-hydroxid	593	589/2, 589/5	616 md	640 md	292, 290	392
Thoriumpikrolonat	593	589/5	616 md	640 md	292	392
Titanphosphat	593	589/3, 589/5	616 md	640 md	290	392, 390
Uranylcyanoferrat(II)	602 h	589/3, 589/5	619 eh	640 d		390, 392
Uranylsulfid	597	589/2	616	640 m	289	389
Wolframsäure	602 h	589/3	619 eh	640 d	290, 292	390, 392
Zinkcarbonat	597, 595	589/2	616	640 m	289	389
Zinkhydroxid	604	589/1	617	640 w	288	388
Zinksulfid	593	589/5	616 md	640 md	290, 291	390
Zinnsäure	602 h	589/2	619 eh	640 d	290, 291	390
Zinn(II)-sulfid	597	589/2	616	640 m	289	389
Zinn(IV)-sulfid	602 h	589/3	619 eh	640 d	290	390

19.4. Porzellan- und Keramik-Filtriertiegel

Hersteller	Geringste Durchlässigkeit		Mittlere Durchlässigkeit		Größte Durchlässigkeit	
	Bezeichnung	Porengröße in µm	Bezeichnung	Porengröße in µm	Bezeichnung	Porengröße in µm
Porzellan-Filtriertiegel von W. Haldenwanger KG, Berlin gemäß DIN 12909	P 1	6 ... 7	P 2	7 ... 8	P 3	8 ... 9
Porzellan-Filtriertiegel der Staatlichen Porzellan-Manufaktur, Berlin	A 1	etwa 6	A 2	etwa 7	A 3	etwa 8
Filtriertiegel der Elektrokeramischen Werke Sonneberg	**Filtriertiegel aus einem keramischen Werkstoff zur quantitativen Bestimmung feinkristalliner Fällungen, z.B. Calciumoxalat, Magnesiumammoniumphosphat, und zum Verglühen bei Temperaturen bis 900 °C**					

19.5. Glasfilter

Filterklasse	Bisherige Bezeichnung	Grenzwerte für die Porengröße der größten Poren in µm	Anwendung (Beispiele)
P 250	0	160 ... 250	Filtration grober Niederschläge; Gasverteilung in Flüssigkeiten
P 160	1	100 ... 160	Extraktion grobkörnigen Materials; großblasige Gasverteilung in Flüssigkeiten; Unterlage loser Filterschichten für gelatinöse Niederschläge
P 100	2	40 ... 100	Präparative Arbeiten mit kristallinen Niederschlägen; Begasung von Flüssigkeiten; Filtration von Quecksilber
P 40	3	16 ... 40	Filtration von Cellulose und feinen Niederschlägen; Begasung von Flüssigkeiten
P 16	4	10 ... 16	Analytische Arbeiten mit feinen Niederschlägen; präparative Arbeiten mit feinen Niederschlägen; Rückschlag- und Sperrventile für Quecksilber
P 1,6	5	1,0 ... 1,6	Bakteriologische Filter

20. Ionenaustauscherharze und Molekularsiebe

20.1. Eigenschaften von Ionenaustauscherharzen

20.1.1. Wofatite (Chemie AG Bitterfeld-Wolfen)

Sorte[1])	Chemische Charakteristik	Gesamt-volumen-kapazität in mmol/ml[2])	Korngröße in mm	Maximale Einsatz-temperatur in °C	Anwendung
Kationenaustauscher					
KPS[3, 5])	Styren-Divinylbenzen-Copolymerisat mit Sulfonsäuregruppen, stark sauer	1,8	0,3 ... 1,2	115	Enthärtung und Entsalzung aller Wassertypen; Metallrückgewinnung; Dünnsaftentkalkung in der Zuckerindustrie
KS 10[5])	Styren-Divinylbenzen-Copolymerisat mit Sulfonsäuregruppen, stark sauer, Kanalstruktur	1,5	0,3 ... 1,2	120	Aufbereitung heißer und oxydierender Wässer und Lösungen (Entsalzung, Enteisenung, Enthärtung)
KS 11	Styren-Divinylbenzen-Copolymerisat mit Sulfonsäuregruppen, stark sauer, Kanalstruktur	1,7	0,3 ... 1,2	120	Enthärtung, Entsalzung warmer sauerstoffhaltiger Wässer; zur Zuckersaftbehandlung (Entsalzung, Quentinverfahren)
CA 20	Acrylsäure-Divinylbenzen-Copolymerisat mit quaternären Tricarbonsäuregruppen, schwach sauer, Kanalstruktur	3,3	0,3 ... 1,2	100	Hydrogencarbonatspaltung bei der Wasseraufbereitung
CP	Acrylsäure-Divinylbenzen-Copolymerisat mit Carbonsäuregruppen, schwach sauer	3,5	0,5 ... 2,0	100	selektive Adsorption mehrwertiger organischer Basen
Anionenaustauscher					
SBW[5])	Styren-Divinylbenzen-Copolymerisat mit quaternären Trimethylammoniumgruppen, stark basisch, Typ I	0,9	0,3 ... 1,5	60	Bindung aller Anionen; zur Entkieselung bei der Wasseraufbereitung

SZ 30	Styren-Divinylbenzen-Copolymerisat mit Trimethylammoniumgruppen, stark basisch, Kanalstruktur	0,9	0,3 … 1,2	60	zur Entfernung schwach dissoziierter Säuren wie Kiesel- und Kohlensäure, besonders bei stark mit organischen Substanzen verunreinigten Wässern
SBK[5])	Styren-Divinylbenzen-Copolymerisat mit quaternären Dimethylhydroxyethylammoniumgruppen, stark basisch, Typ II	1,2	0,3 … 1,5	40 (OH^--Form) 100 (Cl^--Form)	Bindung von Anionen starker und schwacher Säuren; zur anionischen Entcarbonisierung
SL 30	Styren-Divinylbenzen-Copolymerisat mit quaternären Dimethylhydroxyethylammoniumgruppen, stark basisch, Kanalstruktur	1,0	0,3 … 1,2	40	zur Entsalzung und Entkieselung von Wasser in einer Stufe, besonders bei Wässern mit höherer organischer Belastung
SBT	Styren-Divinylbenzen-Copolymerisat mit quaternären Trimethylammoniumgruppen, stark basisch, Typ I	0,9	0,6 … 2,0	70 (Salzform) 60 (Basenform)	für hydrometallurgische Zwecke, z. B. Urangewinnung
AD 41[5])	Styren-Divinylbenzen-Copolymerisat mit tertiären Dimethylammoniumgruppen, schwach basisch, Kanalstruktur	1,2	0,3 … 1,2	100	Aufbereitung salzarmer Wässer mit relativ hohem Gehalt an organischen Substanzen
Chelataustauscher					
MC 50	Styren-Divinylbenzen-Copolymerisat mit Imidodiessigsäure- und (in untergeordnetem Maße) Aminoessigsäuregruppen		0,3 … 1,2	50	Selektive Bindung mehrwertiger Kationen zu stabilen Komplexverbindungen; Abtrennung von Alkali-Ionen. Zum Beispiel Entfernung von Schwermetallspuren aus NaCl-, $CaCl_2$- und NH_4OH-Lösungen
Adsorberharze					
EA 60	Styren-Divinylbenzen-Copolymerisat mit quaternären Trimethylammoniumgruppen, Kanalstruktur	3,8	0,3 … 1,5	90	Adsorption organischer Substanzen aus Wasser; Entfärbung von Zuckerlösungen, Stärkehydrolysaten u. a.

Sorte [1])	Chemische Charakteristik	Gesamtvolumenkapazität in mmol/ml [2])	Korngröße in mm	Maximale Einsatztemperatur in °C	Anwendung
ES	Styrol-Divinylbenzen-Copolymerisat mit quaternären Trimethylammoniumgruppen	3,5	0,3 … 1,6	60 (OH^--Form) 70 (Cl^--Form)	Wasseraufbereitung (Adsorption von Huminsäuren und anderen organischen Bestandteilen); Entfärbung von Zuckerlösungen

[1]) Alle Sorten sind unbegrenzt pH-beständig.
[2]) Mindestwerte.
[3]) Stark saure Kationenaustauscher sind auch mit abgestufter Netzwerkdichte von 2 … 16 % zu erhalten: KP 2, KP 4, KP 6, KP 16.
[4]) KPS-AS: grobkörnige Variante von KPS für den Einsatz im Schwebebett.
[5]) Diese Ionenaustauscher sind auch mit pH-Indikatoren beladen lieferbar (KPS-I, KS 10 I, SBW-I, SBK-I, AD 41 I). pH-abhängige Farbumschläge auf den Austauschern ermöglichen eine visuelle Beobachtung des Beladungsvorganges (Aufbereitung von Wasser und chemischen Lösungen in Austauschersäulen aus durchsichtigem Material).

20.1.2. Lewatite (Farbenfabriken Bayer AG, Leverkusen, BRD)

Sorte [1])	Aktive Gruppen	Nutzbare Volumenkapazität in mmol/ml Harz	Korngröße in mm	Schüttgewicht des gequollenen Harzes in g/l	Maximale Arbeitstemperatur in °C	Anwendung
Kationenaustauscher						
S 100	stark sauer	bis 1,6	0,3 … 1,25	800 … 900	120	Enthärtung, Entbasung
SP 120 [2])	stark sauer	bis 1,1	0,3 … 1,25	720 … 820	120	Kondensat- und Galvanikwasseraufbereitung; Entfärbung von Lösungen
SP 112	stark sauer		0,3 … 1,25	720 … 820	120	(wie SP 120)
CNP 80 [2])	schwach sauer	bis 2,8	0,3 … 1,5	750 … 850	75	Entkarbonisierung; Rückgewinnung von Metallen
TSW 40	stark sauer		0,25 … 0,8	700 … 800	120	Chromatographische Trennverfahren

Anionenaustauscher						
MP 62[2])	schwach basisch	bis 1,5	0,3 … 1,25	600 … 700	70 (OH^--Form)	Entfernung starker Säuren und organischer Verunreinigungen
MP 64[2])	mittel basisch	bis 1,1	0,3 … 1,25	600 … 700	100 (Cl^-/SO_4^{2-}-Form)	Entfernung starker Säuren; Aufbereitung von Galvanikabwässern
M 600	stark basisch, Typ II Harz	bis 0,9	0,3 … 1,25	670 … 750	30 (OH^--Form) 70 (Cl^-/SO_4^{2-}-Form)	Entfernung aller Säuren einschließlich Kieselsäure
MP 600[2])	stark basisch, Typ II Harz	bis 0,8	0,3 … 1,25	660 … 700	30 (OH^--Form) 70 (Cl^-/SO_4^{2-}-Form)	Entfernung aller Säuren einschließlich Kieselsäure und organischer Verunreinigungen
M 504	sehr stark basisch, Typ I Harz	bis 0,75	0,3 … 1,25	670 … 750	70 (OH^--Form) 100 Cl^-/SO_4^{2-}-Form)	Entfernung aller Säuren einschließlich Kieselsäure und organischer Verunreinigungen
M 500	sehr stark basisch, Typ I Harz	bis 0,7	0,3 … 1,25	670 … 750	70 (OH^--Form) 100 (Cl^-/SO_4^{2-}-Form)	Entfernung aller Säuren einschließlich Kieselsäure
MP 500[2])	sehr stark basisch, Typ I Harz	bis 0,6	0,3 … 1,25	660 … 700	70 (OH^--Form) 100 (Cl^-/SO_4^{2-}-Form)	Entfernung aller Säuren einschließlich Kieselsäure
MP 500A[2])	sehr stark basisch, Typ I	–	0,3 … 1,25	660 … 700	85 (Cl^-/SO_4^{2-}-Form)	Adsorberharz
TP 207[2])	Styren-Divinyl-Copolymerisat mit Aminodiessigsäuregruppen	–	0,3 … 1,25	700 … 800	70	Selektive Extraktion von Schwermetall-Ionen, auch in Gegenwart von NaCl, $CaCl_2$ oder NH_4OH

[1]) Alle Sorten sind unbeschränkt pH-beständig.
[2]) Austauschertypen mit dem Buchstaben P haben makroporöse Harzstruktur und sind besonders zur reversiblen Aufnahme organischer Substanzen geeignet.

20.1.3. Austauscher der Fa. Merck (Fa. E. Merck, Darmstadt, BRD)

Sorte	Aktive Gruppe	Austauschkapazität in mmol/g[3])	Korngröße in mm	pH-Anwendungsbereich	Maximale Arbeitstemperatur in °C
Kationenaustauscher					
I	Sulfonsäure (stark sauer, H^+-Form)	4,5	0,3 … 0,9	4 … 14	110
Merck-Lewatit® S 1020	Sulfonsäure (stark sauer, Na^+-Form)	4,0	0,1 … 0,25	0 … 14	120
Merck-Lewatit® S 1080	Sulfonsäure (stark sauer, Na^+-Form)	4,0	0,1 … 0,25	0 … 14	120
Merck-Lewatit® S 1080 G 1[1])	Sulfonsäure (stark sauer, Na^+-Form)	4,0	0,1 … 0,25	0 … 14	120
Merck-Lewatit® SP 1080	Sulfonsäure (stark sauer, Na^+-Form)	4,0	0,1 … 0,25	0 … 14	120
IV	Carbonsäure (schwach sauer, H^+-Form)	10	0,3 … 0,5	6 … 14	110
Merck-Lewatit® CP 3050	Carbonsäure (schwach sauer, H^+-Form)	12	0,1 … 0,25	0 … 14	80
Anionenaustauscher					
III	quartäre Ammoniumgruppe (stark basisch, OH^--Form)	3	0,3 … 0,9	1 … 12	40
Merck-Lewatit® M 5020	quartäre Ammoniumgruppe (stark basisch, Typ I, Cl^--Form)	3,5	0,1 … 0,25	0 … 14	70
Merck-Lewatit® M 5080	quartäre Ammoniumgruppe (stark basisch, Typ I, Cl^--Form)	3,5	0,1 … 0,25	0 … 14	70
Merck-Lewatit® M 5080 G3[2])	quartäre Ammoniumgruppe (stark basisch, Typ I, Cl^--Form)	3,5	0,1 … 0,25	0 … 14	70
Merck-Lewatit® MP 5080	quartäre Ammoniumgruppe (stark basisch, Typ I) Cl^--Form)	3,0	0,1 … 0,25	0 … 14	70

Sorte	Aktive Gruppe	Austausch-kapazität in mmol/g[3])	Korngröße in mm	pH-Anwendungsbereich	Maximale Arbeitstemperatur in °C
II	Amin (schwach basisch)	5	0,3 … 0,9	0 … 7	100
Merck-Lewatit® MP 7080	Amin (schwach basisch)	4	0,1 … 0,25	0 … 14	100
Mischbettaustauscher					
V	Mischung von I und III	wie I und III	0,3 … 0,9	4 … 12	40

®Warenzeichen der Bayer AG; Austauschertypen mit den Buchstaben P haben makroporöse Harzstruktur.
1) Enthält Farbindikator: H^+-Form farblos, Salzform rot.
2) Enthält Farbindikator: OH^--Form blau, Salzform rot
3) Auf Trockensubstanz berechnet.

20.1.4. Vergleich von Ionenaustauscherharzen verschiedener Herkunft

Im folgenden sind einige wichtige Typen in- und ausländischer Austauscherharze zusammengestellt, die hinsichtlich ihrer chemischen Charakteristik einander etwa entsprechen.

Stark saure Kationenaustauscher (auf Styrenbasis mit Sulfonsäuregruppen)

mit Gelstruktur	*Wofatit KPS*, Amberlite IR-120, Amberlite IR-122, Amberlite IR-124, Diaion SK 1B, Dowex HCR, Dowex HGR, Dowex 50, Duolite C 20, Duolite C 25, Ionit KU-2, Ionac C-240, Kastel C 300, Lewatit S 10, Varion KS
mit Kanalstruktur (makroporös, makroretikular)	*Wofatit KS 10*, *Wofatit KS 11*, Amberlite 200, Dowex MSC 1, Duolite C 26, Duolite C 264, Kastel C 300-p, Kastel C 321-p, Lewatit SP 120, Lewatit SP 112, Varion KSM

Schwach saure Kationenaustauscher (auf Basis eines vernetzten Polymerisates von Acrylsäure oder ihren Homologen)

	Wofatit CA 20, *Wofatit CP*, Amberlite IRC-84, Amberlite IRC-50, Amberlite IRC-72, Diaion WK 10, Diaion WK 11, Dowex CCR-2, Duolite CC-3, Duolite C 433, Duolite C 464, Ionac C-270, Kastel C 100, Kastel C 101, Lewatit CNP, Varion KC, Varion KCM

Stark basische Anionenaustauscher (auf Styrenbasis mit quaternären Trialkyl-Ammoniumgruppen [Typ I])

mit Gelstruktur	*Wofatit SBW*, Amberlite IRA-400, Amberlite IRA-402, Diaion SA 10 A, Dowex SBR-P, Dowex SBR, Dowex 1, Dowex 21 K, Duolite A 101 D, Ionac A-550, Ionit AW 17, Kastel A 500, Lewatit M 500, Lewatit M 504, Varion AT 660
mit Kanalstruktur	*Wofatit SZ 30*, Amberlite IRA-900, Dowex MSA-1, Duolite A 161, Kastel A 500 P, Lewatit MP 500, Varion ATM

Stark basische Anionenaustauscher (auf Styrenbasis mit quaternären Dialkyl-Alkylol-Ammoniumgruppen [Typ II])

mit Gelstruktur	*Wofatit SBK*, Amberlite IRA-410, Diaion SA 20 A, Dowex-SAR, Dowex 2, Duolite A 102 D, Ionac A-550, Kastel A 300, Lewatit M 600, Varion AD
mit Kanalstruktur	*Wofatit SL 30*, Amberlite IRA-910, Duolite A 162, Kastel A 300 P, Lewatit MP 600, Varion ADM

Schwach basische Anionenaustauscher (auf Styrenbasis mit tertiären Aminogruppen)

mit Kanalstruktur	*Wofatit AD 41*, Amberlite IRA-93, Amberlite IRA-94, Diaion WA 30, Dowex MWA-1, Duolite A 368, Kastel A 101, Lewatit MP 62, Lewatit MP 64, Varion ADAM

Chelataustauscher (auf Styrenbasis mit Iminodiessigsäure-Gruppen)	
	Wofatit MC 50, Dow Chelating Resin A1, Lewatit TP 207
Adsorberharze (auf Styrenbasis)	
mit Gelstruktur	*Wofatit ES*, Amberlite IRA-401 S, Diaion SA 11 A, Dowex 11, Duolite A 140, Kastel A 501 D, Varion AT 400
mit Kanalstruktur	*Wofatit EA 60*, Amberlite IRA-904, Duolite A 171 P, Duolite A 171 SC, Lewatit MP 500 A

20.1.5. Hersteller von Ionenaustauschern

Amberlite	Rohm & Haas, Philadelphia, USA
Diaion	Mitsubishi Chem. Ind. Ltd., Tokio, Japan
Dowex	Dow Chemical Co., Midland, Michigan, USA
Duolite	Diamond Shamrock Chem. Co., Cleveland/Ohio, USA, und Diaprosim, Vitry, Frankreich
Ionac	Ionac Chemical Corp., Birmingham, USA
Ionite (kein Firmenname)	Chemiekombinate Neu-Kemerowo und Tscherkassy, UdSSR
Kastel	Montedison, S.p.A., Milano, Italien
Lewatit	Bayer AG, Leverkusen, BRD
Varion	Nitrokemia, Füzfögyartelep, Ungarische VR
Wofatit	VEB Chemiekombinat Bitterfeld, DDR

20.2. Eigenschaften von Molekularsieben

Molekularsiebe sind synthetische Zeolithe, d. h. Alkali- bzw. Erdalkalialuminiumsilicate mit unterschiedlichem Wassergehalt. Ihr Kristallgitter enthält von AlO_4- bzw. SiO_4-Tetraedern umgebene Hohlräume definierter Durchmesser, die über Poren einer bestimmten Weite zugänglich sind. Wird durch Erhitzen das in den Hohlräumen und Poren enthaltene Wasser entfernt (Leervolumen bis zu 50%), so erhält man äußerst aktive Adsorbentien, deren einheitliche Porendimensionen die selektive Aufnahme von Substanzen und damit eine Trennung von Gemischen ermöglichen. Molekularsiebe werden besonders zum Trocknen von Gasen und Flüssigkeiten verwendet; ihre H_2O-Aufnahmekapazität liegt bei statischer Arbeitsweise zwischen 15 und 20%. Aus organischen Lösungsmitteln läßt sich Wasser bis auf einen Rest von 0,001 bis 0,003% entfernen. Der erreichbare Trocknungsgrad liegt günstiger als bei Verwendung von Natrium. Die Molekularsiebe kommen als Pulver und im Gemisch mit 15 bis 20% Ton granuliert, in Perl- (Durchmesser 1,5 bis 3 mm) oder Stäbchenform, in den Handel. Sie werden im allgemeinen mit effektiven Porendurchmessern von 3, 4, 5, 8 und $10 \cdot 10^{-10}$ m geliefert und sind im pH-Bereich von 5 bis 12 stabil, spezielle Typen auch noch bis pH 2,5. Die einzelnen Firmen kennzeichnen den Porendurchmesser und das zeolithische Grundgerüst ihrer Molekularsiebe mit unterschiedlichen Typenbezeichnungen (Tab. 20.2.2.).

20.2.1. Aufnahmefähigkeit von Molekularsieben

Poren-∅ in 10^{-10} m	Adsorbierte Substanzen (Moleküldurchmesser < Porendurchmesser)
3	He, Ne, Ar, H_2, O_2, N_2, $\mathbf{H_2O}$, CO, NH_3
4	Kr, Xe, CO_2, SO_2, H_2S, CS_2, Acetaldehyd, Acetonitril, Acetylen, Ameisensäure, n-Butanol, Butyraldehyd, Ethan, Ethanol, Ethylen, Ethylenoxid, Mercaptane, Methan, Methanol, Methylamin, Methylbromid, Methylchlorid, n-Propanol
5	B_2H_6, CF_4, C_2F_6, Cyclopropan, Dimethylamin, Dimethylformamid, Essigsäureethylester, Ethylester, Ethylbromid, Ethylchlorid, Ethylenbromid, Freon 12, Methylfluorid, Methyliodid, n-Paraffinkohlenwasserstoffe C_4H_{10}—$C_{18}H_{38}$, Propylen
8	$B_{10}H_{14}$, SF_6, Aceton, Benzen, Chloroform, Cyclohexan, Dioxan, Freon 112, Furan, Isoparaffinkohlenwasserstoffe C_4H_{10}—$C_{14}H_{30}$, Pyridin, Toluen, Trimethylamin

Porendurchmesser von etwa 3, 4 und $5 \cdot 10^{-10}$ m weisen die Zeosorb-Typen 3A, 4A und 5A auf; einen Porendurchmesser von $8 \cdot 10^{-10}$ m bzw. $9 \cdot 10^{-10}$ m besitzen die Typen 10 X bzw. 13 X.
Molekularsiebe finden vor allem großtechnische Anwendung zur Gastrocknung, -reinigung und -trennung.
Zur Entfernung des Wassers wird in der Regel ein Molekularsieb verwendet, das die zu trocknende Substanz nicht adsorbiert. Aus der Tabelle geht z. B. auch hervor, daß aus Essigsäureethylester mit einem Molekularsieb von $4 \cdot 10^{-10}$ m Porendurchmesser Ethanol restlos entfernt werden kann.

20.2.2. Hersteller von Molekularsieben

Hersteller	Firmenbezeichnung
British CECA Co., England	Siliporit
Davison Chemical Co., Div. of W. R. Grace Co., USA	Microtrap
Farbenfabrik Bayer, Leverkusen, BRD	Bayer Zeolith
VEB Chemiekombinat Bitterfeld, DDR	Zeosorb
GKZ, Groznyj, UdSSR	
GOBVNIINP, Gorkij, UdSSR	
Industrial Chemical Co., USA	ICD
E. Merck, Darmstadt, BRD	Molekularsiebe Merck
Norton, USA	Zeolon
Sodawerke, Inowroclaw, VR Polen	
Union Carbide Corp.	Union Carbide Molekularsiebe
Linde Co., USA	LMS (Linde molecular sieves)

21. Gaschromatographie

Die Tabellen zur Gaschromatographie enthalten die **Zahlenwerte** des Druckkorrekturfaktors j nach JAMES und MARTIN in Abhängigkeit vom Druckverhältnis p_e/p_a (p_e Säuleneingangsdruck, p_a Säulenausgangsdruck), Zusammenstellungen ausgewählter Säulenfüllmaterialien (poröse, synthetische, organische Polymere sowie Trägermaterialien auf Kieselgurbasis) und Trennflüssigkeiten, eine Übersicht über die wichtigsten Derivatisierungsreagenzien sowie eine Korngrößentabelle für den Vergleich von mesh-Zahlen und Siebmaschenweiten.

21.1. Zahlenwerte des Druckkorrekturfaktors j in Abhängigkeit von p_e/p_a

$\frac{p_e}{p_a}$	0	1	2	3	4	5	6	7	8	9
1,0	1,0000	0,9950	0,9900	0,9851	0,9803	0,9754	0,9706	0,9658	0,9611	0,9563
1,1	0,9517	0,9470	0,9424	0,9378	0,9333	0,9287	0,9242	0,9198	0,9154	0,9110
1,2	0,9066	0,9023	0,8980	0,8937	0,8895	0,8853	0,8811	0,8769	0,8728	0,8687
1,3	0,8646	0,8606	0,8566	0,8527	0,8487	0,8447	0,8408	0,8371	0,8333	0,8295
1,4	0,8257	0,8219	0,8182	0,8145	0,8109	0,8073	0,8037	0,8001	0,7965	0,7930
1,5	0,7895	0,7860	0,7825	0,7791	0,7757	0,7723	0,7690	0,7657	0,7624	0,7591
1,6	0,7558	0,7526	0,7492	0,7464	0,7430	0,7399	0,7368	0,7337	0,7306	0,7275
1,7	0,7245	0,7215	0,7185	0,7155	0,7126	0,7097	0,7068	0,7039	0,7010	0,6982
1,8	0,6954	0,6926	0,6898	0,6870	0,6843	0,6815	0,6788	0,6762	0,6735	0,6708
1,9	0,6682	0,6656	0,6630	0,6604	0,6579	0,6553	0,6528	0,6503	0,6478	0,6453
2,0	0,6429	0,6404	0,6380	0,6356	0,6332	0,6308	0,6285	0,6261	0,6238	0,6215
2,1	0,6192	0,6169	0,6146	0,6124	0,6101	0,6079	0,6057	0,6035	0,6013	0,5992
2,2	0,5970	0,5949	0,5928	0,5906	0,5885	0,5865	0,5844	0,5823	0,5803	0,5783
2,3	0,5763	0,5742	0,5723	0,5703	0,5683	0,5664	0,5644	0,5625	0,5606	0,5587
2,4	0,5568	0,5549	0,5530	0,5512	0,5493	0,5475	0,5456	0,5438	0,5420	0,5402
2,5	0,5385	0,5367	0,5349	0,5332	0,5314	0,5297	0,5280	0,5263	0,5246	0,5229
2,6	0,5212	0,5196	0,5179	0,5163	0,5147	0,5130	0,5114	0,5098	0,5082	0,5066
2,7	0,5050	0,5034	0,5019	0,5003	0,4988	0,4972	0,4957	0,4942	0,4927	0,4912
2,8	0,4897	0,4882	0,4867	0,4853	0,4838	0,4823	0,4809	0,4795	0,4781	0,4766
2,9	0,4752	0,4738	0,4724	0,4710	0,4696	0,4683	0,4669	0,4656	0,4642	0,4629
3,0	0,4615	0,4602	0,4589	0,4576	0,4563	0,4550	0,4537	0,4524	0,4511	0,4498
3,1	0,4486	0,4473	0,4461	0,4448	0,4436	0,4424	0,4411	0,4399	0,4387	0,4375
3,2	0,4363	0,4351	0,4339	0,4327	0,4315	0,4304	0,4292	0,4281	0,4269	0,4258
3,3	0,4246	0,4235	0,4224	0,4212	0,4201	0,4190	0,4179	0,4168	0,4157	0,4146
3,4	0,4135	0,4125	0,4114	0,4103	0,4093	0,4082	0,4071	0,4061	0,4051	0,4040

21.2. Säulenfüllmaterialien für die Gaschromatographie

Handelsübliche Trägermaterialien werden zur Charakterisierung einer qualitätsverbessernden Vorbehandlung durch zusätzliche Abkürzungen gekennzeichnet, die je nach Hersteller folgende Bedeutung haben:

U, R	unbehandelt
NAW	nicht mit Säure gewaschen (non acid washed)
AW, A, RA	mit Säure gewaschen (acid washed)
AB, RP, P	mit Säure und Base gewaschen
DMCS	silanisiert mit Dimethyldichlorsilan
HMDS	silanisiert mit Hexamethyldisilazan
AW-DMCS, Z, RZ	mit Säure gewaschen und mit DMCS silanisiert
AW-HMDS	mit Säure gewaschen und mit HMDS silanisiert
HP	gegenüber AW-DMCS verbesserte Qualität (high performance)
Q, Super	mit Säure und Base gewaschene, silanisierte, ausgelesene Fabrikationschargen

Säulenfüllmaterial, chemische Zusammensetzung			Spezifische Oberfläche in m^2/g	Poren durchmesser in nm	Maximale Temperatur in °C	Beladbarkeit in %
Aktivkohle			1300			
Chromosorb	101	Polystyren-Divinylbenzen	< 50	300 ... 400	250	
	102	Polystyren-Divinylbenzen	300 ... 400	8,5	250	
	103	vernetztes Polystyren	15 ... 25	300 ... 400	250	
	104	Acrylnitril-Divinylbenzen	100 ... 200	60 ... 80	250	
	105	Polyaromatische Verbindung	600 ... 700	40 ... 60	250	
	106	unpolar vernetztes Polystyren	700 ... 800	5	250	
	107	vernetzter Acrylsäureester	400 ... 500	8	250	
Synachrom	E5	poröses Styren-Divinylbenzen-Polymeres				
Porapak	P	poröses Polystyren, mit Ethylvinyl- und Divinylbenzen	100 ... 200		250	
	Q	vernetzt, definierte Polarität durch Einbau	500 ... 600		250	
	R	polarer Monomere (höchste Polarität bei Typ T)	450 ... 600		250	
	S		300 ... 450		250	
	T		225 ... 350		180	
	N		250 ... 350		180	

Mikroglaskugeln			0,04 … 0,4			0,1 … 0,5
Porasil A		poröse Gläser	480	< 100		
	B		200	100 … 200		
	C		50	200 … 400		
	D		25	400 … 800		
	E		4	800 … 1500		
	F		1,5	> 1500		
Heydeflon		PFTE, Polytetrafluorethylen			200	5
Fluoropak 80		PFTE (vgl. Chromosorb T)				
Haloport F						
Porolith		60% SiO_2, 39% Al_2O_3	1,6 … 2,4			25
Chezasorb		Kieselgur, gereinigt, calciniert		400 … 900		20
Chromaton N		Kieselgur, gereinigt, alkalisch calciniert	1,0	6000		20 … 25
Inerton		93 … 95% SiO_2, speziell desaktiviert	0,4 … 0,65			5 … 10
Chromosorb	A	Kieselgur (unbehandelt)	2,7			25
	G	Kieselgur	0,5			5
	P	Kieselgur	4,0			30
	W	Kieselgur	1,0 … 3,5	900		15
	R	Kieselgur, ultrafein	5 … 6			5
	T	PTFE (Teflon 6)	7 … 8		250	
Chromosorb 750		Kieselgur, hochgereinigt				
Volaspher	A_1	synthetisches SiO_2 mit definierter Restaktivität	1	5000	350	0,5 … 70
	A_2	synthetisches SiO_2, silanisiert	1	5000	350	0,5 … 70
	A_4	synthetisches SiO_2, siliconisiert	1	5000	400	0,5 … 70
Anachrom	U	(vgl. Chromosorb W NAW)				
	A	Kieselgur, mit Säure gewaschen				
	SD	Kieselgur				
	ABS	Kieselgur				
	Q	höchste Qualität	1,0 … 1,4	1000		
Gaschrom	Q	(vgl. Anachrom Q)				
Varaport 30		(vgl. Anachrom Q)				
Supelcoport		(vgl. Chromosorb W-HP)				

21.3. Trennflüssigkeiten für die Gaschromatographie

Die Tabelle enthält die Namen handelsüblicher Produkte und Erläuterungen zu ihrer chemischen Zusammensetzung, die minimale und maximale Arbeitstemperatur, Angaben geeigneter Lösungsmittel zur Imprägnierung von Trägermaterialien sowie McReynoldt-Konstanten.

Lösungsmittel:

A	Aceton	M	Methanol		
B	Benzen	MC	Methylenchlorid		
C	Chloroform	MEK	Methylethylketon		
E	Ethylacetat	P	Pyridin		
H	Hexan	T	Toluen		
		Bu/C	Butanol + Chloroform		

McReynold-Konstanten

X′	Benzen
Y′	Butanol-1
Z′	Pentanon-2
U′	Nitropropan
S′	Pyridin

Trennflüssigkeit	Erläuterung – chemische Zusammensetzung	t in °C min/max		McReynold-Konstanten				
				X′	Y′	Z′	U′	S′
Adiponitril	1,4-Dicyanobutan	0/50	C					
Alkaterge T	Amin-Tensid	0/80	C					
Amine 220	1-Ethanol-2-(heptadecyl)-2-isoimidazol	0/180	C	117	380	181	293	133
Ansul-Ether	Tetraethylenglycoldimethylether	0/80	T					
Antarox CO 630	Nonylphenoxypoly-(ethylenoxy)-ethanol ($n = 9$)	40/180	C					
Antarox CO 880	Nonylphenoxypoly-(ethylenoxy)-ethanol ($n = 30$)	50/120	C	259	461	311	482	426
Antarox CO 990	Nonylphenoxypoly-(ethylenoxy)-ethanol ($n = 100$)	60/220	C	298	508	345	540	475
Apiezon H	Kohlenwasserstoff-Fett	20/250	T					
Apiezon J	Kohlenwasserstoff-Öl	20/250	T	38	36	27	49	57
Apiezon K	Kohlenwasserstoff-Öl	30/300	T					
Apiezon L	Kohlenwasserstoff-Fett	50/300	T	32	22	15	32	42
Apiezon M	Kohlenwasserstoff-Fett	50/300	T					
Apiezon N	Kohlenwasserstoff-Fett	50/300	T	38	40	28	52	58
Armeen SD	Primäre Amine (C_{16}/C_{18})	35/80	C					
Atpet 80			C					
Bentone 34	Dimethyldioctadecylammoniumchlorid	10/200	T					
Bentone 38	Dimethyldioctadecylammoniumchlorid	10/200	T					

7,8-Benzochinolin	50/150	A					
Benzylcyanid	−20/35	C					
Benzylcyanid-$AgNO_3$							
N,N-Bis-(p-butoxybenzilidin)-a,a-bi-p-toluidin BBBT	180/280	C					
Bis-(2-butoxyethyl)-phthalat	20/75	M					
Bis-(2-ethoxyethyl)-adipat	0/150	MC					
Bis-(2-ethylhexyl)-sebacat	20/130	A	72	168	108	180	125
Bis-(2-methoxyethyl)-adipat	0/150	MC					
Bis-(2-ethoxyethyl)-sebacat	0/150	C					
Bis-(2-ethylhexyl)-tetrachlorphthalat EHCP	0/150	A	112	150	123	168	181
N,N-Bis-(2-cyanoethyl)-formamid BCEF	20/125	M	690	991	853	1110	1000
N,N-Bis-(2-cyanoethoxy)-formamid	20/150	M					
N,N-Bis-(p-methoxybenzilidin)-a,a-bi-p-toluidin BMBT	180/265	C					
Bis-(phenoxyphenoxy)-benzol	20/250	C					
1,4-Butandiolsuccinat BDS	50/225	C	370	571	448	657	611
Carbowax 200 Polyethylenglycol $M_r = 190 \dots 210$	0/75	C					
Carbowax 300 Polyethylenglycol $M_r = 285 \dots 315$	0/85	C					
Carbowax 400 Polyethylenglycol $M_r = 380 \dots 420$	0/100	C					
Carbowax 550 Polyethylenglycol $M_r = 530 \dots 570$	20/110	C					
Carbowax 600 Polyethylenglycol $M_r = 570 \dots 630$	30/120	C					
Carbowax 750 Polyethylenglycol $M_r = 700 \dots 800$	30/125	C					
Carbowax 1000 Polyethylenglycol $M_r = 950 \dots 1050$	40/150	C					
Carbowax 1500 Carbowax 1540 : Carbowax 300 = 1:1	50/85	C	347	607	418	626	589
Carbowax 1540 Polyethylenglycol $M_r = 1300 \dots 1600$	50/200	C	371	639	453	666	641
Carbowax 4000 Polyethylenglycol $M_r = 3000 \dots 3700$	60/200	C	317	545	378	578	521
Carbowax 6000 Polyethylenglycol $M_r = 6000 \dots 7500$	60/200	C					
Carbowax 20 M Polyethylenglycol $M_r = 20000$	60/250	C	322	536	368	572	510
Carbowax 20 M TPA Carbowax 20 + Terephthalsäureester	60/250	C	321	537	367	573	520
Castorwax	0/200	MC					
CP-Sil 5 Polysiloxan 100% Methyl-	50/350	H, T, C					
CP-Sil 8 Polysiloxan 5% Phenyl-, 95% Methyl-	50/350	H, T, C					
CP-Sil 58 Polysiloxan 50% Phenyl-, 50% Cyanopropyl-	50/275	A, MC					
CP-Sil 76 Polysiloxan 25% Phenyl-, 75% Cyanopropyl-	50/275	C, MC					
CP-Sil 84 Polysiloxan 10% Phenyl-, 90% Cyanopropyl-	50/275	C, MC					
CP-Sil 88 Polysiloxan 100% Cyanopropyl-	50/275	C, MC					

Trennflüssigkeit	Erläuterung – chemische Zusammensetzung	t in °C min/max	McReynold-Konstanten X′	Y′	Z′	U′	S′
CP-Wax 40M	Polyethylenglycol $M_r = 40000$	60/280 C					
CP-Wax 600M	Polyethylenglycol $M_r = 600000$	60/300 C					
CP-Wax 4000M	Polyethylenglycol $M_r = 4000000$	60/325 C					
Celanese-Ester Nr. 9	Trimethyloltripelargonat	20/200 A					
Citroflex A-4	Acetyltributylcitrat	0/180 A					
Cyano-B	1,2,3,4-Tetrakis-(2-cyanoethoxy)butanol	0/200 C	617	680	773	1048	941
Cyanoethylsucrose	CES	20/200 C					
Cyclohexandimethanolsuccinate	CDMS, Lac 12-R-746	100/250 C					
C-87-Hydrocarbon		20/280 H					
n-Decan		20/30 T					
N-n-Decyl-pyrrolidon		0/80 A, MC					
Dexsil 300	Carboran-methylsilicon	50/400 C	47	80	103	148	96
Dexsil 400	Carboran-methylphenylsilicon	20/400 C	72	108	118	166	123
Dexsil 410	Carboran-methyl-2-cyanoethylsilicon	50/400 C	72	286	174	249	171
Dibenzylether		0/50 A					
Dibutylmaleat		0/50 A					
Dibutylphthalat	DBP	0/80 A					
Dibutyltetrachlorphthalat	DBTCP	0/150 MC					
Di-n-decylphthalat	DDP	10/175 A	136	255	213	320	235
Diethylenglycoladipat	DEGA, Lac 1-R-296	20/190 A	378	603	460	665	658
Diethylenglycolsebacat	DEGSe, Lac 15-R-806	50/200 A					
Diethylenglycolsuccinat	DEGS, Lac 3-R-728	20/200 A	496	746	590	837	835
Diglycerol		20/100 M	371	826	560	676	854
Diisodecylphthalat	DIDP	0/160 M	84	173	137	218	155
Diisooctyladipat		0/150 M					
Diisooctylphthalat	DEHS	0/150 M					
Diisooctylsebacat		0/125 M					
Diisopropylphthalat		0/100 M					
Dimer acid	C_{36}-Dicarbonsäure	0/150 C					
Dimethylformamid	DMFA	0/50 M					

Dimethylphthalat	0/35	M					
2,2-Dimethyl-1,3-propandioladipat	50/170	C					
Dimethylsulfolan DMS	0/50	M					
Dimethylsulfoxid DMSO	0/50	A					
Dinonylphthalat	0/150	M	83	183	147	231	159
Dioctylphthalat	0/150	A					
Dioctylsebacat	0/150	A	72	168	108	180	123
Diphenylformamid	0/100	M					
Di-n-propyltetrachlorphthalat	30/75	M					
Di-n-propylphthalat	0/75	A					
Dowfax 9N9 Nonylphenoxy-poly-(ethylenoxy)-ethanol	30/200	C					
Dowfax 9N40 Nonylphenoxy-poly-(ethylenoxy)-ethanol	60/220	C					
Emulphor ON-870	40/200	M	202	395	251	395	344
Epikot 828 Epoxid-Harz	50/180	C					
Epikot 1001 Epoxid-Harz (Epon 1001)	50/200	C	284	489	406	539	601
Ethofat 60/25	50/140	C, MC	191	382	244	380	333
Ethylenglycoladipat EGA, Lac 13-R-741	100/200	C	372	576	453	655	617
Ethylenglycolisophthalat EGIP, Lac 7-R-745	100/200	C					
Ethylenglycolphthalat EGP	100/200	C	453	697	602	816	872
Ethylenglycolsebacat EGSe, Lac 14-R-743	100/200	C					
Ethylenglycolsuccinat EGS, Lac 4-R-886	100/200	C	537	787	643	903	889
Ethylenglycoltetrachlorphthalat EGTCP, Lac 8-R-772	100/200	C	307	345	318	428	466
Eutectic $NaNO_3$ (18,2%), KNO_3 (54,5%), $LiNO_3$ (27,3%)	100/400	M					
FFAP Carbowax 20M/2-Nitroterephthalsäure, OV-351, SP-1000	60/275	C	340	580	397	602	627
Flexol 8N8 Polyester	20/200	A, C					
Fluhyzon Alkylnaphthalin (Alkyl > $C_{20}H_{41}$)	50/300	B					
Fluorad FC 431 Fluorkohlenwasserstoff-Tensid		C					
Fluoren	50/150	MC					
Fractonitril VI 1,2,3,4,5,6-Hexakis-(2-cyanoethoxy)-cyclohexan	20/140	A	567	825	713	978	901
Glycerol	20/100	M					
Hallcomid M18 Dimethylstearamid	30/150	C	79	268	130	222	146
Hallcomid M18 OL Dimethyloleamid	0/150	C	89	280	143	239	165

Trennflüssigkeit	Erläuterung – chemische Zusammensetzung	*t* in °C min/max	McReynold-Konstanten				
			X′	Y′	Z′	U′	S′
Halocarbonoil 10–25		30/100 C	47	70	108	133	111
Halocarbon K-325		0/250 T	47	70	73	238	146
Halocarbon wax		50/150 A	55	71	116	143	123
Hexadecan		20/50 T					
Hexadecen		20/35 T					
Hexadecanol		0/50 M					
Hexamethylphosphoramid	HMPA	0/50 M					
Hyprose SP-80	Octakis-(2-hydroxypropyl)-sucrose	20/200 MC	336	742	492	639	727
Igepal CO 630	siehe Antarox CO 630						
Igepal CO 880	siehe Antarox CO 880	100/200 M	259	461	311	482	426
Igepal CO 990	siehe Antarox CO 990	100/200 M	298	508	345	540	475
3,3′-Iminodipropionitril		20/100					
Isochinolin		0/50 M					
Kel-F-Oil Nr. 3	Chlorotrifluorocarbon	0/50 M					
Kel-F-Oil Nr. 10	Chlorotrifluorocarbon	0/100 A					
Kel-F-wax	Chlorotrifluorocarbon	50/200 A					
Lukooil M500	Methylsiloxanöl	200					
Lukooil MF	Methylphenylsiloxanöl (25% Phenyl)	200					
Lukooil DF	Methylphenylsiloxanöl (50% Phenyl)	225					
Lukopren G1000	Methylvinylsiloxan-Elastomer	300					
Mannitol		160/200 P					
Marlophen 87	Octylphenoxy-poly-ethoxy-ethanol	30/150 A					
Natriumcapronat		60/200 C					
Neopentylglycoladipat	NPGA, Lac 9-R-769	50/225 C	234	425	312	402	438
Neopentylglycolsebacat	NPGSe, Lac 17-R-770	50/225 C	172	327	225	344	326
Neopentylglycolsuccinat	NPGS, Lac 18-R	50/230 C	272	469	366	539	474
Nujol	Paraffinöl	0/100 T					

n-Octadecan		25/50	T					
n-Octadecen		25/50	T					
Octadecylamin		50/150						
Oronite-Polybuten 32		0/190	C					
Oronite-Polybuten 128		0/190	C					
OV-Phasen	siehe Silicone OV							
3,3′-Oxydipropionitril,	ODPN	0/100	M					
Pentamethylendicyanid,	Dicyanocyclopentan	0/50	MC					
Pentrile, TCEPE,	Tetracyanoethyl-pentacrythrol	30/180	T	526	782	677	920	837
Phenyldiethanolamin,	PDEA	60/150	A					
Phenyldiethanolaminsuccinat,	PDEAS	20/200	C	386	555	472	674	654
Poly-I 110,	Polyimid	90/275	C					
Poly-A 103,	Polyamid	70/275	C					
Poly-A 101a,	Polyamid	50/275	C					
Poly-A 135,	Polyamid	70/250	C					
Polyethylenimin, SA 1117		0/180	M	322	800	–	573	524
Polyethylenglycol	siehe auch Carbowax							
Polyethylenglycol 600 (Jefferson)		40/160	M					
Poly-(ethylensuccinat-methyl-cyanoethylsiloxan)	ECNSS-M	30/210	C	421	690	581	803	732
Poly-(ethylensuccinat-methyl-phenylsiloxan)	EGSP-A	100/220	C					
Poly-(ethylensuccinat-methyl-phenylsiloxan)	EGSP-Z	50/230	C	308	474	399	548	549
Poly-(ethylensuccinat-dimethylsiloxan)	EGSS-X	90/225	C	484	710	585	831	778
	EGSS-Y	100/230	C					
Polypropylenglycol 425		20/90	C					
Polypropylenglycol 1025		20/130	C					
Polypropylenglycol 2000		20/160	C					
Polypropylenglycol 2025		20/150	C					
Polypropylenglycol 4000		20/180	C					
Poly-m-phenylether	5-Ring, PMPE, OS 124	50/200	T, C, MC	176	227	224	306	283
Poly-m-phenylether	6-Ring, PMPE, OS 138	50/250	T, C MC	182	233	228	313	293
Poly-m-phenylether	7-Ring, PMPE, Polysev	50/250	C, T					
Poly-m-phenylether·	hochpolymer, PPE 20	125/375	C, A	257	355	348	433	–
Poly-S 179		200/400	C					
Polysiloxane	siehe Silicone und CP-Sil							
Polyvinylpyrrolidon,	PVP	80/220	M					

Trennflüssigkeit	Erläuterung – chemische Zusammensetzung	t in °C min/max	McReynold-Konstanten				
			X′	Y′	Z′	U′	S′
Propylencarbonat,	1,2-Propandiol	0/60					
Quadrol,	N,N,N,N-Tetrakis-(2-hydroxypropyl)-ethylen	0/150 C	214	571	357	472	489
Reoplex 100,	Polypropylenglycolsebacat	0/200 C	196	345	251	381	328
Reoplex 400,	Polypropylenglycoladipat,	0/210 C	364	619	449	647	671
Sebaconitril,	1,8-Dicyanooctan	0/75 T					
Silicon AN-600,	25% Cyanoethyl- (Gummi)	50/300 MEK					
DC-200,	100% Methyl- (Öl)	0/250 T	16	57	45	66	43
DC-410,	100% Methyl- (Gummi)	50/300 A					
DC-430,	1% Vinyl- (Gummi)	50/300 C					
DC-550,	25% Phenyl-	0/250 T	74	116	117	178	135
DC-560,	11% Chlorphenyl-	0/275 T	32	72	70	100	68
DC-702,	25% Phenyl-	0/225 C					
DC-704,	50% Phenyl-	0/225 C					
DC-710,	50% Phenyl-	0/250 A	107	149	153	228	190
OD-1,	Silicongummi	50/375 T					
OV-1,	100% Methyl- (Gummi)	100/350 C, T	16	55	44	65	42
OV-3,	10% Phenyl-	0/350 C, T	44	86	81	124	88
OV-7,	20% Phenyl-	0/350 C, T	69	113	111	171	128
OV-11,	35% Phenyl-	0/350 C, T	102	142	145	219	178
OV-17,	50% Phenyl-	0/350 C, T	119	158	162	243	202
OV-22,	65% Phenyl-	0/350 A	160	188	191	283	253
OV-25,	75% Phenyl-	0/350 A	178	204	208	305	280
OV-61,	33% Phenyl-	0/350 C, T					
OV-73,	5,5% Phenyl-	50/350 T					
OV-101,	100% Methyl-, SP-2100 (Öl)	0/350 C	17	57	45	67	43
OV-105,	5% Cyanoethyl, XF 1105	20/275 A					
OV-202,	50% Trifluorpropyl- (flüssig), SP 2401	0/275 C					
OV-210,	50% Trifluorpropyl- (flüssig), SP-2401	0/275 C	146	238	358	468	310
OV-215,	50% Trifluorpropyl- (Gummi)	50/275 C					

OV-225, 25% Phenyl-, 25% Cyanopropyl-	0/275 A	228	369	338	492	386
OV-275, 100% Cyanoethyl-	100/275 C	629	872	763	1106	849
OV-330, Phenylsilicon/Polyethylenglycol	A					
SE-30, 100% Methyl-, (E 301), (Gummi)	50/350 T					
SE-30, 100% Methyl-, (gum GC grade)	50/350 C, T	15	53	44	64	41
SE-31, 1% Vinyl-	50/300 T					
SE-52, 5% Phenyl- (Gummi)	50/300 C, T	32	72	65	98	67
SE-54, 1% Vinyl-, 5% Phenyl- (Gummi)	50/300 T					
SE-Superphase, Methylsilicon	50/350 T					
SF-96, 100% Methyl-, flüssig (def. Viskosität)	0/250 T	12	53	42	61	37
Silar 5 CP, 50% Phenyl-, 50% Cyanopropyl-, SP-2300	50/275 A	319	495	446	637	531
Silar 7 CP, 25% Phenyl-, 75% Cyanopropyl-, SP-2310	50/275 A	440	637	605	840	670
Silar 9 CP, 10% Phenyl-, 90% Cyanopropyl-, SP-2330	50/275 A	490	725	630	913	778
Silar 10 CP, 100% Cyanopropyl, SP-2340	50/275 A	520	757	660	942	800
QF-1, 50% Trifluorpropyl-, FS-1265	0/250 C	144	233	355	463	305
XE-60, 25% Cyanoethyl-	0/250 A	204	381	340	493	367
UC W-98, 1% Vinyl- (Gummi)	0/300 C					
UC W-982, 0,15% Vinyl- (Gummi)	0/300 T, MC	16	55	45	66	42
Sorbitol	100/150 M					
Span-80, Sorbit-Monooleat	25/150 T	97	266	170	216	268
Squalan, Hexamethyltetracosan	0/150 T	0	0	0	0	0
Squalen	0/100 C, T	152	341	238	329	344
STAP, Steroid Analysis Phase	100/255 C, A	345	586	400	610	627
Sucroseacetat-Isobutyrat, SAIB	30/200 T	172	330	251	378	295
Terephthalsäure, TPA	50/200 C					
Tergitol NP 35, Nonylphenoxy-poly-(ethylenoxy)-ethanol	50/175 C					
Tergitol NPX, Nonylphenoxy-poly-(ethylenoxy)-ethanol	0/200 C	197	386	258	289	351
Tetraethylenpentamin, TEPA	0/125 M					
Tetrahydroxyethylethylendiamin, THEED	0/150 M	463	942	626	–	893
3,3′-Thiodipropionitril	0/100 C					
Triacetin, Glyceroltriacetat	0/50 M					
Tributylphosphat, TBP	0/50 M					
Tricresylphosphat, TCP	0/125 M	176	321	250	374	299
Triethanolamin, TEA	25/75 M					
Trimer acid, C_{54}-Tricarbonsäure	0/150 C	94	271	163	182	378

Trennflüssigkeit	Erläuterung – chemische Zusammensetzung	t in °C min/max	McReynold-Konstanten				
			X′	Y′	Z′	U′	S′
3,5,5′-Trimethylcyclohexylphthalat		20/200					
1,2,3-Tris-(2-cyanoethoxy)-propan,	TCEP	0/150 M	594	857	759	1031	917
Tridox,	Tridecanolpolyethylenoxid	50/220					
Triton X-100,	Octylphenoxy-poly-(ethylenoxy)-ethanol	30/200 M	203	399	268	402	362
Triton X-305,	Octylphenoxy-poly-(ethylenoxy)-ethanol	40/200 M	262	467	314	488	430
Tri-2,4-xylenylphosphat,	TXP	20/125 M					
TWEEW-80,	Poly-(ethylenoxy)-sorbit-monooleat	20/150 M	227	430	283	438	396
UCON LB 550 X,	10% Polyethylenglycol, 90% Polypropylenglycol	0/200 M	118	271	158	243	206
UCON LB 1715,	x% Polyethylenglycol, y% Polypropylenglycol	0/200 M					
UCON LB 1200 X,	x% Polyethylenglycol, y% Polypropylenglycol	0/200 M					
UCON 50 HB 280 X,	30% Polyethylenglycol, 70% Polypropylenglycol	0/200 M	177	362	227	351	302
UCON 50 HB 2000,	40% Polyethylenglycol, 60% Polypropylenglycol	0/200 M	202	394	253	392	341
UCON 50 HB 5100,	50% Polyethylenglycol, 50% Polypropylenglycol	0/200 M	214	418	278	421	375
UCON 75 H 90000,	80% Polyethylenglycol, 20% Polypropylenglycol	0/200 M					
Versamid 900,	Polyamid-Harz	200/275 Bu/C					
Versamid 930,	Polyamid-Harz	115/150 Bu/C	109	313	144	211	209
Voltalef 90,	polymeres Chlortrifluorethylen	20/120 C					
Zinkstearat		50/150 M	61	231	59	98	544
Zonyl E-7		50/200 M					

21.4. Derivatisierungsreagenzien

Die Tabelle gibt eine Übersicht zur Anwendung von Alkylierungs-, Acylierungs- und Silylierungsreagenzien sowie von Reagenzien zum Schutz von Ketogruppen.

1	Amine	6	Carbonsäuren
2	Aminosäuren	7	Kohlenhydrate
3	Hydroxylgruppen	8	Steroide
4	Alkohole	9	Ketosteroide
5	Phenole	10	Vitamine

Derivatisierungsreagens	1	2	3	4	5	6	7	8	9	10
Bortribromid		●						●		
Bortrifluorid-Methanol-Komplex		●						●		
Bortrifluorid-Methylether-Komplex		●						●		
Bortrifluorid-Ethylether-Komplex		●	●					●		
Dimethylformamiddiethylacetal	●	●	●							
Diethylformamiddimethylacetal	●	●	●	●	●					
Heptafluorbuttersäureanhydrid	●			●	●		●	●		●
N-Methyl-bis-(trifluoracetamid)	●			●	●					
Pentafluorbenzoylchlorid	●	●		●	●					
Trifluoressigsäureanhydrid	●	●		●	●					
Bis-(trimethylsilyl)-acetamid	●	●	●	●	●	●	●	●		●
Bis-(trimethylsilyl)-trifluoracetamid	●	●	●	●	●	●	●	●		●
Trimethylchlorsilan	●	●	●	●	●	●	●	●		
Dimethyldichlorsilan						●				
Hexamethyldisilazan	●	●	●	●	●		●	●		●
Hexamethyldisiloxan			●				●			
N-(Trimethylsilyl)-acetamid	●	●	●	●	●	●	●		●	●
N-(Trimethylsilyl)-diethylamin	●	●		●	●			●		●
N-(Trimethylsilyl)-imidazol		●	●	●	●		●	●		
N-Methyl-N-(trimethylsilyl)-2,2,2-trifluoracetamid								●		
N-Methyl-N-(trimethylsilyl)-acetamid	●	●	●	●	●	●	●	●		●
N-Methyl-N-(trimethylsilyl)-heptafluorbutyramid	●	●	●	●	●					
O-Methylhydroxylammoniumchlorid									●	
O-Benzylhydroxylammoniumchlorid									●	

21.5. Korngrößen

Tyler mesh-Zahl mesh/inch	ASTM E11-70 (USA) mesh/inch	BS 410 : 1962 (GB) mesh/inch	Lichte Maschenweite in mm
400	400	–	0,037
325	325	–	0,044
–	–	350	0,045
250	230	240	0,063
200	200	–	0,074
–	–	200	0,075
170	170	–	0,088
–	–	170	0,090
150	140	150	0,105
115	120	120	0,125
100	100	–	0,149
–	–	100	0,150
80	80	–	0,177
–	–	85	0,180
65	70	72	0,210
60	60	60	0,250
48	50	–	0,297
–	–	52	0,300
42	45	–	0,354
–	–	44	0,355
35	40	36	0,420
32	35	30	0,500
28	30	–	0,595
–	–	25	0,600
24	25	–	0,707
–	–	22	0,710
20	20	–	0,841
16	18	16	1,00
14	16	–	1,19
–	–	14	1,20
12	14	–	1,41
10	12	10	1,68
9	10	8	2,00
8	8	–	2,36
7	7	–	2,80
6	6	–	3,35
5	5	–	4,00
4	4	–	4,75
$3^1/_2$	$3^1/_2$	–	5,60

22. Atomabsorptionsspektrometrie (AAS)

Wellenlängen (λ in nm) ausgewählter, in der AAS genutzter Spektrallinien der Elemente. Die Daten für die reziproke Empfindlichkeit (in mg/l) bei 1% Absorption und für die Nachweisgrenze (NWG in mg/l) sind orientierende Erfahrungswerte für die Luft-Ethin-Flamme, die bei einzelnen Meßgeräten oder anderen Atomisatoren beträchtlich differieren können. Die empfohlene spektrale Spaltbreite (in nm) dient zur Abschätzung der notwendigen geometrischen Spaltbreite bei gegebener reziproker Lineardispersion des Monochromators.

Element	λ	Reziproke Empfindlichkeit	Nachweisgrenze	Spektrale Spaltbreite
Ag	328,1	0,06	0,002	0,5
	338,3	0,1		
Al	309,3	1	0,2	0,1
	396,2	2		
	308,2	2,5		
	257,4	16		
As	193,7	2	1,0	0,5
	197,3			
	189,0			
Au	242,8	0,3	0,01	1,0
	267,6	0,4		
B	249,7	40	3	0,3
	249,8			
Ba	553,6	0,4	0,01	0,1
Be	234,9	0,03	0,002	0,5
Bi	223,1	0,5	0,03	0,07
	222,8	1,5		0,07
	306,8	2		0,2
	227,7	10		0,2
Br	157,5			
Ca	422,7	0,1	0,01	0,2
	239,9	10		
Cd	228,8	0,03	0,002	0,5
	326,1	20		
Co	240,7	0,2	0,01	0,2
	242,5	0,3		
	352,7	3		
	340,6	8		
Cr	357,9	0,1	0,003	0,2
	425,4	0,5		
Cs	852,1	0,5	0,05	1,0
	455,6	20		
Cu	324,7	0,1	0,001	0,5
	327,4	0,3		
	222,6	2		
	249,2	10		
	244,2	50		
Dy	421,2	0,7	0,05	0,1
	404,6	1,0		
Er	400,8	0,9	0,04	0,2
	386,3	2,5		
Eu	459,4	0,6	0,02	0,5
	462,7	4		
Fe	248,3	0,2	0,01	0,2
	248,8	0,2		
	252,3	0,2		
	271,9	0,3		
	302,1	0,4		
	386,0	3		
	368,0	10		
	382,4	10		

Element	λ	Reziproke Empfindlichkeit	Nachweisgrenze	Spektrale Spaltbreite
Ga	287,4	2	0,1	0,2
	294,4	2,5		0,2
	417,2	4		0,2
	403,3	6		0,7
Gd	407,9	15	1	0,1
	368,4	20		
Ge	265,2	2,5	0,01	1,0
	269,1	12		
Hf	286,6	15	2	0,4
	307,3	25		
Hg	253,7	10	0,2	0,5
	184,9			
Ho	410,4	0,7	0,04	0,2
	405,4	2		
I	183,0	12	6	
	206,2	10		
In	304,0	0,5	0,02	0,7
	325,6	1		0,2
	410,5	2,5		0,7
	451,1	3		1,4
Ir	264,0	10	1	0,1
	208,9	8		
	266,5	15		
	285,0	20		
K	766,5	0,05	0,001	1,0
	769,9	0,1		
	404,4	10		
	404,7			
La	550,1	45	2	0,4
	403,7			
	357,4			
Li	670,8	0,05	0,001	0,5
	323.3	15		
	610,4			
Lu	336,0	7,5	0,7	0,7
	331,2	12		
Mg	285,2	0,01	0,0001	1,0
	202,5	0,5		
Mn	279,5	0,1	0,002	0,4
	279,8			
	280,1			
	403,1	1		0,2
Mo	313,3	1	0,1	0,5
	320,9	12		
Na	589,0	0,02	0,0002	0,5
	589,6			
	330,2	3		
	330,3			
Nb	334,3	40	2	0,1
	358,0			
Nd	492,5	5	1	0,4
	463,4	10		
Ni	232,0	0,2	0,02	0,2
	231,1	0,3		
	234,6	1		
	341,5	3		0,7
Os	290,9	5	0,1	0,1
	305,9	7		
P	178,3	5	0,03	0,2
	214,9	500		
Pb	217,0	0,3	0,2	0,2
	283,3	0,7		
	261,4	15		
	368,4	30		
Pd	244,8	0,3	0,02	0,1
	247,6	0,3		0,2
	276,3	1		
	340,5	1		

Element	λ	Reziproke Empfindlichkeit	Nachweisgrenze	Spektrale Spaltbreite
Pr	495,1	25	5	0,5
	513,3	35		
Pt	265,9	2	0,1	0,5
	217,4	3		
	306,5	5		
	264,7	10		
Rb	780,0	0,1	0,002	0,2
	794,8	0,3		
	420,2	10		
	421,6	30		
Re	346,0	15	1	0,2
Rh	343,5	0,3		0,5
	369,2	0,6		
Ru	349,9	1	0,1	0,2
S	180,7			
Sb	217,6	0,5	0,5	0,2
	206,8	1		
	231,1	1,5		
Sc	391,2	0,4	0,02	0,4
	390,8	0,6		
	402,4	0,6		
Se	196,0	0,5	0,1	0,5
	204,0	5		
Si	251,6	1,5	0,02	0,2
	250,7	3		
Sm	429,7	10	2	0,2
	520,1	25		
Sm	224,6	1	0,1	0,5
	286,3	4		
	235,4	5		
	300,9	6		
Sr	460,7	0,2	0,002	0,5
Ta	271,4	20	1	0,2
Tb	432,6	7,5	0,6	0,2
	431,9	9		
Tc	261,4	3		0,5
Te	214,3	0,7	0,05	0,5
	225,9	5		
Ti	364,3	2	0,05	0,5
	335,5	3		
	399,9	5		
Tl	276,8	0,5	0,02	0,5
	377,6	3		
Tm	371,8	0,4	0,01	0,5
	420,4	2		
U	358,5	20	5	0,1
	356,7	30		
	351,5	50		
V	318,3	2	0,05	0,2
	318,4			
	318,5			
	370,4	5		
W	255,1	4	1	0,1
	400,9	15		
Y	410,3	2	0,1	0,5
	414,3	5		
Yb	398,8	0,1	0,005	0,2
	346,4	0,7		
Zn	213,9	0,02	0,001	0,5
	307,6	100		
Zr	360,1	15	1	0,1
	354,8	30		
	301,2	35		
	298,5	40		

23. Röntgenspektroskopie

23.1. Wellenlängen charakteristischer Spektrallinien in pm

Ordnungszahl	Element	$K_{\alpha_{1,2}}$	K_{β_1}	L_{α_1}	L_{β_1}	L_{β_2}	L_{γ_1}
9	F	1830,7					
11	Na	1190,9	1157,4				
12	Mg	988,9	955,9				
13	Al	833,9	796,0				
14	Si	712,6	677,8				
15	P	615,5	580,4				
16	S	537,3	503,2				
17	Cl	472,9	440,3				
19	K	374,4	345,4				
20	Ca	336,0	308,9				
22	Ti	275,0	251,4				
23	V	250,5	228,5				
24	Cr	229,1	208,5				
25	Mn	210,3	191,0				
26	Fe	193,7	175,7	1760,2	1729,0		
27	Co	179,1	162,1	1600,0	1569,8		
28	Ni	165,9	150,0	1459,5	1430,8		
29	Cu	154,2	139,2	1335,7	1307,9		
30	Zn	143,7	129,6	1228,2	1200,9		
31	Ga	134,1	120,7	1131,3	1105,4		
32	Ge	125,6	112,9	1045,6	1019,4		
33	As	117,7	105,7	967,1	941,4		
34	Se	110,6	99,2	899,0	873,5		
35	Br	104,1	93,3	837,5	812,6		
37	Rb	92,7	82,9	731,8	707,5		
38	Sr	87,7	78,3	686,3	662,3		
40	Zr	78,8	70,1	607,0	583,6	558,6	538,4
41	Nb	74,8	66,5	572,5	523,8	531,0	503,6
42	Mo	71,0	63,2	540,6	492,3	501,3	472,6
44	Ru	64,4	57,2	484,6	437,2	448,7	418,2
45	Rh	61,4	54,6	459,7	413,0	425,3	394,4
46	Pd	58,7	52,1	436,8	390,9	403,4	372,5
47	Ag	56,1	49,7	415,4	370,3	383,4	352,3
48	Cd	53,6	47,5	395,6	351,4	364,4	333,6
49	In	51,4	45,5	376,2	333,9	347,0	316,2
50	Sn	49,2	43,5	360,0	317,5	330,6	300,1
51	Sb	47,2	41,7	343,9	302,3	315,2	285,2
52	Te	45,3	40,0	329,0	288,2	300,9	271,2
53	I	43,5	38,4	314,8	275,1	287,4	258,2
55	Cs	40,2	35,5	289,2	251,1	262,8	234,8
56	Ba	38,7	34,1	277,6	240,4	251,6	224,2
57	La	37,3	32,8	266,5	230,3	241,0	214,1

Ord-nungs-zahl	Ele-ment	$K_{\alpha_{1,2}}$	K_{β_1}	L_{α_1}	L_{β_1}	L_{β_2}	L_{γ_1}
58	Ce	35,9	31,6	256,1	220,8	231,1	204,8
72	Hf	22,4	19,5	156,9	132,7	135,3	117,9
73	Ta	21,7	19,0	152,2	128,5	130,7	113,8
74	W	21,1	18,4	147,6	124,5	126,3	109,8
75	Re	20,4	17,9	143,3	120,6	122,0	106,1
76	Os	19,8	17,3	139,1	119,7	116,9	102,5
77	Ir	19,3	16,8	135,2	115,8	113,5	99,1
78	Pt	18,7	16,3	131,3	112,0	110,2	95,8
79	Au	18,2	15,9	127,7	108,3	107,0	92,7
80	Hg	17,7	15,4	124,2	104,9	104,0	89,7
81	Tl	17,2	15,0	120,7	101,5	101,0	86,8
82	Pb	16,7	14,6	117,5	98,2	98,3	84,0
83	Bi	16,2	14,2	114,4	95,2	95,5	81,4
90	Th	13,5	11,7	95,6	76,6	79,4	65,3
92	U	12,8	11,1	91,1	72,0	75,5	61,5

23.2. Wellenlängen λ in pm und Anregungsenergien E in keV von K- und L-Absorptionskanten

Ord-nungs-zahl	Ele-ment	K-Kante		L_I-Kante		L_{II}-Kante		L_{III}-Kante	
		λ	E	λ	E	λ	E	λ	E
9	F	1805	0,69						
11	Na	1148	1,08						
12	Mg	951	1,30						
13	Al	795	1,56						
14	Si	675	1,84						
15	P	579	2,14						
16	S	502	2,47						
17	Cl	440	2,82						
19	K	344	3,61						
20	Ca	307	4,04						
22	Ti	250	4,96						
23	V	227	5,46						
24	Cr	207	5,99	1830	0,68	2130	0,58	2160	0,57
25	Mn	190	6,54	1630	0,76	1910	0,65	1940	0,64
26	Fe	174	7,11	1460	0,85	1720	0,72	1750	0,71
27	Co	161	7,71	1330	0,93	1560	0,79	1590	0,78

Ord-nungs-zahl	Ele-ment	K-Kante		L_I-Kante		L_{II}-Kante		L_{III}-Kante	
		λ	E	λ	E	λ	E	λ	E
28	Ni	1490	8,33	1222	1,02	1420	0,87	1450	0,85
29	Cu	1380	8,98	1127	1,10	1300	0,95	1330	0,93
30	Zn	1280	9,66	1033	1,20	1190	1,05	1210	1,02
31	Ga	1200	10,37	954	1,30	1090	1,18	1110	1,12
32	Ge	1120	11,10	873	1,42	994	1,25	1020	1,22
33	As	1050	11,86	811	1,53	912	1,36	939	1,32
34	Se	980	12,65	751	1,65	842	1,47	867	1,43
35	Br	920	13,47	697	1,78	780	1,59	800	1,55
37	Rb	816	15,20	600	2,07	664	1,87	689	1,80
38	Sr	770	16,10	558	2,22	617	2,01	639	1,94
40	Zr	689	17,99	487	2,55	538	2,30	558	2,22
41	Nb	653	18,98	458	2,71	503	2,47	522	2,37
42	Mo	620	20,00	430	2,88	472	2,63	491	2,52
44	Ru	561	22,11	383	3,24	418	2,97	437	2,84
45	Rh	534	23,22	363	3,42	394	3,14	413	3,00
46	Pd	509	24,34	343	3,62	372	3,33	391	3,17
47	Ag	486	25,51	325	3,81	351	3,53	370	3,35
48	Cd	464	26,70	309	4,02	333	3,73	350	3,54
49	In	444	27,92	293	4,24	315	3,94	332	3,73
50	Sn	425	29,18	278	4,46	298	4,16	316	3,93
51	Sb	407	30,48	264	4,70	283	4,38	300	4,13
52	Te	390	31,80	251	4,94	269	4,61	286	4,34
53	I	374	33,16	239	5,19	255	4,86	272	4,56
55	Cs	345	35,95	217	5,72	231	5,36	247	5,01
56	Ba	331	37,40	207	5,99	220	5,62	236	5,25
57	La	318	38,92	197	6,28	210	5,89	226	5,49
58	Ce	307	40,44	189	6,56	201	6,16	216	5,73
72	Hf	190	65,29	110	11,27	116	10,73	130	9,55
73	Ta	184	67,38	106	11,68	111	11,13	126	9,87
74	W	178	69,48	103	12,10	108	11,53	122	10,20
75	Re	173	71,59	99	12,52	104	11,95	118	10,53
76	Os	168	73,86	96	12,97	100	12,38	114	10,87
77	Ir	163	76,10	92	13,43	97	12,82	111	11,21
78	Pt	158	78,35	89	13,88	93	13,27	107	11,56
79	Au	153	80,77	86	14,35	90	13,73	104	11,92
80	Hg	149	83,05	84	14,84	87	14,21	101	12,30
81	Tl	145	85,65	81	15,34	84	14,70	98	12,66
82	Pb	141	88,04	78	15,86	82	15,21	95	13,04
83	Bi	137	90,42	76	16.38	79	15,71	92	13,42
90	Th	113	109,74	61	20,46	63	19,68	76	16.29
92	U	108	115,61	57	21,76	59	20.94	72	17,16

23.3. Massenabsorptionskoeffizienten μ/ϱ in cm^2/g

Ordnungszahl	Element	NaK_α	MgK_α	AlK_α	SiK_α	PK_α	SK_α	ClK_α	KK_α
3	Li	206	113	66	40	25	16,2	10,9	5,3
4	Be	543	305	180	111	71	46,2	31,2	15,2
5	B	1100	627	375	233	149	98,6	66,9	32,8
6	C	1980	1150	696	437	283	188	129	63,6
7	N	3030	1790	1100	698	456	305	210	105
8	O	4130	2520	1580	1020	674	456	315	159
9	F	5170	3220	2050	1330	888	603	419	213
11	Na	5980	5510	3560	2340	1570	1070	750	385
12	Mg	853	500	4390	2940	2000	1380	972	504
13	Al	1070	645	403	3420	2370	1660	1180	622
14	Si	1420	859	544	358	2960	2080	1480	778
15	P	1730	1050	669	440	229	2340	1690	906
16	S	2220	1350	857	562	380	264	2020	1100
17	Cl	2590	1580	1010	662	449	312	2230	1360
19	K	3740	2290	1460	958	648	450	321	174
20	Ca	4540	2780	1770	1160	783	543	386	208
21	Sc	4980	3040	1930	1270	856	593	422	226
22	Ti	5770	3520	2230	1460	981	677	480	256
23	V	6430	3920	2480	1620	1090	749	530	281
24	Cr	7410	4530	2880	1880	1270	875	619	330
25	Mn	8360	5110	3240	2120	1420	981	693	367
26	Fe	9740	5950	3770	2460	1650	1140	803	424
27	Co	10600	6500	4130	2700	1810	1250	883	467
28	Ni	12300	7570	4800	3140	2110	1450	1020	539
29	Cu	11000	8020	5120	3350	2260	1550	1100	579
30	Zn	8400	8520	5490	3620	2450	1700	1200	638
31	Ga	1560	7930	6020	3970	2680	1860	1310	693
32	Ge	1820	8770	6600	4350	2940	2030	1430	754
33	As	2540	1500	6020	4740	3210	2230	1580	833
34	Se	2680	1620	6440	5030	3430	2380	1690	893
35	Br	2940	1790	1120	4700	3810	2650	1880	994
37	Rb	3400	2040	1280	828	3770	3110	2210	1170
38	Sr	3650	2220	1410	923	4100	3370	2400	1270
39	Y	3990	2460	1580	1050	717	3090	2610	1390
40	Zr	4330	2690	1740	1160	802	3380	2840	1510
41	Nb	4750	2950	1910	1270	874	617	2610	1650
42	Mo	5070	3180	2080	1400	969	690	2000	1760
45	Rh	6480	4090	2680	1810	1250	892	651	1750
47	Ag	7580	4750	3090	2070	1430	1010	736	412
48	Cd	8110	5110	3330	2240	1550	1100	804	452
50	Sn	9330	5880	3840	2580	1780	1260	917	513
51	Sb	10100	6310	4100	2740	1890	1330	963	535
56	Ba	9290	7640	5430	3650	2510	1770	1280	701

Ordnungszahl	Element	NaK_α	MgK_α	AlK_α	SiK_α	PK_α	SK_α	ClK_α	KK_α
58	Ce	10600	7920	6210	4180	2880	2030	1460	801
72	Hf	4540	2780	1760	5690	3900	3270	2830	1560
74	W	4890	3050	1950	1270	4240	3570	2810	1690
79	Au	5800	3670	2420	1640	1150	3490	2520	1820
82	Pb	6560	4180	2770	1900	1330	961	2820	1850
92	U	9360	6430	5050	3400	2350	1660	1200	668

Ordnungszahl	Element	CaK_α	TiK_α	VK_α	CrK_α	MnK_α	FeK_α	CoK_α	NiK_α
3	Li	3,8	2,1	1,6	1,3	1,0	0,82	0,67	0,57
4	Be	10,9	5,9	4,5	3,4	2,7	2,10	1,68	1,36
5	B	23,6	12,8	9,7	7,4	5,7	4,48	3,54	2,84
6	C	45,9	25,1	19,0	14,5	11,2	8,76	6,92	5,52
7	N	75,9	41,7	31,6	24,2	18,7	14,6	11,6	9,22
8	O	116	64,1	48,6	37,3	28,9	22,6	17,9	14,3
9	F	156	86,5	65,7	50,5	39,2	30,7	24,3	19,4
11	Na	282	157	120	92,3	71,8	56,4	44,7	35,7
12	Mg	371	208	159	123	95,6	75,2	59,7	47,7
13	Al	460	261	200	154	120	94,9	75,4	60,4
14	Si	576	327	250	194	151	119	94,7	75,9
15	P	674	386	297	230	180	143	114	91,1
16	S	818	471	363	282	221	175	140	112
17	Cl	1020	596	460	359	282	224	179	144
19	K	1210	715	557	437	345	275	220	178
20	Ca	156	829	649	511	405	324	260	210
21	Sc	170	866	682	539	429	344	277	225
22	Ti	192	113	88,7	585	469	378	307	250
23	V	211	124	96,7	76,6	515	416	337	275
24	Cr	247	145	114	90,0	72,1	480	390	319
25	Mn	275	161	126	99,3	79,5	64,2	418	342
26	Fe	317	185	144	114	91,0	73,4	59,9	382
27	Co	349	204	159	125	100	80,8	65,8	54,1
28	Ni	401	233	182	143	114	91,9	74,8	61,4
29	Cu	432	251	195	154	123	98,7	80,2	65,8
30	Zn	476	278	217	171	136	110	89,5	73,5
31	Ga	516	300	233	183	146	117	94,9	77,6
32	Ge	561	325	252	198	157	126	102	83,2
33	As	620	359	279	219	174	139	113	92,2
34	Se	666	386	299	235	186	149	121	98,7
35	Br	741	429	332	261	207	165	134	109

Ordnungszahl	Element	CaK_α	TiK_α	VK_α	CrK_α	MnK_α	FeK_α	CoK_α	NiK_α
37	Rb	871	503	389	304	241	192	155	126
38	Sr	917	547	423	331	262	209	169	137
39	V	1040	599	464	363	287	229	185	150
40	Zr	1130	650	503	393	310	248	199	162
41	Nb	1230	711	550	430	340	271	218	177
42	Mo	1310	757	585	457	361	287	231	187
45	Rh	1560	911	708	555	439	351	283	230
47	Ag	1510	1050	814	638	505	403	325	263
48	Cd	1140	1100	852	668	528	422	340	275
50	Sn	394	1230	959	753	596	476	384	311
51	Sb	409	1050	973	769	612	491	398	324
56	Ba	533	322	256	595	658	633	513	418
58	Ce	608	367	290	233	536	598	577	472
72	Hf	1180	700	549	436	349	283	231	190
74	W	1280	760	596	472	378	306	250	205
79	Au	1520	915	721	574	461	374	306	252
82	Pb	1550	1020	803	639	513	415	339	279
92	U	1040	1120	887	778	687	559	458	378

Ordnungszahl	Element	CuK_α	WL_α	ZnK_α	AuL_α	GeK_α	PbL_α	ZrK_α
3	Li	0,485	0,45	0,42	0,344	0,335	0,304	0,206
4	Be	1,12	1,0	0,93	0,696	0,667	0,575	0,283
5	B	2,29	2,03	1,88	1,36	1,29	1,09	0,435
6	C	4,44	3,92	3,61	2,57	2,45	2,04	0,719
7	N	7,42	6,54	6,02	4,27	4,05	3,36	1,11
8	O	11,5	10,1	9,28	6,56	6,23	5,14	1,64
9	F	15,6	13,7	12,6	8,93	8,47	6,99	2,19
11	Na	28,7	25,3	23,3	16,5	15,7	12,9	4,00
12	Mg	38,5	34,0	31,2	22,1	21,0	17,4	5,36
13	Al	48,7	43,0	39,6	28,1	26,7	22,0	6,78
14	Si	61,2	54,1	49,8	35,3	33,5	27,7	8,52
15	P	73,7	65,1	59,9	42,6	40,5	33,5	10,3
16	S	90,8	80,3	74,0	52,6	50,0	41,4	12,8
17	Cl	116	103	95,0	67,7	64,3	53,3	16,5
19	K	145	128	118	84,6	80,4	66,7	20,9
20	Ca	171	152	140	101	95,7	79,4	25,0
21	Sc	183	163	151	108	103	85,6	27,0
22	Ti	204	182	168	122	116	96,4	30,7
23	V	225	200	185	134	128	106	34,0
24	Cr	261	233	215	156	149	124	39,7
25	Mn	281	251	232	169	161	134	43,3
26	Fe	316	282	262	191	182	153	49,8
27	Co	353	314	291	212	202	169	54,8
28	Ni	50,8	335	312	231	220	186	62,1
29	Cu	54,4	48,8	45,2	242	232	195	65,8
30	Zn	60,9	54,6	50,8	27,1	259	218	73,2
31	Ga	64,1	57,3	53,3	39,4	37,7	224	76,1
32	Ge	68,5	61,3	56,9	41,9	40,1	33,9	80,3
33	As	75,9	67,9	63,0	46,4	44,3	37,5	88,9
34	Se	81,2	72,6	67,4	49,6	47,3	40,0	94,6
35	Br	89,6	80,0	74,2	54,5	52,0	43,9	103
37	Rb	103	92,2	85,4	62,4	59,5	50,0	115
38	Sr	112	100	92,7	67,7	64,5	54,2	19,0
39	Y	123	109	101	73,9	80,5	59,2	20,6
40	Zr	132	118	109	79,3	75,6	63,4	21,8
41	Nb	145	129	119	86,6	82,6	69,2	23,7
42	Mo	153	136	126	91,3	87,0	72,9	24,8
45	Rh	188	168	155	113	108	90,2	30,8
47	Ag	215	192	177	129	123	103	34,6
48	Cd	225	210	185	134	128	107	35,8
50	Sn	254	226	209	152	144	121	40,3
51	Sb	266	237	219	160	152	128	43,3
56	Ba	343	306	284	207	197	165	55,6
58	Ce	388	346	321	234	223	187	63,0
72	Hf	158	142	132	260	248	208	117

Ordnungszahl	Element	CuK_α	WL_α	ZnK_α	AuL_α	GeK_α	PbL_α	ZrK_α
74	W	170	153	142	106	101	226	127
79	Au	209	188	175	130	125	106	147
82	Pb	232	208	193	144	138	117	142
92	U	314	282	262	195	187	158	58,6

Ordnungszahl	Element	MoK_α	RhK_α	AgK_α	BaK_α	CeK_α	WK_α	AuK_α
3	Li	0,194	0,183	0,178	0,163	0,161	0,142	0,136
4	Be	0,251	0,219	0,206	0,174	0,170	0,150	0,145
5	B	0,363	0,293	0,263	0,196	0,189	0,160	0,154
6	C	0,573	0,432	0,370	0,239	0,225	0,177	0,170
7	N	0,859	0,614	0,507	0,281	0,259	0,183	0,173
8	O	1,24	0,860	0,692	0,339	0,304	0,191	0,178
9	F	1,65	1,12	0,885	0,396	0,348	0,194	0,177
11	Na	2,99	1,99	1,55	0,617	0,525	0,230	0,201
12	Mg	3,99	2,64	2,05	0,774	0,659	0,261	0,223
13	Al	5,04	3,32	2,56	0,947	0,787	0,283	0,235
14	Si	6,32	4,16	3,20	1,16	0,962	0,323	0,263
15	P	7,67	5,04	3,87	1,39	1,14	0,356	0,283
16	S	9,51	6,25	4,80	1,70	1,39	0,412	0,321
17	Cl	12,2	8,03	6,15	2,14	1,74	0,478	0,360
19	K	15,5	10,2	7,83	2,72	2,21	0,580	0.428
20	Ca	18,6	12,2	9,35	3.23	2,62	0,667	0,485
21	Sc	20,1	13,2	10,1	3,49	2,83	0,702	0,504
22	Ti	22,9	15,1	11,6	3,97	3,21	0,778	0,552
23	V	25,3	16,7	12,8	4,40	3,55	0,850	0,598
24	Cr	29,6	19,5	15,0	5,14	4,15	0,976	0.680
25	Mn	32,3	21,3	16,4	5,64	4,55	1,06	0,738
26	Fe	37,3	24,6	19,0	6,53	5,27	1,22	0,839
27	Co	40,9	27,0	20,6	7,13	5,75	1,32	0,903
28	Ni	46,7	31,0	23,9	8,29	6,69	1,53	1,04
29	Cu	49,4	32,9	25,4	8,79	7,10	1,61	1,09
30	Zn	55,0	36,5	28,2	9,77	7,88	1,78	1,20
31	Ga	57,3	38,2	29,5	10,3	8,29	1,87	1,26
32	Ge	60,7	40,6	31,4	11,0	8,89	2,01	1,35
33	As	67,2	44,9	34,8	12,1	9,81	2,20	1,48
34	Se	71,6	48,0	37,1	13,0	10,5	2,35	1,58
35	Br	78,0	52,4	40,7	14,3	11,6	2,59	1,73
37	Rb	88,1	59,6	46,4	16,5	13,3	2,99	2,00

Ordnungszahl	Element	MoK_α	RhK_α	AgK_α	BaK_α	CeK_α	WK_α	AuK_α
38	Sr	94,4	64,0	49,9	17,8	14,4	3,23	2,16
39	Y	102	69,3	54,1	19,3	15,7	3,52	2,34
40	Zr	16,8	71,3	56,2	20,6	16,7	3,80	2,53
41	Nb	18,2	75,5	59,8	22,3	18,1	4,16	2,77
42	Mo	19,0	80,3	63,5	23,6	19,1	4,40	2,93
45	Rh	23,6	16,2	12,8	28,2	22,9	5,24	3,49
47	Ag	26,4	18,0	14,2	31,0	25,4	5,93	3,95
48	Cd	27,2	18,5	14,5	32,3	26,4	6,14	4,09
50	Sn	30,6	20,7	16,3	34,9	28,7	6,78	4,52
51	Sb	32,9	22,5	17,7	38,4	31,4	7,21	4,79
56	Ba	42,2	28,7	22,5	8,53	7,05	8,98	5,96
58	Ce	47,8	32,3	25,3	9,52	7,85	10,1	6,7
72	Hf	88,9	60,0	46,8	17,2	14,1	3,54	11,6
74	W	96,5	65,2	50,8	18,6	15,3	3,80	2,63
79	Au	113	76,8	60,2	22,4	18,4	4,60	3,18
82	Pb	129	87,6	68,6	25,2	20,6	5,06	3,47
92	U	101	69,4	89,8	34,2	28,1	7,01	4,81

24. Massenspektrometrie

24.1. Relative Atommassen und natürliche Isotopenverteilungen ausgewählter Elemente

Isotop	A_r	Natürliche Häufigkeit in %	Relative Häufigkeit in %
^{1}H	1,0078	99,985	100
^{2}H	2,0141	0,015	0,015
^{10}B	10,0129	19,9	25,0
^{11}B	11,0093	80,1	100
^{12}C	12,0000	98,90	100
^{13}C	13,0034	1,10	1,11
^{14}N	14,0031	99,634	100
^{15}N	15,0001	0,366	0,371
^{16}O	15,9914	99,762	100
^{17}O	16,9991	0,038	0,038
^{18}O	17,9992	0,200	0,200
^{19}F	18,9984	100	100
^{28}Si	27,9769	92,23	100
^{29}Si	28,9765	4,67	5,06
^{30}Si	29,9738	3,10	3,36
^{31}P	30,9738	100	100
^{32}S	31,9721	95,02	100
^{33}S	32,9715	0,75	0,79
^{34}S	33,9679	4,21	4,43
^{36}S	35,9677	0,02	0,02
^{35}Cl	34,9689	75,77	100
^{37}Cl	36,9659	24,23	31,98
^{79}Br	78,9183	50,69	100
^{81}Br	80,9163	49,31	97,28
^{127}I	126,9045	100	100
^{196}Hg	195,9658	0,2	0,7
^{198}Hg	197,9668	10,1	34,1
^{199}Hg	198,9683	17,0	57,4
^{200}Hg	199,9683	23,1	78,0
^{201}Hg	200,9703	13,2	44,6
^{202}Hg	201,9706	29,6	100
^{204}Hg	203,9735	6,8	23,0

24.2. Charakteristische Massendifferenzen M-X zwischen Molekülion und Fragmention

Massen-differenz	Abgespaltenes Fragment	Hinweis auf
M-1	H	–
M-2	H_2	–
M-14	–	Homologe
M-15	CH_3	–
M-16	O	Nitroverbindungen, Sulfoxide
M-16	NH_2	Amide
M-17	OH	Sauerstoff-Verbindungen
M-17	NH_3	Aminoverbindungen
M-18	H_2O	Alkohole, Aldehyde, Ketone
M-19	F	Fluorverbindungen
M-20	HF	Fluorverbindungen
M-26	C_2H_2	Aromatische Kohlenwasserstoffe
M-27	HCN	Nitrile, Stickstoff-Heterocyclen, aromatische Amine
M-28	C_2H_4	Arylethylether, Ethylester, n-Propylketone
M-28	CO	Chinone, Arylketone, Phenole
M-29	CHO	aromatische Aldehyde, Phenole, Chinone
M-29	C_2H_5	Alkylverbindungen
M-30	C_2H_6	–
M-30	CH_2O	aromatische Methoxyverbindungen, Ester
M-30	NO	aromatische Nitroverbindungen
M-31	OCH_3	Methylester, Methylacetale
M-32	CH_3OH	Methylester
M-32	S	Schwefelverbindungen
M-33	HS	Thiole
M-34	H_2S	Thiole
M-41	C_3H_5	Propylester
M-42	C_3H_6	n- oder iso-Butylketone, Propylverbindungen
M-42	CH_2CO	Methylketone, aromatische Acetoxyverbindungen
M-43	C_3H_7	Alkylverbindungen, Propylketone
M-43	CH_3CO	Acetylverbindungen
M-44	C_3H_8	–
M-44	CO_2	Anhydride, Ester
M-44	CH_3CHO	aliphatische Aldehyde
M-45	C_2H_5O	Ethylacetale, Ethylester
M-45	COOH	Carbonsäuren
M-46	C_2H_5OH	Ethylester
M-46	NO_2	Aromatische Nitroverbindungen
M-47	HNO_2	Nitroalkane
M-48	SO	Aromatische Sulfoxide
M-48	CH_3SH	Methylsulfide
M-55	C_4H_7	Butylester
M-56	C_4H_8	Butoxyverbindungen

Massendifferenz	Abgespaltenes Fragment	Hinweis auf
M-57	C_4H_9	Butylketone, Butylester
M-57	C_2H_5CO	Ethylketone
M-58	C_4H_{10}	–
M-59	CH_3COO	Methylester
M-60	CH_3COOH	Acetale, aliphatische Acetale
M-64	SO_2	Sulfone, Sulfonamide
M-79, M-81	Br	Bromverbindungen
M-91	C_7H_7	Benzylverbindungen
M-93	C_6H_5O	Phenoxyverbindungen
M-127	I	Iodverbindungen

24.3. Massenzahlen wichtiger Schlüsselfragmente

Massenzahl	Wahrscheinliche Konstitution	Hinweis auf
15	CH_3^+	–
18	$H_2O^{+\cdot}$	–
26	$C_2H_2^{+\cdot}$	–
26	$C{\equiv}N$	Nitrile
27	$C_2H_3^+$	–
28	$CO^{+\cdot}$, $C_2H_4^{+\cdot}$, $N_2^{+\cdot}$	–
29	CHO^+	O-haltige Verbindungen
29	$C_2H_5^+$	Alkylgruppen
30	$CH_2{=}NH_2^+$	Amine
30	NO^+	Nitroverbindungen
31	$CH_2{=}OH^+$	Alkanole, Ether
33	SH^+	Thioalkohole
36/38	$HCl^{+\cdot}$	Chlorverbindungen
39	$C_3H_3^+$	aromatische, heterocyclische Verbindungen
40	$Argon^{+\cdot}$	–
40	$C_3H_4^{+\cdot}$	–
41	$C_3H_5^+$	–
42	$C_2H_2O^{+\cdot}$	–
42	$C_3H_6^{+\cdot}$	–
43	$C_3H_7^+$	Alkylgruppen
43	CH_3CO^+	Acetylverbindungen
44	$C_2H_6N^+$	aliphatische Amine
44	$CO_2^{+\cdot}$	Zersetzungsprodukt
44	$CH_2{=}CH{-}OH^{+\cdot}$	Aldehyde
44	$CONH_2^+$	Amide
44	$C_3H_8^{+\cdot}$	–
45	$CH_3{-}CH{=}OH^+$	Alkanole
45	$CH_2{=}O{-}CH_3^+$	Methylether
45	$COOH^+$, $C_2H_5O^+$	Carbonsäuren
45	CHS^+	Thioalkohole, Sulfide
46	$CH_2S^{+\cdot}$	Thioalkohole, Sulfide
47	$CH_2{=}SH^+$	Thioalkohole, Sulfide
48	CH_3SH^+	Methylsulfide
49/51	CH_2Cl^+	Chlorverbindungen
50	$C_4H_2^{+\cdot}$	aromatische Verbindungen
51	$C_4H_3^+$	aromatische Verbindungen

Massenzahl	Wahrscheinliche Konstitution	Hinweis auf
55	$C_4H_7^+$	Alkene, Cycloalkane
55	$CH_2{=}CH{-}CO^+$	Cycloalkanone
56	$C_4H_8^{+\cdot}$	–
57	$C_4H_9^+$	Alkylgruppen
57	$C_2H_5CO^+$	Ethylketone, Propionsäureester
57	$CH_2{=}CH{-}CH{=}OH^+$	Cycloalkanole
58	$CH_2{=}C(OH){-}CH_3^{+\cdot}$	Alkanone
58	$(CH_3)_2N{=}CH_2^+$	Amine
59	$CH_3{-}C(CH_3){=}OH^+$	Alkanole, Ether
59	$C_2H_5{-}CH{=}OH^+$	sek. Alkohole
59	$C_2H_5{-}O{=}CH_2^+$	Ether
59	$CH_2{=}C(OH){-}NH_2^{+\cdot}$	Amide
59	$COOCH_3^+$	Methylester
60	$CH_2{=}C(OH)_2^{+\cdot}$	Carbonsäuren
60	$CH_2{-}O{-}NO^+$	Nitrite
61	$CH_3{-}CO(OH_2)^+$	Essigsäureester
61	$C_2H_5S^+$	aliphatische Thioalkohole
65	$C_5H_5^+$	Benzylverbindungen
66	$H_2S_2^{+\cdot}$	Dialkyldisulfide
69	$C_5H_9^+$	Alkene, Cycloalkane
69	CF_3^+	Trifluorverbindungen
70	$C_5H_{10}^{+\cdot}$	–
71	$C_5H_{11}^+$	Alkylgruppen
71	$C_3H_7CO^+$	Propylketone, Buttersäureester
72	$CH_2{=}C(OH){-}C_2H_5^{+\cdot}$	Ethylalkylketone
72	$C_3H_7{-}CH{=}NH_2^+$	Amine
73	$C_4H_9O^+$	Alkanole, Ether, Carbonsäuren
73	$C_2H_5COO^+$	Ethylester
73	$(CH_3)_3Si^+$	Trimethylsilylgruppen
74	$CH_2{=}C(OH){-}OCH_3^{+\cdot}$	Methylester
75	$C_2H_5{-}CO(OH)_2^+$	Propionsäureester
75	$(CH_3)_2{-}Si{=}OH^+$	Trimethylsilylether
76	$C_6H_4^{+\cdot}$	mono-, disubstituiertes Benzen
77	$C_6H_5^+$	Phenylgruppen
78	$C_6H_6^{+\cdot}$	Phenylgruppen
79	$C_6H_7^+$	Phenylgruppen
79/81	Br^+	Bromverbindungen
80/82	$HBr^{+\cdot}$	Bromverbindungen

Massen-zahl	Wahrscheinliche Konstitution	Hinweis auf
80	$C_5H_6N^+$	Pyrrolverbindungen
81	$C_5H_5O^+$	Furanverbindungen
85	$C_6H_{13}{}^+$	Alkylverbindungen
85	$C_4H_9CO^+$	Alkanone
85	$C_5H_9O^+$	Tetrahydropyrane
85	$C_4H_5O_2{}^+$	Oxyfurane
86	$C_4H_9—CH{=}NH_2{}^+$	Amine
86	$C_3H_7—C(OH){=}CH_2{}^{+\cdot}$	Propylalkylketone
87	$CH_2{=}CH—C(OCH_3){=}OH^+$	subst. Propionsäuremethylester
89	$C_7H_5{}^+$	heterocyclische Verbindungen
91	$C_7H_7{}^+$	Benzylverbindungen
92	$C_6H_6N^+$	Alkylpyridine
92	$C_7H_8{}^{+\cdot}$	Phenylalkane
91/93	$C_4H_8Cl^+$	n-Alkylchloride
93/95	CH_2Br^+	Bromverbindungen
94	$C_6H_6O^{+\cdot}$	Phenylether
95	$C_6H_7O^+$	Alkylfurane
97	$C_5H_5S^+$	Alkylthiophene
99	$C_7H_{15}{}^+$	Alkylverbindungen
99	$C_5H_8O_2{}^+$	Ketale
105	$C_6H_5—CO^+$	Benzoylverbindungen
105	$C_8H_9{}^+$	Alkylbenzene
106	$C_7H_8N^+$	Alkylpyridine
107	$C_7H_7O^+$	Alkylphenole
121	$C_8H_9O^+$	Alkylphenole
122	$C_6H_5COOH^{+\cdot}$	Benzoesäurealkylester
123	$C_6H_5COOH_2{}^+$	Benzoesäurealkylester
127	I^+	Iodverbindungen
128	$HI^{+\cdot}$	Iodverbindungen
130	$C_9H_8N^+$	Alkylindol
141	CH_2I^+	
147	$(CH_3)_2{=}Si—O—Si(CH_3)_3$	Trimethylsilylderivate
149	$C_8H_5O_3{}^+$	Phthalsäuredialkylester

25. Infrarotspektroskopie (IR)

25.1. Durchlässigkeitsbereiche von Lösungsmitteln

Lösungsmittel	Durchlässigkeitsbereiche in cm⁻¹				
Ameisensäure-methylester	650...1150	1230...1700	1800...2800	3100...4000	
Benzen	400...1020	1050...1450	1500...1790	2000...3000	3150...4000
Chloroform	400... 720	810...1200	1250...2950	3100...4000	
Cyclohexan	400... 510	535... 850	910...1420	1480...2800	3150...4000
Dichlormethan	650... 750	780... 890	900...1250	1280...4000	
Dimethylether	400... 490	550... 890	910...1060	1800...2800	3150...4000
Dimethylformamid	410... 630	680... 860	880...1020	1795...2750	3100...4000
Diethylether	400... 825	850...1010	1500...2700	3150...4000	
Dioxan	400... 570	645... 830	910...1025	1500...2600	3150...4000
Essigsäuremethylester	650... 840	860... 970	1080...1200	1480...1700	1800...2700
n-Hexan	400...1350	1500...2800	3150...4000		
Isooctan	650...1130	1550...2800	3150...4000		
Kohlenstoffdisulfid	400...1450	1600...2050	2250...4000		
Methanol	700... 970	1150...1380	1500...2700		
Methylcyclohexan	650... 960	980...1350	1390...1420	1480...2800	3150...4000
Nitromethan	400... 470	490... 635	690... 905	920...1060	1790...2700
Pyridin	790... 980	1250...1400	1620...3000	3500...4000	
Tetrachlorethylen	400... 745	820... 880	930...4000		
Tetrachlormethan	400... 725	820...4000			
Tetrahydrofuran	400... 850	1500...2600	3200...4000		

25.2. Colthup-Tabelle

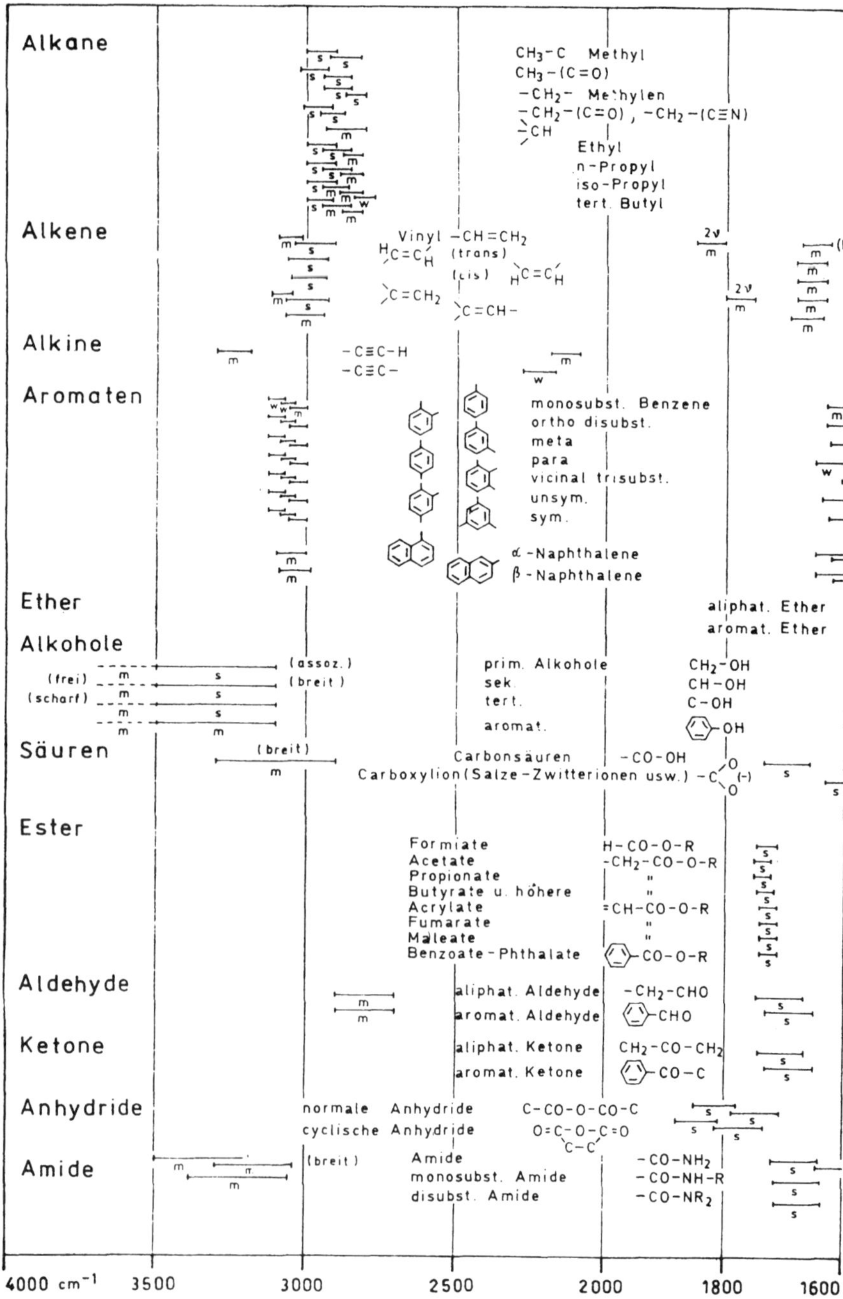

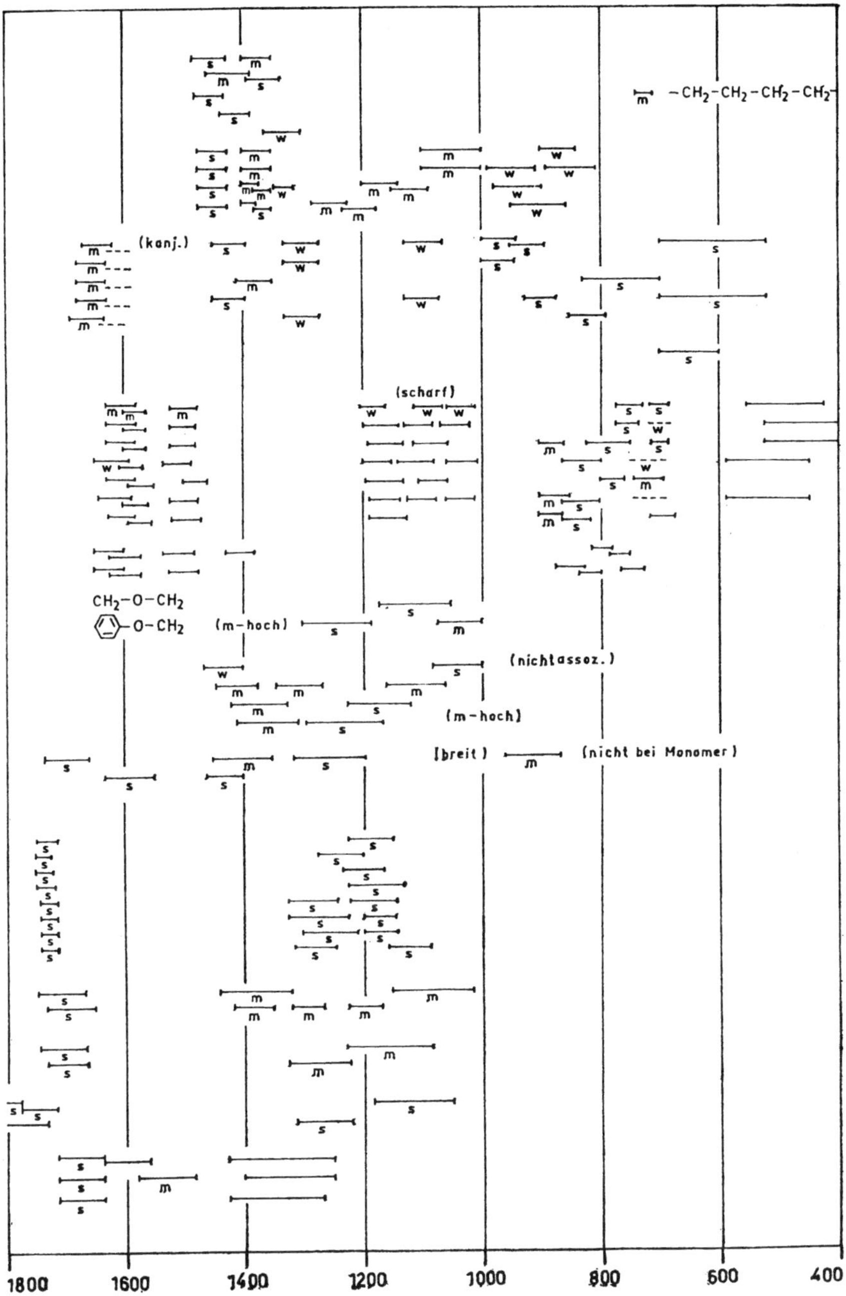
m
-CH2-CH2-CH2-CH2-
(konj.)
(scharf)
CH2-O-CH2
O-CH2
(m-hoch)
(nichtassoz.)
(m-hoch)
(breit)
(nicht bei Monomer)
1800
1600
1400
1200
1000
800
600
400

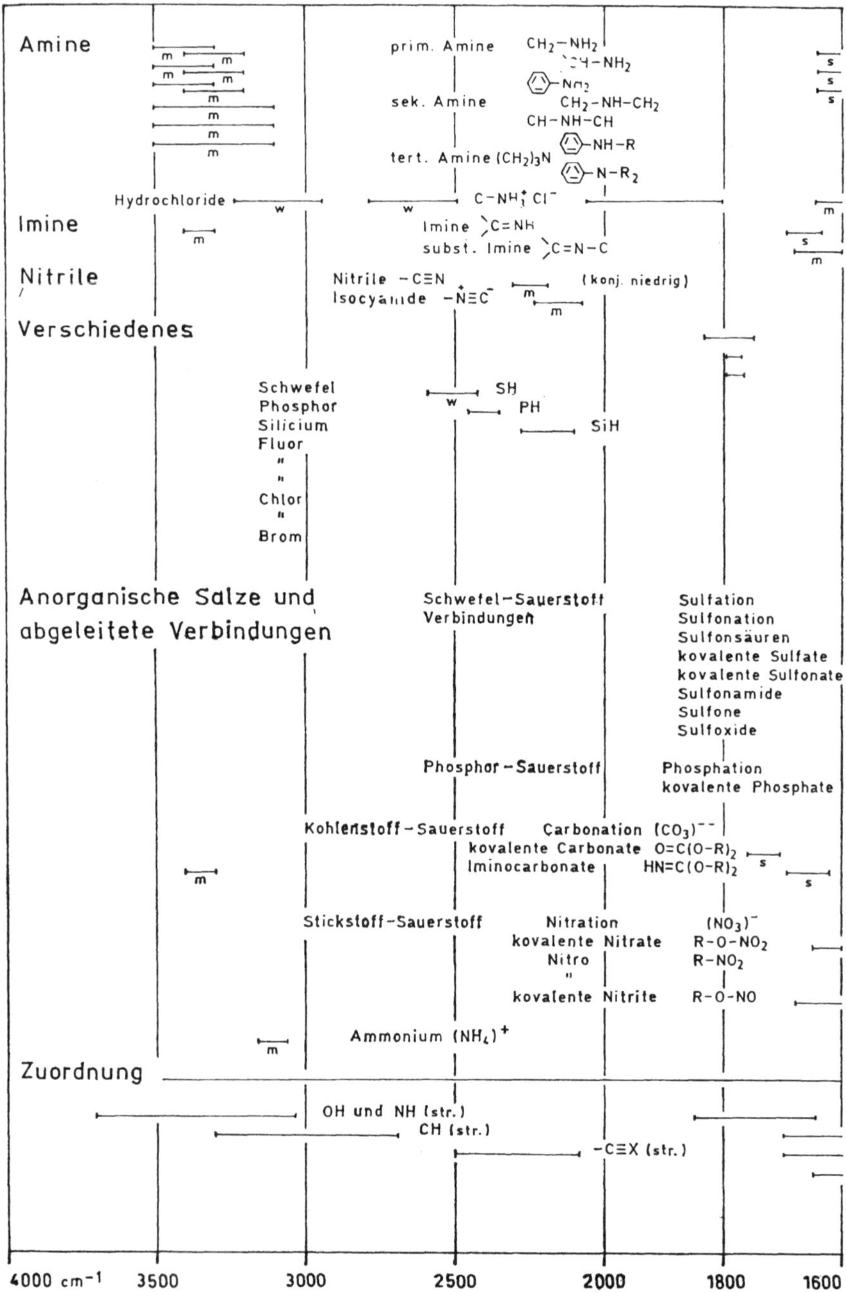

Amine
prim. Amine
CH_2-NH_2
sek. Amine
$CH_2-NH-CH_2$
CH-NH-CH
-NH-R
tert. Amine $(CH_2)_3N$
$-N-R_2$
Hydrochloride
$C-NH_3^+ Cl^-$
Imine
Imine $>C=NH$
subst. Imine $>C=N-C$
Nitrile
Nitrile $-C\equiv N$
Isocyanide $-\overset{+}{N}\equiv C^-$
(konj. niedrig)
Verschiedenes
Schwefel
Phosphor
Silicium
Fluor
"
"
Chlor
"
Brom
SH
PH
SiH
Anorganische Salze und abgeleitete Verbindungen
Schwefel-Sauerstoff Verbindungen
Sulfation
Sulfonation
Sulfonsäuren
kovalente Sulfate
kovalente Sulfonate
Sulfonamide
Sulfone
Sulfoxide
Phosphor-Sauerstoff
Phosphation
kovalente Phosphate
Kohlenstoff-Sauerstoff
Carbonation $(CO_3)^{--}$
kovalente Carbonate $O=C(O-R)_2$
Iminocarbonate $HN=C(O-R)_2$
Stickstoff-Sauerstoff
Nitration $(NO_3)^-$
kovalente Nitrate $R-O-NO_2$
Nitro $R-NO_2$
"
kovalente Nitrite R-O-NO
Ammonium $(NH_4)^+$
Zuordnung
OH und NH (str.)
CH (str.)
$-C\equiv X$ (str.)
$4000\ cm^{-1}$
3500
3000
2500
2000
1800
1600

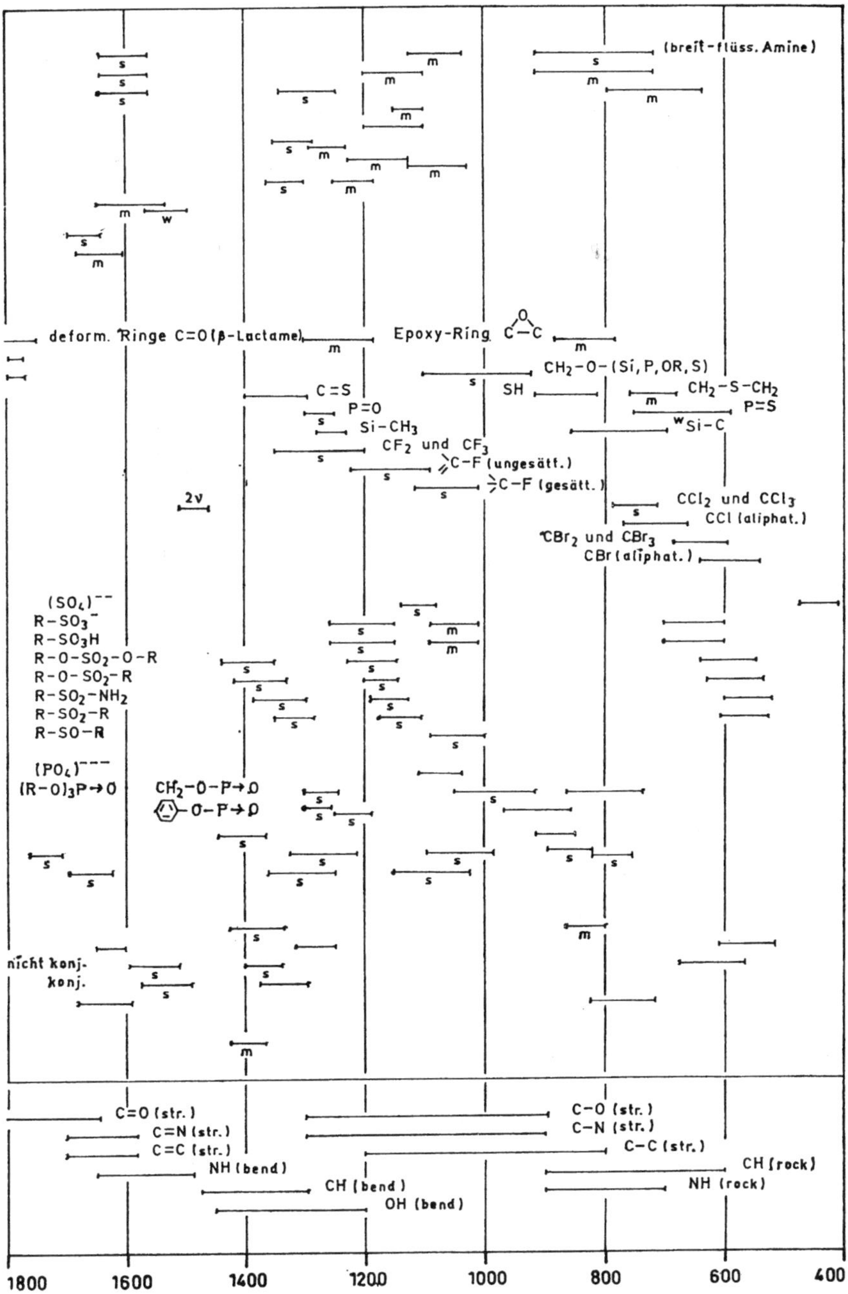
(breit-flüss. Amine)
deform. Ringe C=O (β-Lactame)
Epoxy-Ring
CH2-O-(Si, P, OR, S)
C=S
SH
CH2-S-CH2
P=O
P=S
Si-CH3
Si-C
CF2 und CF3
C-F (ungesätt.)
C-F (gesätt.)
2ν
CCl2 und CCl3
CCl (aliphat.)
CBr2 und CBr3
CBr (aliphat.)
(SO4)--
R-SO3-
R-SO3H
R-O-SO2-O-R
R-O-SO2-R
R-SO2-NH2
R-SO2-R
R-SO-R
(PO4)---
(R-O)3P→O
CH2-O-P→O
O-P→O
nicht konj.
konj.
C=O (str.)
C=N (str.)
C=C (str.)
NH (bend)
CH (bend)
OH (bend)
C-O (str.)
C-N (str.)
C-C (str.)
CH (rock)
NH (rock)
1800
1600
1400
1200
1000
800
600
400

26. Kernmagnetische Resonanzspektroskopie (NMR)

Die Tabellen enthalten die δ-Werte (in ppm) der chemischen Verschiebungen und die J-Werte (in Hz) der Kopplungskonstanten von häufig vorkommenden Atomgruppierungen für die ^{1}H-, ^{13}C-, ^{19}F- und ^{31}P-NMR-Spektroskopie. Bezugssubstanzen ($\delta = 0$) sind Tetramethylsilan (TMS) für ^{1}H und ^{13}C, Trichlorfluormethan (TCFM) für ^{19}F und H_3PO_4 für ^{31}P. Die δ-Werte sind positiv, wenn die Signale gegenüber der Bezugssubstanz nach tieferer Feldstärke verschoben sind. R steht für Reste (allgemeine oder aliphatische), Ar speziell für Arylreste.

26.1. Multiplett-Aufspaltungen zweier koppelnder Protonengruppen

Aufspaltungsbild	Mögliche Struktur	Intensitätsverhältnis beider Multipletts
Dublett-Dublett	R_2CH—CHR_2; RCH=CHR	1:1
Dublett-Triplett	RCH_2—CHR_2	2:1
Dublett-Quadruplett	CH_3—CHR_2	3:1
Dublett-Quintett	RCH_2—CHR—CH_2R	4:1
Dublett-Sextett	CH_3—CHR—CH_3	3:1:2
Dublett-Septett	CH_3—CHR—CH_2R	6:1
Triplett-Triplett	RCH_2—CH_2R	1:1
Triplett-Quadruplett	CH_3—CH_2—R	3:2
Triplett-Quintett	CH_3—CH_2—CHR_2	3:2:1
Triplett-Sextett	CH_3—CH_2—CH_2—R	3:2:2

26.2. ^{1}H-Chemische Verschiebungen

26.2.1. Protonen in charakteristischen Gruppen

Gruppe	δ_{TMS} in ppm	Gruppe	δ_{TMS} in ppm
—CH_3	0,5 ... 4,1	R—OH	1,2 ... 5,1
—CH_2—	1,0 ... 4,8	Ar—OH	3,9 ... 6,5
$>$CH—	1,4 ... 5,9	R—SH	1,0 ... 2,1
=CH—	4,9 ... 7,0	Ar—SH	3,0 ... 4,0
=CH_2	4,3 ... 5,2	R—NH_2; —NH—	1,0 ... 3,0
≡CH	1,8 ... 3,2	Ar—NH_2; —NH—	3,0 ... 6,0
Ar—H	5,9 ... 9,0	$>$CH=NOH	9,0 ... 12,0
R—CHO	9,0 ... 10,0	—CO—NH—	5,8 ... 8,5
Ar—CHO	9,5 ... 10,5	—O—CO—H	8,0 ... 8,2
—COOH	9,0 ... 13,0	$=\underset{\mid}{C}$—NH—$\underset{\mid}{C}=$	7,0 ... 8,0

26.2.2. Methylprotonen

Gruppierung	δ_{TMS} in ppm
CH_3—Si<	0 ... 0,57
CH_3—C—C<	0,77 ... 1,10
CH_3—C—N<	0,95 ... 1,23
CH_3—C—CO—	1,04 ... 1,23
CH_3—C—Ar	1,20 ... 1,32
CH_3—C—O—	0,98 ... 1,44
CH_3—C—S—	1,23 ... 1,53
CH_3—C—Hal	1,49 ... 1,88
CH_3—C—NO_2	1,5 ... 1,7
CH_3—C=C<	1,59 ... 2,14
CH_3—C≡	1,83 ... 2,12
CH_3—CO—N—	1,9 ... 2,1
CH_3—CO—O—R	1,97 ... 2,11
CH_3—CO—O—Ar	2,35 ... 2,45

Gruppierung	δ_{TMS} in ppm
CH_3—CO—C—	1,95 ... 2,41
CH_3—CO—C=C<	2,06 ... 2,31
CH_3—CO—Ar	2,45 ... 2,68
CH_3—Hal	2,16 ... 4,30
CH_3—N—C—	2,12 ... 2,34
CH_3—N—Ar	2,71 ... 3,10
CH_3—N—C=C<	2,74 ... 3,05
CH_3—S—	2,02 ... 2,58
CH_3—Ar	2,14 ... 2,76
CH_3—N=	3,0 ... 4,0
CH_3—$\overset{+}{N}$	3,3
CH_3—O—C<	3,24 ... 3,47
CH_3—O—Ar	3,61 ... 3,86
CH_3—O—CO—	3,57 ... 3,96

26.2.3. Methylenprotonen

Gruppierung	δ_{TMS} in ppm
—C—CH_2—Si<	0,51 ... 0,97
—C—CH_2—C—C<	0,98 ... 1,54
—C—CH_2—C—N<	1,33 ... 1,62
—C—CH_2—C—C=C<	1,63 ... 1,77
—C—CH_2—C—Hal	1,66 ... 2,03
—C—CH_2—C—O—	1,79 ... 2,02
—C—CH_2—C=C<	1,86 ... 2,12
—C—CH_2—CO—	2,07 ... 2,42
—C—CH_2—C≡	2,13 ... 2,80
—C—CH_2—S—	2,39 ... 2,97
—C—CH_2—$N(CR_3)_2$	2,30 ... 2,53
—C—CH_2—NH_2	2,45 ... 2,63
—C—CH_2—NH—C<	2,49 ... 2,74
—C—CH_2—N—Ar	3,00 ... 3,60
—C—CH_2—N—C=C<	3,12 ... 3,43
—C—CH_2—Ar	2,62 ... 3,34

Gruppierung	δ_{TMS} in ppm
=C—CH_2—N=	4,05 ... 4,80
=C—CH_2—O—	4,17 ... 5,15
—C—CH_2—O—C<	3,36 ... 3,63
—C—CH_2—O—C=C<	3,36 ... 3,67
—C—CH_2—O—Ar	3,88 ... 4,16
—C—CH_2—O—CO—	4,02 ... 4,39
=C—CH_2—Ar	3,45 ... 3,97
—C—CH_2—N=	3,34 ... 3,61
≡C—CH_2—N<	3,24 ... 3,88
≡C—CH_2—Br	3,82 ... 4,05
≡C—CH_2—Cl	4,00 ... 4,13
≡C—CH_2—O—C<	4,02 ... 4,21
≡C—CH_2—O—Ar	4,69 ... 4,96
Ar—CH_2—S—	3,45 ... 4,03
Ar—CH_2—Ar	3,81 ... 3,96
Ar—CH_2—N—C<	3,32 ... 3,82
—C—CH_2—I	3,07 ... 3,20

Gruppierung	δ_{TMS} in ppm	Gruppierung	δ_{TMS} in ppm
—C—CH_2—Br	3,26 … 3,63	Ar—CH_2—N—Ar	4,08 … 4,43
—C—CH_2—Cl	3,35 … 3,69	Ar—CH_2—N—CO—	4,12 … 4,29
—C—CH_2—F	4,06 … 4,32	Cl—CH_2—P—	4,20
=C—CH_2—S—	3,02 … 3,25	Ar—CH_2—Br	4,32 … 4,43
>C—C—CH_2—C=C<	2,70 … 2,73	Ar—CH_2—Cl	4,45 … 4,60
—CO—CH_2—CO—	3,25 … 3,92	—O—CH_2—O—	4,41 … 4,82
=C—CH_2—N<	2,93 … 3,79	Ar—CH_2—O—C≤	4,34 … 4,52
=C—CH_2—C≡	3,41 … 4,08	Ar—CH_2—O—Ar	4,96 … 5,10
=C—CH_2—I	3,64 … 3,73	Ar—CH_2—O—CO—	4,97 … 5,34
=C—CH_2—Br	3,70 … 4,37	Cl—CH_2—O—	5,35 … 5,51
=C—CH_2—Cl	3,92 … 4,58	—C—CH_2—C—NO_2	2,1
		—C—CH_2—NO_2	4,4

26.2.4. Methinprotonen R^1—CH(R^2)—R^3

R^1	R^2	R^3	δ_{TMS} in ppm	R^1	R^2	R^3	δ_{TMS} in ppm
—C≤	—C≤	—C≤	1,35 … 2,07	—C≤	—Hal	—Hal	5,50 … 6,10
—C≤	—C≤	—C=	2,14 … 2,85	—C≤	—Ar	—N<	3,85 … 4,07
—C≤	—C≤	—Ar	2,35 … 3,10	—C≤	—Ar	—Ar	3,90 … 4,80
—C≤	—C≤	—S—	2,70 … 3,00	—C≤	—Ar	—Hal	5,10 … 5,46
—C≤	—C≤	—N<	2,80 … 3,45	—C≤	—Ar	—O—CO—	5,52 … 5,90
—C≤	—C≤	—O—	3,26 … 4,05	>C=	>C=	>C=	3,25
—C≤	—C≤	—Hal	3,80 … 4,60	>C=	>C=	—O—	4,60
—C≤	—C≤	—O—CO—	4,83 … 5,20	>C=	—C≡	—N<	4,70
—C≤	>C=	>C=	3,73 … 3,97	>C=	—Ar	—Ar	5,1
—C≤	>C=	—Hal	3,90 … 4,80	>C=	—Hal	—Hal	5,84 … 6,06
—C≤	>C=	—O—	4,10 … 4,93	>C=	—Ar	—O—	5,0 … 6,9
—C≤	>C=	—S—	4,10 … 4,93	—Ar	—Ar	—Ar	5,09 … 5,37
—C≤	—O—	—Ar	3,87 … 4,69	—Ar	—Ar	—O—	5,75
—C≤	—O—	—C≡	4,28 … 4,85	—Ar	—Ar	—Hal	6,46 … 7,06
—C≤	—O—	—O—	4,48 … 4,86	—Ar	—O—	—O—	7,5
—C≤	—O—	—Hal	5,45 … 5,70	—Ar	—O—	—C≡	5,17 … 5,40
—C≤	—N<	—C≡	3,60 … 3,82	—Ar	—Hal	—Hal	6,50 … 7,06
				—Hal	—Hal	—C≡	5,81 … 6,14
				—Hal	—Hal	—Hal	6,76 … 7,30

26.2.5. Olefinische Protonen $\mathrm{(R^1)(R^2)C{=}C(R^3)(R^4)}$

R^1	R^2	R^3	R^4	δ_{TMS} in ppm			
—H	—H	—H	$-\mathrm{C}\leqslant$	R^1, R^2	4,60 … 4,95	R^3	5,59 … 5,85
			—S—	R^1, R^2	4,88 … 5,24	R^3	6,18 … 6,43
			$-\mathrm{O}-\mathrm{C}\leqslant$	R^1, R^2	3,56 … 4,06	R^3	6,09 … 6,35
			—O—Ar	R^1, R^2	4,03 … 4,60	R^3	6,20 … 6,41
			—O—CO—	R^1, R^2	4,20 … 4,70	R^3	7,05 … 7,25
			—Br, —Cl	R^1, R^2, R^3	5,30 … 6,25		
			—CO—	R^1	5,70 … 6,05	R^2, R^3	6,25 … 7,00
			—CO—O—	R^1, R^3	5,47 … 5,88	R^2	6,15 … 6,42
			—C≡	R^1, R^2, R^3	5,40 … 6,00		
			—Ar	R^1, R^2	4,82 … 5,50	R^3	6,09 … 6,56
			$>\mathrm{C{=}C}<$	R^1, R^2	4,76 … 5,47	R^3	5,90 … 6,65
			$-\mathrm{N}<$	R^1, R^2	3,70 … 5,00	R^3	5,70 … 8,00
—H	—H	$-\mathrm{C}\leqslant$	$-\mathrm{C}\leqslant$	R^1, R^2	4,60 … 4,91		
			$-\mathrm{O}-\mathrm{C}\leqslant$	R^1, R^2	3,60 … 3,88		
			—Ar	R^1, R^2	4,95 … 5,45		
			—C≡	R^1, R^2	5,85 … 6,05		
			—Br, —Cl	R^1, R^2	5,18 … 5,66		
			—CO—O—	R^1	5,66 … 5,90	R^2	6,25 … 6,50
			$>\mathrm{C{=}C}<$	R^1, R^2	4,47 … 5,60		
		—Ar	—Ar	R^1, R^2	5,40		
—H	$-\mathrm{C}\leqslant$	—H	$-\mathrm{C}\leqslant$	R^1, R^3	5,14 … 5,43		
			—C≡	R^1	6,09 … 6,35	R^3	5,03 … 5,28
			—Cl	R^1, R^3	5,60 … 5,95		
			$>\mathrm{C{=}C}<$	R^1	4,78 … 5,32	R^3	5,81 … 6,57
			—Ar	R^1, R^3	5,56 … 6,20		
—H	—Ar	—H	—Ar	R^1, R^3	6,19 … 6,45		
$-\mathrm{C}\leqslant$	—H	—H	$-\mathrm{C}\leqslant$	R^2, R^3	5,07 … 5,47		
			—C≡	R^2	6,39 … 6,68	R^3	5,06 … 5,36
			$>\mathrm{C{=}C}<$	R^2	4,82 … 5,47	R^3	5,93 … 6,64
			—CO—O—	R^2	7,00 … 7,22	R^3	5,72 … 5,94

R^1	R^2	R^3	R^4	δ_{TMS} in ppm			
			—Ar	R^2	5,30 ... 5,60	R^3	6,08 ... 6,40
—Ar	—H	—H	—CO—O—	R^2	7,05 ... 7,27	R^3	6,25 ... 6,53
			—Ar	R^2, R^3	7,00 ... 7,24		
			$—NO_2$	R^2, R^3	6,05 ... 6,38		
—C<	—C<	—H	—C<	R^3	5,00 ... 5,35		
			—Cl	R^3	5,60 ... 5,88		
			—CO—O—	R^3	5,55 ... 5,84		
			—Ar	R^3	6,08 ... 6,28		
			>C=C<	R^3	5,80 ... 6,05		
			—CO—C<	R^3	5,90 ... 6,12		
—C<	—H	—C<	—O—C<	R^2	4,24 ... 4,53		
—H	—C<	—C<	—O—C<	R^1	4,12 ... 4,40		
—Cl	—C<	—H	—CO—O—	R^3	6,00 ... 6,25		
—H	—C<	—C<	—CO—O—	R^1	6,15 ... 6,40		

26.2.6. Aromatische Protonen

Chemische Verschiebungen von ortho-, meta- und para-Protonen in monosubstituierten Benzenen (in ppm bezogen auf Benzen, $\delta = 7,27$ ppm)
(Ein positiver Δ-Wert bedeutet Verschiebung nach tieferem Feld relativ zu Benzen.)

Substituent	Δ_{ortho}	Δ_{meta}	Δ_{para}	Substituent	Δ_{ortho}	Δ_{meta}	Δ_{para}
$—NO_2$	0,94	0,18	0,39	$—CH_2CH_3$	−0,15	−0,06	−0,18
—CHO	0,58	0,20	0,26	$—CH(CH_3)_2$	−0,14	−0,09	−0,18
—COOH	0,80	0,16	0,25	$—C(CH_3)_3$	−0,09	0,05	−0,23
$—COOCH_3$	0,71	0,08	0,20	—F	−0,30	−0,02	−0,23
—COCl	0,82	0,21	0,35	—Cl	0,01	−0,06	−0,08
$—CCl_3$	0,80	0,2	0,2	—Br	0,19	−0,12	−0,05
$—COCH_3$	0,62	0,10	0,25	—I	0,39	−0,25	−0,02
—CN	0,26	0,18	0,30	$—NH_2$	−0,76	−0,25	−0,63
$—CONH_2$	0,65	0,20	0,22	$—OCH_3$	−0,46	−0,10	−0,41
$—\overset{\oplus}{N}H_3$	0,40	0,2	0,2	—OH	−0,49	−0,13	−0,2
$—CH_2R$	0 ... 0,1	0 ... 0,1	0 ... 0,1	—OCOR	−0,2	0,1	−0,2
$—CH_3$	−0,16	−0,09	−0,17	$—NHCH_3$	−0,8	−0,3	−0,6
				$—N(CH_3)_2$	−0,60	−0,10	−0,62

26.2.7. Protonen in cyclischen Systemen

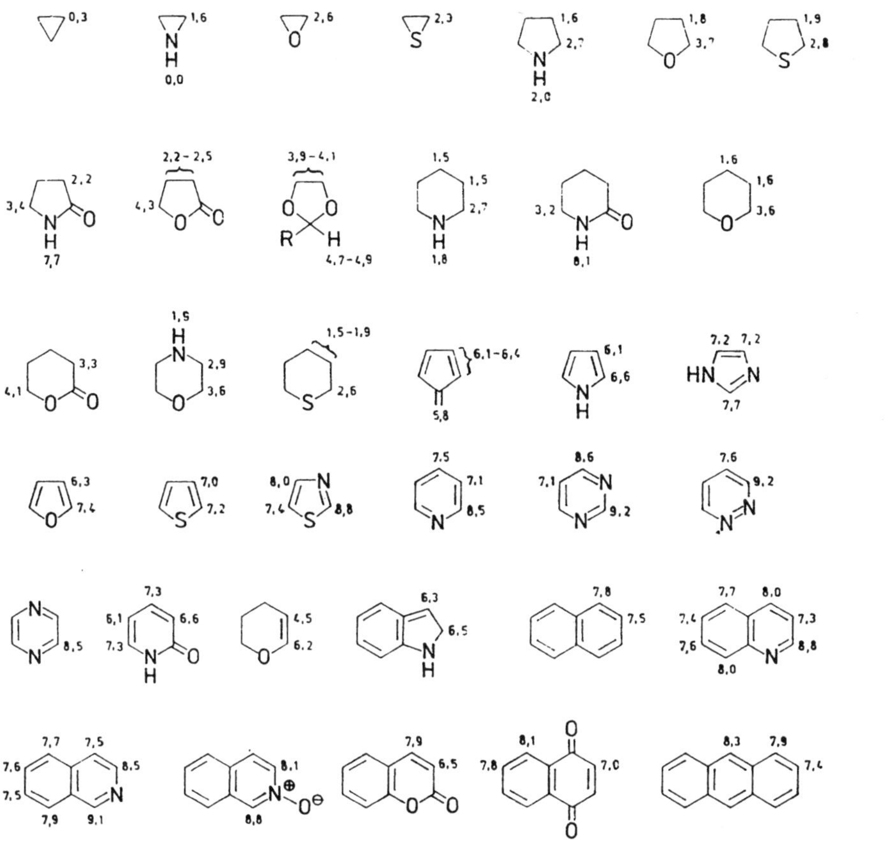

26.3. ^{19}F-Chemische Verschiebungen

Gruppierung	δ_{TCFM} in ppm	Gruppierung	δ_{TCFM} in ppm
—CF_3	−30 … −85	—P—F	−50 … −90
—CF_2—	−20 … −120	=CF—	−80 … −190
>CF—	−70 … −170	Ar—F	−100 … −120
—NF_2	+20 … +60	—S—F	+40 … +50

26.4. ^{13}C-Chemische Verschiebungen

Gruppierung		δ_{TMS} in ppm
Cyclopropyl		0 … 5
CH_3—	(primär)	0 … 30
CH_3—Hal		0 … 35
—CH_2—Hal		0 … 45
>C—C<	Alkane	5 … 55
CH_3—S—		10 … 30
CH_3—N<		20 … 40
—CH_2—S—		25 … 45
—CH_2—	(sekundär)	25 … 45
>CH—	(tertiär)	30 … 60
>CH—Hal		30 … 65
>C<	(quaternär)	35 … 70
>C—Hal		35 … 75
>CH—S		40 … 55
—CH_2—N<		40 … 60
CH_3—O—		40 … 60
—CH_2—O—		40 … 70
>CH—N<		50 … 70
>C—S—		55 … 70
>CH—O—		60 … 75
>C—N<		65 … 75
>C—O—		70 … 85
—C≡C—	Alkine	70 … 100
—O—C≡N	Cyanate	105 … 120
—S—C≡N	Thiocyanate	110 … 120
—C≡N	Cyanide	110 … 130

Gruppierung		δ_{TMS} in ppm
>C=C<	Aromaten	110 … 135
>C=C<	Alkene	110 … 150
—N=C=O	Isocyanate	115 … 135
>C=C<	Heteroaromaten	115 … 140
—N=C=S	Isothiocyanate	120 … 140
—X—C<	Aromaten	125 … 145
$\overset{-}{\mathrm{C}}\equiv\overset{+}{\mathrm{N}}$—	Isocyanide	130 … 150
—X—C<	Heteroaromaten	135 … 155
>C=N—	Azomethine	145 … 165
O=$C(OR)_2$	Carbonate	150 … 160
O=$C(NR_2)_2$	Harnstoffe	150 … 170
$(—CO)_2O$	Säureanhydride	150 … 175
>C=NOH	Oxime	155 … 165
—COOR	Ester	155 … 175
—CO—NHR	Säureamide	160 … 170
—COOH	Carbonsäuren	160
>C=O	α-Haloketone	160 … 200
—COCl	Säurechloride	165 … 185
$(—CO)_2NR$	Säureimide	165 … 180
S=$C(NR_2)_2$	Thioharnstoffe	165 … 185
—CH=O	α-Haloaldehyde	170 … 190
	α, β-unges. Aldehyde	175 … 195
=C=		175 … 200
—CH=O	Aldehyde	175 … 205
>C=S	Thioketone	190 … 205
>C=O	Ketone	175 … 225
	α, β-unges. Ketone	180 … 215

26.5. ^{31}P-Chemische Verschiebungen

Verbindung	$\delta_{H_3PO_4}$ in ppm
$RPCl_2$, $(RO)PCl_2$, $(RO)_2PR$	+145 ... +200
$PR_2(OR)$, $PR(OR)_2$	+90 ... +200
$P(RO)_3$, $P(SR)_3$, $P(NR)_3$	+100 ... +150
$ROPR_2$, R_2PCl	+80 ... +120
PR_3	0 ... −85
PHR_2	−40 ... −95
PH_2R	−110 ... −160
$OP(OR)_3$	+140 ... −20
$SPRS(RO)_2$, $SPR(RO)_2$, $SP(RO)_2$, $SPR(RS)_2$, $SPR(RO)OH$	+50 ... +105
$SPRCl_2$, $SPR(RO)Cl$	+55 ... +100
$SP(NR_2)_3$, $PR(RS)_2$, $SP(NR)_2(RO)_2$	+75 ... +95
$SPH(RO)_2$, $SPCl(RO)_2$, $SP(RO)_3$, $SPHR(RO)$, $SPCl_2(RO)$	+60 ... +90
$[PR(NR_2)_3]^+$	+35 ... +70
$OP(RS)(RO)R$, $OP(RS)_2R$, $OP(RS)_3$, $OP(RO)R_2$	+30 ... +65
$OPRCl_2$, $OPR(OR)Cl$	+25 ... +60
OPR_3, $OPHR(RO)$	+15 ... +45
$OP(NR_2)_3$, $OP(NR_2)(RO)_2$, $OP(NR_2)_2RO$, $OPR(NR_2)_2$	0 ... +40
$OPR(OH)_2$, $OPR(RO)OH$, $[OPR(OR)]_2O$	+25 ... +40
$OPR(RO)_2$, $OP(RS)(RO)_2$, $OPH(RO)_3$, $OPCl(RO)_2$	−10 ... +35
$P(NR_2)_x(OR)_y$ $(x + y = 5)$	−40 ... +30
PR_2F_3, PR_3F_2, PRF_4	−40 ... +10
$P(OR)_5$	−45 ... +10
$PR(OR)_4$, $PR_3(OR)_2$, PR_5	−10 ... −90

26.6. Chemische Verschiebungen von Lösungsmitteln

^{1}H-Signale von unvollständig deuterierten Lösungsmitteln

Lösungsmittel	Gruppe des ^{1}H	δ_{TMS} in ppm
Aceton-d_6	Methyl-	2,05
Acetonitril-d_3	Methyl-	1,95
Benzen-d_6	Methin-	7,3
tert.-Butanol-d_1	Hydroxy-	1,28
Chloroform-d_1	Methin-	7,25
Cyclohexan-d_{12}	Methylen-	1,4
Dichlormethan-d_2	Methylen-	5,35
Dimethylformamid-d_7	Methyl-	2,75
	Methyl-	2,95
	Formyl-	8,05
Dimethylsulfoxid-d_6	Methyl-	2,5
Dioxan-d_8	Methylen-	3,55
Essigsäure-d_4	Methyl-	2,05
	Hydroxy-	11,5
Methanol-d_4	Methyl-	3,35
	Hydroxy-	4,8
Pyridin-d_5	2-Methin-	8,5
	3-Methin-	7,0
	4-Methin-	7,35
Toluen-d_8	Methyl-	2,3
	Methin-	7,2
Trifluoressigsäure-d_1	Hydroxy-	11,3
Wasser (D_2O)	Hydroxy-	4,7

^{13}C-Signale von Lösungsmitteln

Lösungsmittel	^{13}C*-Atom	δ_{TMS} in ppm
Aceton	$(C^*H_3)_2CO$	30
	$(CH_3)_2C^*O$	206
Benzen	$C_6^*H_6$	128
Chloroform	C^*HCl_3	78
Dichlormethan	$C^*H_2Cl_2$	52
Dimethylsulfoxid	$(C^*H_3)_2SO$	42
Dioxan	$(C^*H_2)_4O_2$	69
Kohlenstoffdisulfid	C^*S_2	194
Methanol	C^*H_3OH	49
Tetrachlormethan	C^*Cl_4	97
Trifluoressigsäure	C^*F_3COOH	115
	CF_3C^*OOH	163

26.7. Kopplungskonstanten

26.7.1. ^1H—^1H-Kopplungskonstanten

Geminale Kopplungskonstanten (über zwei Bindungen)

Gruppierung	J_{H-H}	Gruppierung	J_{H-H}
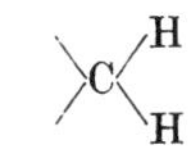	+5 ... −30	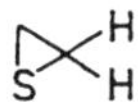	0 ... −1,4
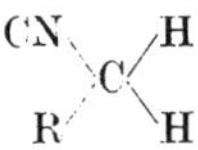	−17 ... −20	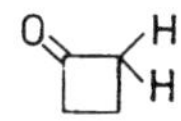	−15 ... −18
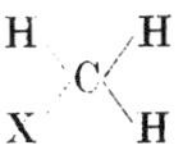	−9 ... −15	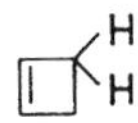	−12 ... −15
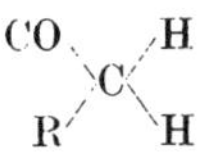	−16 ... −20	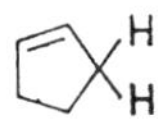	−15 ... −19
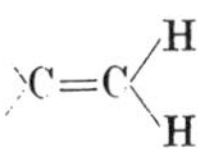	−3,2 ... +2,3	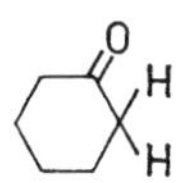	−12 ... −16
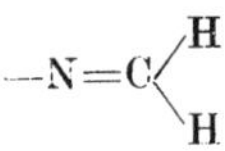	±7 ... ±16,5		

Cyclische Systeme

	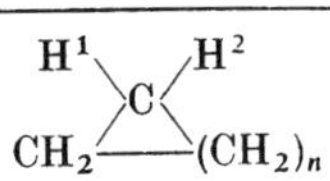	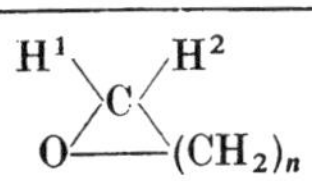	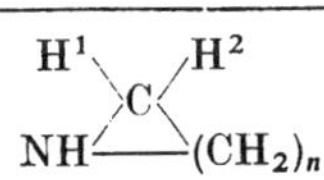	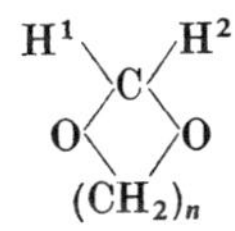
n	$J_{1,2}$	$J_{1,2}$	$J_{1,2}$	$J_{1,2}$
0	0 ... 3	–	–	–
1	−4 ... −9	−4 ... −7	0 ... ±2	–
2	−7 ... −14	−6 ... −8	–	0 ... 2
3	−10 ... −15	−8 ... −14	−9 ... −12	−5 ... −7
4	−12 ... −15	−10 ... −14	−11 ... −14	–

Vicinale Kopplungskonstanten (über drei Bindungen)

Gruppierung	$J_{H^1-H^2}$	Gruppierung		$J_{H^1-H^2}$
$H^1_3C—CH^2_2—$	6 … 8	$>C=CH^1—CH^2=C<$		6 … 13
$>CH^1—CH^2<$	2 … 8	$>CH^1—CH^2O$		0 … 3
$(H^1_3C)_2CH^2—$	5 … 7	$>C=CH^1—CH^2O$		5 … 8
$H^1—C—O—H^2$	3,5 … 12,7	$H^1—C=C—H^2$	cis	6 … 12
$H^1—C—N—H^2$	1,8 … 5,3		trans	10 … 18
$H^1—C—S—H^2$	8	$C=C(H^1)—C(H^2)=C$		9 … 13
$H^1—C—N(CO)—H^2$	5 … 9	$C=C(H^1)—C—H^2$		4 … 12
$H^1—C—C(O)—H^2$	1 … 5			
$>C=CH^1—CH^2<$	4 … 10			

Vicinale und allylische Kopplungskonstanten in cyclischen Systemen

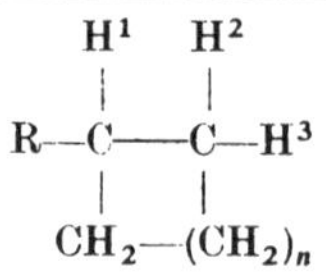
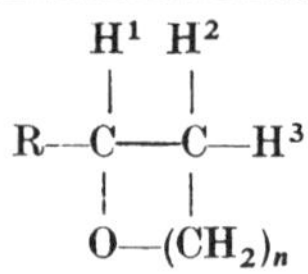
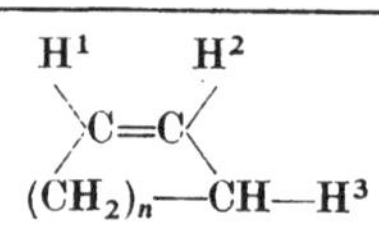

n	$J_{1,2}$	$J_{1,3}$	$J_{1,2}$	$J_{1,3}$	$J_{1,2}$	$J_{2,3}$	$J_{1,3}$
0	8 … 13	4 … 8	2 … 5	1 … 3,5	0 … 2	±2	–
1	5 … 11	2 … 11	–	–	2 … 4	−1	+1,5
2	1 … 9	1 … 9	1 … 9	1 … 9	5 … 7	2	−1,5
3	2 … 5(ae)	10 … 13(aa) 2 … 5(ee)	–	–	8 … 11	3	−1,5
4	–	–	–	–	10 … 13	6	−1,0

Weitreichende Kopplungskonstanten (über 4 und 5 Bindungen)

Gruppierung	J_{H-H}	Gruppierung	J_{H-H}
HC—C—CH	0 … 1	HC—C=C—CH	0 … 3
HC—C—C—CH	0	HC—C≡CH	−2 … −3
HC=C—CH	−0,5 … −3	HC—C≡C—CH	2 … 3

Kopplungskonstanten in Aromaten und Heterocyclen

Verbindung		J_{H-H}
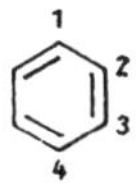	(1—2) (1—3) (1—4)	6 ... 10 1 ... 3 0 ... 1
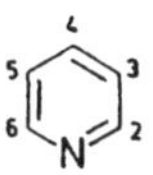	(2—3) (3—4) (2—4) (3—5) (2—5) (2—6)	4 ... 6 7 ... 9 1 ... 2 0 ... 1
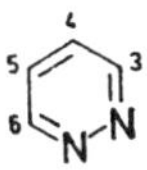	(3—4) (5—6) (4—5)	5,1 8,8
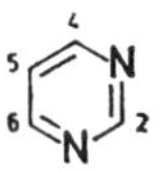	(4—5) (5—6) (2—4) (2—6) (2—5)	4 ... 6 0 ... 1 1 ... 2
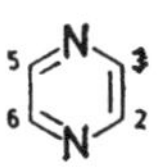	(2—3) (5—6)	1,8
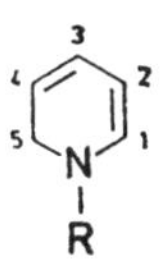	(1—2) (3—4)	6,9 9,8
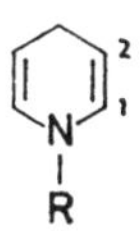	(1—2)	8,5
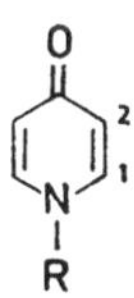	(1—2)	8,0

Verbindung		J_{H-H}
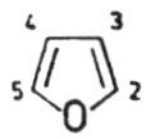	(2—3) (3—4) (2—4) (2—5)	1,3 ... 2,0 3,0 ... 4,0 0 ... 1 1 ... 2
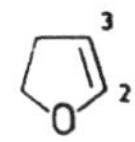	(2—3)	2,0
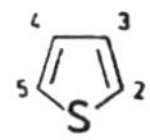	(2—3) (3—4) (2—4) (2—5)	4,7 ... 6,2 3,4 ... 5,0 1,2 ... 1,7 3,2 ... 3,7
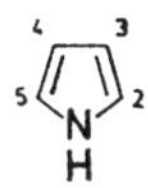	(1—2) (2—3) (3—4) (2—4) (2—5)	2 ... 3 3 ... 4 1 ... 2 1,5 ... 2,5
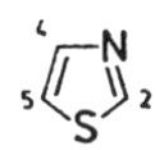	(4—5) (2—4) (2—5)	3 ... 4 0 ... 0,3 1 ... 2
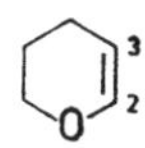	(2—3)	6,0
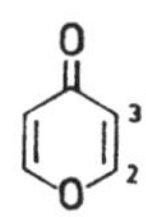	(2—3)	6,3
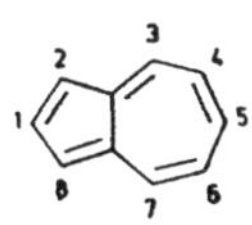	(1—2) (4—5) (4—6) (3—5)	3,7 11,5 – 1,3

26.7.2. ^{13}C—^{1}H-Kopplungskonstanten zwischen benachbarten ^{13}C- und ^{1}H-Kernen

Verbindung	J_{C-H} in Hz	Verbindungstyp	J_{C-H} in Hz
CH_3—CH_3	125	Aliphaten	120 ... 210
CH_3—OH	141	Cyclopropane	160 ... 190
CH_2=CH_2	150	Aromaten	160 ... 170
CH_2=O	172	Alkene	160 ... 170
CH≡CH	249	Aldehyde	170 ... 270
HC≡N	**269**	Alkine	240 ... 270

26.7.3. ^{19}F—^{1}H-Kopplungskonstanten

Verbindungstyp		J_{F-H} in Hz
		40 ... 80
		60 ... 65
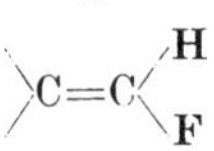		72 ... 90
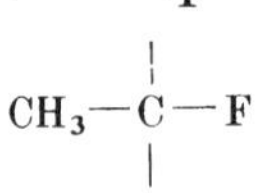		20 ... 24
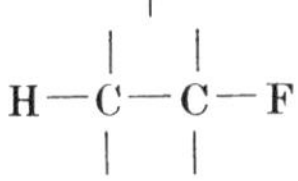	gauche	0 ... 12
	trans	10 ... 45
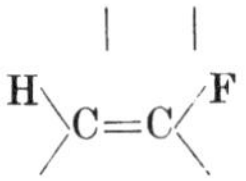	cis (−)	1 ... 20
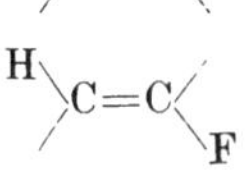	trans (+)	10 ... 53

Verbindungstyp		J_{F-H} in Hz
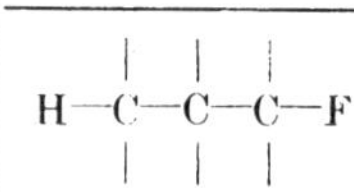		0 ... 9
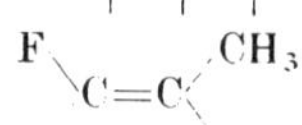		2 ... 4
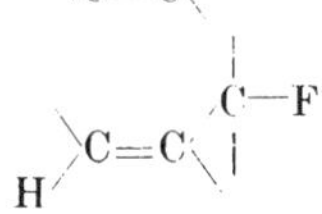		0 ... 6
H—C≡C—F		21
Fluorcyclohexan,	geminal	49
	vicinal(ae)	6
	vicinal(aa)	17
Fluorbenzen,	ortho	6 ... 11
	meta	3 ... 9
	para	0 ... 4
Fluortoluen,	ortho	2,5
	meta	1,5
	para	0

26.7.4. $^{31}P—^{1}H$-Kopplungskonstanten

Gruppierung	J_{P-H} in Hz	Gruppierung	J_{P-H} in Hz
H—P<	150 … 250	H—C—P=O (mit senkrechten Bindungen an P)	5 … 15
H—C—P<	−5 … 27	H—P=S (mit senkrechten Bindungen an P)	490 … 630
H—C—C—P<	10 … 30	H—C—P=S (mit senkrechten Bindungen an P)	15 … 20
H—C—C—P<	15 … 30	P—O—C—H (mit senkrechten Bindungen an C)	5 … 25
>C=CH—P<	30 … 45	P—C=C—H (mit senkrechten Bindungen an C)	5
H\C=C/P cis	6 … 20		
H\C=C\P trans	12 … 50		
H—P=O (mit senkrechten Bindungen an P)	500 … 750		

26.7.5. $^{19}F—^{19}F$-Kopplungskonstanten

Gruppierung		J_{F-F} in Hz	Gruppierung	J_{F-F} in Hz
F—C—F		140 … 340	F—C(=)—F	15 … 90
F—C—C—F		0 … 20	1,1-Difluorcyclohexan	235 … 305
F—C—C—C—F		7 … 10	1,2-Difluorcyclohexan(ea)	14
F—C=C—F	cis	10 … 60	(aa)	0 … 3
	trans	115 … 130	1,3-Difluorcyclohexan(aa)	27
F—C—C=C—F	cis	20 … 30	(ee)	9
	trans	5 … 13	(ea)	1
F—C—C=C—C—F	cis	12	1,2-Difluorbenzen	20 … 21
	trans	1,5	1,3-Difluorbenzen	−20 … +20
F—C—C—C=C—F	cis	6,0	1,4-Difluorbenzen	0 … 18
	trans	0,6		

26.7.6. Kopplungskonstanten verschiedener Kerne

Gruppierung	$J_{1,2}$ in Hz	Gruppierung	$J_{1,2}$ in Hz
$C^1—F^2$	160 … 375	$F^1—P^2$	500 … 1440
$C^1—C—F^2$	20 … 105	$F^1—C—P^2$	≈80
$P^1—P^2$	−400 … +750	$F^1—B^2$	10 … 108
$P^1—O—P^2$	16 … 20		

27. Auswertung von Analysen

27.1. Rechenhilfen

27.1.1. Berechnung der empirischen Formel einer chemischen Verbindung

Aus der quantitativen Analyse einer chemischen Verbindung, die z. B.

32,79% Na; 13,02% Al; 54,19% F

ergab, läßt sich deren Zusammensetzung wie folgt ermitteln (A_r relative Atommasse):

$$x = \frac{32,79}{A_{r,\,Na}} = 1,43; \qquad y = \frac{13,02}{A_{r,\,Al}} = 0,48; \qquad z = \frac{54,19}{A_{r,\,F}} = 2,86.$$

Die Division durch den kleinsten Wert (0,48) ergibt folgende Atomverhältnisse: $x = 2,96$, $y = 1$, $z = 5,91$. Durch Abrunden der gefundenen Atomverhältnisse ergibt sich die gesuchte Formel: Na_3AlF_6.

27.1.2. Gravimetrische Berechnungen

a) Gehalt x der Analysenprobe an der zu bestimmenden Komponente in %:

$$x = \frac{A \cdot 100}{B}\ \%.$$

A Masse der zu bestimmenden Komponente
B Masse der Analysenprobe

b) Gehalt x der Analysenprobe an der zu bestimmenden Komponente, die aber in einer anderen Wägeform vorliegt, in %:

$$A = aF; \qquad x = \frac{aF \cdot 100}{B}\ \%.$$

a Masse des Niederschlags
F Umrechnungsfaktor (Tab. 6, S. 84)

c) Feuchtigkeitsgehalt W der Analysenprobe in %:

$$W = \frac{(x - y) \cdot 100}{x}\ \%.$$

x Masse der Probe vor dem Trocknen
y Masse der Probe nach dem Trocknen

d) Feuchtigkeitsgehalt W der Analysenprobe im Falle der Vortrocknung:

$$W_1 = \frac{(x_1 - y_1) \cdot 100}{x_1} \ \% .$$

$$W_2 = \frac{(x_2 - y_2) \cdot 100}{x_2} \ \% .$$

$$W = W_1 + W_2 - \frac{W_1 \cdot W_2}{100} .$$

x_1	Einwaage der Analysenprobe vor dem Trocknen
y_1	Masse der Analysenprobe nach dem Vortrocknen
x_2	Einwaage der vorgetrockneten Analysenprobe
y_2	Masse der Analysenprobe nach der Haupttrocknung
W_1	Feuchtigkeitsverlust der Analysenprobe nach dem Vortrocknen
W_2	Feuchtigkeitsverlust der Analysenprobe nach der Haupttrocknung (bezogen auf die vorgetrocknete Probe)
W	Gesamtfeuchtigkeitsverlust

27.1.3. Indirekte Analyse eines Substanzgemisches

Liegt ein Substanzgemisch chemisch ähnlicher Verbindungen vor, die sich schwer getrennt bestimmen lassen, kann man das Gemisch wägen und in eine andere Verbindungsform überführen. Voraussetzung ist, daß Kation oder Anion der zu bestimmenden Substanzen gleich sind. Zur Berechnung dienen die Beziehungen:

$$a + b = m$$

$$a \frac{n_{Ä_c}}{n_{Ä_a}} + b \frac{n_{Ä_c}}{n_{Ä_b}} = m'$$

a, b	Masse der zu bestimmenden Substanzen
$n_{Ä_a}, n_{Ä_b}$	Stoffmenge der Äquivalente der zu bestimmenden Substanzen
$n_{Ä_c}$	Stoffmenge des Äquivalents des Umwandlungsproduktes
m	Gesamtmasse der zu bestimmenden Substanz
m'	Gesamtmasse des Umwandlungsproduktes

Beispiel: Ein gewogenes Gemisch von NaCl und NaBr wird mit Schwefelsäure abgeraucht und in Bariumsulfat übergeführt.

Gegeben: $m = 0{,}7500$ g NaCl + NaBr,
$m' = 1{,}2819$ g $BaSO_4$.

$$a + b = 0{,}7500, \tag{I}$$

$$a \frac{n_{Ä_{BaSO_4}}}{n_{Ä_{NaCl}}} + b \frac{n_{Ä_{BaSO_4}}}{n_{Ä_{NaBr}}} = 1{,}2819, \tag{II}$$

$$a \frac{116{,}70}{58{,}44} + b \frac{116{,}70}{102{,}90} = 1{,}2819 .$$

Aus Gleichung (I) ergibt sich

$a = 0{,}7500 - b.$

Man setzt in Gleichung (II) ein und erhält

$b = 0{,}2504.$

Das Gemisch enthält demnach

0,2504 g NaBr und

0,7500 g – 0,2504 g = 0,4996 g NaCl.

27.1.4. Kreuzregel

Beispiele:

a) Gegeben sind eine 90%ige und eine 65%ige Lösung; gewünscht wird eine 70%ige Lösung

```
90↘   ↗5
   70
65↗   ↘20
```

5 Masseteile 90%ige Lösung mit 20 Masseteilen 65%iger Lösung mischen.

b) Gegeben sind eine 90%ige Lösung und reines Lösungsmittel; gewünscht wird eine 30%ige Lösung:

```
90↘   ↗30
   30
 0↗   ↘60
```

30 Masseteile 90%ige Lösung mit 60 Masseteilen Lösungsmittel mischen.

c) Gegeben ist eine wäßrige Lösung der Dichte 1,57 g/ml; gewünscht wird eine Lösung der Dichte 1,20 g/ml:

```
1,57↘     ↗0,20
     1,20
1,00↗     ↘0,37
```

20 Masseteile der Lösung (Dichte 1,57 g/ml) und 37 Masseteile Wasser mischen.

Anmerkung: Die Anwendung des Mischungskreuzes für Dichten ist nur dann statthaft, wenn die Dichte eine lineare Funktion der Konzentration ist. Das ist jedoch häufig nur in bestimmten, oft engen Konzentrationsbereichen der Fall. Aus diesem Grunde kann man – wenn man dieses Verfahren überhaupt anwendet – den durch Verwendung der Dichten erhaltenen Ergebnissen meist nur eine grob orientierende Bedeutung beimessen.
Auch für die Herstellung von Lösungen mit bestimmtem Vol.-%-Gehalt ist die Anwendung des Mischungskreuzes nur dann zulässig, wenn beim Mischen keine Volumenkontraktion eintritt. Da das jedoch oft der Fall ist (z. B. Mischungen von Wasser und Ethanol), erhält man auch hier keine exakten Ergebnisse.

27.2. Fehlerrechnung und Statistik

Analytische Meßwerte und die aus ihnen berechneten Analysenergebnisse sind stets mit Fehlern behaftet. Bei der Beurteilung von Analysenergebnissen sind zwei Gesichtspunkte zu berücksichtigen: Einerseits sollen die ermittelten Resultate reproduzierbar sein, andererseits sollen sie mit dem wahren Gehalt der analysierten Probe übereinstimmen. Die Zuverlässigkeit von Analysenergebnissen wird demnach durch zwei Arten von Fehlern beeinträchtigt:

- durch zufällige Fehler, deren Betrag die Genauigkeit (Präzision, Reproduzierbarkeit) eines Ergebnisses kennzeichnet,
- durch systematische Fehler, deren Vorkommen und Betrag die Richtigkeit eines Ergebnisses bestimmt.

Die Berechnung von Größen zur Charakterisierung der Genauigkeit und Richtigkeit von Analysenergebnissen erfolgt mit den Methoden der mathematischen Statistik. Definitionen allgemeiner Begriffe der Analytik und Statistik, Gleichungen für die Berechnung statistischer Größen sowie Regeln für die Angabe von Analysenergebnissen sind im folgenden zusammengestellt.

27.2.1. Allgemeine Begriffe

Meßwert: Der Zahlenwert der Masse, des Volumens, des Druckes, einer Meßgeräteanzeige oder einer anderen Meßgröße, der vom Analytiker bei der Analyse eines Materials beobachtet oder ermittelt wird.

Ergebnis: Der Endwert, der für eine Meßgröße nach Durchführung eines Meßverfahrens, einschließlich aller Teilvorgänge und Auswertungen angegeben wird.

Zufallsvariable: Der Zahlenwert einer Größe, der einer statistischen Auswertung unterzogen wird; er kann ein Meßwert oder ein Ergebnis sein (Symbol: x)

Reihe: Eine Anzahl von Zufallsvariablen, die in statistischer Hinsicht gleichwertig sind (Ausreißer sind auszusondern); z. B. Ergebnisse von Mehrfachanalysen (Parallelbestimmungen), die unter Anwendung nur eines Analysenverfahrens auf eine homogene Substanz erhalten werden (Symbol: $x_1, x_2, x_3, \ldots, x_n$).

Anzahl der Zufallsvariablen: Die Gesamtzahl der Zufallsvariablen einer Reihe (Symbol: n).

Freiheitsgrad: Die um Eins verminderte Anzahl der Zufallsvariablen einer Reihe (Symbol: f) $f = n - 1$. Werden mehrere Reihen einer gemeinsamen statistischen Auswertung unterzogen, ergibt sich der Freiheitsgrad zu $f = (n_1 + n_2 + \ldots + n_m) - m$, mit m Anzahl der Reihen.

Mittelwert: Die Summe der Zufallsvariablen einer Reihe, dividiert durch deren Anzahl (Symbol: $\bar{x}$).

Abweichung: Die Differenz zwischen einer Zufallsvariablen und dem Mittelwert der Reihe, der diese angehört (Symbol: d oder δ).

Spannweite: Die Differenz zwischen dem höchsten und niedrigsten Zahlenwert einer Reihe (Symbol: R)

Varianz: Die Summe der Abweichungsquadrate zwischen den Zufallsvariablen und dem Mittelwert der Reihe, dividiert durch die Anzahl der Freiheitsgrade (Symbol: V oder s^2).

Standardabweichung: Die Quadratwurzel aus der Varianz (Symbol: s). Die Standardabweichung ist ein Streuungsmaß für den zufälligen Fehler von Analysenverfahren und nicht von Ergebnissen. Die Genauigkeit (Präzision, Reproduzierbarkeit) von Ergebnissen (Einzelwerte oder Mittelwerte) wird durch das Vertrauensintervall gekennzeichnet.

Relative Standardabweichung: Die Standardabweichung, dividiert durch den Mittelwert der Reihe (Symbol: s_r). Die relative Standardabweichung sollte als Dezimalbruch und *nicht* in Prozent des Mittelwertes angegeben werden, um eine Verwechslung mit solchen Ergebnissen zu vermeiden, die selbst in der Einheit Prozent mitgeteilt werden. Die Verwendung des Begriffs »Variationskoeffizient« wird nicht empfohlen.

Vertrauensintervall:

Für den Einzelwert: Das Produkt aus der Standardabweichung und der Integralgrenze $t(P, f)$ der Studentschen t-Verteilung für eine zugrunde gelegte Wahrscheinlichkeit P und den gegebenen Freiheitsgrad f (Symbol: Δx).
Für den Mittelwert: Das Produkt aus der Standardabweichung und der Integralgrenze $t(P, f)$, dividiert durch die Quadratwurzel aus der Anzahl der Zufallsvariablen (Symbol: $\Delta\bar{x}$).

Fehler: Die Differenz zwischen einem Ergebnis und dem wahren Wert. Die Angabe des Fehlers setzt somit voraus, daß der wahre Wert bekannt ist oder als gesichert angenommen werden kann, z. B. bei stöchiometrischen Substanzen oder Referenzsubstanzen. Gleiches gilt für prozentuale und systematische Fehler sowie für die Wiederfindungsrate (vgl. Richtigkeit).
Wenn ein Ergebnis in der Einheit Prozent mitgeteilt wird, trägt der Fehler ebenfalls die Einheit Prozent. Hierbei ist es statthaft, diesen Fehler als »Prozent absolut (Absolutprozent)« zu bezeichnen, um ihn vom prozentualen Fehler zu unterscheiden.

Prozentualer Fehler: Der Fehler, ausgedrückt als Prozentsatz des wahren Wertes.

Systematischer Fehler: Der Mittelwert der Differenzen (unter Beachtung des Vorzeichens) zwischen den Ergebnissen und dem wahren Wert.
Das entspricht der Differenz zwischen dem Mittelwert einer Reihe von Ergebnissen und dem wahren Wert. Da systematische Fehler die Richtigkeit beeinträchtigen, sollten ihre Ursachen aufgespürt und dauerhaft ausgeschaltet werden.

Wiederfindungsrate: Ein Ergebnis, ausgedrückt als Prozentsatz des wahren Wertes.

Zuverlässigkeit: Die Zuverlässigkeit von Ergebnissen wird charakterisiert durch Angaben sowohl zur Genauigkeit als auch zur Richtigkeit der Ergebnisse.

Richtigkeit: Die Richtigkeit bezieht sich auf die Differenz zwischen einem Ergebnis oder Mittelwert und dem wahren Wert. Angaben zur Richtigkeit setzen somit voraus, daß der wahre Wert bekannt ist oder als gesichert angenommen werden kann (vgl. Fehler). Die Richtigkeit eines Ergebnisses gilt im allgemeinen nur dann als erwiesen, wenn mindestens zwei möglichst verschiedene Methoden zu Werten führen, zwischen denen kein Unterschied nachweisbar ist.

Genauigkeit: Die Genauigkeit (Reproduzierbarkeit, Präzision) bezieht sich auf die Abweichungen zwischen den Zufallsvariablen, d. h. auf ihre Streuung. Angaben zur Genauigkeit setzen eine hinreichend häufige Wiederholung der Analyse des gleichen Probenmaterials voraus (Parallelbestimmungen). Die Streuung der Zufallsvariablen resultiert aus zufälligen Fehlern und ist deshalb unvermeidlich. Sie sollte unter Kontrolle und möglichst klein gehalten werden.

27.2.2. Berechnung statistischer Größen

Aus einer Reihe von n Zufallsvariablen $(x_1, x_2, x_3, \ldots, x_n)$, die im Betrag von gleicher Größenordnung sind, sind bestimmbar:

Mittelwert: $\bar{x} = \frac{1}{n}(x_1 + x_2 + x_3 + \ldots + x_n) = \frac{1}{n}\sum_1^n x_i;$

Abweichung: $d_i = |x_i - \bar{x}|;$

Freiheitsgrad: $f = n - 1;$

Varianz: $s^2 = \frac{1}{n-1}\sum_1^n d_i^2;$

Standardabweichung: $s = \sqrt{\frac{\sum(x_i - \bar{x})^2}{n-1}},$ (a)

Umformen ergibt $s = \sqrt{\frac{\sum x_i^2 - \frac{1}{n}(\sum x_i)^2}{n-1}}$ (b)

oder $s = \sqrt{\frac{\sum x_i^2 - n\bar{x}}{n-1}}.$ (c)

Gl. (b) ergibt einen kleineren Rundungsfehler als Gl. (a) und ist deshalb für numerische Rechnungen besonders geeignet. Gl. (c) bietet beim Arbeiten mit Rechnern den Vorteil, daß nur wenige Einstellungen benötigt werden.

Relative Standardabweichung: $s_r = \frac{s}{\bar{x}};$

Spannweite: $R = x_{max} - x_{min};$

Vertrauensintervall: $\Delta x = \pm st(P, f),$ (Einzelwert)

$\Delta\bar{x} = \frac{\pm st(P, f)}{\sqrt{n}}.$ (Mittelwert)

Aus mehreren Reihen von Zufallsvariablen, die sich im Betrag unterscheiden können, kann eine *gemeinsame Standardabweichung* s_g berechnet werden. Für alle Reihen, die jeweils $n_1, n_2, \ldots, n_m$ Zufallsvariable enthalten, werden die Mittelwerte $x_1, x_2, \ldots, x_m$ berechnet sowie die Summen der Abweichungsquadrate. Wenn z. B. m Proben unterschiedlichen Gehalts vorliegen und wenn von jeder Probe n_k Parallelbestimmungen ausgeführt wurden, ergibt sich folgendes Schema

Proben-Nummer	Meßwert-Nummer je Probe					
	1	2	…	i	…	n_k
1	x_{11}	x_{12}	…	x_{1i}	…	
2	x_{21}	x_{22}	…	x_{2i}	…	
⋮	⋮	⋮	⋮			
j	x_{j1}	x_{j2}	…	x_{ji}	…	
⋮	⋮	⋮	⋮			
m						

Die Standardabweichung s_g (bzw. die Varianz s_g^2) berechnet man nach

$$s_g^2 = \frac{\sum (x_{1i} - \bar{x}_1)^2 + \sum (x_{2i} - \bar{x}_2)^2 + \ldots + \sum (x_{ji} - \bar{x}_j)^2}{(n_1 + n_2 + \ldots + n_m) - m},$$

$$s_g = \sqrt{\frac{\sum_{j=1}^{m} \sum_{i=1}^{n_k} (x_{ji} - \bar{x}_j)^2}{n - m}}$$

mit $f = n - m$ Freiheitsgraden, wobei $n = (n_1 + n_2 + \ldots + n_m)$ die Gesamtzahl der Zufallsvariablen aller Reihen ist.
Im speziellen Fall von *Doppelbestimmungen* (Meßwerte x_1 und x_2 je Probe) vereinfacht sich die Summe der Abweichungsquadrate zu

$$\sum (x_i - \bar{x})^2 = \tfrac{1}{2} (x_1 + x_2)^2,$$

und man erhält für m Proben und $n = 2m$ Analysen die Standardabweichung zu

$$s_g = \sqrt{\frac{\sum_{1}^{m} (x_1 - x_2)^2}{2m}}$$

mit $f = m$ Freiheitsgraden.

Signifikante Differenz

Hat man eine Reihe, von deren Mittelwert $\bar{x}$ man wissen möchte, ob er sich signifikant von einem theoretisch abgeleiteten Wert x_0 unterscheidet, so prüft man mit dem t-Test. Man berechnet

$$t = \frac{|\bar{x} - x_0|}{s} \sqrt{n}.$$

Ist der berechnete t-Wert gleich oder größer als der $t(P, f)$-Wert der t-Tabelle für die gewünschte Wahrscheinlichkeit P und den gegebenen Freiheitsgrad $f = n - 1$, so gilt der Unterschied zwischen $\bar{x}$ und x_0 als gesichert.

Hat man zwei Reihen, von deren Mittelwerten $\bar{x}_1$ und $\bar{x}_2$ man wissen möchte, ob sie sich signifikant voneinander unterscheiden, berechnet man

$$t = \frac{|\bar{x}_1 - \bar{x}_2|}{s_g} \cdot \sqrt{\frac{n_1 n_2}{n_1 + n_2}},$$

wobei

$$s_g = \pm\sqrt{\frac{\sum (x_{1i} - \bar{x}_1)^2 + \sum (x_{2i} - \bar{x}_2)^2}{n_1 + n_2 - 2}}$$

die gemeinsame Standardabweichung beider Reihen ist.
Ist der berechnete t-Wert gleich oder größer als der $t(P, f)$-Wert der t-Tabelle für $f = n_1 + n_2 - 2$, so gilt der Unterschied zwischen $\bar{x}_1$ und $\bar{x}_2$ als gesichert.

Fehlerfortpflanzung

Besteht zwischen n unabhängigen Variablen ein funktionaler Zusammenhang der Form

$$y = f(x_1, x_2, \ldots, x_n)$$

und sind die einzelnen Variablen durch die Varianzen

$$s_{x_1}^2, s_{x_2}^2, \ldots, s_{x_n}^2$$

gekennzeichnet, so berechnet sich die Gesamtvarianz zu

$$s_y^2 = \left(\frac{\partial f}{\partial x_1}\right)^2 s_{x_1}^2 + \left(\frac{\partial f}{\partial x_2}\right)^2 s_{x_2}^2 + \ldots + \left(\frac{\partial f}{\partial x_n}\right)^2 s_{x_n}^2 .$$

Werden z. B. nur zwei Variable x_1 und x_2 durch die vier Grundrechenarten miteinander verknüpft, so ergeben sich für die Fehlerfortpflanzung die folgenden Beziehungen:

$$y = x_1 + x_2, \quad y = x_1 - x_2, \qquad s_y^2 = s_{x_1}^2 + s_{x_2}^2;$$

$$y = x_1 \cdot x_2, \quad y = x_1 : x_2, \qquad \left(\frac{s_y}{y}\right)^2 = \left(\frac{s_{x_1}}{x_1}\right)^2 + \left(\frac{s_{x_2}}{x_2}\right)^2 .$$

Bei Summen oder Differenzen addieren sich die Varianzen, bei Produkten oder Quotienten die Quadrate der relativen Standardabweichungen.

Nachweisgrenze

Der kleinste Meßwert, der bei einem Analysenverfahren mit ausreichender statistischer Sicherheit vom Blindwert unterschieden werden kann, heißt Nachweisgrenze. Er muß mindestens das 3fache der Standardabweichung der Blindwerte oberhalb des gemittelten Blindwertes liegen:

$$x_N = \bar{x}_B + 3 s_B .$$

Da sowohl die Blindwerte als auch die Meßwerte an der Nachweisgrenze einer Streuung unterliegen, wird nur die Hälfte der letzteren von der Blindwertverteilung zu unterscheiden sein.
Ein Meßwert ist demnach nur dann mit ausreichend hoher Sicherheit ($P = 0{,}998$) vom Blindwert zu unterscheiden, wenn gilt:

$$x_E \geqq \bar{x}_B + 6s_B .$$

x_E ist der Meßwert an der Erfassungsgrenze. Im Falle einer linearen Eichfunktion ergibt sich der kleinste ermittelbare Analysenwert y_E aus

$$x_E = \bar{x}_B + by_E \quad \text{zu} \quad y_E = \frac{6s_B}{b}$$

als Quotient aus der sechsfachen Blindwert-Standardabweichung und der Empfindlichkeit b des Analysenverfahrens.

Ausgleichsrechnung

Wenn im Falle eichbedürftiger Analysenverfahren zwischen zwei Variablen x (z. B. Konzentration) und y (Meßgröße) ein linearer Zusammenhang

$$y = a + bx$$

besteht und aus der Eichung m zusammengehörige Wertepaare (x_i, y_i) vorliegen, so lassen sich die Konstanten a und b der Eichfunktion mit Hilfe der Regressionsrechnung bestimmen:

$$a = \frac{\sum y_i - b \sum x_i}{m},$$

$$b = \frac{m \sum x_i y_i - \sum x_i \sum y_i}{m \sum x_i^2 - (\sum x_i)^2}.$$

Besteht zwischen den Variablen x und y ein linearer Zusammenhang der Form

$$y = b \cdot x, \quad \text{d. h.} \quad a = 0,$$

so gilt

$$b = \frac{\sum x_i y_i}{\sum x_i^2}.$$

27.3. Regeln für die Angabe von Analysenergebnissen

Die Mitteilung von Analysenergebnissen in einheitlicher, standardisierter Form (IUPAC-Empfehlungen 1969) sollte folgende Angaben enthalten:

1. In bezug auf die Genauigkeit
   - Mittelwert $\bar{x}$,
   - Standardabweichung s,
   - relative Standardabweichung s_r,
   - Anzahl der Zufallsvariablen n.
2. In bezug auf die Richtigkeit
   - Fehler,
   - prozentualer Fehler,
   - Wiederfindungsrate,
   - gegebenenfalls systematischer Fehler.

Diese Angaben dienen der Charakterisierung des Analysenverfahrens.

3. Für das Ergebnis der analytischen Untersuchung einer Probe sind anzugeben:
   - Mittelwert $\bar{x}$,
   - Vertrauensintervall $\Delta\bar{x}$,
   - Wahrscheinlichkeitsniveau P,
   - Anzahl der Zufallsvariablen n

   in der Form

$$[\text{Größe}] = (\bar{x} \pm \Delta\bar{x})\ [\text{Einheit}]\ (P, n).$$

28. Mathematische Hilfsmittel

28.1. Potenzen, Wurzeln, Logarithmen

Potenzen	Wurzeln	Logarithmen
$a^m a^n = a^{m+n}$	$\sqrt[m]{a}\,\sqrt[m]{b} = \sqrt[m]{ab}$	$\log (ac) = \log a + \log c$
$a^m : a^n = a^{m-n}$	$\sqrt[m]{a} : \sqrt[m]{b} = \sqrt[m]{\dfrac{a}{b}}$	$\log \dfrac{a}{c} = \log a - \log c$
$(a^m)^n = a^{mn}$	$(\sqrt[m]{a})^n = \sqrt[m]{a^n}$	$\log a^n = n \log a$
$a^m b^m = (ab)^m$	$\sqrt[n]{\sqrt[m]{a}} = \sqrt[nm]{a}$	$\log \sqrt[n]{a} = \dfrac{1}{n} \log a$
$a^m : b^m = \left(\dfrac{a}{b}\right)^m$	$\sqrt[m]{a} = a^{1/m}$	${}^{a}\log x = \dfrac{{}^{b}\log x}{{}^{b}\log a}$
$a^0 = 1$ für $a \neq 0$	$\dfrac{1}{\sqrt[m]{a}} = a^{-1/m}$	${}^{a}\log b = \dfrac{1}{{}^{b}\log a}$
$a^{-m} = \dfrac{1}{a^m}$	$\sqrt[m]{a^n} = a^{n/m}$	$\log 1 = 0$
$1^m = 1$	$\sqrt[m]{1} = 1$	${}^{b}\log b = 1$

28.2. Umrechnungen von Logarithmen

${}^{10}\log a = \lg a$	$10^{\lg x} = x$
${}^{e}\log a = \ln a$	$e^{\ln x} = x$
$\lg a = \dfrac{\ln a}{\ln 10} = \ln a \lg e$	$\lg x = M \ln x$
$\ln a = \dfrac{\lg a}{\lg e} = \lg a \ln 10$	$\ln x = \dfrac{1}{M} \lg x$
$\lg e = \dfrac{1}{\ln 10} = M$	$M = 0{,}434\,294$
$\ln 10 = \dfrac{1}{\lg e} = \dfrac{1}{M}$	$\dfrac{1}{M} = 2{,}302\,585$
$\lg 10 = \ln e = 1$	$e = 2{,}718\,282$
$a^x = e^{x \ln a}$	$\pi = 3{,}141\,593$

28.3. Differentialrechnung

Regel	Funktion	Differentialquotient
Faktorregel	$y = af(x)$	$\frac{dy}{dx} = af'(x)$
Summenregel	$y = u \pm v$	$\frac{dy}{dx} = u' \pm v'$
Produktregel	$y = uv$	$\frac{dy}{dx} = u'v + uv'$
Quotientenregel	$y = \frac{u}{v}$	$\frac{dy}{dx} = \frac{u'v - uv'}{v^2}$
Potenzregel	$y = x^n$	$\frac{dy}{dx} = nx^{n-1}$
Umkehrregel	$x = \varphi(y)$	$\frac{dy}{dx} = \frac{1}{\left(\frac{dx}{dy}\right)}$
Kettenregel	$y = f(t)$ $t = \varphi(x)$ $y = f[\varphi(x)]$	$\frac{dy}{dx} = \frac{dy}{dt}\,\frac{dt}{dx}$

Beispiele

Funktion	Differentialquotient	Funktion	Differentialquotient
$y = c$	$\frac{dy}{dx} = 0$	$y = \tan x$	$\frac{dy}{dx} = \frac{1}{\cos^2 x}$
$y = x^n$	$\frac{dy}{dx} = nx^{n-1}$		$= 1 - \tan^2 x$
$y = e^x$	$\frac{dy}{dx} = e^x$	$y = \cot x$	$\frac{dy}{dx} = -\frac{1}{\sin^2 x}$
$y = a^x$	$\frac{dy}{dx} = a^x \ln a$		$= -1 - \cot^2 x$
$y = \ln x$	$\frac{dy}{dx} = \frac{1}{x}$	$y = \arcsin x$	$\frac{dy}{dx} = \frac{1}{\sqrt{1 - x^2}}$
$y = \lg x$	$\frac{dy}{dx} = \frac{1}{x} \lg e$	$y = \arccos x$	$\frac{dy}{dx} = -\frac{1}{\sqrt{1 - x^2}}$
$y = \sin x$	$\frac{dy}{dx} = \cos x$	$y = \arctan x$	$\frac{dy}{dx} = \frac{1}{1 + x^2}$
$y = \cos x$	$\frac{dy}{dx} = -\sin x$	$y = \operatorname{arc\,cot} x$	$\frac{dy}{dx} = -\frac{1}{1 + x^2}$

28.4. Integralrechnung

Regel	Integral	Lösung
Konstanter Faktor	$\int af(x)\,\mathrm{d}x$	$a\int f(x)\,\mathrm{d}x$
Summe, Differenz	$\int [u(x) \pm v(x)]\,\mathrm{d}x$	$\int u(x)\,\mathrm{d}x \pm \int v(x)\,\mathrm{d}x$
Bestimmtes Integral	$\int\limits_a^b f(x)\,\mathrm{d}x$	$[F(x)]_a^b = F(b) - F(a)$
Partielle Integration	$\int u(x)\,v'(x)\,\mathrm{d}x$	$u(x)\,v(x) - \int u'(x)\,v(x)\,\mathrm{d}x$
Substitutionsmethode	$\int f[t(x)]\,t'(x)\,\mathrm{d}x$	$\int f(t)\,\mathrm{d}t$

Grundintegrale

$$\int \mathrm{d}x = x + C$$

$$\int x^n\,\mathrm{d}x = \frac{x^{n+1}}{n+1} + C \quad (n \neq 1)$$

$$\int \frac{\mathrm{d}x}{x} = \ln|x| + C$$

$$\int \mathrm{e}^x\,\mathrm{d}x = \mathrm{e}^x + C$$

$$\int a^x\,\mathrm{d}x = \frac{a^x}{\ln a} + C$$

$$\int \sin x\,\mathrm{d}x = -\cos x + C$$

$$\int \cos x\,\mathrm{d}x = \sin x\,\mathrm{d}x + C$$

$$\int \tan x\,\mathrm{d}x = -\ln\cos x + C$$

$$\int \cot x\,\mathrm{d}x = \ln\sin x + C$$

$$\int \ln x\,\mathrm{d}x = x(\ln x - 1) + C$$

$$\int \frac{\mathrm{d}x}{\sin^2 x} = -\cot x + C$$

$$\int \frac{\mathrm{d}x}{\cos^2 x} = \tan x + C$$

$$\int \frac{\mathrm{d}x}{1 + x^2} = \operatorname{arc\,tan} x + C$$

$$\int \frac{\mathrm{d}x}{1 - x^2} \begin{cases} = \dfrac{1}{2}\ln\dfrac{1+x}{1-x} + C & (|x| < 1) \\ = \dfrac{1}{2}\ln\dfrac{1+x}{x-1} + C & (|x| > 1) \end{cases}$$

$$\int \frac{\mathrm{d}x}{\sqrt{1 - x^2}} = \operatorname{arc\,sin} x + C$$

$$\int \frac{\mathrm{d}x}{\sqrt{1 + x^2}} = \ln\left|x + \sqrt{1 + x^2}\right| + C$$

$$\int \frac{\mathrm{d}x}{\pm\sqrt{x^2 - 1}} = \ln\left|x \pm \sqrt{x^2 - 1}\right| + C \quad (|x| > 1)$$

28.5. Integralgrenzen der t-Verteilung

f	Wahrscheinlichkeit $\overline{P}$ für einseitige Fragestellung						
	0,875	0,95	0,975	0,99	0,995	0,999	0,9995
	Wahrscheinlichkeit P für zweiseitige Fragestellung						
	0,75	0,90	0,95	0,98	0,99	0,998	0,999
1	2,41	6,31	12,71	31,82	63,66	318,31	636,62
2	1,60	2,92	4,30	6,97	9,92	22,33	31,60
3	1,42	2,35	3,18	4,54	5,84	10,21	12,92
4	1,34	2,13	2,78	3,75	4,60	7,17	8,61
5	1,30	2,01	2,57	3,37	4,03	5,89	6,87
6	1,27	1,94	2,45	3,14	3,71	5,21	5,96
7	1,25	1,89	2,36	3,00	3,50	4,79	5,41
8	1,24	1,86	2,31	2,90	3,36	4,50	5,04
9	1,23	1,83	2,26	2,82	3,25	4,30	4,78
10	1,22	1,81	2,23	2,76	3,17	4,14	4,59
11	1,21	1,80	2,20	2,72	3,11	4,03	4,44
12	1,21	1,78	2,18	2,68	3,05	3,93	4,32
13	1,20	1,77	2,16	2,65	3,01	3,85	4,22
14	1,20	1,76	2,14	2,62	2,98	3,79	4,14
15	1,20	1,75	2,13	2,60	2,95	3,73	4,07
16	1,19	1,75	2,12	2,58	2,92	3,69	4,01
17	1,19	1,74	2,11	2,57	2,90	3,65	3,96
18	1,19	1,73	2,10	2,55	2,88	3,61	3,92
19	1,19	1,73	2,09	2,54	2,86	3,58	3,88
20	1,18	1,73	2,09	2,53	2,85	3,55	3,85
21	1,18	1,72	2,08	2,52	2,83	3,53	3,82
22	1,18	1,72	2,07	2,51	2,82	3,51	3,79
23	1,18	1,71	2,07	2,50	2,81	3,49	3,77
24	1,18	1,71	2,06	2,49	2,80	3,47	3,75
25	1,18	1,71	2,06	2,49	2,79	3,45	3,73
26	1,18	1,71	2,06	2,48	2,78	3,44	3,71
27	1,18	1,70	2,05	2,47	2,77	3,42	3,69
28	1,17	1,70	2,05	2,47	2,76	3,41	3,67
29	1,17	1,70	2,05	2,46	2,76	3,40	3,66
30	1,17	1,70	2,04	2,46	2,75	3,39	3,65
40	1,17	1,68	2,02	2,42	2,70	3,31	3,55
60	1,16	1,67	2,00	2,39	2,66	3,23	3,46
120	1,16	1,66	1,98	2,36	2,62	3,17	3,37
∞	1,15	1,64	1,96	2,33	2,58	3,09	3,29

28.6. **Integralgrenzen der F-Verteilung in Abhängigkeit von den Freiheitsgraden f_1 und f_2**

$\bar{P} = 0{,}95$

f_2	$f_1 = 1$	2	3	4	5	6	8	10
1	161	200	216	225	230	234	239	242
2	18,51	19,00	19,16	19,25	19,30	19,33	19,37	19,39
3	10,13	9,55	9,28	9,12	9,01	8,94	8,84	8,78
4	7,71	6,94	6,59	6,39	6,26	6,16	6,04	5,96
5	6,61	5,79	5,41	5,19	5,05	4,95	4,82	4,74
6	5,99	5,14	4,76	4,53	4,39	4,28	4,15	4,06
7	5,59	4,74	4,35	4,12	3,97	3,87	3,73	3,63
8	5,32	4,46	4,07	3,84	3,69	3,58	3,44	3,34
9	5,12	4,26	3,86	3,63	3,48	3,27	3,23	3,13
10	4,96	4,10	3,71	3,48	3,33	3,22	3,07	2,97
11	4,84	3,98	3,59	3,36	3,20	3,09	2,95	2,86
12	4,75	3,88	3,49	3,26	3,11	3,00	2,85	2,76
13	4,67	3,80	3,41	3,18	3,02	2,92	2,77	2,67
14	4,60	3,74	3,34	3,11	2,96	2,85	2,70	2,60
15	4,54	3,68	3,29	3,06	2,90	2,79	2,64	2,55
16	4,49	3,63	3,24	3,01	2,85	2,74	2,59	2,49
17	4,45	3,59	3,20	2,96	2,81	2,70	2,55	2,45
18	4,41	3,55	3,16	2,93	2,77	2,66	2,51	2,41
19	4,38	3,52	3,13	2,90	2,74	2,63	2,48	2,38
20	4,35	3,49	3,10	2,87	2,71	2,60	2,45	2,35
21	4,32	3,47	3,07	2,84	2,68	2,57	2,42	2,32
22	4,30	3,44	3,05	2,82	2,66	2,55	2,40	2,30
23	4,28	3,42	3,03	2,80	2,64	2,53	2,38	2,28
24	4,26	3,40	3,01	2,78	2,62	2,51	2,36	2,26
25	4,24	3,38	2,99	2,76	2,60	2,49	2,34	2,24
26	4,22	3,37	2,98	2,74	2,59	2,47	2,32	2,22
27	4,21	3,35	2,96	2,73	2,57	2,46	2,30	2,20
28	4,20	3,34	2,95	2,71	2,56	2,44	2,29	2,19
29	4,18	3,33	2,93	2,70	2,54	2,43	2,28	2,18
30	4,17	3,32	2,92	2,69	2,53	2,42	2,27	2,16
40	4,08	3,23	2,84	2,61	2,45	2,34	2,18	2,07
60	4,00	3,15	2,76	2,52	2,37	2,25	2,10	1,99
120	3,92	3,07	2,68	2,45	2,29	2,17	2,02	1,90
∞	3,84	2,99	2,60	2,37	2,21	2,09	1,94	1,83

$\bar{P} = 0{,}95$

12	16	20	24	30	50	100	∞	f_2
244	246	248	249	250	252	253	254	1
19,41	19,43	19,44	19,45	19,46	19,47	19,48	19,50	2
8,74	8,69	8,66	8,64	8,62	8,58	8,55	8,53	3
5,91	5,84	5,80	5,77	5,75	5,70	5,66	5,63	4
4,68	4,60	4,56	4,53	4,50	4,44	4,41	4,36	5
4,00	3,92	3,87	3,84	3,81	3,75	3,71	3,67	6
3,57	3,49	3,44	3,41	3,38	3,32	3,27	3,23	7
3,28	3,20	3,15	3,12	3,08	3,03	2,97	2,93	8
3,07	2,98	2,93	2,90	2,86	2,80	2,76	2,71	9
2,91	2,82	2,77	2,74	2,70	2,64	2,59	2,54	10
2,79	2,70	2,65	2,61	2,57	2,50	2,46	2,40	11
2,69	2,60	2,54	2,50	2,47	2,40	2,35	2,30	12
2,60	2,51	2,46	2,42	2,38	2,32	2,26	2,21	13
2,53	2,44	2,39	2,35	2,31	2,24	2,19	2,13	14
2,48	2,39	2,33	2,29	2,25	2,18	2,12	2,07	15
2,42	2,33	2,28	2,24	2,19	2,13	2,07	2,01	16
2,38	2,29	2,23	2,19	2,15	2,08	2,02	1,96	17
2,34	2,25	2,19	2,15	2,11	2,04	1,98	1,92	18
2,31	2,21	2,15	2,11	2,07	2,00	1,94	1,88	19
2,28	2,18	2,12	2,08	2,04	1,96	1,91	1,84	20
2,25	2,15	2,09	2,05	2,01	1,93	1,88	1,81	21
2,23	2,13	2,07	2,03	1,98	1,91	1,85	1,78	22
2,20	2,10	2,05	2,00	1,96	1,88	1,82	1,76	23
2,18	2,09	2,02	1,98	1,94	1,86	1,80	1,73	24
2,16	2,06	2,00	1,96	1,92	1,84	1,78	1,71	25
2,15	2,05	1,99	1,95	1,90	1,82	1,76	1,69	26
2,13	2,03	1,97	1,93	1,88	1,80	1,74	1,67	27
2,12	2,02	1,96	1,91	1,87	1,78	1,73	1,65	28
2,10	2,00	1,94	1,90	1,85	1,77	1,71	1,64	29
2,09	1,99	1,93	1,89	1,84	1,76	1,70	1,62	30
2,00	1,90	1,84	1,79	1,74	1,66	1,59	1,51	40
1,92	1,81	1,75	1,70	1,65	1,60	1,48	1,39	60
1,83	1,72	1,65	1,61	1,50	1,45	1,37	1,25	120
1,75	1,63	1,57	1,52	1,46	1,35	1,24	1,00	∞

$\bar{P} = 0{,}99$

f_2	$f_1 = 1$	2	3	4	5	6	8	10
1	4052	4999	5403	5625	5764	5859	5981	6056
2	98,49	99,00	99,17	99,25	99,30	99,33	99,36	99,40
3	34,12	30,81	29,46	28,71	28,24	27,91	27,49	27,23
4	21,20	18,00	16,69	15,98	15,52	15,21	14,80	14,54
5	16,26	13,27	12,06	11,39	10,97	10,67	10,27	10,05
6	13,74	10,92	9,78	9,15	8,75	8,47	8,10	7,87
7	12,25	9,55	8,45	7,85	7,46	7,19	6,84	6,62
8	11,26	8,65	7,59	7,01	6,63	6,37	6,03	5,82
9	10,56	8,02	6,99	6,42	6,06	5,80	5,47	5,26
10	10,04	7,56	6,55	5,99	5,64	5,39	5,06	4,85
11	9,65	7,20	6,22	5,67	5,32	5,07	4,74	4,54
12	9,33	6,93	5,95	5,41	5,06	4,82	4,50	4,30
13	9,07	6,70	5,74	5,20	4,86	4,62	4,30	4,10
14	8,86	6,51	5,56	5,03	4,69	4,46	4,14	3,94
15	8,68	6,36	5,42	4,89	4,56	4,32	4,00	3,80
16	8,53	6,23	5,29	4,77	4,44	4,20	3,89	3,69
17	8,40	6,11	5,18	4,67	4,34	4,10	3,79	3,59
18	8,28	6,01	5,09	4,58	4,25	4,01	3,71	3,51
19	8,18	5,93	5,01	4,50	4,17	3,94	3,63	3,43
20	8,10	5,85	4,94	4,43	4,10	3,87	3,56	3,37
21	8,02	5,78	4,87	4,37	4,04	3,81	3,51	3,31
22	7,94	5,72	4,82	4,31	3,99	3,76	3,45	3,26
23	7,88	5,66	4,76	4,26	3,94	3,71	3,41	3,21
24	7,82	5,61	4,72	4,22	3,90	3,67	3,36	3,17
25	7,77	5,57	4,68	4,18	3,86	3,63	3,32	3,13
26	7,72	5,53	4,64	4,14	3,82	3,59	3,29	3,09
27	7,68	5,49	4,60	4,11	3,78	3,56	3,26	3,06
28	7,64	5,45	4,57	4,07	3,75	3,53	3,23	3,03
29	7,60	5,42	4,54	4,04	3,73	3,50	3,20	3,00
30	7,56	5,39	4,51	4,02	3,70	3,47	3,17	2,98
40	7,31	5,18	4,31	3,83	3,51	3,29	2,99	2,80
60	7,08	4,98	4,13	3,63	3,34	3,12	2,82	2,63
120	6,85	4,79	3,95	3,48	3,17	2,96	2,66	2,47
∞	6,64	4,60	3,78	3,32	3,02	2,80	2,51	2,23

$\overline{P} = 0{,}99$

12	16	20	24	30	50	100	∞	f_2
6106	6169	6208	6234	6261	6302	6335	6366	1
99,42	99,44	99,45	99,46	99,47	99,48	99,49	99,50	2
27,05	26,83	26,65	26,60	26,50	26,35	26,20	26,12	3
14,37	14,15	14,02	13,93	13,80	13,69	13,60	13,46	4
9,89	9,68	9,55	9,47	9,38	9,24	9,13	9,02	5
7,72	7,52	7,39	7,31	7,23	7,09	6,99	6,88	6
6,46	6,27	6,15	6,07	5,99	5,85	5,75	5,65	7
5,67	5,48	5,36	5,28	5,20	5,06	4,96	4,86	8
5,11	4,92	4,80	4,73	4,65	4,51	4,41	4,31	9
4,71	4,52	4,41	4,33	4,25	4,12	4,01	3,91	10
4,40	4,21	4,10	4,02	3,94	3,80	3,70	3,60	11
4,16	3,98	3,86	3,78	3,70	3,56	3,47	3,36	12
3,96	3,78	3,67	3,59	3,51	3,37	3,27	3,16	13
3,80	3,62	3,51	3,43	3,35	3,21	3,11	3,00	14
3,67	3,48	3,36	3,29	3,21	3,07	2,98	2,87	15
3,55	3,37	3,25	3,18	3,10	2,96	2,86	2,75	16
3,45	3,27	3,16	3,08	3,00	2,86	2,76	2,65	17
3,37	3,19	3,07	3,00	2,92	2,78	2,68	2,57	18
3,30	3,12	3,00	2,92	2,84	2,70	2,60	2,49	19
3,23	3,05	2,94	2,86	2,78	2,63	2,54	2,42	20
3,17	2,99	2,88	2,80	2,72	2,58	2,48	2,36	21
3,12	2,94	2,83	2,75	2,67	2,53	2,42	2,31	22
3,07	2,89	2,78	2,70	2,62	2,48	2,37	2,26	23
3,03	2,85	2,74	2,66	2,58	2,44	2,33	2,21	24
2,99	2,81	2,70	2,62	2,54	2,40	2,29	2,17	25
2,96	2,77	2,66	2,58	2,50	2,36	2,25	2,13	26
2,93	2,74	2,63	2,55	2,47	2,33	2,22	2,10	27
2,90	2,71	2,60	2,52	2,44	2,30	2,19	2,06	28
2,87	2,68	2,57	2,49	2,41	2,27	2,16	2,03	29
2,84	2,66	2,55	2,47	2,39	2,24	2,13	2,01	30
2,66	2,49	2,37	2,29	2,20	2,05	1,94	1,80	40
2,50	2,32	2,20	2,12	2,03	1,87	1,75	1,60	60
2,34	2,15	2,03	1,95	1,86	1,68	1,56	1,38	120
2,18	1,99	1,87	1,79	1,70	1,52	1,36	1,00	∞

28.7. Integralgrenzen der χ^2-Verteilung in Abhängigkeit von der Wahrscheinlichkeit $\overline{P}$ und dem Freiheitsgrad f

f	$\overline{P}$ = 0,01	0,1	0,5	0,9	0,95	0,99	0,995
1	$1{,}57 \cdot 10^{-4}$	0,0158	0,455	2,71	3,84	6,63	7,88
2	0,0201	0,211	1,39	4,61	5,99	9,21	10,60
3	0,115	0,584	2,37	6,25	7,81	11,35	12,84
4	0,297	1,06	3,36	7,78	9,49	13,28	14,86
5	0,554	1,61	4,35	9,24	11,07	15,08	16,75
6	0,872	2,20	5,35	10,64	12,59	16,81	18,55
7	1,24	2,83	6,35	12,02	14,07	18,47	20,28
8	1,65	3,49	7,34	13,36	15,51	20,09	21,96
9	2,09	4,17	8,34	14,68	16,92	21,67	23,59
10	2,56	4,87	9,34	15,99	18,31	23,21	25,19
11	3,05	5,58	10,34	17,28	19,68	24,72	26,76
12	3,57	6,30	11,34	18,55	21,03	26,22	28,30
13	4,11	7,04	12,34	19,81	22,36	27,69	29,82
14	4,66	7,79	13,34	21,06	23,68	29,14	31,32
15	5,23	8,55	14,34	22,31	25,00	30,58	32,80
16	5,81	9,31	15,34	23,54	26,30	32,00	34,27
17	6,41	10,09	16,34	24,77	27,59	33,41	35,72
18	7,01	10,86	17,34	25,99	28,87	34,81	37,16
19	7,63	11,65	18,34	27,20	30,14	36,19	38,58
20	8,26	12,44	19,34	28,41	31,41	37,57	40,00
21	8,90	13,24	20,34	29,62	32,67	38,93	41,40
22	9,54	14,04	21,34	30,81	33,92	40,29	42,80
23	10,20	14,85	22,34	32,01	35,17	41,64	44,18
24	10,86	15,66	23,34	33,20	36,42	42,98	45,56
25	11,52	16,47	24,34	34,38	37,65	44,31	46,93
26	12,20	17,29	25,34	35,56	38,89	45,64	48,29
27	12,88	18,11	26,34	36,74	40,11	46,96	49,64
28	13,56	18,94	27,34	37,92	41,34	48,28	50,99
29	14,26	19,77	28,34	39,09	42,56	49,59	52,34
30	14,95	20,60	29,34	40,26	43,77	50,89	53,67
40	22,16	29,05	39,34	51,81	55,76	63,69	66,77
60	37,48	46,46	59,33	74,40	79,08	88,38	91,95
80	53,54	64,28	79,33	96,58	101,88	112,33	116,32
100	70,06	82,36	99,33	118,50	124,34	135,81	140,17

Literaturhinweise

ALBERT, A.; SERJEANT, E.P.: Ionisation constants of Acids and Bases. London: Methuen & Co., New York: John Wiley & Sons 1962.

Autorenkollektiv (Federführ.: G. Ackermann): Elektrolytgleichgewichte und Elektrochemie. Lehrwerk Chemie. Lehrbuch 5. 4. Aufl. Leipzig: VEB Deutscher Verlag für Grundstoffindustrie 1985.

Autorenkollektiv: Analytikum - Methoden der analytischen Chemie und ihre theoretischen Grundlagen. 6. Aufl. Leipzig: VEB Deutscher Verlag für Grundstoffindustrie 1984.

BILTZ, H.; BILTZ, W.: Ausführung quantitativer Analysen. 9. Aufl. Stuttgart: S. Hirzel Verlag 1965.

BILTZ, H.; FISCHER, W.; BUSEMANN, J.: Ausführung qualitativer Analysen anorganischer Stoffe. 17. Aufl. Thun und Frankfurt am Main: Verlag Harri Deutsch 1984.

BISHOP, E. (Hrsg.): Indicators. Oxford/New York/Toronto/Sydney/Braunschweig: Pergamon Press 1972 (International Series of Monographs in Analytical Chemistry, Bd. 51).

Commission on the Nomenclature of Inorganic Chemistry of the International Union of Pure and Applied Chemistry: Nomenclature of Inorganic Chemistry - Second Edition - Definitive Rules 1970. Pure appl. Chem 28 (1971) No. 1.

D'ANS-LAX: Taschenbuch für Chemiker und Physiker. 3.Aufl. Berlin/Heidelberg/New York: Springer-Verlag. Bd. I: 1967; Bd. II: 1964; Bd. III: 1970.

FISCHER, R.; VOGELSANG, K.: Größen und Einheiten in Physik und Technik. 3. Aufl. Berlin: VEB Verlag Technik 1983.

Deutscher Zentralausschuß für Chemie: Internationale Regeln für die chemische Nomenklatur und Terminologie (Deutsche Ausgabe). Weinheim: Verlag Chemie GmbH. Bd. I: Nomenklatur der Organischen Chemie; 1975. Bd. II, Gruppe 1: Nomenklatur der Anorganischen Chemie, 1976 (1. Nachdruck 1978).

DITTRICH, K.: Atomabsorptionsspektrometrie. WTB Bd. 276. Berlin: Akademie-Verlag 1982.

DOERFFEL, K.: Beurteilung von Analysenverfahren und -ergebnissen. 2. Aufl. Berlin/Heidelberg: Springer-Verlag 1965.

DOERFFEL, K.: Statistik in der analytischen Chemie. 3. Aufl. Leipzig: VEB Deutscher Verlag für Grundstoffindustrie 1984.

DOERFFEL, K.; ECKSCHLAGER, K.: Optimale Strategien in der Analytik. Thun und Frankfurt am Main: Verlag Harri Deutsch 1981.

DORFNER, K.: Ionenaustausch-Chromatographie. Berlin Akademie-Verlag 1963.

DORFNER, K.: Ionenaustauscher. Eigenschaften und Anwendungen. 3. Aufl. Berlin: Walter de Gruyter & Co. 1970.

Fachlexikon ABC Chemie. 2 Bände, 3. Aufl. Thun und Frankfurt am Main: Verlag Harri Deutsch 1987.

Fachlexikon ABC Toxikologie. Thun und Frankfurt am Main: Verlag Harri Deutsch 1990.

FELBER, W.: Laborpraxis für Chemieberufe. Thun und Frankfurt am Main: Verlag Harri Deutsch 1988.

FINKELSTEIN, D.N.: 99,9999% Reinste Stoffe in Wissenschaft und Praxis. Thun und Frankfurt am Main: Verlag Harri Deutsch 1982.

FLUCK, E.; BECKE-GOEHRING, M.: Einführung in die Theorie der quantitativen Analyse. 5. Aufl. Dresden: Verlag Theodor Steinkopff 1977.

FRESENIUS, Ph.; GEBLER, H.: Grundzüge der anorganisch- und organisch-chemischen Nomenklatur in Regeln und Tabellen. Frankfurt am Main: Govi-Verlag 1970.

FRESENIUS, W.; JANDER, G. (Hrsg.): Handbuch der analytischen Chemie (Erscheinen noch nicht abgeschlossen). Berlin/Heidelberg/New York: Springer-Verlag.

FROMHERZ, H.: Physikalisch-chemisches Rechnen in Wissenschaft und Technik. 3. Aufl. Weinheim/Bergstraße: Verlag Chemie GmbH 1966 (Nachdruck 1973).

GOTTSCHALK, G.: Statistik in der quantitativen chemischen Analyse. Bewertung von Verfahren, Beurteilung von Ergebnissen. Stuttgart: Ferdinand Enke Verlag 1962 (Die chemischen Analysen, Bd. 49).

GRIESSBACH, R.: Austauschadsorbentien in Theorie und Praxis. Allgemeiner Teil Berlin: Akademie-Verlag 1957.

GRUBNER, O.; JIRU, P.; RALEK, M.: Molekularsiebe (Physikalisch-chemische Trenn- und Meßmethoden, Bd. 12). Berlin: VEB Deutscher Verlag der Wissenschaften 1968.

HAUPTMANN, S.: Organische Chemie. Thun und Frankfurt am Main: Verlag Harri Deutsch 1985.

HAUPTMANN, S.: Struktur und Reaktion in der Chemie. Thun und Frankfurt am Main: Verlag Harri Deutsch 1989.

HAWKINS, M.D.: Calculations in volumetrie and gravimetric analysis. London: Butterworth 1970.

HELFFERICH, F.: Ionenaustauscher. Grundlagen, Struktur, Herstellung, Theorie. Weinheim/Bergstraße: Verlag Chemie GmbH 1959.

HELLWINKEL, D.: Die systematische Nomenklatur der Organischen Chemie. Eine Grauchsanweisung. Berlin/Heidelberg/New York: Springer-Verlag 1974 (Heidelberger Taschenbücher, Bd. 135).

HENNING, H.-G.; JUGELT, W.; SAUER, G.: Praktische Chemie. Thun und Frankfurt am Main: Verlag Harri Deutsch 1991.

HERING, R.: Chelatbildende Ionenaustauscher. Berlin: Akademie-Verlag 1967.

HERSH, C.K.: Molecular Sieves. New York: Reinhold Books 1961.

HOLLAND, W.: Die Nomenklatur in der organischen Chemie. 2. Aufl. Thun und Frankfurt am Main: Verlag Harri Deutsch 1973.

HOYER, E.; Lehrprogramm Säuren und Basen. 3. Aufl. Thun und Frankfurt am Main: Verlag Harri Deutsch 1987.

JANDER, G.; BLASIUS, E.: Einführung in das anorganisch-chemische Praktikum (einschließlich der quantitativen Analyse). 9. Aufl. Leipzig: S. Hirzel Verlag 1973. 10. Aufl. Stuttgart: S. Hirzel Verlag 1977.

JANDER, G.; JAHR, K.F.; unter Mitarbeit von KNOLL, H.: Maßanalyse. Theorie und Praxis der klassischen und der elektrochemischen Titrierverfahren. 13. Aufl. Berlin/New York: Walter de Gruyter & Co. 1973 (Sammlung Göschen Bd. 6221)

JUST, G.; OELSCHLÄGEL, D.: Mathematik für Chemiker. Thun und Frankfurt am Main: Verlag Harri Deutsch 1981.

KALTOFEN, R. u.a.: Tabellenbuch Chemie. 11. Aufl. Thun und Frankfurt am Main: Verlag Harri Deutsch 1990.

KIENITZ, H.; BOCK, R.; FRESENIUS, W.; HUBER, W.; TÖLG, G. (Hrsg.): Analytiker Taschenbuch. Bd. 1, 2, 3, 4. Berlin/Heidelberg/New York: Springer-Verlag 1980, 1981, 1983, 1984.

KOCH, O.; KOCH-DEDIC, G.A.: Handbuch der Spurenanalyse. 2. Aufl. Berlin/Göttingen/Heidelberg/New York: Springer-Verlag 1975.

KORTÜM, G.: Lehrbuch der Elektrochemie. 5. Aufl. Weinheim/Bergstraße: Verlag Chemie GmbH 1972.

KORTÜM, G.; VOGEL, W.; ANDRUSSOW, K.: Dissociation constants of organic acids in aqueous solution. Pure appl. Chem. 1 (1961) 2-3, S. 190-536 und I-XXII.

KRAFT, G.; FISCHER, J.: Indikation von Titrationen. Berlin/New York: Walter de Gruyter & Co. 1972

Kritisch eingeschätzte und empfohlene Stoffdaten. Die Fundamentalkonstanten. Z. Chem. (1976) S. 46-48

KÜSTER, F.W.; THIEL, A.; FISCHBECK, K.: Logarithmische Rechentafeln für Chemiker, Pharmazeuten, Mediziner und Physiker. 102. Aufl. Berlin: Walter de Gruyter & Co. 1982

LANGE, H.L.: Agrarchemie. Thun und Frankfurt am Main: Verlag Harri Deutsch 1981.

LANGE, N.A.: Handbook of Chemistry. 10. Aufl. New York/Toront/London: McGraw-Hill Book Company, Inc. 1961.

Lehrbuch der Chemie für Fachhochschulen. 5. Aufl. Thun und Frankfurt am Main: Verlag Harri Deutsch 1988.

LEIBNITZ, E.; STRUPPE, H.-G.: Handbuch der Gaschromatographie. 3. Aufl. Leipzig: Akademische Verlagsgesellschaft Geest & Portig K.-G. 1984.

LEITHOLD, A.; MUNKELT, H.; OPITZ, R.: Rechenpraxis in Chemieberufen. 5. Aufl. Thun und Frankfurt am Main: Verlag Harri Deutsch 1980.

LUDWIG, G.: Allgemeine, Anorganische und Organische Chemie. Thun und Frankfurt am Main: Verlag Harri Deutsch 1978.

LUX, H.: Praktikum der quantitativen anorganischen Analyse. 7. Aufl. München: J.F. Bergmann Verlag 1979.

Manual of Symbols and Terminology for Physicochemical Quantities and Units. Pure appl. Chem. 21 (1970) S. 1-44

MARTINETZ, D.: Immobilisation, Entgiftung und Zerstörung von Chemikalien. 2. Aufl. Thun und Frankfurt am Main: Verlag Harri Deutsch 1986.

MEITES, L. (Hrsg.): Handbook of Analytical Chemistry. New York: McGraw-Hill 1963.

METZNER, K.: Gaschromatographische Spurenanalyse. Leipzig: Akademische Verlagsgesellschaft Geest & Portig K.-G. 1977.

MÜLLER, G.-O.: Lehr- und Übungsbuch der anorganisch - analytischen Chemie. Bd. III Quantitativ - anorganisches Praktikum. Thun und Frankfurt am Main: Verlag Harri Deutsch 1992.

MÜLLER, G.-O.: Lehrbuch der angewandten Chemie. Bd. II: Chemisch-mathematische Übungen. Thun und Frankfurt am Main: Verlag Harri Deutsch 1988

NÄSER, K.-H.: Physikalische Chemie für Techniker und Ingenieure. 16. Aufl. Leipzig: VEB Deutscher Verlag für Grundstoffindustrie 1983.

NYLEN, P.; WIGREN, N.: Einführung in die Stöchiometrie. 16. Aufl. Darmstadt: Dr. Dietrich Steinkopff Verlag GmbH & Co. KG 1973.

POETHKE, W.; KUPFERSCHMIED, W.: Praktikum der Maßanalyse. 3. Aufl. Thun und Frankfurt am Main: Verlag Harri Deutsch 1986.

PRIBIL, R.: Komplexometrie (Übersetzung aus dem Tschechischen). Bd. I bis Bd. IV. Leipzig: VEB Deutscher Verlag für Grundstoffindustrie 1962-1966.

PRIBIL, R.: Komplexone in der chemischen Analyse (Übersetzung aus dem Tschechischen). Berlin: VEB Deutscher Verlag der Wissenschaften 1961.

RAUEN, H.M. (Hrsg.): Biochemisches Taschenbuch. 2. Aufl. Teil 1 und 2. Berlin/Göttingen/Heidelberg: Springer-Verlag 1964.

REGEN, O. u.a.: Chemisch-technische Stoffwerte. 2. Aufl. Thun und Frankfurt am Main: Verlag Harri Deutsch 1987.

REMANE, H.: HERZSCHUH, R.: Massenspektrometrie in der organischen Chemie. WTB Bd. 200. Berlin: Akademie-Verlag 1977.

RIEMAN, W.; WALTON, H.F.: Ion Exchange in Analytical Chemistry. Oxford: Pergamon Press 1970.

RÖBISCH, G.: Elementare Stöchiometrie größenrichtig und SI-gerecht. Berlin: VEB Deutscher Verlag der Wissenschaften 1981.

RÖDEL, W.; WÖLM, G.: Grundlagen der Gaschromatographie. 3. Aufl. Berlin: VEB Deutscher Verlag der Wissenschaften 1982.

RÖDICKER, H.: Analytische Chemie. Leipzig: VEB Deutscher Verlag für Grundstoffindustrie. Bd. I: Maßanalyse. 5. Aufl. 1968; Bd. II: Gewichtsanalyse. 4 Aufl. 1967.

SCHRÖTER, W.: Taschenbuch der Chemie. 14. Aufl. Thun und Frankfurt am Main: Verlag Harri Deutsch 1990.

SCHULZ, P.: Wie gefährlich ist...? Eine Datenbank nicht nur für Schule und Labor. Thun und Frankfurt am Main: Verlag Harri Deutsch 1990.

SCHUPPAN, J.: Anwendungen der Konduktometrie. Berlin: Akademie-Verlag 1980 (Wissenschaftliche Taschenbücher, Reihe Chemie).

SCHUPPAN, J.: Theorie und Meßmethoden der Konduktometrie. Berlin: Akademie-Verlag 1980 (Wissenschaftliche Taschenbücher, Reihe Chemie).

SCHWABE, K.: pH-Meßtechnik. 4. Aufl. Dresden: Verlag Theodor Steinkopff 1976.

SCHWABE, K.: pH-Messung. Berlin: Akademie-Verlag 1980 (Wissenschaftliche Taschenbücher, Reihe Chemie).

SCHWARZENBACH, G.; FLASCHKA, H.: Die komplexometrische Titration. 5. Aufl. Stuttgart: Ferdinand Enke Verlag 1965 (Die chemische Analyse, Bd. 45).

SEEL, F.: Grundlagen der analytischen Chemie. Unter besonderer Berücksichtigung der Chemie in wäßrigen Systemen. 7. Aufl. Weinheim/New York: Verlag Chemie 1979.

SMIT, P.: Ionenaustauscher und Adsorber bei der Herstellung und Reinigung von Zuckern, Pektinen und verwandter Stoffe. Berlin: Akademie-Verlag 1969.

STAMBERG, J.; VALTER, V.: Entfärbungsharze. Berlin: Akademie-Verlag 1970.

STEINLEITNER, H.-D. u.a.: Brandschutz- und sicherheitstechnische Kennwerte gefährlicher Stoffe. 2 Bände. Thun und Frankfurt am Main: Verlag Harri Deutsch 1989.

SYNOWIETZ, C.; SCHÄFER, K. (Hrsg.): Chemiker-Kalender. 3. Aufl. Berlin/Heidelberg/New York/Tokyo: Springer-Verlag 1983.

ULLMANNS Encyklopädie der technischen Chemie. 4. Aufl. Bd. 13, S. 279-346. Ionenaustauscher. Weinheim: Verlag Chemie GmbH 1977.

ULLMANNS Encyklopädie der technischen Chemie. 4. Aufl. Bd. 17, S. 9-19. Molekularsiebe. Weinheim: Verlag Chemie GmH 1979.

WEAST, R.C. (Hrsg.): CRC Handbook of Chemistry and Physics. 60. Aufl. Boca Raton. Florida/USA: CRC Press. Inc. 1979-1980.

WEBER, E.: Grundriß der biologischen Statistik. 4. Aufl. Jena: VEB Gustav Fischer Verlag 1961.

WELZ, B.: Atom-Absorptions-Spektroskopie. 2. Aufl. Weinheim/Bergstraße: Verlag Chemie GmbH 1975.

WILLMES, A.: Taschenbuch chemischer Substanzen. Thun und Frankfurt am Main: Verlag Harri Deutsch 1993.

WITTENBERGER, W.; FRITZ, W.: Physikalisch-chemisches Rechnen mit einer Einführung in die höhere Mathematik. Wien/New York: Springer-Verlag 1980

WITTENBERGER, W.; FRITZ, W.: Rechnen in der Chemie - Grundoperationen, Stöchiometrie, 10. Aufl. Wien/New York: Springer-Verlag 1979.

ZSCHUNKE, A.: Kernmagnetische Resonanzspektroskopie in der organischen Chemie. 2. Aufl. WTB Bd. 88. Berlin: Akademie-Verlag 1977.

Sachwörterverzeichnis

Abgeleitete Einheiten 15
Absorptionsmittel für Gasanalyse 146
Acetat-Puffer 163
Acidimetrie 116
Additionsverbindungen, Nomenklatur 52
Adsorptionsindikatoren 130
Äquivalente, elektrochemische 148
–, volumetrische 116
Äquivalentkonzentration 28
Aktivitätskoeffizienten 149
Alkalimetrie 116
Ammoniak, Dichte 198
Analyse, Berechnungen 294
Analysenergebnisse, Angabe 303
analytische Faktoren 116
Anionen, Nomenklatur 46
Anionenaustauscher 234
anorganische Nomenklatur 41
anorganische Verbindungen, Dissoziationskonstanten 159
– –, Löslichkeit in Wasser 170
– –, Löslichkeitsprodukt 174
Anregungsenergien von K- und L-Absorptionskanten 261
Argentometrie 117
Atomabsorptionsspektrometrie 257
Atommasse, relative 31
Atomvolumina 34
Ausgleichsrechnung 302

Barometerkorrektur 136
Basekonstante 158, 160
Basiseinheiten 13
Berechnung empirischer Formeln 294
– des Wassergehaltes 294
Berechnungen, gewichtsanalytische 294
Bezugselektroden, Potentiale 183
Borat-Bernsteinsäure-Puffer 163
Borax-Phosphat-Puffer 164
Brechungsindex organischer Verbindungen 215
Bromatometrie 120

Celsius-Temperatur 19
Cerimetrie 120
charakteristische Gruppen funktioneller Klassen 56
chemische Verschiebung 280
– – von Lösungsmitteln 288
Chromatometrie 121
Chromometrie 120
Citratpuffer 164
CLARK-Normalelement 183
COLTHUP-Tabelle 276

Dampfdruck von Wasser 210
Definitionsfixpunkte, thermometrische 202
Derivatisierungsreagenzien 255
Dichte, Ammoniak 199
–, Definition 185
–, Elemente 31
–, Essigsäure 195
–, Ethanol 199
–, Luft 186
–, Gase 186
–, Kalilauge 196
–, Natronlauge 197
–, organische Verbindungen 215
–, Perchlorsäure 190
–, Phosphorsäure 194
–, Quecksilber 200
–, Salpetersäure 192
–, Salzsäure 191
–, Schwefelsäure 188
–, Wasser 187
Dichtebestimmung 185
Dichteeinheiten 185
Dichtetabellen 185
Differentialrechnung 305
Dissoziationskonstanten 158
Druckeinheiten 15, 19
Druckkorrekturkoeffizient 243
Durchlässigkeitsbereiche (IR) von Lösungsmitteln 275

Ebullioskopische Konstanten 206
Edelgase, Eigenschaften 186
Eichung von Volumenmeßmitteln 212
Eigenschaften der Elemente 31
– organischer Verbindungen 215
Einheiten, abgeleitete 15
–, amerikanische 21
–, elektrische 15, 16
–, englische 21
–, ergänzende 14
– der Konzentration 27
–, SI-fremde 17
– der Temperatur 14, 16, 19

Einheiten, Umrechnungen 19
–, Volumen 15, 19
–, Zeit 14, 18
elektrische Einheiten 15, 16
elektrochemische Äquivalente 148
Elektrodenpotentiale 179
Elektronenkonfiguration 38
Elementnamen, latinisierte 41
–, veraltete 43
Empfindlichkeit, reziproke 257
Energieeinheiten 15
Essigsäure, Dichte 195
Ethanol, Dichte 199
Ethylendiamintetraessigsäure 122

Fadenkorrektur für Hg-Thermometer 204
Faktoren, Berechnungsbeispiele 84
Faktorentabelle 85
Fehler, prozentualer 298
–, systematischer 297, 298
–, zufälliger 297
Fehlerfortpflanzung 301
Fehlerrechnung 297
Filter 233
Filtrierpapiere 230
Fixpunkte, thermometrische 202
Fluoreszenzindikatoren 128
Formelberechnung chemischer Verbindungen 294
Formeln wichtiger organischer Verbindungen 215
Fragmente 270
Freiheitsgrad 297, 299
Fundamentalkonstanten 30
funktionelle Klassen 56

Gasanalyse 135
–, Absorptionsmittel 146
Gaschromatographie 243
Gase, Dichte 186
–, Molvolumina 186
–, Normzustand 135
gasentwickelnde Stoffe, Volumetrie 135
Gasreduktionstabelle 137
Gasvolumetrie 135
Gasvolumina, Reduktion 135
Gefrierpunktserniedrigung 206
Genauigkeit 299, 303
Glasfilter 233
Gleichgewichtselektrodenpotential 179
Glycocoll-Puffer 163
Größen 13

Indikatoren 123
Indikatorgemische 127
indirekte Analyse 295
Infrarotspektroskopie 275
Integralgrenzen, t-Verteilung 307
–, F-Verteilung 308
–, χ^2-Verteilung 312
Integralrechnung 306
Internationales Einheitsystem 13
Iodatometrie 121
Iodometrie 118
Ionenaustauscher 234
Ionisierungsenergie 34
Isotope, Benennung 41
Isotopenverteilung, natürliche 269

Justierung von Volumenmeßmitteln 212

Kältemischungen 205
Kalilauge, Dichte 196
Kaliumchlorid-Salzsäure-Puffer 163
Kaliumhydrogenphosphat-Puffer 163
Kaliumhydrogenphthalat-Puffer 163
Kaliumhydrogentartrat-Puffer 162
Kaliumphosphat-Puffer 167
Kapillardepression bei Barometern 136
Kationen, Nomenklatur 46
Kationenaustauscher 234
Kelvin-Temperatur 14
kernmagnetische Resonanzspektroskopie 280
Komplexometrie 122
komplexometrische Indikatoren 131
Komplexstabilitätskonstanten 176
Konstanten, physikalische 30
Konzentration 27
Konzentrationseinheiten 27
Konzentrationsgrößen 27
Konzentration und Dichte von Ethanol 199
– von Säuren und Laugen 188, 201
Koordinationsverbindungen, Nomenklatur 51
Kopplungskonstanten 289
Korngrößen 256
Kreuzregel 296
kryoskopische Konstanten 206

Lewatite 232
Liter 19

Literaturhinweise 313
Löslichkeit, Erläuterungen 169
– anorganischer Verbindungen 170
– organischer Verbindungen 215
Löslichkeitskonstante 169
Löslichkeitsprodukt 174
Lösungsmittel, Mischbarkeit 228
Logarithmenrechnung 304
Luft, Dichte der trockenen 186
Luftfeuchtigkeit über Salzlösungen 211

Manganometrie 119
Maßanalyse 116
maßanalytische Äquivalente 116
Masseeinheit, atomare 18
Massenabsorptionskoeffizient 263
Massenanteil 29
Massenbruch 29
Massendifferenz, charakteristische 270
Massengehalt 29
Massenkonzentration 28
Massenspektrometrie 269
Massenwirkungsgesetz 157
Massenzahl, Schreibweise 41
Massenzahlen 272
Mathematische Hilfsmittel 304
McREYNOLD-Konstanten 246
mesh-Zahlen 256
Meßgefäße, Volumenprüfung 212
Meßwert 297
MICHAELIS-Standardpuffer 168
Mischbettaustauscher 239
Mischindikatoren 127
Mischungskreuz 296
Mittelwert 297, 299
Mol 14, 18, 27
Molalität 28
molare Lösung 27, 28
molare Masse 18
Molekularsiebe 241
Molekülmasse, relative 61
– anorganischer Verbindungen 61
– organischer Verbindungen 215
Molenbruch 29
Molmassebestimmung 206
Molvolumina von Gasen 186
Multiplett-Aufspaltungen 280
Multiplikativzahlen 42

Nachweisgrenze 257, 301
Natronlauge, Dichte 197
NERNST-Faktor 179
NERNSTsche Gleichung 179
Nitrilotriessigsäure, Titration 117
Nomenklatur, anorganische 41
– charakteristischer Gruppen 56
–, organische 55
–, Zusammenstellung von Ionen und Radikalen 52
Normzustand von Gasen 135
Normalelemente 183
Normalität 28

Ordnungszahl, Schreibweise 41
Ordnungszahlen der Elemente 31
organische Nomenklatur 55
organische Verbindungen, Eigenschaften 215
–, Ringbezifferung 57
–, Verdampfungsenthalpie 208

Periodensystem 36
Permanganometrie 119
pH-Indikatoren 123
pH-Standards 162
pH-Wert 157
Phosphatpuffer 167
Phosphorsäure, Dichte 194
physikalische Konstanten 30
p*K*-Wert 158
Porzellanfilter 233
Potentiale 179
Potenzen 304
Protolysegleichgewichte 157
Protonenresonanz 280
Puffer hoher Pufferkapazität 168
Pufferlösungen 162

Radikalnamen 52
Rechenhilfen 294
Rechnen mit Logarithmen 304
Redoxelektroden, Potentiale 181
Redoxindikatoren 129
Reduktion von Gasvolumina 135
Richtigkeit 299, 303
Ringsysteme, Bezifferung 57
Röntgenspektroskopie 260
–, Anregungsenergien 261
–, Wellenlängen

Säulenfüllmaterialien 244
Säurekonstante 158

Säuren, Nomenklatur 47
–, Dichte 188
–, Konzentration 188, 201
Salpetersäure, Dichte 192
Salze, Nomenklatur 49
Salzsäure, Dichte 191
Sauerstoff, Molvolumen 186
–, Tripelpunkt 202
Schmelzpunkte der Elemente 31
– von organischen Verbindungen 215
Schlüsselfragmente 272
Schwefelsäure, Dichte 188
Siedepunkt, Druckabhängigkeit 208
Siedepunkte der Elemente 31
– von organischen Verbindungen 215
Siedepunktserhöhung 206
SI-Basiseinheiten 14
SI-Einheiten 14
SI-fremde Einheiten 17
SI-Vorsätze 17
SÖRENSEN-Puffergemische 163
spektrale Spaltbreite 257
Spektrallinien der Elemente 257
–, Wellenlängen charakteristischer 260
Stabilitätskonstanten von Komplexen 177
Standardabweichung 298, 300
Standardelektrodenpotentiale 180
Statistik 297
Stickstoff, Molvolumen 186
Stoffmengenanteil 29
Stoffmengenkonzentration 28

TASHIRO-Indikator 127
Temperatureinheiten 19, 25
Temperaturmessung 202
Temperaturskala, Internationale Praktische 202
Temperatureinheiten, Umrechnung 25
Termsymbole 34
Thermometerkorrektur 204
Titanometrie 119
Titrationsverfahren, spezielle 121
Trägermaterialien für die Gaschromatographie 244
Trennflüssigkeiten für die Gaschromatographie 246
Tripelpunkte 202
Tris-Puffer 164
Trockenmittel 210

Umrechnungen von Einheiten 19
– von ungültigen in SI-Einheiten 19
– von englisch-amerikanischen Einheiten in SI-Einheiten 21
– von Grad Celsius in reziproke Kelvin 23
– von Logarithmen 304
– von Einheiten der Wasserhärte 26
– von Konzentrationsgrößen 29
– von Temperatureinheiten 25
Umrechnungsfaktoren für chemische Verbindungen 84
Umwandlungspunkte, thermometrisch wichtige 203
Universalindikatoren 127

Vakuumdestillation, Siedepunkt 208
Verdampfungsenthalpie 208
Veronalpuffer nach MICHAELIS 168
Vertrauensintervall 298, 299
Vielfache von Einheiten 17
Volumenanteil 29
Volumeneinheiten 19, 27
Volumengehalt 29
Volumenkonzentration 28
Volumenprüfung von Meßmitteln 212
Volumetrie gasentwickelnder Stoffe 135
volumetrische Äquivalente 116
Vorsätze für Einheiten 17

Wasser, Dampfdruck 210
–, Dichte 187
–, Ionenprodukt 157
–, Tripelpunkt 202
Wasserdampf, Sättigungsdruck 210
Wassergehalt, Berechnung 294
Wasserhärte, Einheiten 26
Wasserstoff, Molvolumen 186
–, Tripelpunkt 202
Wellenlängen der Spektrallinien ausgewählter Elemente 257
– charakteristischer Spektrallinien 260
– von K- und L-Absorptionskanten 261
WESTON-Standardelement 183
Wofatite 234
Wurzeln 304

Zahlbezeichnungen für die Nomenklatur 42
Zeiteinheiten 14, 18